Lambacher Schweizer 7

Mathematik für Gymnasien

Bayern

von
Prof. August Schmid
Prof. Dr. Ingo Weidig

erarbeitet von
Herbert Götz, Uttenreuth
Manfred Herbst, Herzogenaurach
Christine Kestler, Holzkirchen
Hans-Georg Kosuch, Coburg
Dr. Johannes Novotný, München
Barbara Sy, Nürnberg
Thomas Thiessen, Erlangen

Ernst Klett Verlag
Stuttgart Leipzig

Bildquellenverzeichnis:
Astrofoto, Sörth: 57.1 – BPK, Berlin: 34.7 – British Museum, London: 34.1 – CartoTravel Verlag, 65812 Bad Soden, Bad Soden/Ts.: 192.1 – Corbis, Düsseldorf: 70.1 (Adam Woolfitt); 128.1 (Sergio Pitamitz); 169.3 (Bettmann); 197.1 (Reuters/Arles) – Deutsches Museum, München: 95.3; 176.2+3; 185.1+3 – Dr. Wilfried Koch, Rietberg: 35.2, 4, 6 – EFBe Prüftechnik GmbH, Waltrop: 196.3 – F.W. Breithaupt & Sohn, Kassel: 160.2 – Getty Images, München: 136.1 (FoodPix) – GLOBUS Infografik, Hamburg: 121.2 – Imago Stock & People, Berlin: 11.1 (Seeliger); 14.3 (Schulz) – Justus Perthes Verlag Gotha GmbH, Gotha: 46.1 – Klett-Archiv, Stuttgart: 10.1–3 (Christine Kestler); 23.2 (Christine Kestler); 23.3+4; 24.1 (Christine Kestler); 24.3; 35.5 (Ingo Weidig); 54.2; 67.1 (Thomas Thiessen); 70.2–5; 71.2 (Peter Schramm); 130.1+2 (Johannes Novotný); 130.3; 137.5; 147.2 (Herbert Götz); 194.1+2 (Christine Kestler); 195.1 – Landesamt für Denkmalpflege, Halle: 19.2 – M.C.Escher Company, Baarn: 23.5; 34.4; 136.3; 164.1–3; 165.1–4 – Mauritius, Mittenwald: 24.2 (Lindner); 144.1 (Nägele); 190.2 (Pigneter) – photographische dienstleistungen, Regensburg: 8.1 – Picture-Alliance, Frankfurt: 12.2 (dpa); 14.1 (Fühler); 14.2 (KPA/Klindwort); 35.1 (dpa/Goebel); 35.3 (dpa/Barone); 112.1+2 (Christen/Okapia); 137.3 (dpa/Nowottnick); 196.2 (dpa) – Polizei Franken: 57.2 – Reinhard-Tierfoto, Heiligkreuzsteinach: 8.3 – Dr. E. Reuschel: 197.2 – Rosenthal AG, Selb: 34.2 – Scala, Antella (Firenze): 34.3 – Schwaneberger Verlag GmbH, Unterschleißheim: 190.1 – Staatliches Museum für Völkerkunde, München: 34.5 – Süddeutscher Verlag, München: 120.4; 129.1+2; 133.3 – Verlag Nürnberger Presse, Nürnberg: 196.1 (Bernd Böhner) – VG Bild-Kunst, Bonn: 34.6 (© VG Bild-Kunst, Bonn 2005) – Volkswagen AG, Wolfsburg: 136.2

Nicht in allen Fällen war es uns möglich, den uns bekannten Rechteinhaber ausfindig zu machen. Berechtigte Ansprüche werden selbstverständlich im Rahmen der üblichen Vereinbarungen abgegolten.

Zum Schulbuch gehört der LS-Lösungen-und-Materialien-Band 7 (3-12-731563-5).
Die LS-Kompakt-Hefte fassen (in Doppeljahrgangsstufen) die wichtigsten Formeln und Merksätze sowie vollständig gelöste Beispiele zum Nachrechnen zusammen.
LS Kompakt 5/6 (3-12-730715-2)
LS Kompakt 7/8 (3-12-730735-7)

9 783127 315608

1. Auflage 1 8 7 6 | 2015 2014 2013

Alle Drucke dieser Auflage sind unverändert und können im Unterricht nebeneinander verwendet werden. Die letzten Zahlen bezeichnen jeweils die letzte Auflage und das Jahr des Druckes.

Internetadresse: www.klett.de

Redaktion: Dr. U. Weiser
Zeichnungen: U. Bartl, Weil der Stadt; R. Hungreder, Leinfelden;
U. Schwarz, Schwäbisch Gmünd
Bildkonzept Umschlag: SoldanKommunikation, Stuttgart
Reproduktion: Meyle + Müller, Medien-Management, Pforzheim
DTP-Satz: media office GmbH, Kornwestheim
Druck: Aprinta, Wemding. Printed in Germany

ISBN 978-3-12-731560-8

Inhaltsverzeichnis

* Lerneinheiten, die mit einem Stern gekennzeichnet sind, bieten eine Ergänzung zu den Inhalten des Lehrplans.

Liebe Schülerin, lieber Schüler,

im letzten Jahr hast du das Rechnen mit rationalen Zahlen geübt und die Begriffe Prozent und relative Häufigkeit kennen gelernt. Du kannst Flächeninhalte z. B. von Dreiecken und das Volumen verschiedener Körper berechnen. Du beherrschst verschiedene Strategien zur Lösung von Sachaufgaben.
Auf diesen Kenntnissen kannst du aufbauen.

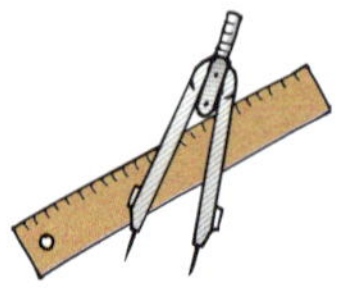

In der **Geometrie** wirst du in den Kapiteln I und II lernen, Zusammenhänge zwischen geometrischen Figuren zu beschreiben und Gesetzmäßigkeiten zu erkennen. Die Symmetrie wird dir z. B. helfen, die Menge der Vierecke übersichtlich zu ordnen. Du wirst Figuren auch alleine mit Zirkel und Lineal konstruieren, ohne Längen- und Winkelskalen zu benutzen.
Wenn du ein dynamisches Geometriesystem auf dem Computer nutzt, kannst du durch Experimentieren neue Erkenntnisse gewinnen.
Du wirst staunen, was es alles an dem zunächst unscheinbaren Dreieck zu entdecken gibt (Kapitel VII und VIII).

$6 + x = 7$

In der **Algebra** wirst du nun auch Terme mit Variablen betrachten und (in Kapitel III) lernen, Sachverhalte mit deren Hilfe knapp und präzise zu beschreiben. Mit solchen Termen kann man – unter Beachtung der Rechengesetze – ebenso rechnen wie mit den dir bekannten Zahlentermen (Kapitel IV).
Für viele Problemstellungen des Alltags wirst du nun Gleichungen aufstellen und lösen und damit eine weitere wichtige Strategie kennen lernen, Sachaufgaben zu lösen (Kapitel V).

In Kapitel VI wirst du Daten und Diagramme analysieren und interpretieren. Zusammen mit einer vertiefenden Betrachtung der Prozentrechnung wirst du damit fit gemacht, Sachverhalte – wie sie zum Beispiel in der Zeitung stehen – zu verstehen und zu beurteilen.

Auch in diesem Buch findest du wieder Lösungskontrollen, z. B. Lösungssalate und Lösungen der Aufgaben zum Üben und Wiederholen am Ende des Buches.
Ebenso wirst du mit Hilfe der **G-Aufgaben** Grundlegendes regelmäßig wiederholen können.

Wir bauen Uhren

Geometrie am PC

Symmetrie in Kunst und Architektur

Interessante Themen, Lesetexte und Projekte, mit denen du und deine Klasse sich vielleicht auch außerhalb des Mathematikunterrichts gerne beschäftigen werden, runden wiederum das Buch ab.

Ein erfolgreiches Schuljahr und viel Freude an der Mathematik wünschen

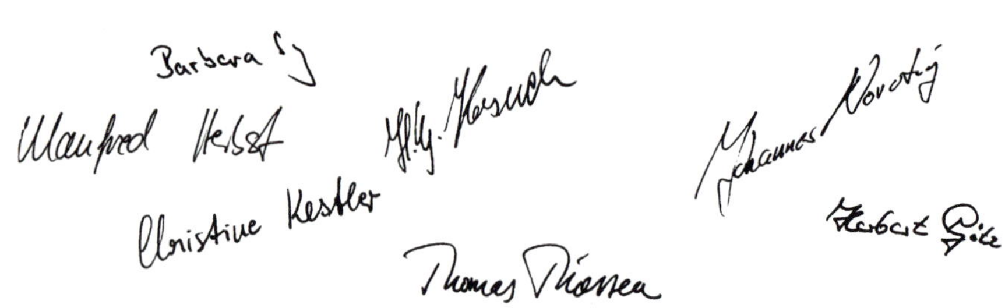

Zum Aufbau des Buches

Jedes Kapitel umfasst:
- mehrere Lerneinheiten,
- Themenseiten, Lesetexte und/oder ein Projekt
- einen Rückblick.

- Zum Aufbau einer **Lerneinheit**:
  Jede Lerneinheit beginnt mit **hinführenden Aufgaben**, die zum Kern der Lerneinheit führen, jedoch das Ergebnis der Lerneinheit nicht vorwegnehmen. Sie sind so gestaltet, dass sie eigene Aktivität und eigenes Überlegen herausfordern. Diese Aufgaben stellen ein Angebot dar und lassen so der Lehrerin/dem Lehrer alle methodische Freiheit.
  Der anschließende **Lehrtext** formuliert in knapper, aber schülerverständlicher Vorgehensweise den Gegenstand der Lerneinheit.

Im Kasten wird **Wichtiges** in einprägsamer Form zusammengefasst.

  Die vollständig bearbeiteten **Beispiele** bieten den Schülerinnen und Schülern Hilfe für das selbstständige Lösen von Aufgaben. Bei den Lösungen wird Wert auf die Wahl geeigneter Strategien und auf wichtige Gedankenschritte und Begründungen gelegt.

  Auf der Randspalte werden zusätzliche Informationen, Anmerkungen, Hilfestellungen und Querverweise angeboten.

  Der **Aufgabenteil** bietet ein reichhaltiges Auswahlangebot. Die Aufgaben reichen von grundlegenden Routineaufgaben über zahlreiche Aufgaben im mittleren Schwierigkeitsbereich bis zu schwierigen Aufgaben. Wenn hoher Zeitaufwand oder Schwierigkeitsgrad vielleicht nicht unmittelbar ersichtlich sind, wurde die Aufgabe mit einem *Stern gekennzeichnet. Im Sinne eines vernetzenden Lernens beziehen sich viele Aufgabenstellungen nicht nur auf die gegenwärtige Lerneinheit, sondern sind mit anderen Themenkreisen verbunden. Die den Aufgabenteil abschließenden Aufgaben – gekennzeichnet durch ein vorangestelltes **G** – dienen dazu, unabhängig vom aktuellen Lehrstoff Grundwissen und Grundfertigkeiten ständig zu trainieren.

  Zu vielen Aufgaben, die mit einem DGS gelöst werden können, befinden sich passende DGS-Dateien im Internetauftritt des Verlags.

  An geeigneter Stelle wurden Aufgaben für die Benutzung elektronischer Hilfsmittel (Taschenrechner, Tabellenkalkulation, DGS) konzipiert. Solche Aufgaben sind im Buch mit dem TR-Symbol bzw. PC-Symbol gekennzeichnet. Darüber hinaus ist es bei vielen Aufgabenstellungen sinnvoll, ein DGS oder eine Tabellenkalkulation einzusetzen. Um Schülern jedoch einen eigenständigen Umgang mit diesen Systemen zu ermöglichen, wird hierbei nicht jedes Mal explizit auf deren Einsatz verwiesen.

- Die **Themenseiten** stellen Anwendungen der Inhalte des jeweiligen Kapitels in **einem Kontext** vor oder sprechen im Sinne einer mathematischen Exkursion ergänzende mathematische Fragen an.
  Die **Lesetexte** sind als Anregung für Schülerinnen und Schüler gedacht, sich mit mathematischen Fragen auseinander zu setzen. Hier sind keine Aufgaben ausformuliert.
  Die **Projekt**seiten regen an, mit der ganzen Klasse motivierende, interessante Projekte durchzuführen.

- Den Abschluss jedes Kapitels bildet ein zweiseitiger **Rückblick**. Hier sind die wichtigen Lerninhalte in prägnanter Form zusammengestellt. Auf der zweiten Seite bieten **Aufgaben zum Üben und Wiederholen** den Schülerinnen und Schülern die Gelegenheit, ihre Kenntnisse und Fähigkeiten auch mit Blick auf eine schriftliche Arbeit zu testen. Die Lösungen zu diesen Aufgaben befinden sich im Anhang des Buches.

Im letzten Kapitel werden gemäß Lehrplan algebraische Fragestellungen vertieft. Es bietet außerdem umfangreichere und komplexere Aufgaben an, die geeignet sind, am Ende eines Schuljahres noch einmal wesentliche Inhalte in einer vernetzenden Weise zu wiederholen.

1 Achsensymmetrie

1

Wo entdeckst du auf diesem Bild Symmetrien?

Regensburg: Dom, Salzstadel und Steinerne Brücke spiegeln sich im Wasser der Donau

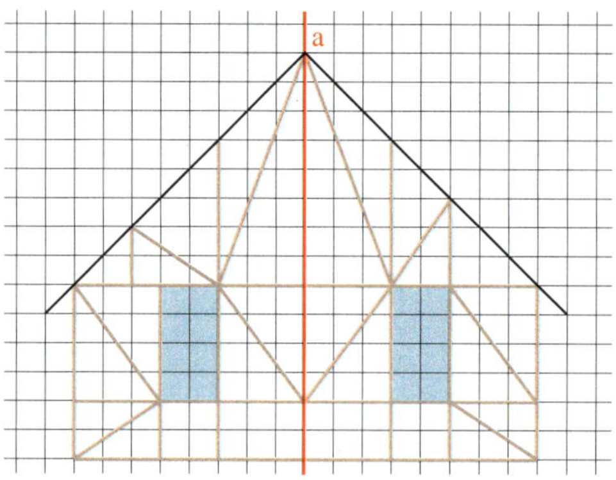

2

a) Florian hat bei einem Ausflug die linke Hälfte des Giebels eines Fachwerkhauses gezeichnet und dann zu Hause den Rest symmetrisch ergänzt.
Welche Fehler sind ihm dabei unterlaufen? Übertrage die linke Hälfte in dein Heft und ergänze richtig.

b) Verbinde im Heft einige zueinander symmetrische Punkte mit Farbstift.
Wie liegen diese Verbindungsstrecken zur Symmetrieachse a?

Faltet man das Bild des Schmetterlings an der eingezeichneten Geraden a, kommen beide Hälften zur Deckung.
Jede Hälfte ist Spiegelbild der anderen.
Figuren mit dieser Eigenschaft nennt man **achsensymmetrisch zur Symmetrieachse a**.

Die Symmetrieachse nennt man auch Spiegelachse.

Zu jeder Figur lässt sich durch eine **Spiegelung an einer Achse a** ihr Spiegelbild erzeugen. Die Gesamtfigur ist dann achsensymmetrisch. Besonders einfach lassen sich geradlinig begrenzte Figuren mit Hilfe eines Geodreiecks spiegeln.

Man spricht bei der gespiegelten Figur auch von der Bildfigur und dementsprechend von Bildpunkten, Bildstrecken, …

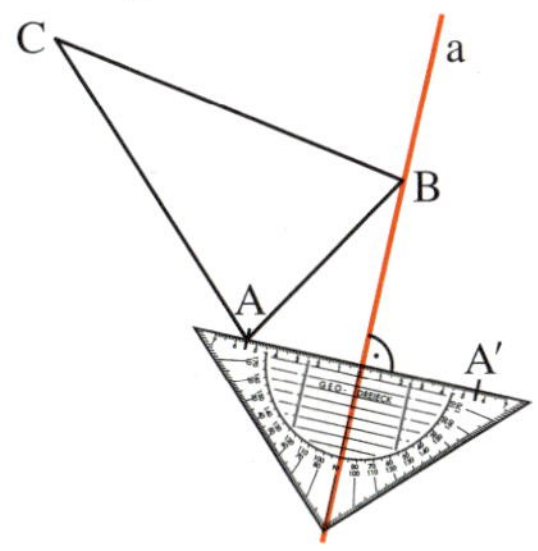

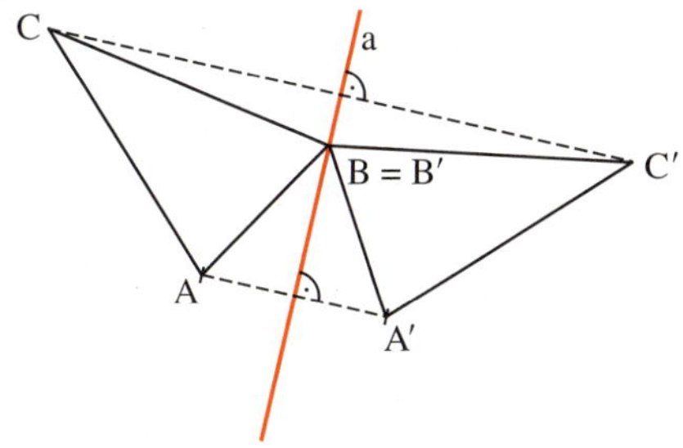

Punkte auf der Achse nennt man auch ***Fixpunkte****.*
fix (lat.): fest

Sind die Punkte P und P′ symmetrisch bezüglich der Achse a, dann steht die Verbindungsstrecke [PP′] **senkrecht auf der Achse a** und wird von dieser **halbiert**. Liegt ein Punkt auf der Achse, so stimmt er mit seinem Spiegelpunkt überein.

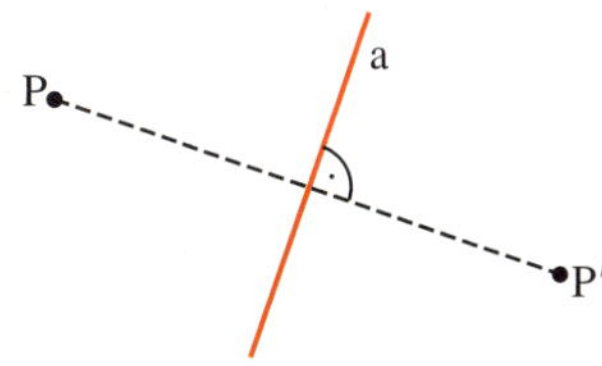

An achsensymmetrischen Figuren kann man folgende **Eigenschaften** erkennen:

- Zueinander symmetrische Strecken sind gleich lang, z. B. $\overline{AB} = \overline{B'A'}$.
- Zueinander symmetrische Winkel sind gleich groß, z. B. $\alpha = \alpha'$.
- Der Umlaufsinn von Figuren ändert sich, z. B. werden im Dreieck ABC die Ecken gegen den Uhrzeigersinn und im Dreieck A′B′C′ im Uhrzeigersinn durchlaufen.
- Zueinander symmetrische Geraden sind parallel oder sie schneiden sich auf der Achse, z. B. $g \parallel g'$, h und h′ schneiden sich im Punkt $F = F'$.

Erinnerung:
Zwei Geraden sind parallel oder schneiden sich in einem Punkt.

Auf Seite 11 findest du die Aufgabe 19, die sich mit zueinander symmetrischen Geraden beschäftigt.

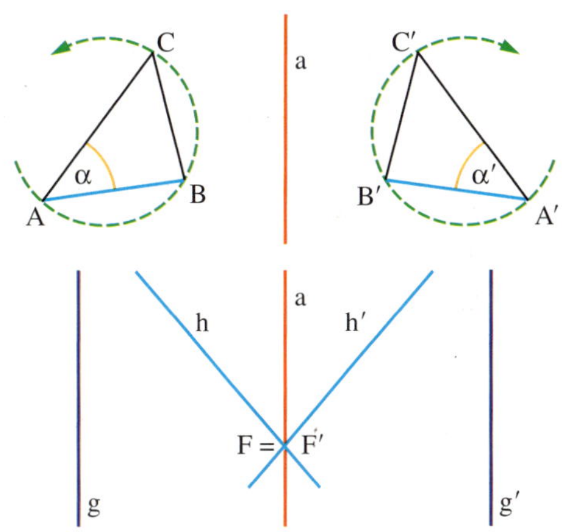

Beispiel 1
Spiegle das Trapez ABCD an der Achse a und beschreibe, wie du vorgehst.

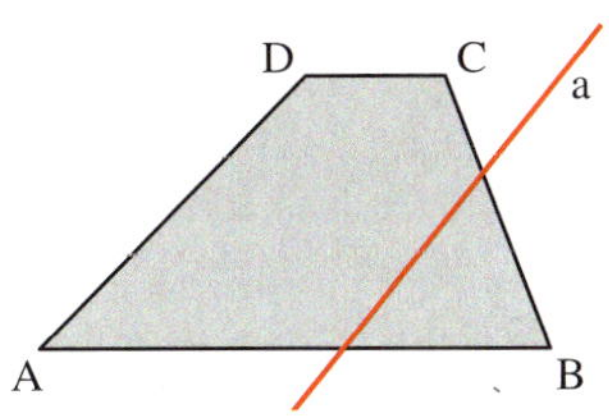

Lösung:
Man spiegelt mit Hilfe des Geodreiecks die Eckpunkte A, B, C und D und verbindet dann die Spiegelpunkte A′, B′, C′ und D′.

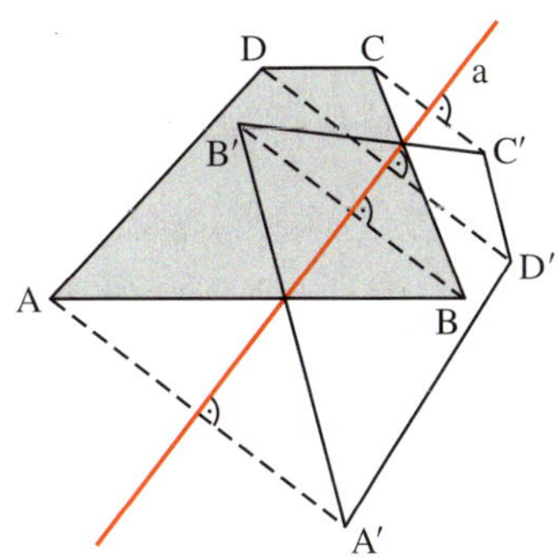

Beispiel 2
Spiegle den Kreis um M(3|3,5) mit r = 1,5 cm an der Achse a = AB mit A(2|1) und B(6|5). Begründe dein Vorgehen.
Lösung:
Man spiegelt den Mittelpunkt M und zeichnet um seinen Spiegelpunkt M′ einen Kreis mit gleichem Radius r. Der Kreis und sein Spiegelbild haben denselben Radius, weil symmetrische Strecken gleich lang sind.

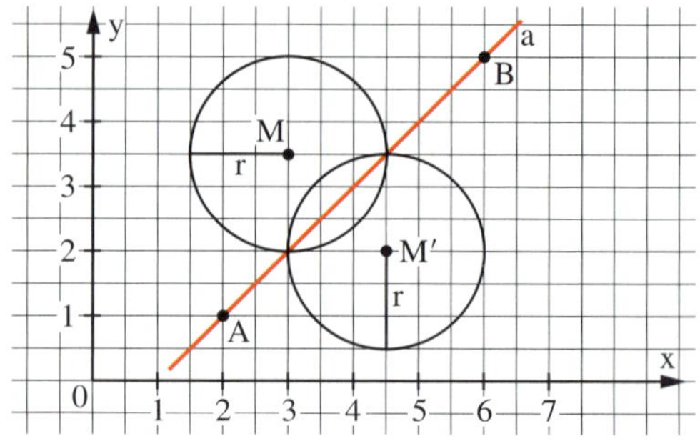

Aufgaben

3
a) Untersuche die folgenden Bilder auf Achsensymmetrie.

b) Suche in deiner Umgebung selbst achsensymmetrische Figuren.

4
Zeichnet oder bastelt besonders schöne achsensymmetrische Figuren oder Ornamente. Stellt einige davon aus.

5
Übertrage in dein Heft. Ergänze zu achsensymmetrischen Figuren. Bei manchen Figuren musst du noch eine Achse setzen.

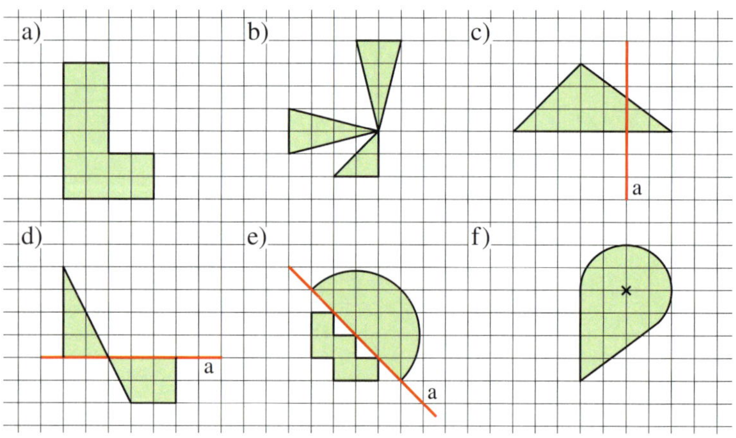

6
Zeichne das Viereck ABCD mit den Punkten A(−2|1,5), B(3|3), C(0|6,5), D(−3|5) und spiegle es an der Geraden PQ mit P(−2|−2) und Q(6|6). Gib jeweils die Koordinaten der gespiegelten Punkte an.

7
Welche Figuren sind achsensymmetrisch? Übertrage die Figuren in dein Heft und trage alle Symmetrieachsen ein.

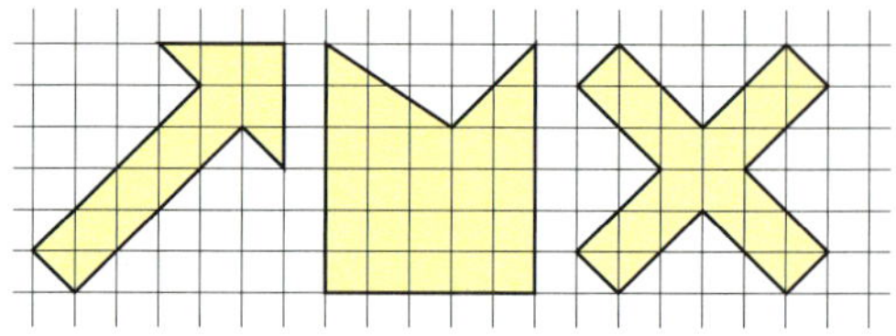

8
Zeichne achsensymmetrische Figuren mit einem Fehler. Lass deinen Nachbarn den Fehler ausbessern und dann die Anzahl der Symmetrieachsen der Figur bestimmen.

9
Zeichne ein Rechteck ABCD, das kein Quadrat ist. Spiegle das Viereck ABCD so, dass A auf B (A auf C) gespiegelt wird.

10
Zeichne fünf möglichst unterschiedliche Vierecke, die achsensymmetrisch sind.

11
Zeichne eine achsensymmetrische Figur aus vier Kreisen, die genau
a) vier, b) drei, c) zwei, d) eine
Symmetrieachse(n) hat.

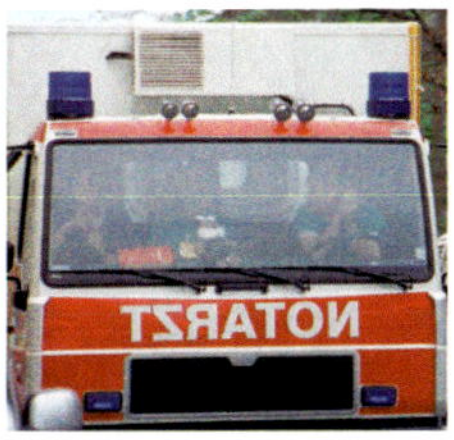

Kannst du auf dem Foto die Schrift auf der Kühlerhaube des Autos lesen? Was möchte man mit dieser Art der Aufschrift erreichen?

12
a) Zeichne ein Dreieck, das genau eine Symmetrieachse hat, und ein weiteres, das drei Symmetrieachsen hat.
b) Gibt es auch Dreiecke mit nur zwei Symmetrieachsen? Begründe.

13
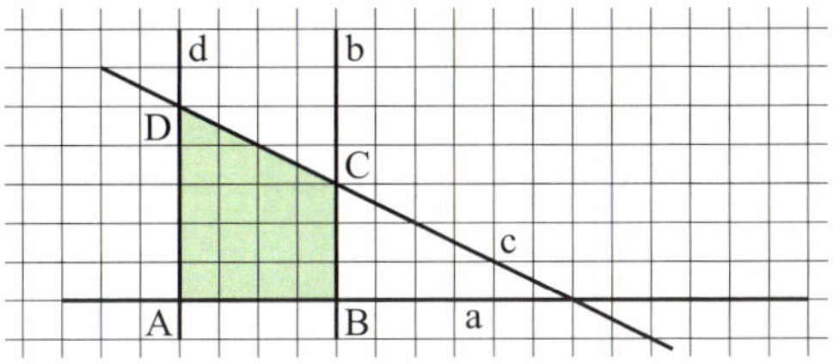

Übertrage das Viereck ABCD und die Geraden a, b, c, d in dein Heft.
Spiegle das Viereck nacheinander
a) an a, dann an b,
b) an a, dann an c,
c) an b, dann an d,
d) an b, dann an c.
e) Was geschieht, wenn man bei den obigen Aufgaben die Reihenfolge der Spiegelungen vertauscht?

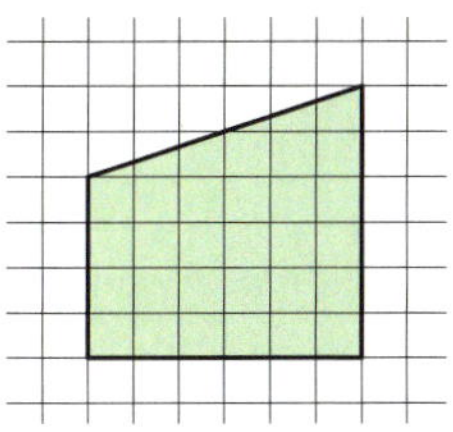

14
a) Zeichne eine Achse und ergänze die nebenstehende Figur so, dass sie achsensymmetrisch ist.
b) Wie muss wohl die Achse liegen, damit der Flächeninhalt möglichst groß (klein) wird? Beschreibe deine Überlegungen.

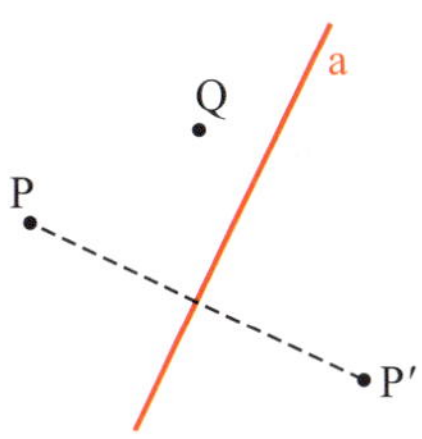

15
In der nebenstehenden Figur sind die Gerade a und die Punkte P, P′ und Q gegeben. P und P′ sind bezüglich der Achse a symmetrisch. Wie kann man den Bildpunkt Q′ nur mit dem Geodreieck ohne Verwendung der cm-Einteilung bestimmen?
Beschreibe und begründe dein Vorgehen.

Aufgabe 16 b) lässt sich geschickt mit einem dynamischen Geometriesystem (DGS) durchführen.

16
a) Zeichne verschiedene Dreiecke und Vierecke, die nicht achsensymmetrisch sind.
b) Lässt sich aus jedem beliebigen Dreieck bzw. Viereck durch Verschieben eines Punktes ein achsensymmetrisches Dreieck bzw. Viereck erzeugen?

17
a) Zeichne eine Spiegelachse a und eine Gerade g, die senkrecht auf a steht. Welche Lage hat das Spiegelbild g′ der Geraden g?
b) Zeichne das Spiegelbild einer Geraden h, die parallel zur Spiegelachse a verläuft.

18
a) Zeichne das Viereck ABCD mit A(1|–2), B(5|–1), C(1|0) und D(–1|–1) und spiegle es an der Parallelen zur y-Achse, die durch den Punkt P(3|0) geht. Gib die Koordinaten der Spiegelpunkte an.
b) Welchen Abstand hat der Spiegelpunkt B′ von der y-Achse?
c) Berechne den Flächeninhalt des Vierecks ABCD in cm^2 (mm^2 bzw. dm^2).
d) Um wie viel Prozent ist der Flächeninhalt der Gesamtfigur größer als der Flächeninhalt des Vierecks ABCD?

19
Markiere mit einem dynamischen Geometriesystem (DGS) zwei Punkte, durch die du eine Gerade legst. Zeichne eine Achse ein, an der du diese Gerade spiegelst.
Nun bewege einen der zu Anfang gesetzten Punkte und beobachte Gerade und Spiegelgerade und gegebenenfalls auftretende Schnittpunkte.

*20
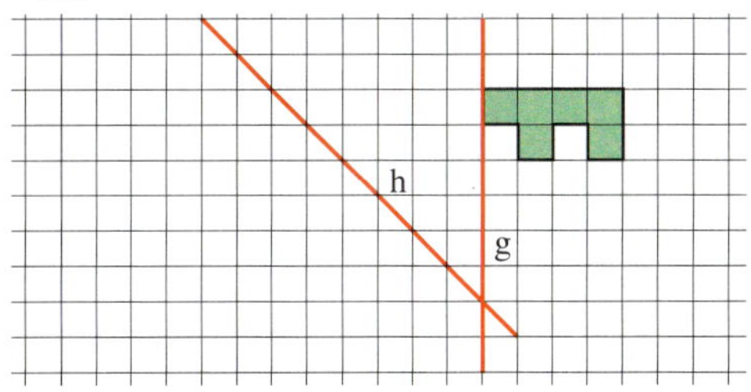

a) Übertrage die Figur in dein Heft. Ergänze so, dass eine Figur entsteht, die sowohl zu g als auch zu h achsensymmetrisch ist.
b) Wie viele Symmetrieachsen hat die entstandene Gesamtfigur?

G 21
Kennzeichne im Koordinatensystem alle Punkte, die von A(–2|1) und B(3,5|–2) mehr als 4 cm (genau 4 cm) entfernt sind.

2 Konstruieren von Spiegelpunkten und Achse

1
Die Galton-Brüder finden eine alte Schatzkarte. Leider sind schon viele Stellen unleserlich. Trotzdem machen sich die Galtons auf den Weg nach Castle City. Außer ihren Pferden haben sie noch Schaufeln, Seile und ein Maßband dabei. Wie müssen die Galtons vorgehen? Zeichne die zwei Bäume in dein Heft und skizziere, wo der Schatz vergraben sein könnte.

Erinnerung:
Alle Punkte auf einer Kreislinie haben vom Kreismittelpunkt M den gleichen Abstand r.

Konstruieren von Spiegelpunkten
Man kann den Spiegelpunkt P′ zu einem gegebenen Punkt P nicht nur mit dem Geodreieck bestimmen, sondern ausschließlich unter Verwendung eines Zirkels. Man wählt dazu auf der Spiegelachse a einen beliebigen Punkt A und zeichnet den Kreis um A, der durch P geht. Dieser Kreis stimmt mit seinem Spiegelbild überein, also muss auch P′ auf ihm liegen. Zeichnet man einen weiteren Kreis um einen beliebigen Punkt B auf der Achse a, so gilt Entsprechendes.
Also muss der zweite Schnittpunkt der beiden Kreise der gesuchte Spiegelpunkt P′ sein.

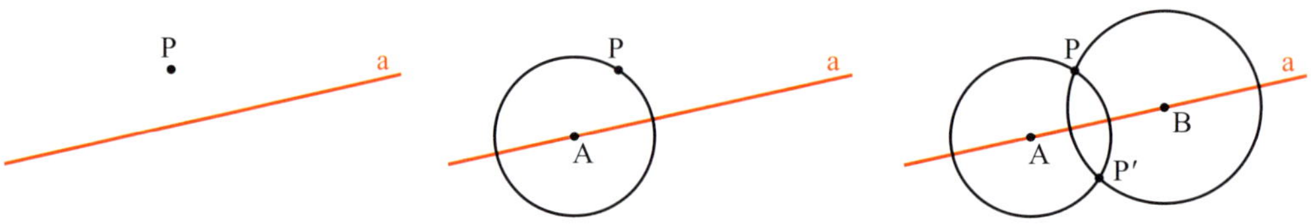

Seit dem griech. Philosophen Platon (427–348 v. Chr.) versteht man unter einer Konstruktion im klassischen Sinn die Zeichnung einer Figur allein mit Zirkel und Lineal. Bei den Griechen galten Kreis und Gerade als die beiden vollkommenen Figuren.

Verwendet man beim Zeichnen **nur Zirkel und Lineal** (Geodreieck) und zeichnet damit nur Kreise und gerade Linien, so spricht man vom **Konstruieren**. Man verzichtet also darauf, z. B. Strecken und Winkel zu messen. In Zukunft verstehen wir unter Konstruieren immer das Konstruieren mit Zirkel und Lineal.

Aus der Konstruktion des Spiegelpunktes P′ mit dem Zirkel folgt unmittelbar, dass jeder Punkt auf der Achse von P und P′ gleich weit entfernt ist. Um umgekehrt zu überprüfen, ob es Punkte gibt, die von P und P′ gleich weit entfernt sind, aber nicht auf der Achse liegen, betrachten wir das nebenstehende Bild.

Erinnerung:
$Q \notin g$ bedeutet: Q liegt nicht auf g.

Wir verbinden einen Punkt $Q \notin a$ mit den symmetrischen Punkten P und P′.
In der Figur sieht man, dass
$\overline{QA} + \overline{AP'} > \overline{QP'}$.
Da zueinander symmetrische Strecken gleich lang sind, ist $\overline{AP'} = \overline{AP}$
und damit $\overline{QP} = \overline{QA} + \overline{AP} = \overline{QA} + \overline{AP'}$.
Deshalb gilt $\overline{QP} > \overline{QP'}$.
Also ist Q von P und P′ verschieden weit entfernt. Dieselbe Überlegung gilt für jeden beliebigen Punkt, der nicht auf der Achse liegt. Also sind nur Achsenpunkte von zueinander symmetrischen Punkten gleich weit entfernt.

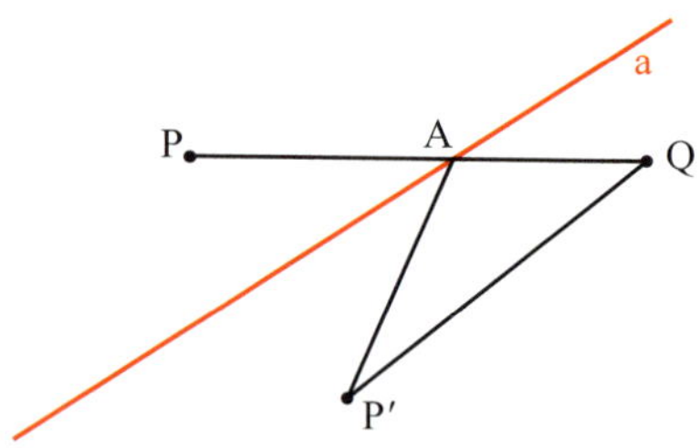

Satz von den Achsenpunkten
Punkte, die auf der Symmetrieachse liegen – und nur diese –, sind von zueinander symmetrischen Punkten gleich weit entfernt.

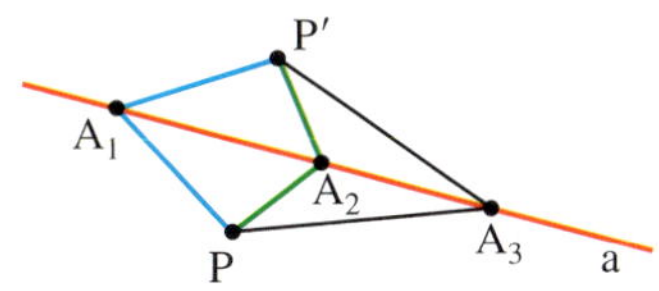

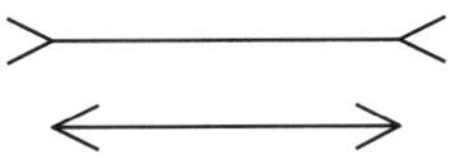

Optische Täuschung

Bemerkung
In mathematischen Sätzen werden wichtige Tatsachen formuliert. Es liegt im Wesen der Mathematik, jeden gefundenen Satz mit bereits bekannten Tatsachen zu begründen, weil man sich nicht auf die Anschauung alleine, die einen leicht täuschen kann, berufen will.

Damit die Konstruktion nicht zu unübersichtlich wird, zeichnet man oft nur den Teil des Kreises da, wo der Schnittpunkt erwartet wird.

Konstruieren der Symmetrieachse
Sind A und B zueinander symmetrische Punkte, so zeichnet man um A und B zwei Kreise mit gleichem genügend großem Radius, so dass sich die Kreislinien schneiden. Weil beide Schnittpunkte von A und B gleiche Entfernung haben, müssen sie wegen des Satzes von den Achsenpunkten auf der Achse liegen.
Also ist die Gerade durch die beiden Schnittpunkte die gesuchte Achse a.

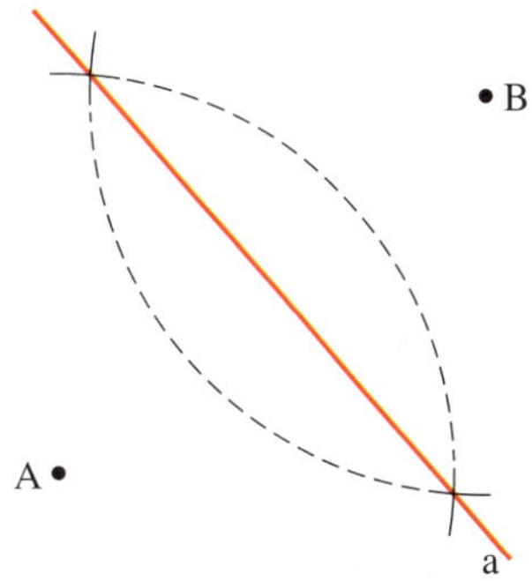

Beispiele:

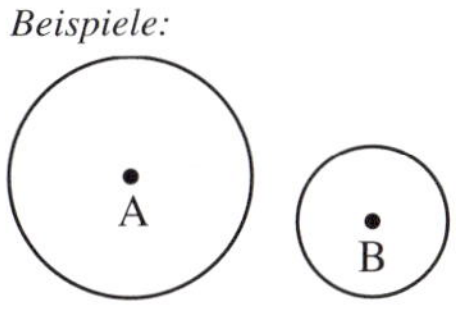

k(A; r = 8 mm)
k(B; r = 5 mm)

Da man beim Konstruieren sehr oft Kreise zeichnet, führt man folgende abkürzende Schreibweise ein:
k (M; r) bedeutet Kreis um den Mittelpunkt M mit dem Radius r.

Beispiel 1
Konstruiere die Symmetrieachse a zu den beiden zueinander symmetrischen Dreiecken ABC und A′C′B′ und erläutere dein Vorgehen.
Lösung:
Es genügt, zu zwei symmetrischen Punkten (z. B. zu C und C′) die Symmetrieachse zu konstruieren, denn unabhängig von der Wahl der symmetrischen Punktepaare ergibt sich die gleiche Symmetrieachse.

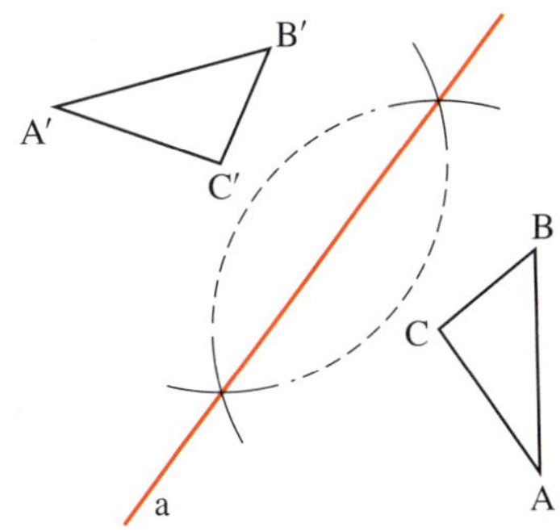

Tipp:
Nimm zum Konstruieren die beiden zueinander symmetrischen Punkte, die von der Achse am weitesten entfernt sind, weil die Konstruktion so am genauesten wird.

Beispiel 2
Wie könnte man vorgehen, um das Spiegelbild eines Winkels α bezüglich einer Achse a zu konstruieren?
Lösung:
Man markiert auf jedem Schenkel einen beliebigen Punkt.
Zu diesen zwei Punkten und dem Scheitelpunkt konstruiert man die Spiegelpunkte und zeichnet α′ ein.

***Strategie:** Zurückführen auf etwas Bekanntes*

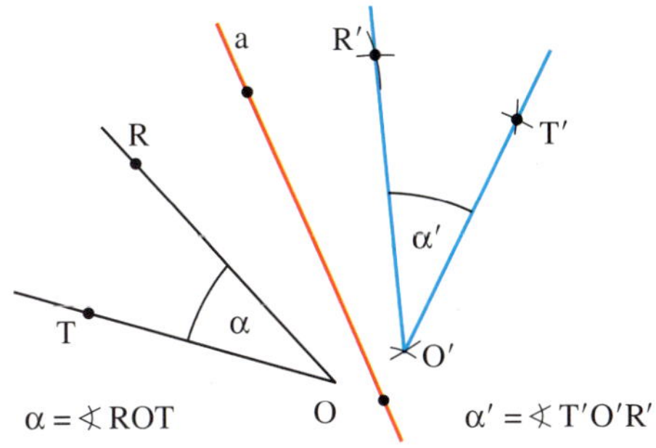

Beispiel 3

Konstruiere das Spiegelbild der Geraden g bezüglich der Achse a und begründe dein Vorgehen.

Lösung:

Da die Gerade g die Achse a in einem Punkt S schneidet, verläuft auch g′ durch S, denn symmetrische, nicht parallele Geraden schneiden sich auf der Achse.

Um die Gerade g′ festzulegen, genügt es, einen weiteren beliebigen Punkt B auf der Geraden g zu markieren und diesen an der Achse zu spiegeln.

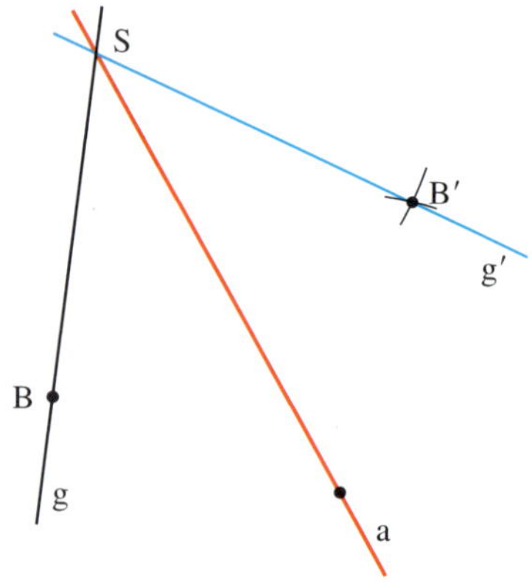

Aufgaben

Lösungssalat zu 2 / mögliche Lösungen:

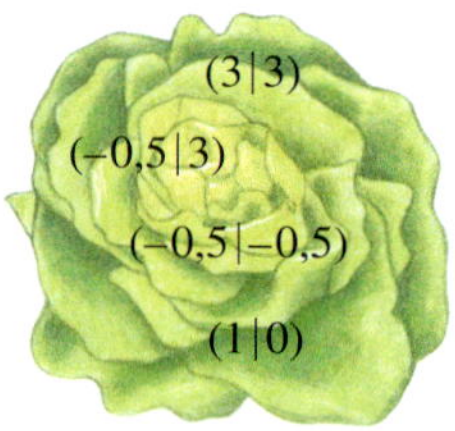

2

Konstruiere zu den beiden gegebenen Punkten die Symmetrieachse a. Gib jeweils die Koordinaten zweier Achsenpunkte an.

a) P(2|6), P′(6|2) b) R(−3|−2), R′(5|2)

3

Zeichne ein Fünfeck und eine Achse a und konstruiere das Spiegelbild des Fünfecks bezüglich a.

4

Dom in Speyer

Frauenkirche, Nürnberg

Theatinerkirche, München

Hier bietet sich auch ein gemeinsames Projekt mit Kunst an.

Zeichnet achsensymmetrische Fassaden aus der Zeit der Romanik, Gotik oder des Barock mit Kreiden auf den Pausenhof. Sucht dazu geeignete Bilder oder übernehmt die obigen Abbildungen.
Übertragt zuerst die eine Hälfte und konstruiert dann dazu die andere Hälfte.

5

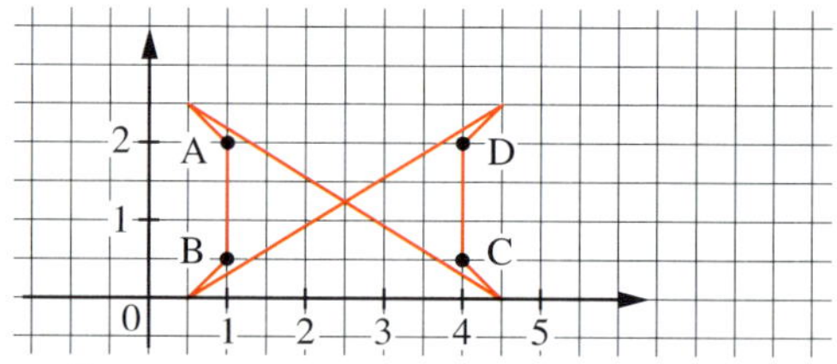

a) Übertrage obige Figur in dein Heft und konstruiere alle Symmetrieachsen der Figur.

b) Welcher Punkt ist von A, B, C und D gleich weit entfernt?

6

Zeichne die Symmetrieachse $a = PQ$ mit $P(-4{,}5|3{,}5)$ und $Q(1{,}5|2)$.

a) Konstruiere das Dreieck A′C′B′, das zum Dreieck ABC mit $A(-1|5)$, $B(3{,}5|1{,}5)$ und $C(2|5)$ bezüglich a symmetrisch ist.

b) Konstruiere das Viereck S′V′U′T′, das zum Viereck STUV mit $S(-3|1)$, $T(-0{,}5|2{,}5)$, $U(-2|5)$, $V(-4|6)$ bezüglich a symmetrisch ist.

c) Konstruiere den Kreis, der zu dem Kreis um $M(5|-1)$ mit dem Radius $r = 2\,cm$ bezüglich a symmetrisch ist.

7

Konstruiere zu einem Halbkreis mit dem Durchmesser 10 cm die Symmetrieachse.

8

Konstruiere das Spiegelbild einer zur Symmetrieachse parallelen Geraden.

9

a) Zeichne ein Rechteck ABCD und spiegle es an der Diagonalen BD.

b) Wie muss das Rechteck aussehen, wenn es zu BD achsensymmetrisch sein soll?

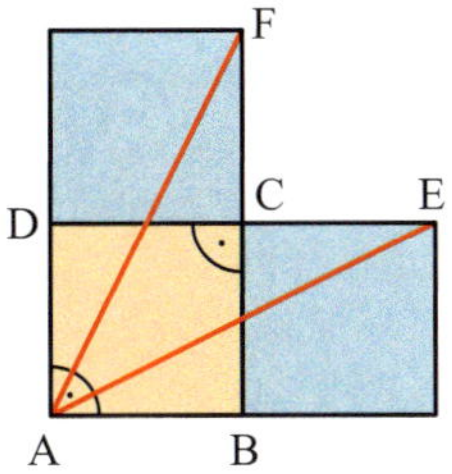

10

In der nebenstehenden Figur ist $\overline{AE} = \overline{AF}$. Gilt Entsprechendes auch, wenn man von einem beliebigen Rechteck ABCD ausgeht und über [BC] und [CD] Quadrate errichtet? Begründe.

11

Zeichne das Fünfeck ABCDE mit den Punkten A(–1|3), B(2|0), C(4|0), D(1|3), E(–3,5|4,5).

a) Konstruiere das Spiegelbild des Fünfecks bei einer Achsenspiegelung so, dass sowohl der Punkt A mit seinem Spiegelpunkt als auch der Punkt D mit seinem Spiegelpunkt zusammenfällt.

b) Gib die Koordinaten der Spiegelpunkte B′, C′ und E′ an.

c) Wie bezeichnet man die Art des Vierecks ABCD?

d) Berechne den Flächeninhalt des Fünfecks A′B′C′D′E′ in cm^2 bzw. mm^2.

e) Das Fünfeck ABCDE und sein Spiegelbild überdecken sich in einem gemeinsamen Drachenviereck. Welchen Anteil hat dessen Flächeninhalt an der Gesamtfigur?

Beim Drachenviereck ist eine Diagonale Symmetrieachse.

12

Konstruiere eine Figur mit genau

a) einer, b) zwei,

c) drei, d) vier

verschiedenen Symmetrieachse(n).

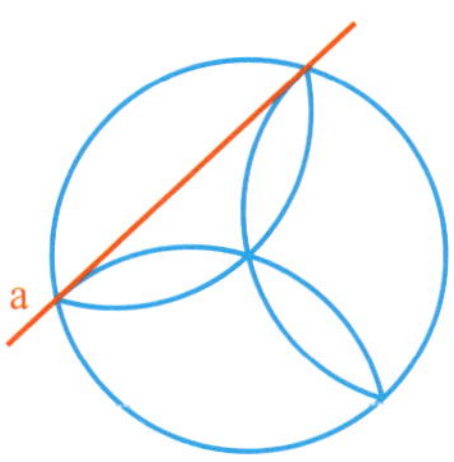

13

Zeichne die nebenstehende Rosette und trage die Gerade a ein. Spiegle die Rosette an der Geraden a, ohne das Geodreieck zu benutzen.

14

Konstruiere die Symmetrieachsen zweier Kreise mit Radius 3 cm, deren Mittelpunkte einen Abstand von 7 cm (5 cm) haben.

15

Zeichne den Kreis um M(4|5) mit Radius 3 cm. Konstruiere sein Spiegelbild bezüglich der Achse AB mit A(–5|2) und B(3|6) und zeichne alle Symmetrieachsen der entstandenen Gesamtfigur ein.

16

Konstruiere zum Viereck ABCD mit A(1|–1), B(5|–1), C(6|1), D(2|1) und zum Punkt A′(1|3) das Spiegelbild so, dass A′ der Bildpunkt von A ist. Gib die Koordinaten der Bildpunkte B′, C′ und D′ an.

17

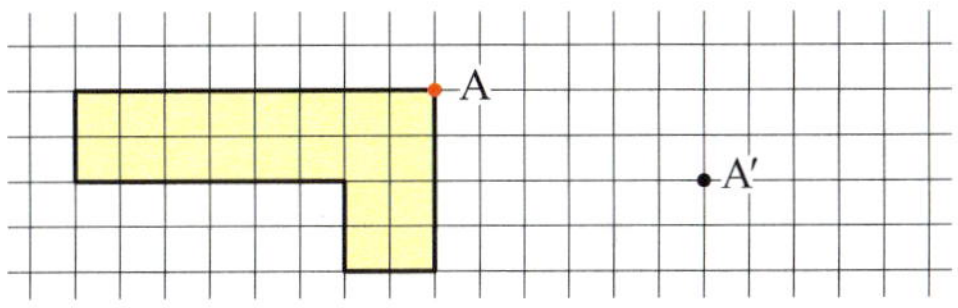

Übertrage die Figur in dein Heft.

a) Spiegle das Sechseck so, dass A′ der Bildpunkt von A ist.

b) Spiegle das Sechseck so, dass sich als Bild ein aufrechtes „L“ ergibt.

c) Zeichne zum ursprünglichen Sechseck weitere L-förmige Sechsecke. Lass deinen Nachbarn diejenigen L-Buchstaben heraussuchen, die Spiegelbilder des ursprünglichen Sechsecks sind, und die jeweilige Symmetrieachse konstruieren.

18

a) Zeichne die Symmetrieachse a = ST mit S(–1|0) und T(5|3) und die Gerade g = AB mit A(–3|3) und B(6|1,5).

b) Konstruiere die zu g bezüglich a symmetrische Gerade g′.

c) Welcher Punkt der Geraden g stimmt mit seinem Spiegelpunkt überein? Gib seine Koordinaten an.

G 19

Thomas hat beim Abschreiben der Hausaufgabe eine Klammer vergessen:

$12^2 - 12 \cdot (-3) + 4 \cdot (-34) + 34]$

Zu Hause überlegt er, wo die fehlende Klammer stehen könnte. Er setzt die Klammer so, dass er am wenigsten rechnen muss. Welches Ergebnis erhält er?

3 Mittelsenkrechte, Winkelhalbierende und Lote

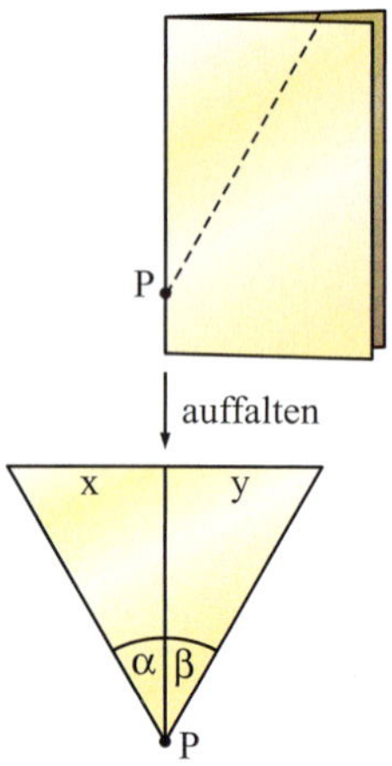

1

Falte ein rechteckiges Blatt Papier so, dass es genau halbiert wird.
Schneide, wie in der linken Figur gezeigt, eine Ecke ab, so dass ein Dreieck entsteht.
Klappe das Dreieck auf.

a) Was fällt dir an den Winkeln α und β und den Strecken x und y auf?
b) Welchen Winkel bildet die obere Kante des entstandenen Dreiecks mit der Knickkante, die durch P verläuft?

2

Der Platzwart will auf einem Fußballfeld den Elfmeterpunkt markieren.

a) Überlege dir eine Möglichkeit, wie er diesen finden kann.
b) Skizziere den Torraum von oben. Wie kann die links abgebildete Zeichnung dem Platzwart beim Finden des Elfmeterpunktes helfen?

Strategie: Zurückführen auf etwas Bekanntes

Bis jetzt können wir symmetrische Punkte oder die Symmetrieachse zu zwei gegebenen Punkten konstruieren. Die folgenden **Grundkonstruktionen** lassen sich auf diese beiden Konstruktionen zurückführen.
Wir werden später sehen, dass sich die meisten Konstruktionsaufgaben in der Geometrie der Jahrgangsstufe 7 wiederum auf diese grundlegenden Konstruktionen zurückführen lassen.

Statt Mittelsenkrechte m von [AB] kann man auch $m_{[AB]}$ schreiben.

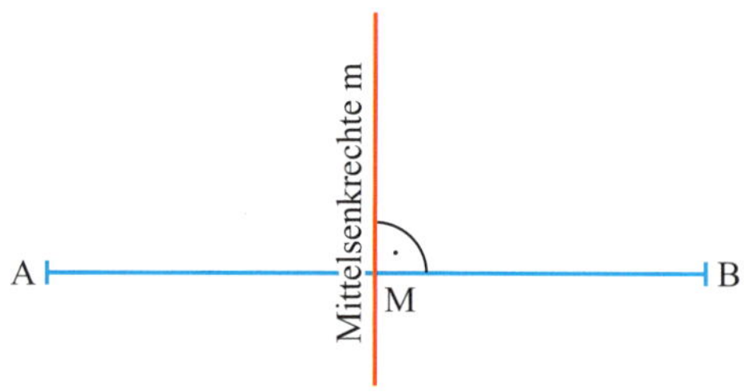

Unter der **Mittelsenkrechten m** einer Strecke [AB] versteht man diejenige Gerade, die die Strecke [AB] halbiert und senkrecht auf [AB] steht.
Also ist die Gerade m die Symmetrieachse zu der Strecke [AB] und daher ist jeder Punkt der Mittelsenkrechten m von A und B jeweils gleich weit entfernt.

Zeichnen der Mittelsenkrechten mit dem Geodreieck:

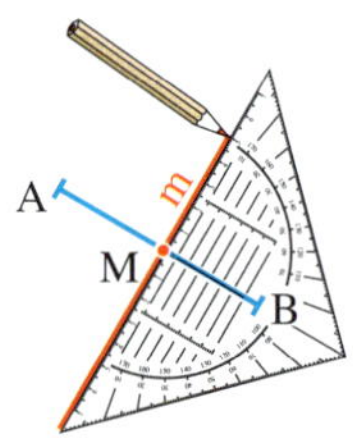

Mitte M markieren, Geodreieck anlegen und zeichnen.

Um die Mittelsenkrechte m einer Strecke [AB] nur mit Zirkel und Lineal zu konstruieren, muss man also nur die Symmetrieachse zu den Punkten A und B konstruieren.
Dies haben wir bereits in der vorhergehenden Lerneinheit gelernt.

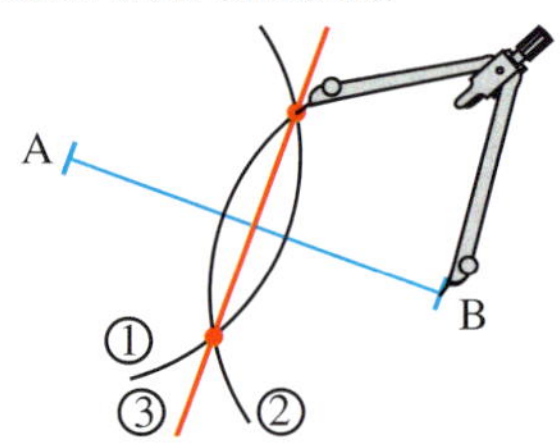

①–③: Reihenfolge der Konstruktionsschritte

Konstruktion der Mittelsenkrechten: Man erhält die Mittelsenkrechte m zu [AB], indem man die Symmetrieachse zu den Punkten A und B konstruiert.

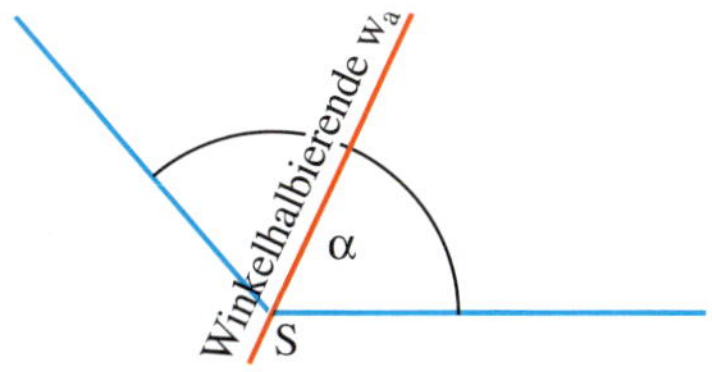

Unter der **Winkelhalbierenden w_α** versteht man diejenige Gerade, die durch den Scheitel geht und den Winkel α in zwei gleich große Hälften teilt.
Also ist w_α die Symmetrieachse zu den beiden Schenkeln des Winkels.

Man konstruiert die Winkelhalbierende w_α eines Winkels α, indem man um den Scheitel S einen Kreis mit beliebigem Radius zeichnet.
Dieser Kreis schneidet die Schenkel in den Punkten A und B. Zu diesen Punkten A und B konstruiert man die Symmetrieachse. Da der Scheitel bereits auf w_α liegt, genügt es, nur einen weiteren Punkt zu konstruieren.

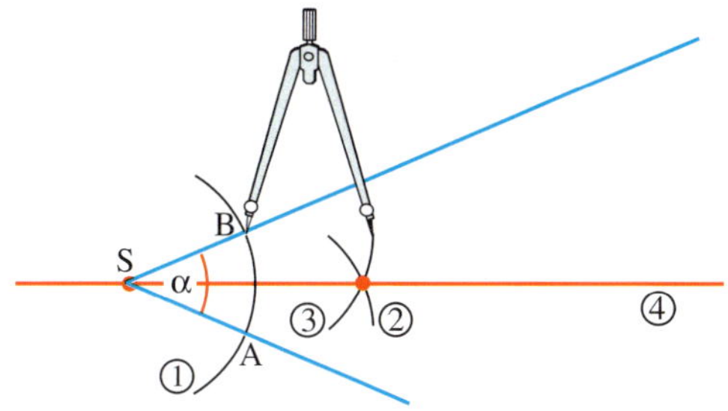

Konstruktion der Winkelhalbierenden:
Man erhält die Winkelhalbierende w_α eines Winkels α, indem man die Symmetrieachse zu den beiden Schenkeln des Winkels konstruiert.

Gilt $P \in g$, so sagt man auch: Im Punkt P wird das Lot zu g ***errichtet****.*

Gilt $P \notin g$, so sagt man auch: Vom Punkt P wird das Lot auf g ***gefällt****.*

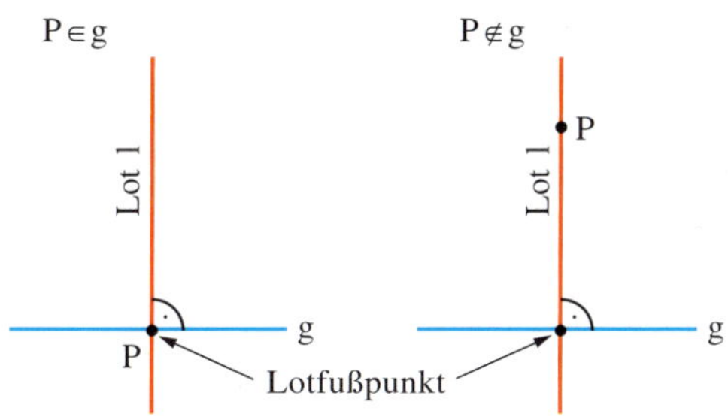

Bei geometrischen Konstruktionen kommt es oft vor, dass eine Gerade l benötigt wird, die durch einen gegebenen Punkt P geht und senkrecht auf einer gegebenen Geraden g steht.
Man sagt: Im Punkt P wird das **Lot** (die Senkrechte) zur Geraden g konstruiert.
Der Schnittpunkt des Lotes l mit g heißt **Lotfußpunkt**.

Zeichnen des Lotes durch einen Punkt P mit dem Geodreieck:

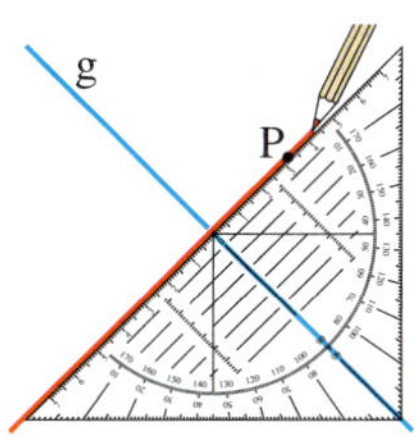

Das Lot wird konstruiert, indem man um P einen Kreis mit einem Radius zeichnet, der g in zwei Punkten A und B schneidet. Anschließend konstruiert man die Symmetrieachse zu diesen Punkten. Wegen $\overline{AP} = \overline{PB}$ geht die Symmetrieachse durch P (Satz von den Achsenpunkten).

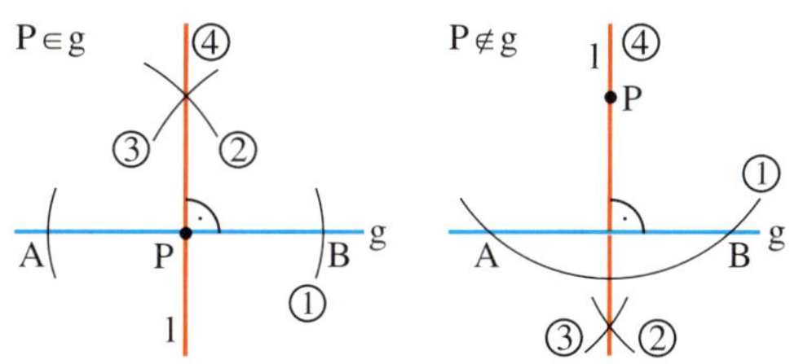

Konstruktion des Lotes:
Man erhält das Lot l zu einer Geraden g durch einen Punkt P, indem man zu zwei vom Punkt P gleich weit entfernt liegenden Punkten A und B der Geraden die Symmetrieachse konstruiert.

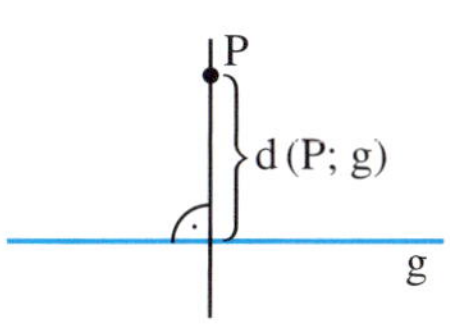

Die Länge der Lotstrecke von P zur Geraden g wird als **Abstand** des Punktes P von der Geraden g bezeichnet. Wir benutzen im Folgenden die Kurzschreibweise: **d (P; g)**.

Beispiel 1

a) Konstruiere einen Winkel der Größe 90° und beschreibe, wie du vorgehst.

b) Teile den Winkel $\delta = 280°$ mit Zirkel und Lineal in vier gleich große Teile und erkläre deine Vorgehensweise.

Lösung:

Das Halbieren eines gestreckten Winkels ist dasselbe wie das Errichten eines Lotes in einem Punkt.

a) Der 90°-Winkel ergibt sich durch Winkelhalbierung eines gestreckten Winkels.

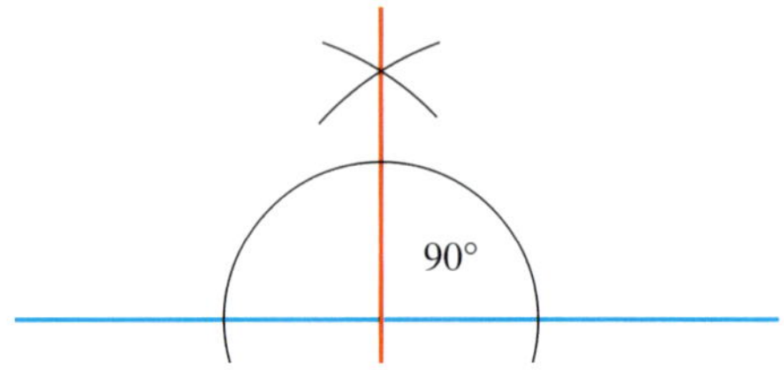

b) Durch Konstruktion der Winkelhalbierenden w_δ bekommt man zwei gleich große Winkel ε_1 und ε_2. Vier gleich große Winkel erhält man, wenn man anschließend zu ε_1 und ε_2 jeweils die Winkelhalbierende konstruiert.

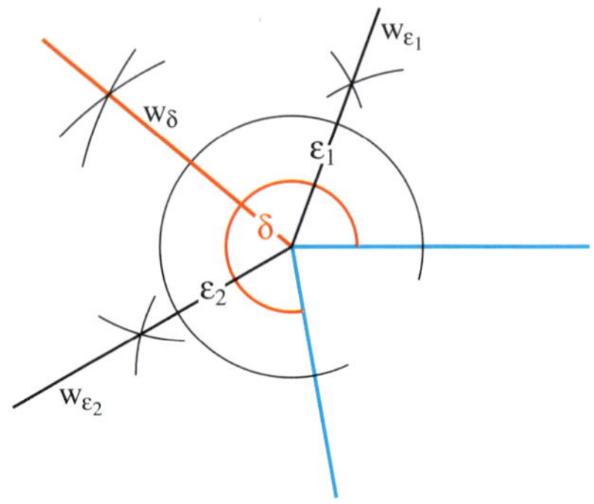

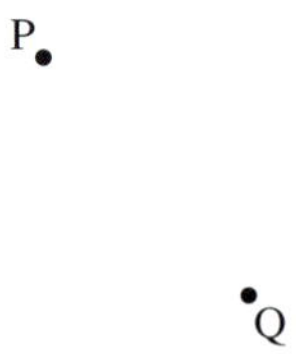

Beispiel 2

Zeichne drei unterschiedlich große Kreise, die durch die Punkte P und Q gehen, und begründe deine Vorgehensweise.

Lösung:

Jeder Punkt der Mittelsenkrechten m von [PQ] ist gleich weit von P und Q entfernt. Also kann man drei beliebige Punkte der Mittelsenkrechten als Kreismittelpunkte wählen, um Kreise durch P und Q zu zeichnen.

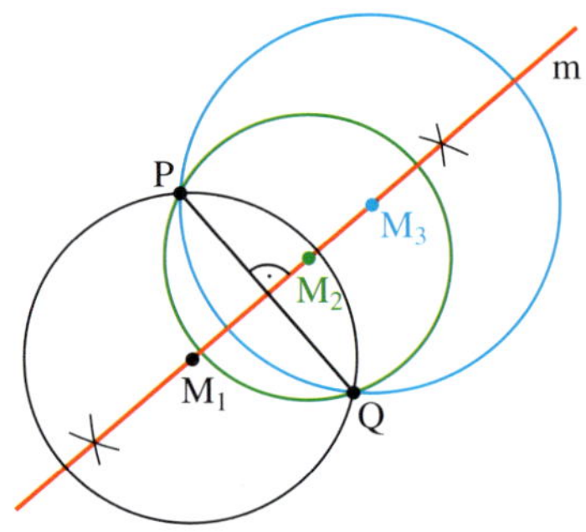

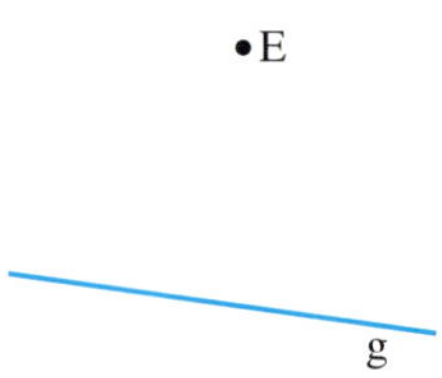

Beispiel 3

Bestimme den Abstand $d(E; g)$ des Punktes E von der gegebenen Geraden g. Beschreibe, wie du vorgehst.

Lösung:

Man konstruiert das Lot zur Geraden g durch den Punkt E. Der gesuchte Abstand ist die Länge der Strecke [EF].

Die Messung ergibt $d(E; g) = \overline{EF} \approx 1{,}7\,\text{cm}$.

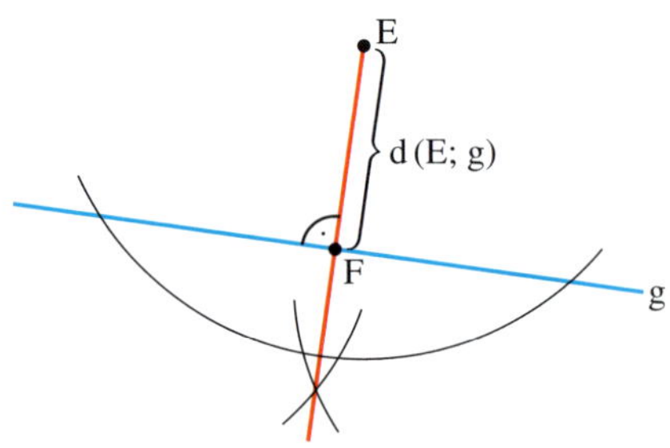

Aufgaben

3

Zeichne die Winkel $\alpha = 48°$, $\beta = 60°$, $\gamma = 97°$, $\delta = 140°$, $\varepsilon = 270°$.
Konstruiere zu jedem Winkel die Winkelhalbierende.

4

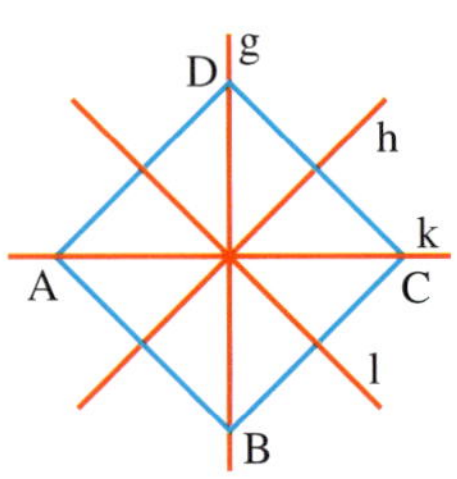

Welche Gerade ist Mittelsenkrechte

a) von [AB], b) von [BC],
c) von [CD], d) von [BD]?

5

Zeichne eine 5 cm lange Strecke und konstruiere deren Symmetrieachsen.

6

Zeichne das Dreieck ABC mit $A(-2|4)$, $B(6|1)$ und $C(2|6)$. Konstruiere

a) die Mittelsenkrechte m von [AC],

b) das Lot l zur Strecke [AB] durch C,

c) die Symmetrieachse w von $\sphericalangle ABC$.

Aufgabe 7 b) lässt sich auch gut mit einem DGS durchführen.

7
Zeichne ein Parallelogramm.
a) Konstruiere zu jedem Winkel die Winkelhalbierende. Was fällt dir auf?
b) Bei welcher Art von Viereck sind die Winkelhalbierenden auch die Diagonalen?

8
a) Zeichne zwei sich schneidende Geraden g und h. Konstruiere die Symmetrieachsen der Figur.
b) Zeichne zwei parallele Geraden, die 5 cm Abstand voneinander haben, und konstruiere ein gemeinsames Lot.

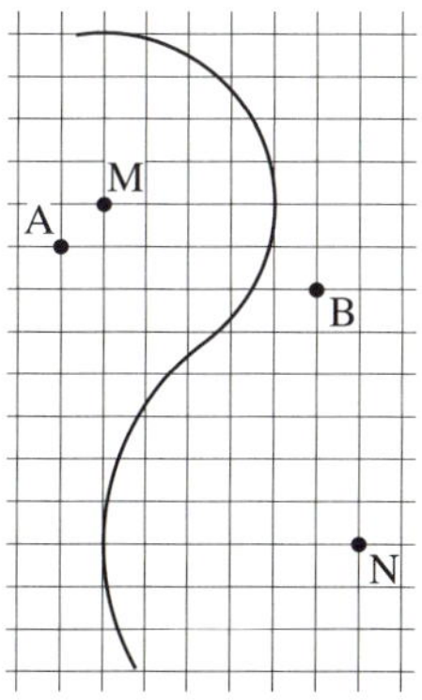

9
Im Gebiet zwischen den Orten A-Stadt und B-Dorf verläuft eine Hauptstraße, die im betrachteten Teil aus zwei Kreisbögen mit den zugehörigen Mittelpunkten M und N besteht. Von einem Punkt dieser Straße aus sollen zwei gleich lange, geradlinige Verbindungswege zu den beiden Orten gebaut werden. Übertrage die Zeichnung in dein Heft und ermittle den oder die möglichen Abzweigungspunkt(e).
Erläutere kurz deine Lösungsidee.

10
Teile mit Zirkel und Lineal
a) eine 12,3 cm lange Strecke in 2 gleich große Teilstrecken.
b) eine 12,3 cm lange Strecke in 4 gleich große Teilstrecken.

11
Matthias und Peter wollen ein Glücksrad bauen. Um einen sehr großen Kreis zu bekommen, umfahren sie den Rand eines Tellers mit einem Bleistift.
Erkläre, wie sie anschließend den Mittelpunkt finden.

12
Die Giebelwand eines Fachwerkhauses ist 8 m breit und insgesamt 10 m hoch; der Dachstuhl ist 4 m hoch.
Konstruiere diese Giebelwand in geeignetem Maßstab auf unliniertem Papier.

13
Zeichne die Gerade AB mit $A(-4|-3)$ und $B(4|1)$ und konstruiere von $C(-4|2)$ das Lot auf AB.
Gib die Koordinaten des Lotfußpunktes an.

14
Begründe, warum das Errichten eines Lotes ein Sonderfall des Winkelhalbierens ist.

15
Auf dieser Karte im Maßstab 1:1000 haben Piraten Markierungen eingetragen, mit deren Hilfe ein vergrabener Schatz wieder gefunden werden kann. Nur der Kapitän und zwei seiner engsten Vertrauten wissen, dass der Schatz von den Kreuzen am Felsen und am Baum gleich weit entfernt ist und außerdem genau 25 m weit weg von der Quelle liegt.
Zeichne die Karte ab und gib an, an welchen Stellen man nach dem Schatz suchen muss.

16
a) Zeichne das Rechteck ABCD mit $\overline{AB} = 7\,\text{cm}$ und $\overline{BC} = 4\,\text{cm}$ sowie die Diagonale [BD].
b) Fälle von C das Lot auf [BD] und benenne den Lotfußpunkt mit F.
c) Miss die Länge der Strecke [CF].
Berechne den Flächeninhalt des Dreiecks BCD auf zwei verschiedene Arten.
Erläutere, welcher Rechenweg sicher einen exakten Wert liefert.
d) Spiegle das Dreieck BCD an der Achse BD und gib für das entstandene Drachenviereck den exakten Wert seines Flächeninhalts an.

17

Aus dem Jahr 1489 ist die folgende Aufgabe überliefert:

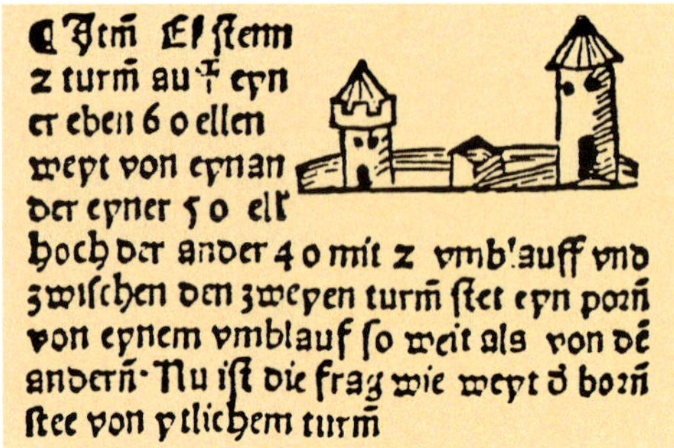
Jtm̃ Es stenn
z turm̃ auf eyn
er eben 60 ellen
weyt von eynan
der eyner 50 ell
hoch der ander 40 mit z vmb'auff vnd
zwischen den zweyen turm̃ stet eyn porñ
von eynem vmblauf so weit als von dẽ
andern̄. Nu ist die frag wie weyt d born
stee von yglichem turm̃

Die Elle ist ein früheres Längenmaß, ursprünglich die Länge des Unterarms, festgelegt zwischen 50 cm und 85 cm.

Zwei Türme stehen 60 Ellen weit voneinander entfernt. Der eine ist 50 Ellen, der andere 40 Ellen hoch. Zwischen den beiden Türmen befindet sich ein Brunnen, der von den Turmspitzen gleich weit entfernt ist.

a) Zeichne die Situation in geeignetem Maßstab und bestimme mit Zirkel und Lineal die Stelle, an der sich der Brunnen befindet.

b) Wie weit ist der Brunnen vom höheren Turm entfernt?

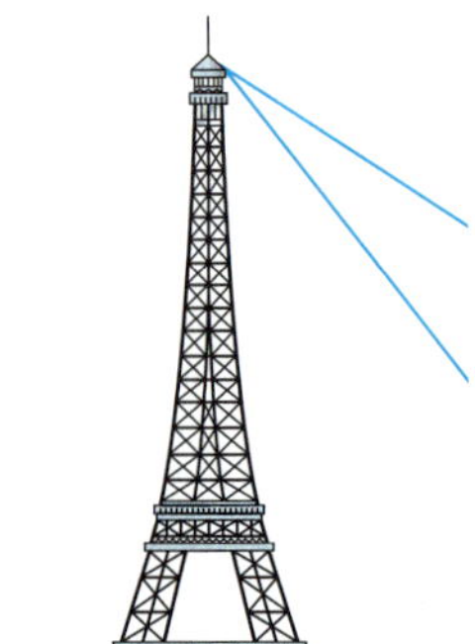

18

Um die Höhe des Eiffelturms in Paris zu bestimmen, werden die im Bild eingetragenen Werte gemessen. Bestimme die Höhe näherungsweise durch eine maßstäbliche Zeichnung. Wähle z. B. $\overline{AB} = 4{,}6\,\text{cm}$.

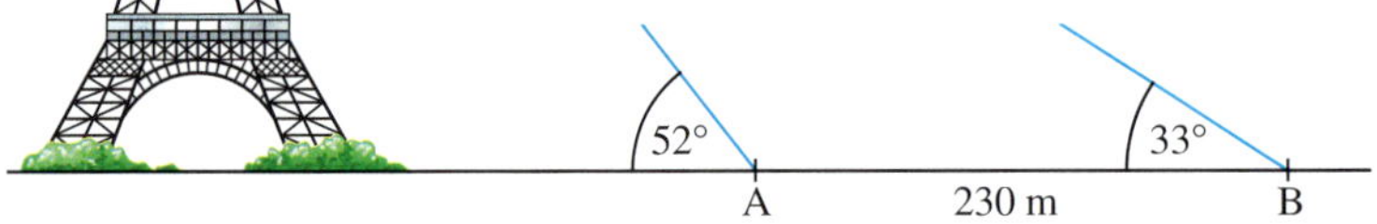

19

a) Zeichne einen Winkel von 80° und teile ihn mit Zirkel und Lineal in 4 gleich große Winkel.

b) Konstruiere einen Winkel der Größe 45°.

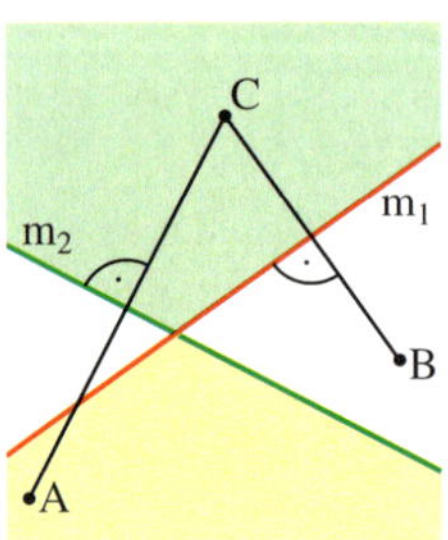

20

Die Gerade m_1 ist die Mittelsenkrechte der Strecke [BC]. Die Gerade m_2 ist die Mittelsenkrechte der Strecke [AC]. Wähle einen Punkt P im grünen (gelben) Gebiet. Vergleiche die Streckenlängen $\overline{PA}$ mit $\overline{PC}$ und $\overline{PB}$ mit $\overline{PC}$. Begründe deine Feststellungen.

21

Überprüfe die folgenden Aussagen mit Hilfe einer Grundkonstruktion und begründe deine Meinung. Denke auch an Sonderfälle.

a) Oliver vermutet: „Wenn ich im Dreieck an einer Ecke den Winkel halbiere, halbiert die Winkelhalbierende auch die gegenüberliegende Seite."

b) Jonas behauptet, dass beim Rechteck der Lotfußpunkt des Lotes von einem Eckpunkt auf eine Diagonale mit dem Schnittpunkt der beiden Diagonalen übereinstimmt.

22

a) Schraffiere den Bereich, in dem alle Punkte liegen, die von A(–5|–2,5) weiter entfernt sind als von B(3|6,5).

b) Gibt es Punkte, die näher bei P(1|6) liegen als bei Q(5|2) und höchstens 2 LE (Längeneinheiten) von Q entfernt sind? Arbeite mit Zirkel und Lineal und schraffiere gegebenenfalls den Bereich, in dem die gesuchten Punkte liegen.

23

In welchem Abstand geht die Hauptverkehrsstraße am Krankenhaus vorbei? Konstruiere in geeignetem Maßstab.

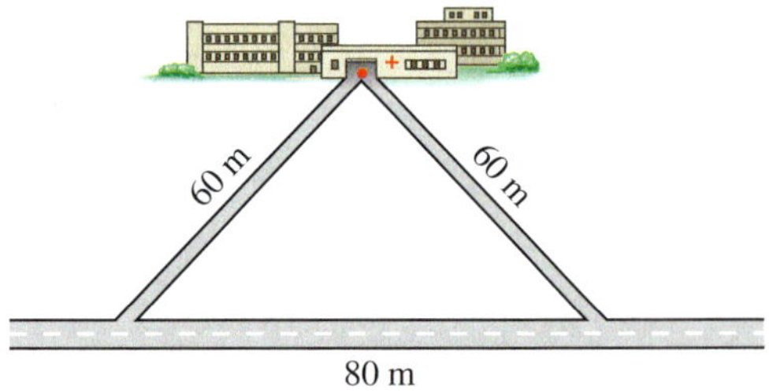

24

a) Gegeben sind die Punkte A(–1|–5), B(8|–2), C(4|4) und D(6|7). Konstruiere denjenigen Punkt der Geraden CD, der von A und B gleich weit entfernt ist. Gib seine Koordinaten an.

b) Zeichne einen spitzen Winkel mit dem Scheitel S. Markiere einen Punkt P im Innern des Winkels. Konstruiere die Punkte auf den Schenkeln des Winkels, die gleich weit von P und S entfernt sind.

25
a) Zeichne eine 4 cm lange Strecke [AB]. Konstruiere alle Kreise mit Radius 3 cm, die durch A und B gehen.
b) Zeichne eine Gerade g und zwei Punkte P, Q $\notin$ g. Konstruiere einen Kreis, der durch P und Q geht und seinen Mittelpunkt auf g hat. Begründe deine Konstruktion.

26
a) Konstruiere die Symmetrieachsen zweier Kreise mit Radius 3 cm, deren Kreismittelpunkte einen Abstand von 5 cm (6 cm, 7 cm) haben.
b) Wie viele gemeinsame Punkte haben eine Symmetrieachse und ein Kreis?

27
Gegeben sind die Punkte $A(1|-5)$, $B(5|-5)$ und $C(3|-1)$.
Konstruiere einen Kreis, der durch A, B und C geht. Begründe deine Vorgehensweise.

28
a) Zeichne eine Gerade g und einen Punkt P $\notin$ g. Konstruiere das Lot l durch P zu g und anschließend die Gerade h als Lot zu l durch P.
b) Welche besondere Konstruktion hast du gefunden?
c) Erkläre deinem Nachbarn noch einmal mit eigenen Worten die einzelnen Schritte dieser Konstruktion.

Aufgabe 26 veranschaulicht:
Eine Gerade kann mit einem Kreis zwei Punkte, einen einzigen Punkt oder keinen Punkt gemeinsam besitzen.

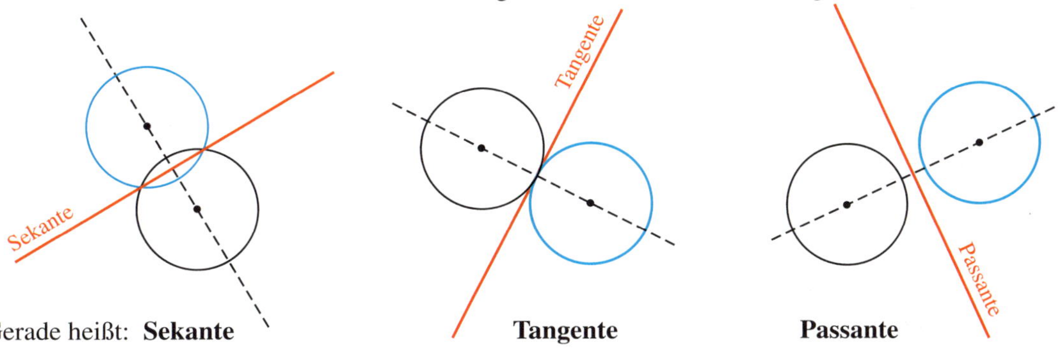

Eine solche Gerade heißt: **Sekante** **Tangente** **Passante**

Konstruktion einer Tangente
Gegeben sind ein Kreis mit dem Mittelpunkt M und ein Kreispunkt B.
Die Tangente des Kreises durch den Punkt B erhält man, indem man im Punkt B das Lot zur Geraden MB konstruiert.
Der gemeinsame Punkt von Kreis und Tangente heißt **Berührpunkt**.

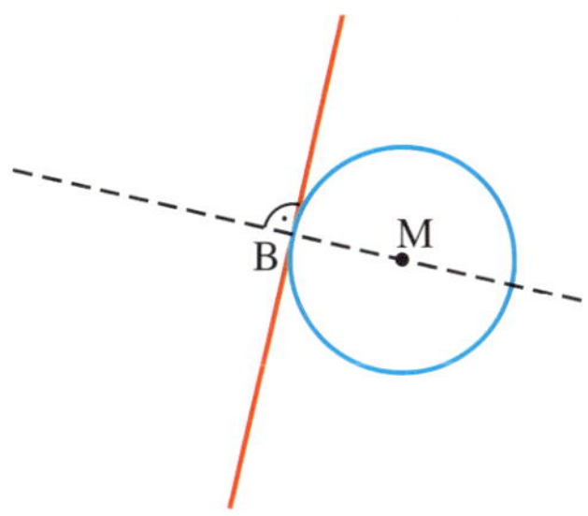

secare (lat.): schneiden
tangere (lat.): berühren
passer (frz.): vorbeigehen

29
Zeichne zu einem Kreis k(M; 2,5 cm) eine Passante g und eine Sekante h.

30
Zeichne einen Kreis mit Radius 3 cm. Wähle auf dem Kreis drei Punkte P, Q und R. Konstruiere die Tangenten des Kreises mit den Berührpunkten P, Q und R.

G 31
Berechne die Umfänge und Inhalte der farbigen Flächen (Maße in mm).

a)
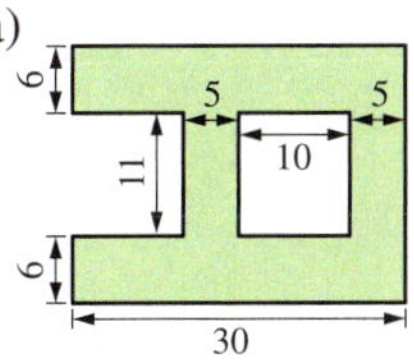

b)
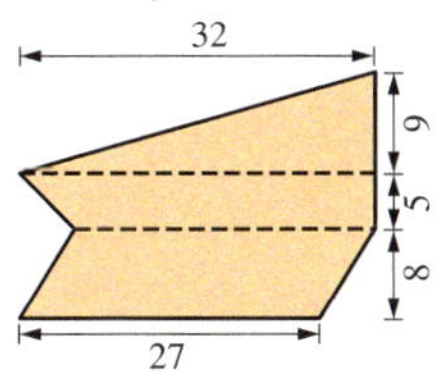

4 Punktsymmetrie

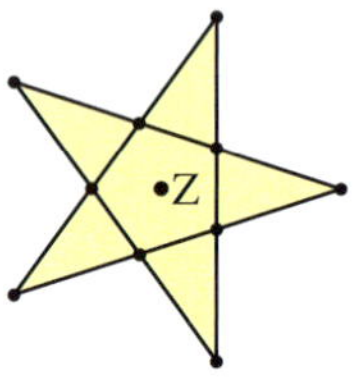

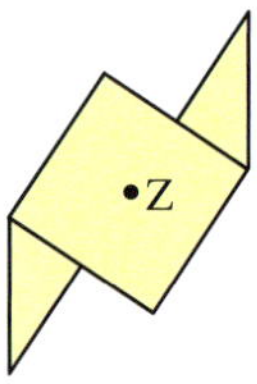

1

Welche der nebenstehenden Figuren kommen nach einer Halbdrehung (d. h. einer Drehung um 180°) am Punkt Z mit sich zur Deckung?

2

Rechts auf dem Bild siehst du die Spielaufstellung bei einem Volleyballspiel. Übertrage die Aufstellung in dein Heft und verbinde die Punkte mit gleicher Nummer. Was stellst du fest?

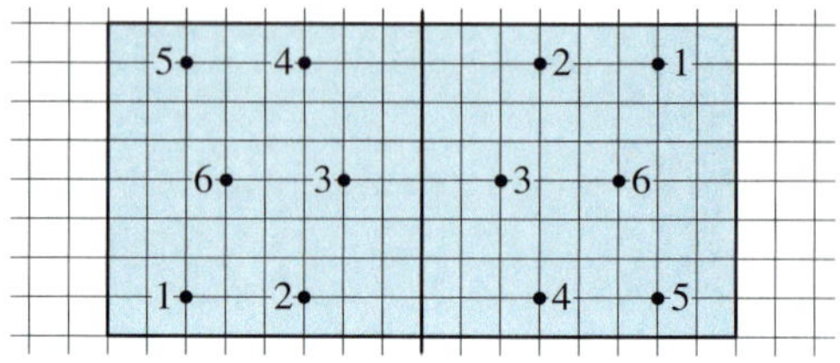

Wenn man den Buchstaben N an einem geeigneten Punkt Z um 180° dreht, dann kommt er mit sich selbst zur Deckung. Figuren mit dieser Eigenschaft nennt man **punktsymmetrisch bezüglich des Punktes Z**.

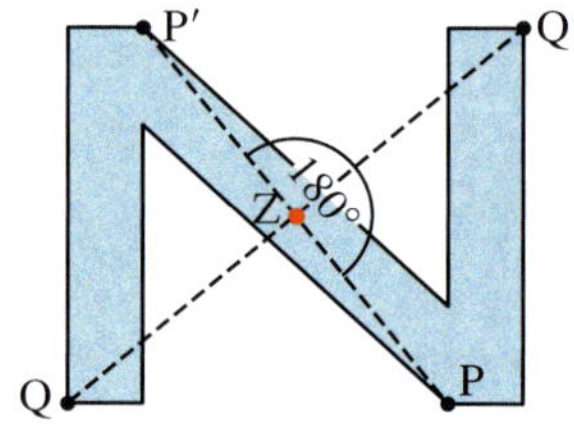

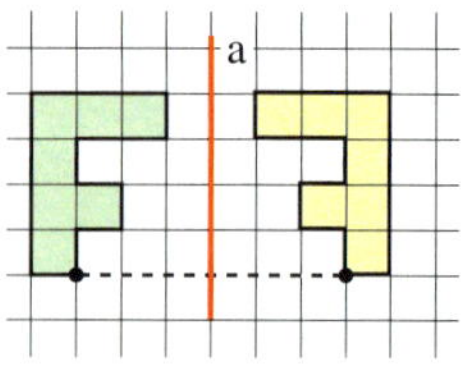

Achsensymmetrie

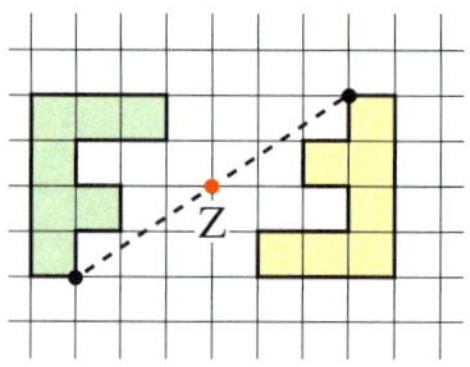

Punktsymmetrie

Bei einer achsensymmetrischen Figur werden die Verbindungsstrecken von zueinander symmetrischen Punkten durch die Achse a halbiert.
Bei einer punktsymmetrischen Figur werden die Verbindungsstrecken von zueinander symmetrischen Punkten vom **Symmetriezentrum Z** halbiert.

> Die Verbindungsstrecke zweier zueinander punktsymmetrischer Punkte wird vom Symmetriezentrum halbiert.

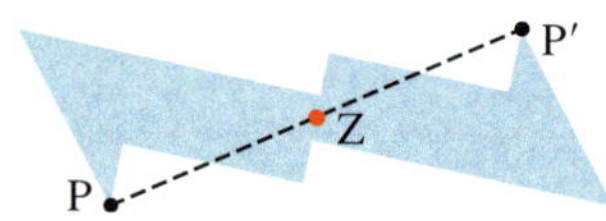

An punktsymmetrischen Figuren kann man folgende **Eigenschaften** erkennen:

- Zueinander symmetrische Strecken sind gleich lang, z. B. $\overline{AB} = \overline{A'B'}$.
- Zueinander symmetrische Strecken sind parallel, z. B. $[AB] \parallel [A'B']$.
- Zueinander symmetrische Winkel sind gleich groß, z. B. $\alpha = \alpha'$.
- Der Umlaufsinn von Figuren ändert sich nicht.
- Zueinander symmetrische Geraden sind parallel.

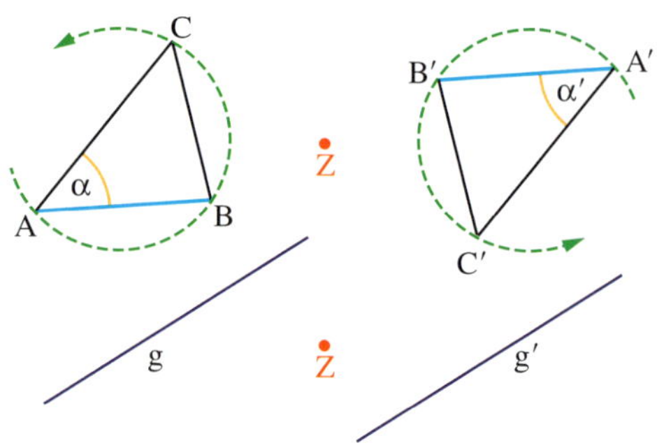

Konstruieren des Zentrums bei nur zwei gegebenen Punkten P und P':

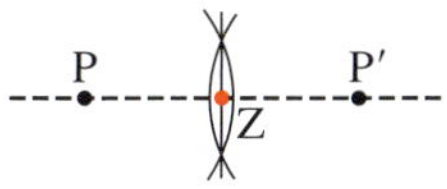

Das Zentrum nennt man auch Symmetrie- oder Spiegelzentrum.

Die Punkte A und A' liegen auf verschiedenen Seiten von Z.

Konstruieren des Zentrums
Man verbindet zueinander symmetrische Punkte der Figur. Das Symmetriezentrum Z ergibt sich als Schnittpunkt zweier solcher Verbindungsgeraden.

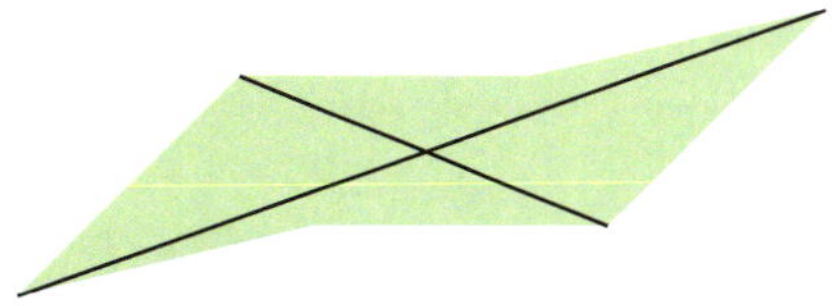

Aus jeder Figur lässt sich durch eine **Punktspiegelung** an einem Zentrum Z eine punktsymmetrische Figur erzeugen. Dazu konstruiert man zu jedem Punkt seinen Spiegelpunkt.

Konstruieren von Spiegelpunkten
Um einen Punkt A am Zentrum Z zu spiegeln, zeichnet man die Halbgerade [AZ und einen Kreis um Z mit Radius $r = \overline{AZ}$. Dieser Kreis schneidet [AZ im Punkt A'.

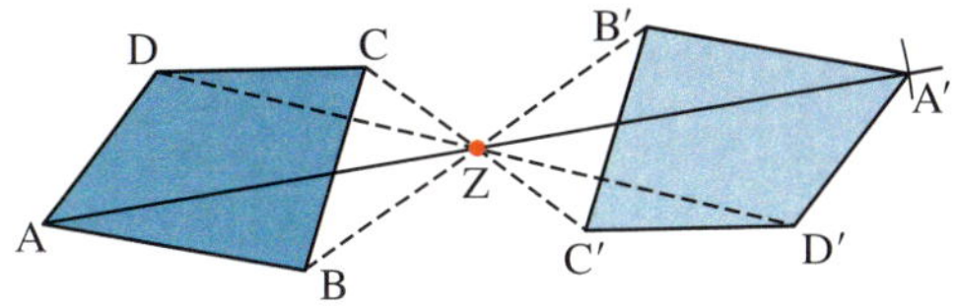

Beispiel 1
Welche Abbildungen sind punkt- bzw. achsensymmetrisch?

Lösung: Achsensymmetrisch ist das Steuerrad und punktsymmetrisch sind die Spielkarte, das Steuerrad und das Mosaik.

Beispiel 2
Gib verschiedene Begründungen an, warum die Dreiecke ABC und A'B'C' nicht zueinander punktsymmetrisch sind.
Lösung: z. B.
1. Die Mittelpunkte M_1 und M_2 der Strecken [CC'] bzw. [AA'] stimmen nicht überein.
2. [BC] und [B'C'] sind nicht gleich lang.
3. [BC] und [B'C'] sind nicht parallel.

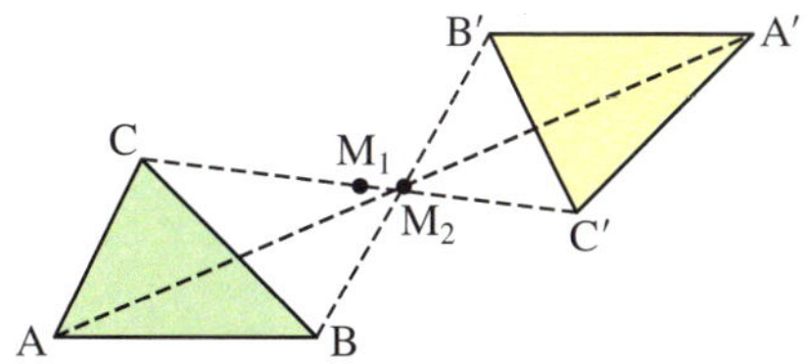

Beispiel 3
Gegeben ist das Parallelogramm ABCD mit A(–3|0), B(2|1), C(4|4) und D(–1|3). Konstruiere das Zentrum dieser punktsymmetrischen Figur und beschreibe, wie du vorgehst.
Lösung: Das Zentrum ist der Schnittpunkt der Diagonalen [AC] und [BD].

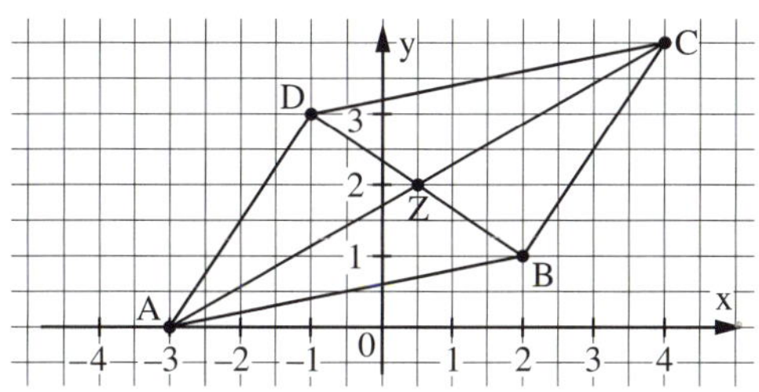

Aufgaben

3

a) Welche Symmetrien entdeckst du auf diesen Bildern?

b) Fotografiert selbst symmetrische Objekte und macht eine kleine Fotoausstellung.

4

Zeichne die Figur mit den gefärbten Feldern in dein Heft.
Ergänze danach die Farben im rechten Quadrat so, dass insgesamt eine bezüglich Z punktsymmetrische Figur entsteht.

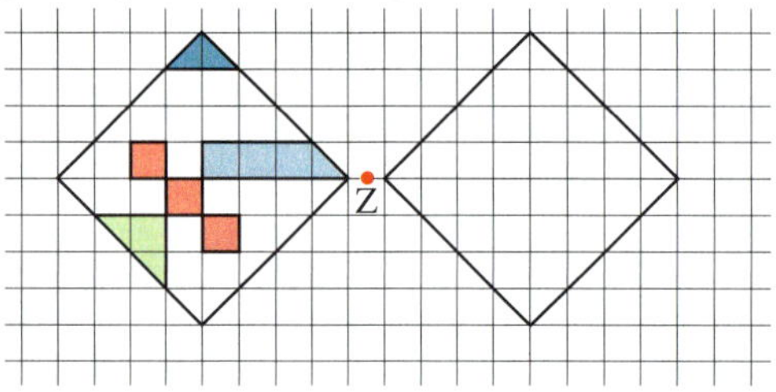

5

Übertrage jeweils die Figur und den Punkt Z in dein Heft. Ergänze durch eine Spiegelung am Zentrum Z zu einer punktsymmetrischen Figur.

a)

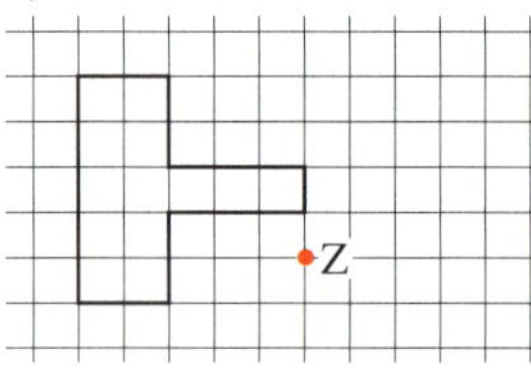

b)

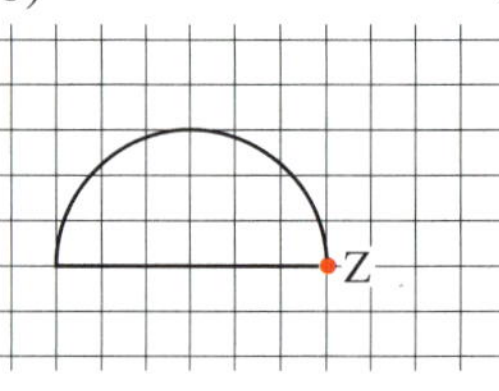

c)

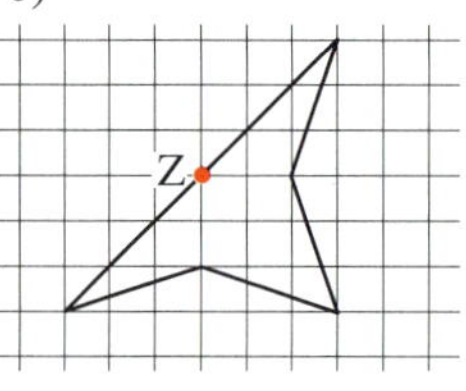

6

Gegeben sind die Punkte A(–6|4), B(–2|3) und C(–5|8). Ergänze die Punkte durch einen vierten Punkt so, dass sich eine punktsymmetrische Figur ergibt.
Wie viele Möglichkeiten gibt es?
Gib jeweils die Koordinaten des Symmetriezentrums an.

7

a) Welche Großbuchstaben des Alphabets sind punktsymmetrisch?
b) Welche Großbuchstaben sind sowohl punkt- als auch achsensymmetrisch?
c) Die Zahl 69 ist punktsymmetrisch. Suche drei weitere solche Zahlen.
d) Welche besondere Eigenschaft müssen dreistellige punktsymmetrische Zahlen besitzen?

8

Welche der Figuren sind
– punkt-, aber nicht achsensymmetrisch,
– achsen-, aber nicht punktsymmetrisch,
– punkt- und achsensymmetrisch,
– weder punkt- noch achsensymmetrisch?

a)

b)

c)

d)

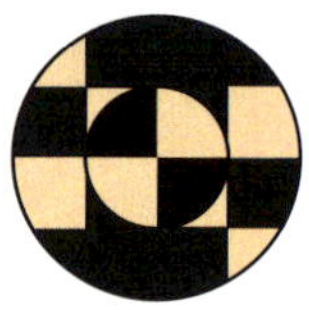

e)

f)

g)

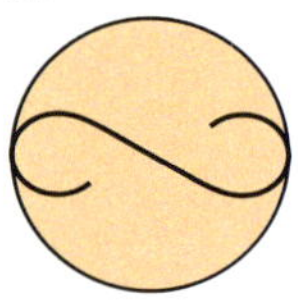

h)

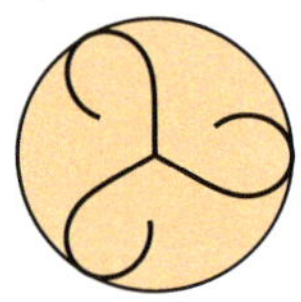

i)

9

Übertrage die Figur in dein Heft. Konstruiere das Bildviereck bei einer Punktspiegelung
a) an Z, b) an C, c) an A, d) an B.

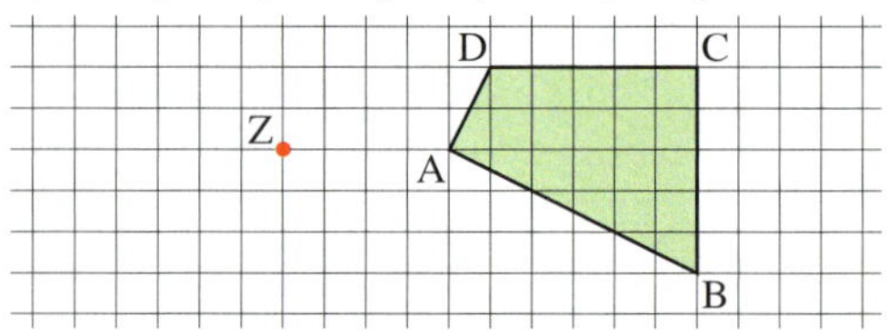

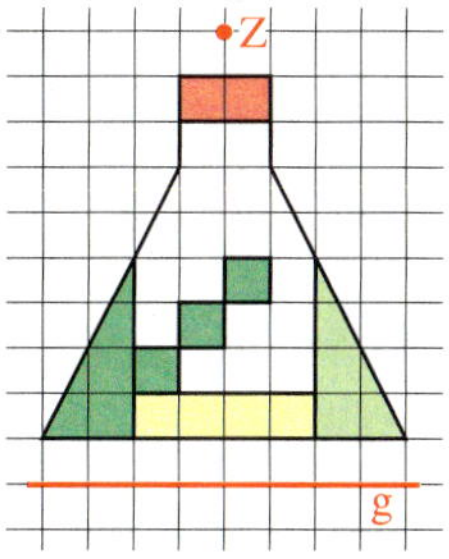

10
Übertrage die Figur in dein Heft. Spiegle sie je einmal an der Geraden g und am Punkt Z.

11
Welche Symmetrien kannst du bei den folgenden Begriffen aus der Musik entdecken?

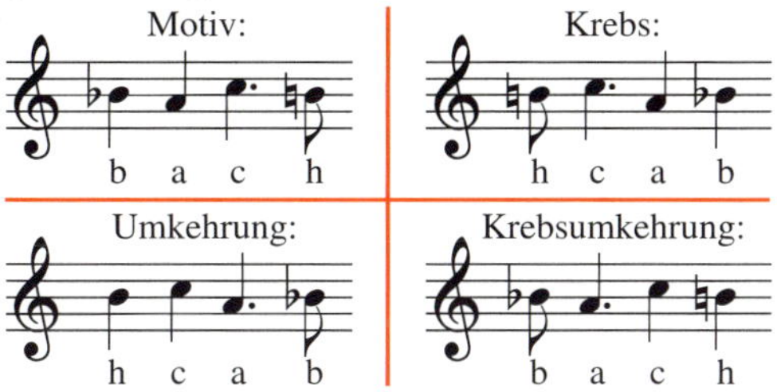

Auf diesem Bild gibt es zwei Paare von punktsymmetrischen Ausschnitten. Findest du sie?

12
Konstruiere das Symmetriezentrum zu den Punkten P(–7|–2) und P′(3|3).

13
Gegeben sind die Punkte A(3|7), B(–1|4), C(–2|1) und D(2|–1).
Bei einer Punktspiegelung entspricht dem Punkt A der Punkt A′(7|4).
Zeichne das Viereck ABCD und konstruiere das entsprechende Viereck A′B′C′D′.

14

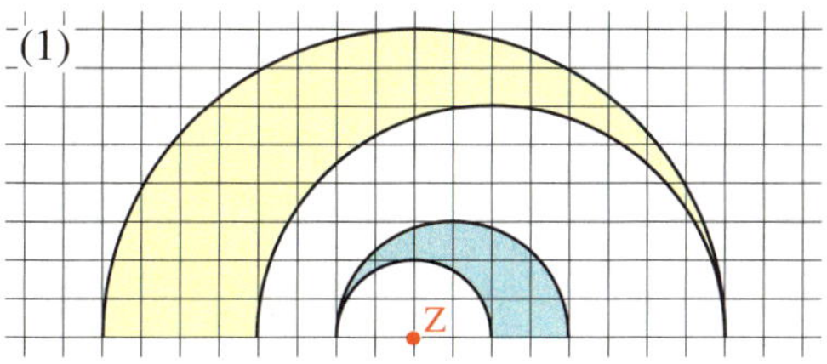

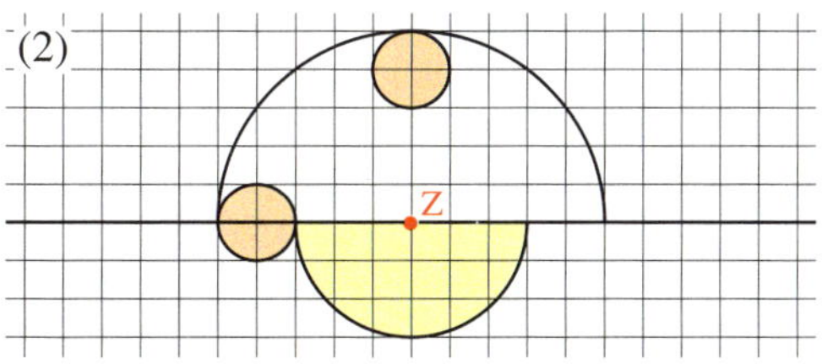

a) Übertrage die Figuren in dein Heft und ergänze sie durch Punktspiegelung an Z zu punktsymmetrischen Kreisbildern.
b) Sind die erzeugten Kreisbilder auch achsensymmetrisch? Konstruiere gegebenenfalls die Symmetrieachse(n).

15
Zeichne ein Quadrat. Wähle zwei Punkte (keine Eckpunkte) des Randes so aus und verbinde sie, dass eine
a) punkt- und achsensymmetrische,
b) achsen-, aber nicht punktsymmetrische,
c) punkt-, aber nicht achsensymmetrische,
d) weder punkt- noch achsensymmetrische

Figur entsteht.

16
a) Übertrage das Fünfeck ABCDE sowie den Punkt Z in dein Heft. Zeichne das Spiegelbild des Fünfecks bei der Punktspiegelung am Zentrum Z.

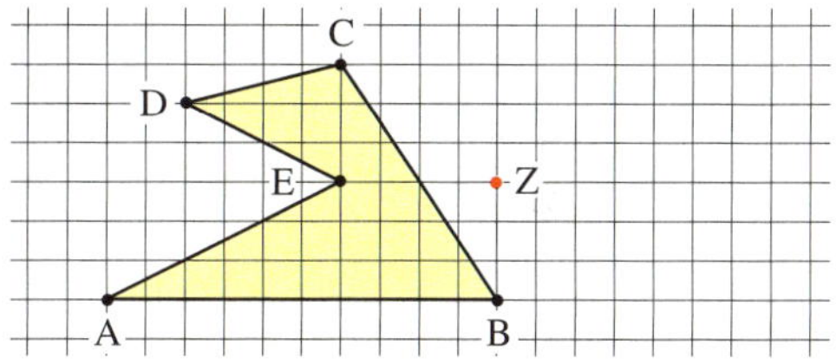

b) Zeichne erneut das Fünfeck ABCDE. Konstruiere mit Zirkel und Lineal das Spiegelbild bei Spiegelung am Punkt A.

17
a) Welche Symmetrien liegen hier unter Beachtung der Farben vor?

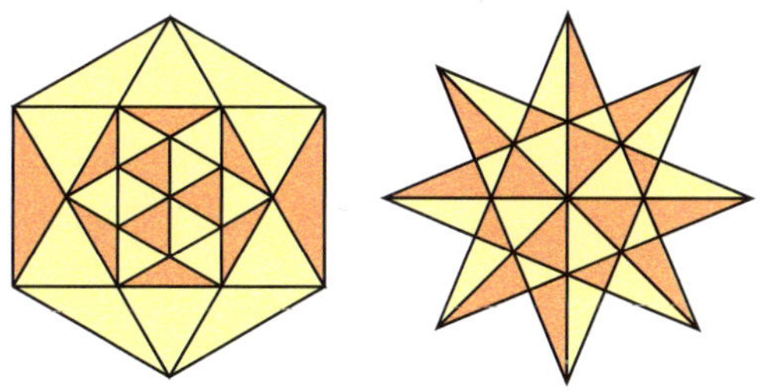

b) Konstruiere punktsymmetrische Ornamente. Erstelle unter anderem Ornamente, die nicht ganz punktsymmetrisch sind, und lass deinen Nachbarn die Fehler suchen.

18
a) Spiegle die Gerade AB mit A(–2|–3) und B(5|6) an Z(1|–1).
b) Spiegle den Kreis um M(4|4) mit dem Radius 3,5 cm an Z(0,5|4).

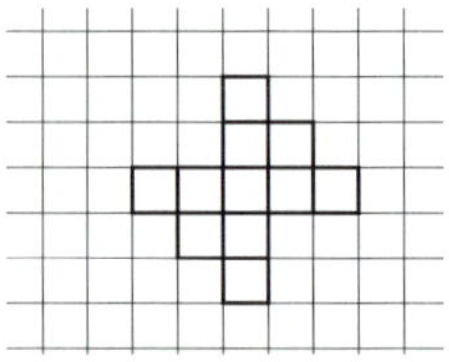

19
Übertrage die Figur in dein Heft. Färbe die Karos so, dass eine Figur entsteht, die
a) punkt-, aber nicht achsensymmetrisch,
b) achsen-, aber nicht punktsymmetrisch,
c) weder punkt- noch achsensymmetrisch,
d) punkt- und achsensymmetrisch ist.

20
a) Skizziere ein Viereck, das punktsymmetrisch, aber nicht achsensymmetrisch ist.
b) Kannst du ein punktsymmetrisches (achsensymmetrisches) Fünfeck skizzieren?

21
a) Die Figur wurde aus sieben Plättchen gelegt. Zeichne diese Figur vergrößert und schneide die einzelnen Plättchen aus. Lege aus jeweils allen sieben Teilen vier achsen- oder punktsymmetrische Figuren.

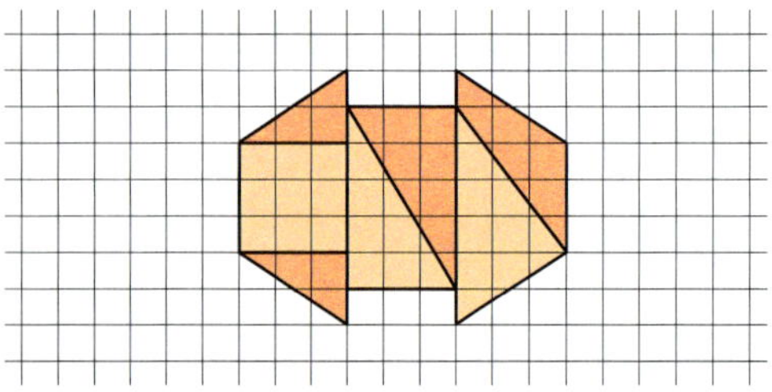

Tangram

b) Lege mit den Plättchen eines Tangrams verschiedene achsen- und/oder punktsymmetrische Figuren.

22
Zeichne das Viereck ABCD mit A(–7|–1), B(–4|3), C(–5|7), D(–8|8), die Gerade g durch P(–5|0) und Q(–2|3) und die Gerade h durch R(–5|8) und S(1|2).
a) Spiegle das Viereck ABCD erst an g, dann das Spiegelbild A′D′C′B′ an h. Benenne das neue Spiegelbild mit A″B″C″D″.
b) Zu welchem Punkt Z sind die Vierecke ABCD und A″B″C″D″ punktsymmetrisch? Gib seine Koordinaten an.
c) Welchen Winkel schließen die Geraden g und h ein?
d) Welche besondere Eigenschaft müssen zwei aufeinander folgende Achsenspiegelungen haben, damit sie gleichbedeutend mit einer Punktspiegelung sind?

23
Gegeben sind die Punkte A(–6|4), B(9|4), C(–2|4), D(2|9), E(6|3) und Z(4|6). Konstruiere das Spiegelbild der Geraden a = AB, b = CD und c = DE bei einer Punktspiegelung am Zentrum Z. Beschreibe die Lage der gespiegelten Geraden.

24
Begründe nur mit den Eigenschaften der Punktspiegelung:
Weder das Dreieck DEF noch das Dreieck GHI können ein Spiegelbild des Dreiecks ABC bei einer Punktspiegelung sein.

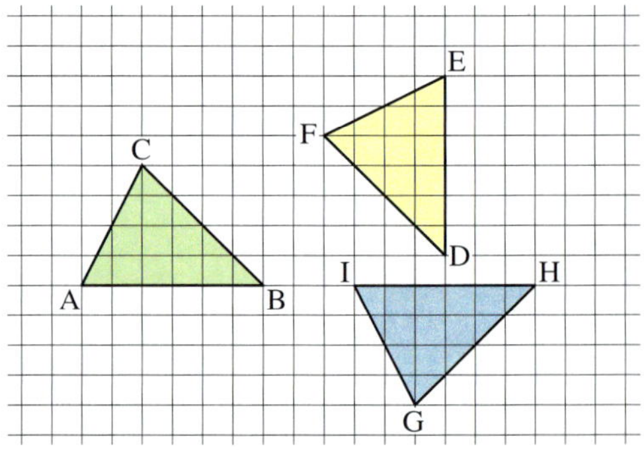

25
Gegeben sind die Punkte A(1|1), B(3|1) und C(1|4).
Konstruiere, wenn möglich, einen Punkt Z so, dass bei Spiegelung an Z die Dreiecke ABC und A′B′C′ zueinander symmetrisch sind.
a) A′(7|5), B′(5|5), C′(7|2)
b) A′(–3|3), B′(–1|3), C′(–3|0)

G 26
Multipliziere die Zahl $\frac{2}{3}$ mit sich selbst und subtrahiere vom Ergebnis das Produkt der Zahlen 0,4 und $\frac{3}{4}$.
Zeichne auch einen Rechenbaum.

G 27
Zerlege in Primfaktoren.

a) 320	b) $7{,}2 \cdot 10^2$
c) $-120:(-2)$	d) 97
e) 2400	f) $-2\cdot(-90)$
g) 256	h) $(-24)^2$
i) $-25\cdot(-8^3)$	k) 500 000

5 Symmetrische Vierecke

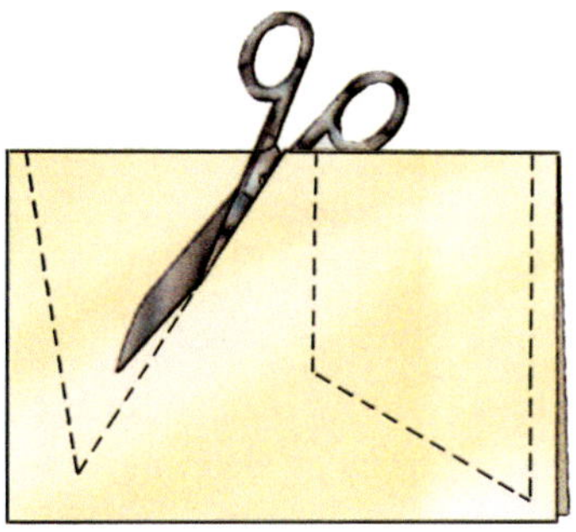

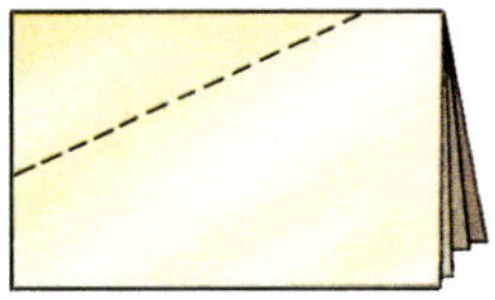

1

a) Falte ein rechteckiges Blatt Papier und schneide ein Dreieck und ein Viereck mit zwei parallelen Seiten wie in der linken Zeichnung aus. Beschreibe die Eigenschaften der entstandenen Vierecke.

b) Falte, wie im rechten Bild, ein rechteckiges Blatt Papier zweimal und schneide ein Dreieck ab. Beschreibe die Eigenschaften des entstandenen Vierecks.

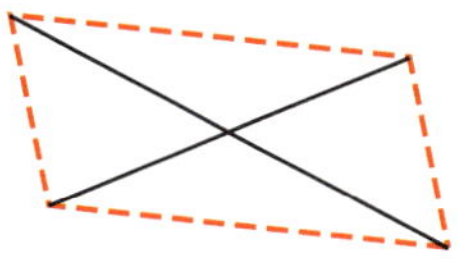

2

Zeichne zwei Strecken, die sich in ihren Mittelpunkten schneiden. Verbinde die Endpunkte der Strecken zu einem Viereck. Welche Eigenschaften besitzt dieses Viereck?

Man kann symmetrische Vierecke nach der Art ihrer Symmetrie ordnen. Im Folgenden betrachten wir punkt- und achsensymmetrische Vierecke.
Die Eigenschaften der Vierecke ergeben sich aus den jeweiligen Symmetrien.

Punktsymmetrische Vierecke

Erinnerung:
Eine Diagonale im Viereck verbindet gegenüberliegende Ecken.
Man bezeichnet sowohl die Strecke zwischen den Eckpunkten als auch die dadurch festgelegte Gerade als Diagonale.

Parallelogramm
Ein Viereck, bei dem gegenüberliegende Seiten parallel sind, heißt Parallelogramm.
Es gilt:
Gegenüberliegende Seiten sind gleich lang.
Gegenüberliegende Winkel sind gleich groß. Die Diagonalen halbieren sich.

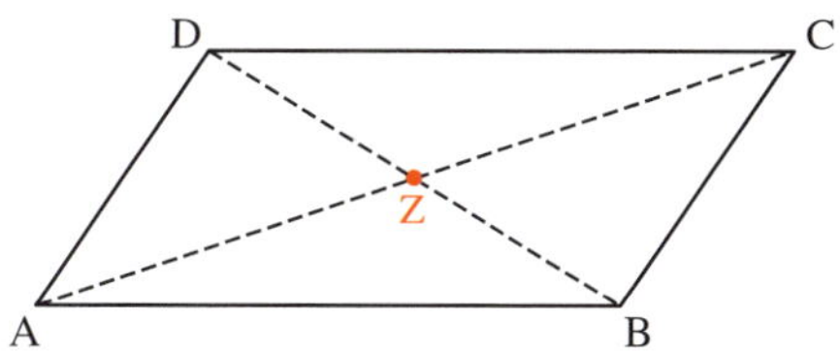

Achsensymmetrische Vierecke mit einer Achse

Bemerkung
Ein achsensymmetrisches Trapez wird auch als gleichschenkliges Trapez bezeichnet.

Achsensymmetrisches Trapez
Ein Viereck, bei dem die Mittelsenkrechte von zwei gegenüberliegenden Seiten Symmetrieachse ist, heißt achsensymmetrisches Trapez.

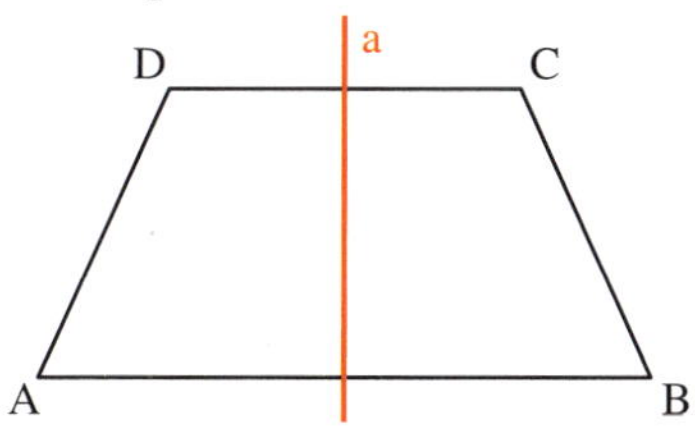

Es gilt:
Die Schenkel sind gleich lang.
Die Diagonalen sind gleich lang.

Drachenviereck
Ein Viereck mit einer Diagonale als Symmetrieachse heißt Drachenviereck oder Drachen.

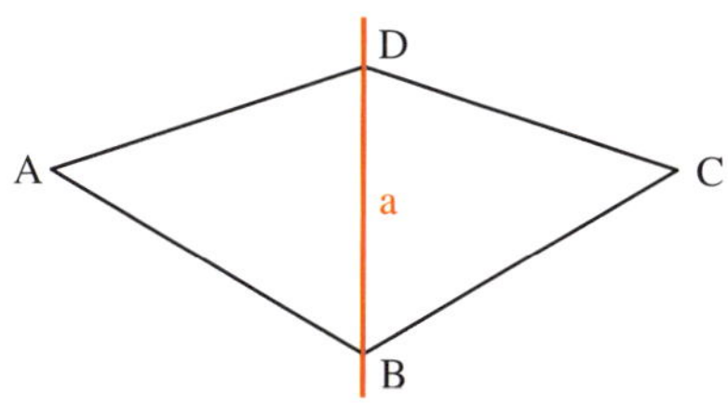

Es gilt:
Die Diagonalen sind zueinander senkrecht.

Achsensymmetrische Vierecke mit zwei Achsen

Rechteck
Ein Viereck, bei dem alle vier Winkel 90° betragen, heißt Rechteck.

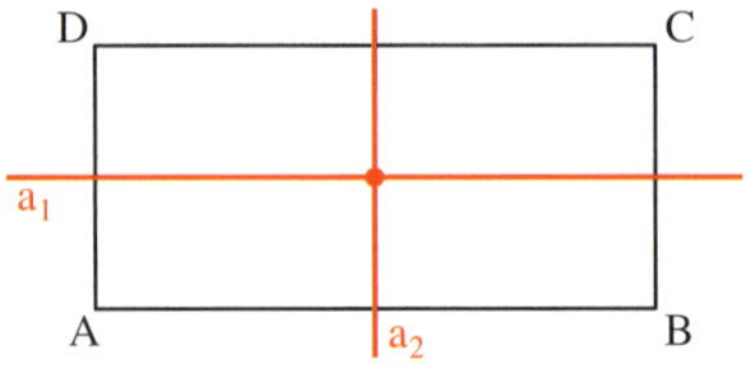

Es gilt:
Die Mittelsenkrechten sind die Symmetrieachsen. Sie stehen aufeinander senkrecht und halbieren sich gegenseitig.
Das Rechteck ist auch eine punktsymmetrische Figur.

Raute
Ein Viereck, bei dem alle vier Seiten gleich lang sind, heißt Raute.

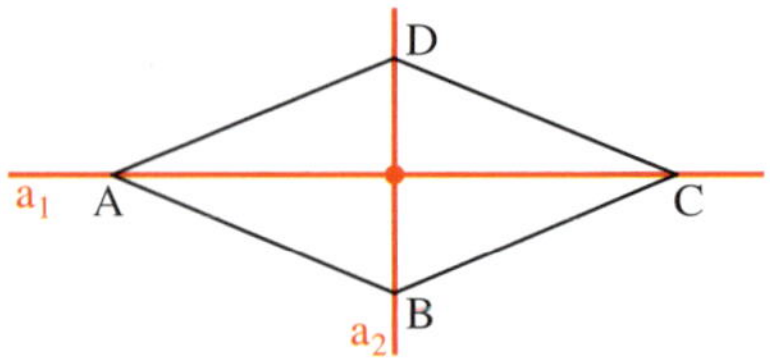

Es gilt:
Die Diagonalen sind die Symmetrieachsen. Sie stehen aufeinander senkrecht und halbieren sich gegenseitig.
Die Raute ist auch eine punktsymmetrische Figur.

Achsensymmetrische Vierecke mit vier Achsen

Das Quadrat
Ein Rechteck mit vier gleich langen Seiten heißt Quadrat.
Es gilt:
Ein Quadrat besitzt vier 90°-Winkel.
Jedes Quadrat ist also ein Rechteck.
Beim Quadrat sind die Mittelsenkrechten Symmetrieachsen.

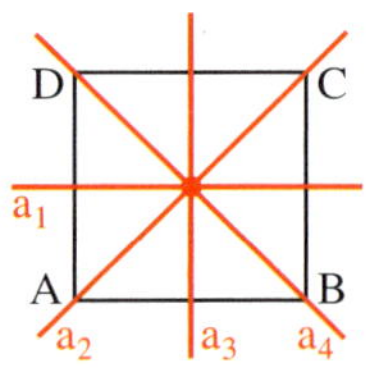

Ein Quadrat besitzt vier gleich lange Seiten.
Jedes Quadrat ist also eine Raute.
Beim Quadrat sind die Diagonalen Symmetrieachsen.
Das Quadrat ist wie Rechteck und Raute auch eine punktsymmetrische Figur.

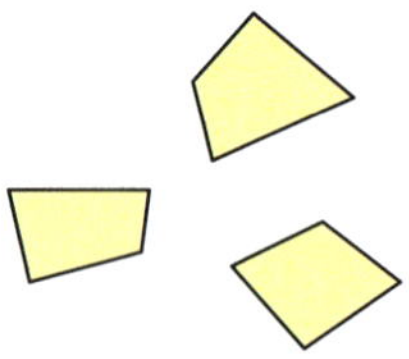

Es gibt viele nicht symmetrische Vierecke. Mit symmetrischen Vierecken beschäftigt man sich besonders gerne, weil sie formschön sind und besondere Eigenschaften haben.

Übersicht über symmetrische Vierecke:

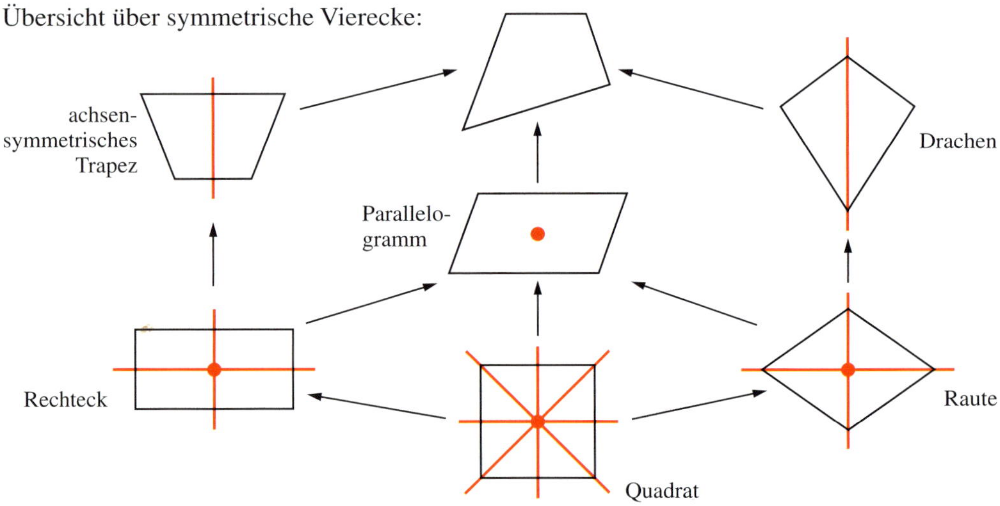

Die Pfeile deuten an, dass z. B. jedes Quadrat auch eine Raute ist oder dass jede Raute auch ein Drachen ist oder dass jede Raute auch ein Parallelogramm ist.

Beispiel 1

a) Zeige durch ein Beispiel:
Ein Viereck mit gleich langen Diagonalen muss nicht punktsymmetrisch sein.

b) Sind Vierecke, deren Diagonalen gleich lang und zueinander senkrecht sind, symmetrisch? Begründe deine Antwort.

Lösung:

a)

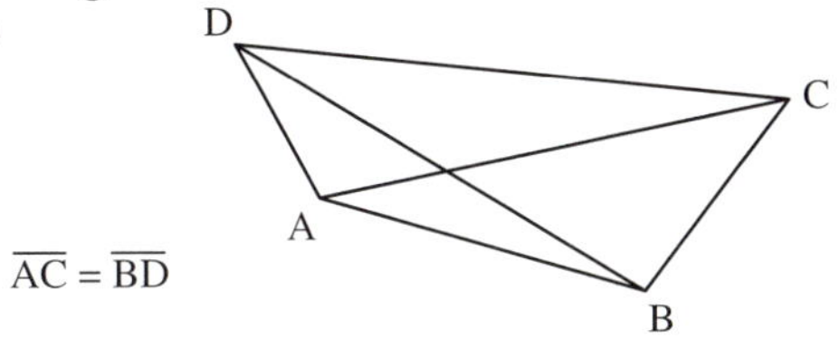

b) Sie sind achsensymmetrisch, wenn der Diagonalenschnittpunkt mindestens eine Diagonale halbiert, und punktsymmetrisch, wenn er beide Diagonalen halbiert.

Beispiel 2

Begründe:
Bei einer Raute sind gegenüberliegende Winkel gleich groß.
Fertige dazu eine Skizze.
Lösung:

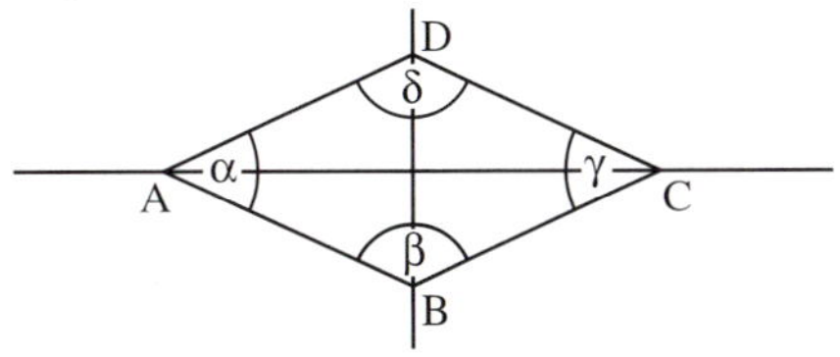

Da die Diagonale AC eine Symmetrieachse der Raute ist, sind die Winkel β und δ gleich groß (Eigenschaft achsensymmetrischer Figuren).
Ebenso ist die Diagonale BD eine Symmetrieachse und deshalb gilt analog $\alpha = \gamma$.

Aufgaben

3

Suche in deiner Umgebung symmetrische Vierecke.
Gib für jede Vierecksart ein Beispiel an.

4

a) Welche Eigenschaften muss ein Rechteck haben, damit es ein Drachenviereck ist?

b) Welche Eigenschaften muss ein Parallelogramm haben, damit es ein Drachenviereck ist?

5

Bei welchen Vierecksarten

a) halbieren sich die Diagonalen,

b) sind die Diagonalen gleich lang und halbieren sich gegenseitig,

c) ist mindestens eine Symmetrieachse Diagonale,

d) ist mindestens eine Symmetrieachse Mittelsenkrechte von zwei gegenüberliegenden Seiten?

6

Gegeben sind die Punkte $A(-4|2)$, $B(3|2)$ und $C(2|5)$. Konstruiere den Punkt D so, dass das Viereck ABCD

a) ein Parallelogramm ist,

b) ein symmetrisches Trapez ist,

c) ein Drachenviereck ist.

7

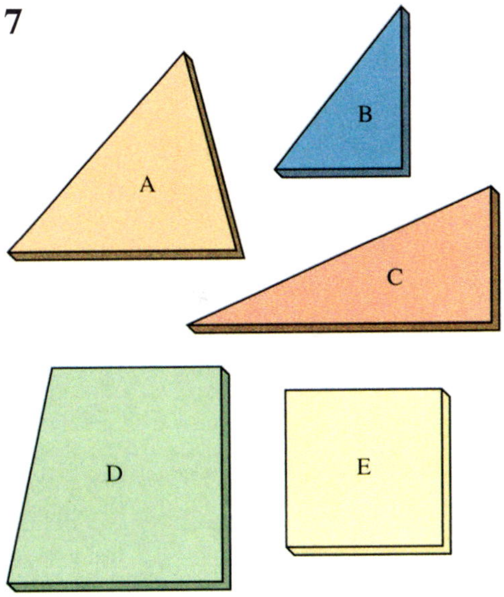

Aus diesen Plättchen kann man verschiedene Arten von symmetrischen Vierecken zusammensetzen. Du darfst dabei auch mehrere Plättchen von einer Sorte und Plättchen von verschiedenen Sorten verwenden. Skizziere fünf Beispiele so zusammengesetzter symmetrischer Vierecke.

8

Gib vier Eigenschaften von Rauten an, die Drachen im Allgemeinen nicht haben.

9
Versuche in dein Heft zu zeichnen:
a) Ein Parallelogramm, das zwei Symmetrieachsen hat und kein Rechteck ist.
b) Ein Parallelogramm, das genau eine Symmetrieachse hat.
c) Ein achsensymmetrisches Viereck, das kein Drachenviereck ist.

10
In den nebenstehenden Figuren sind jeweils zwei gleich lange Lochstäbe zusammengeschraubt worden. Über die äußeren Schrauben kann man ein Gummiband spannen.
a) Was für Vierecke werden von den roten Linien gebildet?
b) Was für Vierecke entstehen, wenn ein Stab (um die mittlere Schraube) gedreht wird? Was ändert sich dabei an den Vierecken? Was bleibt gleich?
c) Mit welchen der nebenstehenden Figuren kann man keine Raute erzeugen?

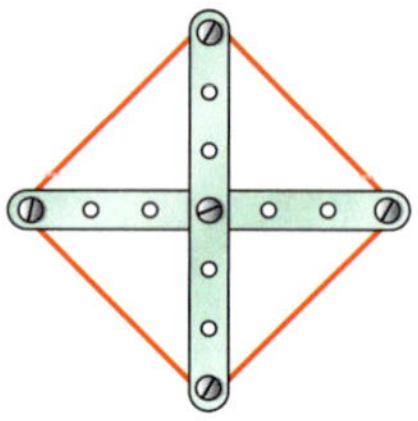

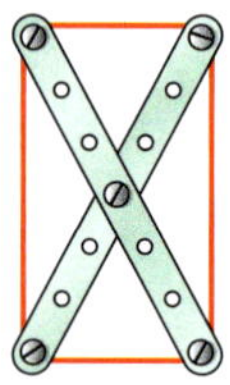

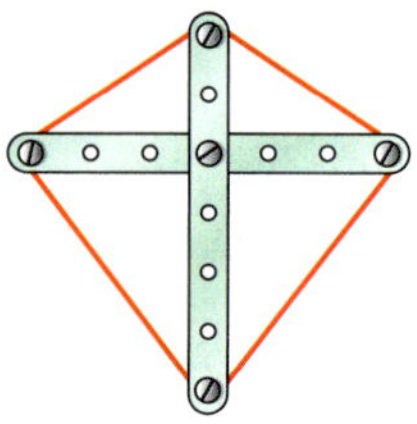

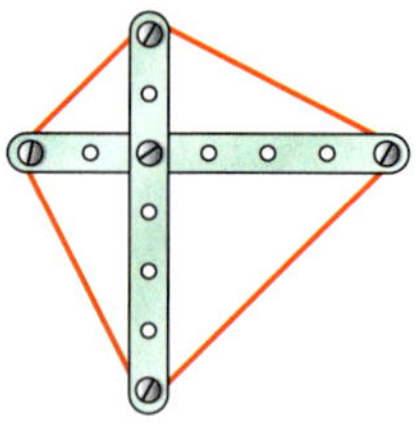

Eine passende DGS-Datei zu Aufgabe 10 befindet sich im Internet-Auftritt.

11
Welcher Viereckstyp ist gesucht?
a) Er hat nur eine Symmetrieachse und ein Paar gleich großer gegenüberliegender Winkel.
b) Nur die zwei Mittelsenkrechten sind Symmetrieachsen und alle Winkel sind gleich groß.
c) Er hat nur eine Symmetrieachse und nur zwei gleich lange Seiten.

12
a) Gegeben sind die Punkte $A(-2|-2)$, $B(1{,}5|6)$, $C(-2|6)$. Konstruiere den zu C symmetrischen Punkt C′ bezüglich der Achse AB.
b) Berechne den exakten Flächeninhalt des Vierecks AC′BC.

13
Zeichne ein Rechteck. Verbinde die Seitenmitten zu einem Viereck.
a) Was für ein Viereck erhältst du? Begründe deine Antwort.
b) Welche Eigenschaften muss das Rechteck besitzen, damit das Viereck aus den Seitenmitten ein Quadrat ist?

14
Welche der folgenden Aussagen sind wahr, welche sind falsch?
Begründe deine Antworten.
a) Jede Raute ist auch ein Drachen.
b) Jeder Drachen ist auch eine Raute.
c) Jedes Trapez ist auch ein Rechteck.
d) Jedes Rechteck ist auch ein Trapez.
e) Es kann keine Raute geben, die auch ein Rechteck ist.

15
Zeichne das abgebildete Rechteck mit Teilungslinien auf Karton und zerschneide es.
a) Lege aus zwei, drei oder allen vier Teildreiecken symmetrische Vierecke.
b) Gibt es neue Möglichkeiten, wenn du Dreiecke umdrehst? Kommt jedes symmetrische Viereck beim Legen vor?
c) Lege aus allen vier Dreiecken ein unsymmetrisches Viereck.

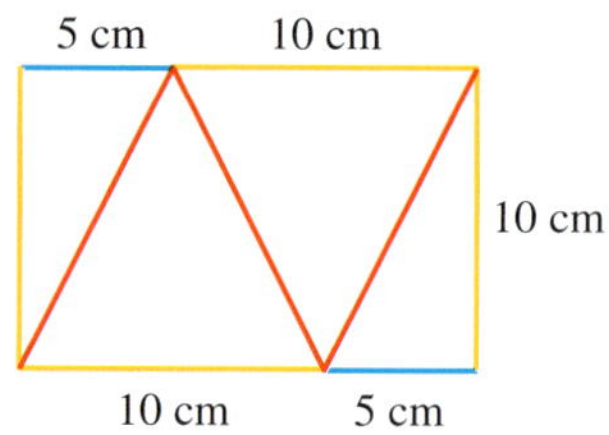

16
Zeichne, falls möglich,
a) eine Raute, die kein Rechteck ist,
b) eine Raute, die ein Rechteck ist,
c) ein Rechteck, das keine Raute ist,
d) ein Quadrat, das keine Raute ist,
e) ein Trapez, das ein Drachen ist,
f) ein Viereck mit zwei Symmetrieachsen, das kein Rechteck ist,
g) eine Raute, die kein Drachen ist,
h) ein Rechteck mit vier Symmetrieachsen.

17 Zum Knobeln
a) Zerlege ein Drachenviereck durch zwei gerade Teilungslinien, die von Rand zu Rand gehen, in einen Drachen, eine Raute und zwei unsymmetrische Vierecke.
b) In welche symmetrischen Vierecke kann man die anderen symmetrischen Vierecke durch zwei solche Teilungslinien zerlegen?

18

Sind folgende Behauptungen richtig? Begründe deine Antwort.

a) Sophia meint: „Jedes Viereck mit nur einer Symmetrieachse und zwei parallelen Seiten ist ein achsensymmetrisches Trapez.“
b) Christopher sagt: „Jedes Viereck mit zwei Symmetrieachsen ist ein Rechteck.“
c) Matthias behauptet: „Jedes Viereck mit gleich langen Seiten und verschieden langen Diagonalen ist eine Raute.“
d) Sebastian ist überzeugt: „Bei einem Drachen gibt es zwei Paare gleich langer benachbarter Seiten.“
e) Tim sagt: „Bei einem Drachen gibt es zwei gleich große gegenüberliegende Winkel.“

19

In der Bauanleitung für einen Flugdrachen sind alle Maße in Zentimetern angegeben. Fertige eine Zeichnung im Maßstab 1:10 an und entnimm ihr die Länge der Schnur S.

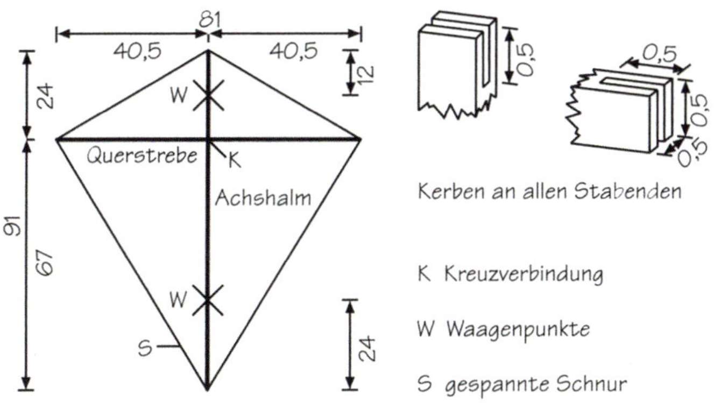

20

a) Zeichne das Viereck ABCD mit $A(-5|0,5)$, $B(-3|-2)$, $C(5|0,5)$ und $D(-3|3)$ und berechne seinen Flächeninhalt in cm^2 (mm^2 bzw. dm^2).
b) Konstruiere die Raute ABA'D durch Spiegelung des Punktes A an $Z(-3|0,5)$.
c) Welchen Bruchteil vom Flächeninhalt des Vierecks ABCD hat der Flächeninhalt der Raute ABA'D?
d) Um wie viel Prozent ist der Flächeninhalt des Drachenvierecks größer als der der Raute?

21

Die meisten Menschen stellen sich unter einem Viereck ein Quadrat vor.
Führt eine Umfrage in verschiedenen Jahrgangsstufen und bei Erwachsenen durch. Lasst sie ein beliebiges Viereck skizzieren. Wie viel Prozent zeichnen ein Quadrat? Veranschaulicht die Umfrageergebnisse in einem Säulendiagramm.

22

Zeichne und gib an, um welchen Spezialfall es sich handelt:

a) Ein achsensymmetrisches Trapez mit vier gleich großen Winkeln.
b) Ein achsensymmetrisches Trapez mit vier gleich langen Seiten.
c) Eine Raute mit vier gleich großen Winkeln.
d) Ein Drachen mit vier gleich langen Seiten.

23

Begründe:

a) Bei einem achsensymmetrischen Trapez gibt es zwei Paare gleich großer benachbarter Winkel.
b) Bei einem achsensymmetrischen Trapez gibt es zwei gleich lange gegenüberliegende Seiten.
c) Bei einem achsensymmetrischen Trapez sind die Diagonalen gleich lang.

G 24

Erläutere anhand einer geeigneten Skizze, wie du den Oberflächeninhalt eines Prismas berechnen würdest, dessen Oberfläche sich aus 7 Flächen zusammensetzt.

G 25

In der Rechenmauer wird nach oben hin addiert. Welchen Wert muss ☺ annehmen?

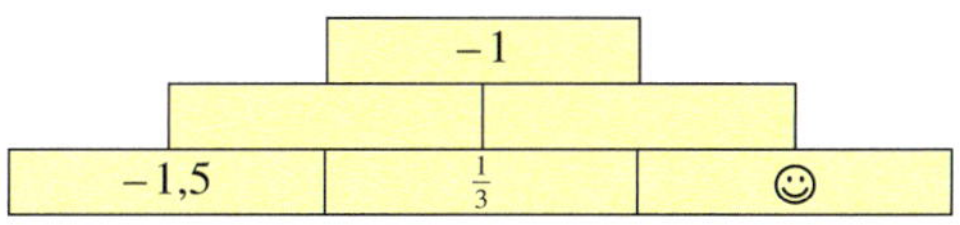

G 26

Veranschauliche mit Hilfe von drei Kreisdiagrammen die Brüche $\frac{5}{6}$ und 75 % sowie deren Differenz.

Thema:

Geometrie am Computer

Mit einem dynamischen Geometriesystem (DGS) kann man auch am Computer Geometrie betreiben.

Bei Fragen und Nebenwirkungen wende dich an das Handbuch oder die Hilfe deines DGS.

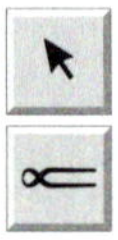

Punkte bewegen

1

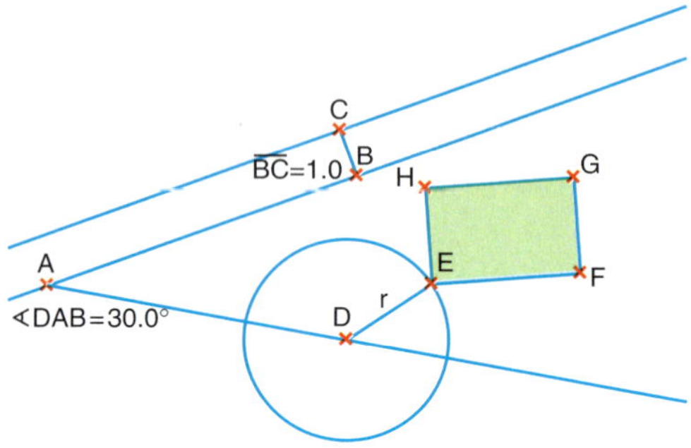

a) Erinnere dich an die Geometrie der 5. und 6. Klasse. Welche geometrischen Objekte hast du kennen gelernt? Welche davon kannst du mit deinem DGS erstellen? Suche die entsprechenden Befehle.
b) Erstelle mit dem DGS möglichst viele dieser geometrischen Objekte. Das nebenstehende Bild gibt dir einige Anregungen.
c) Verschiebe im „Bewegungs- bzw. Zugmodus" einige Punkte deiner Zeichnung.

Viele Aufgabenstellungen lassen sich mit einem DGS elegant lösen. Immer dann, wenn man viele Varianten einer Zeichnung anfertigen müsste, lässt sich ein DGS vorteilhaft nutzen. Oft erkennt man erst beim „Spielen" mit dem DGS, wie eine Aufgabe gelöst werden kann.

Beispiel
Zeichne ein Dreieck ABC mit der Grundseite c = 4 cm, dem gegenüberliegenden Winkel $\gamma = 35°$ und einem Flächeninhalt von $10\,cm^2$.
Lösung:

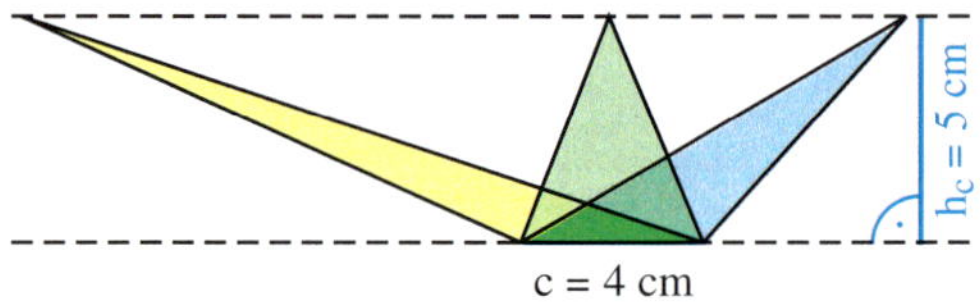

Wegen des geforderten Flächeninhalts von $10\,cm^2$ muss die Höhe des Dreiecks 5 cm betragen. Mögliche Kandidaten sind also z. B. die nebenstehend abgebildeten Dreiecke. Doch wo genau ist nun der Punkt C zu setzen, damit sich $\gamma = 35°$ ergibt? Hier kann uns das DGS helfen.

So ungefähr sehen die benutzten Buttons bei deinem DGS aus:

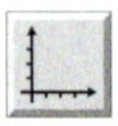

Koordinatensystem einblenden

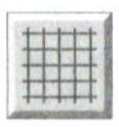

Gitter einblenden

Punkt setzen

auf Gitterpunkt einrasten

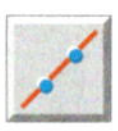

Gerade durch 2 Punkte

Gleiter setzen

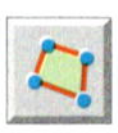

Polygon bzw. N-Eck

Winkel anzeigen

Wir blenden zunächst ein Koordinatensystem mit Gitter ein, um die geforderten Maße einfach ablesen zu können.
Für die Punkte A und B wählen wir z. B. (2|0) und (6|0). Sie können durch Eingabe ihrer Koordinaten oder mit der Maus gesetzt und dabei genau auf die Gitterpunkte geschoben bzw. eingerastet werden.
Anschließend zeichnen wir die zu AB parallele Gerade im Abstand 5 cm. Wir können diese Parallele z. B. durch die Punkte (0|5) und (9|5) festlegen.
Auf diese Gerade setzen wir nun den Punkt C als „Gleiter", d. h. dass C nur auf dieser Geraden verschoben werden kann.
Wir verbinden nun die Punkte A, B und C zu einem Dreieck und lassen die Größe des Winkels $\gamma = \sphericalangle ACB$ anzeigen.

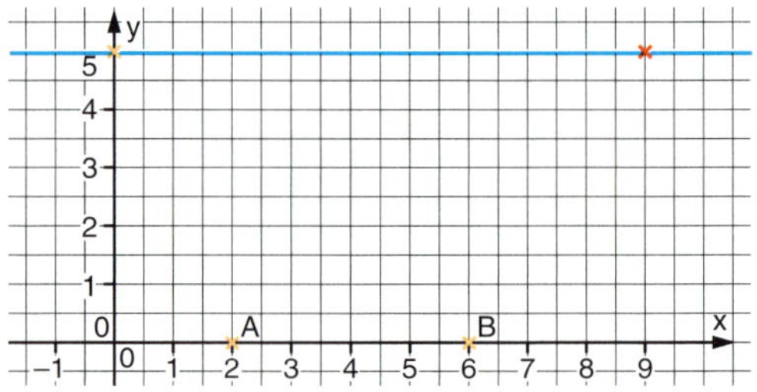

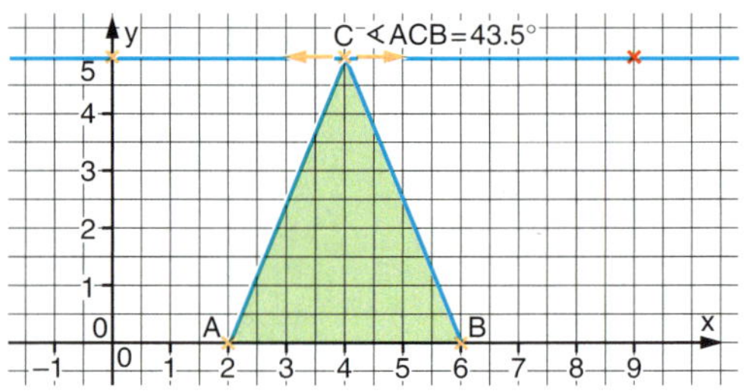

Punkte bewegen

Wenn wir jetzt den Punkt C verschieben, sehen wir, wie sich die Größe des Winkels γ verändert und können so die Stelle finden, an der er 35° beträgt.

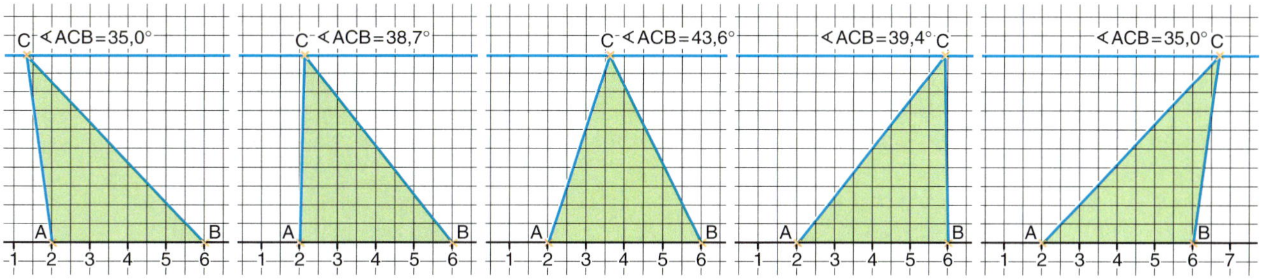

Beim Verschieben des Punktes C fällt außerdem auf, dass es zwei Lösungen des Problems gibt. Das hätten wir ohne DGS vielleicht nicht herausgefunden, da es uns wahrscheinlich zu aufwändig gewesen wäre, so viele Zeichnungen von Hand anzufertigen.

Bei den folgenden Aufgaben lassen sich weitere elementare Techniken des DGS trainieren.

Strecke zwischen zwei Punkten

Kreis erzeugen

Schnitt markieren

Länge bzw. Abstand anzeigen

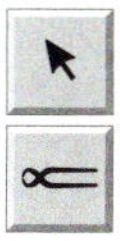
Punkte bewegen

2

Zeichne mit dem DGS eine Strecke [AB] und um A und B jeweils einen Kreis. Diese Kreise sollen so groß sein, dass sie sich in zwei Punkten schneiden. Markiere diese Schnittpunkte. Lass das DGS die Länge der Strecke [AB] und die Länge der beiden Kreisradien anzeigen. Verändere nun die beiden Kreise, so dass sich die Anzahl der Schnittpunkte dabei ändert. Welchen Zusammenhang findest du zwischen der Anzahl der Schnittpunkte und den drei angezeigten Streckenlängen?

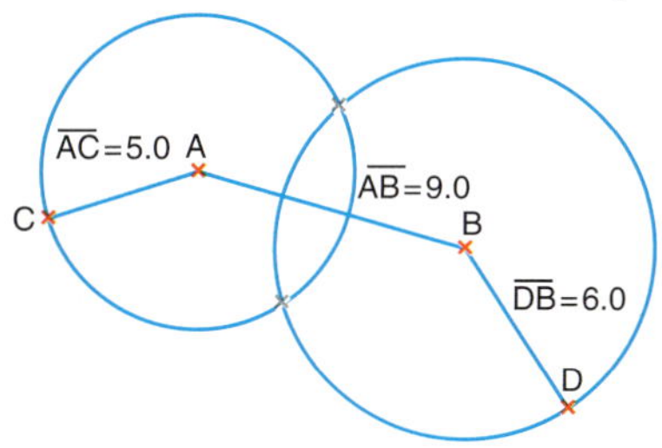

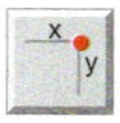
Punkt mit Koordinaten setzen

Winkel bestimmter Größe

Punkt auf eine Linie setzen

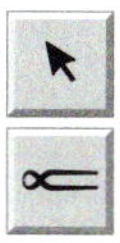
Punkte bewegen

3

Zeichne aus den Punkten A(1|2), B(4|–2) und C(9|–2) und einem weiteren Punkt D das Viereck ABCD, das einen Innenwinkel von $\alpha = 80°$ an der Ecke A hat und dessen Seiten c = [CD] und d = [AD] gleich lang sind. Welche besondere Eigenschaft hat das Viereck?

Tipp:
Trage, nachdem du die Punkte A, B und C gesetzt hast, den Winkel α an die Seite [AB] im Eckpunkt A an.
Setze den Punkt D dann als Gleiter an einer beliebigen Stelle auf den freien Schenkel des Winkels. Du kannst nun den Punkt D entlang des freien Schenkels verschieben, bis sich das gewünschte Viereck ergibt.

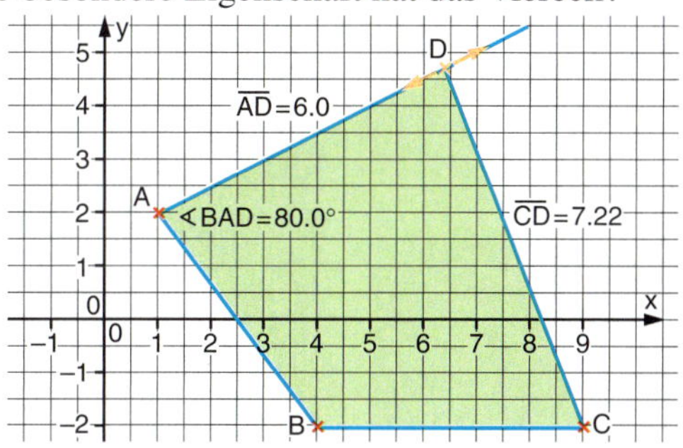

4

Zeichne ein Trapez ABCD, für das gilt: [AB] ∥ [CD], $a = \overline{AB} = 5\,\text{cm}$, $h_a = 4\,\text{cm}$, $A_{ABCD} = 14\,\text{cm}^2$ und dessen Schenkel [BC] und [DA] zusammen so kurz wie möglich sind.

5

Zeichne zwei sich schneidende Kreise mit den Mittelpunkten A und B und die Gerade AB. Verbinde die beiden Schnittpunkte P und Q der Kreise durch eine Gerade.
Variiere deine Zeichnung und beschreibe, wie die Gerade PQ zur Geraden AB verläuft.

Lesetext:

SYMMETRIE

In der Antike, aber auch heute, findet man in Kunst und Architektur symmetrische Formen. Hier siehst du eine kleine Auswahl.

Griechische Vase, ca. 1000 v. Chr., British Museum, London

Cimabue (1240–1302), ital. Maler: Die Jungfrau mit Engeln, Louvre, Paris. Die Engel sind hier symmetrisch angeordnet.

Peruanischer Wandteppich mit Jaguaren, Museum für Völkerkunde, München

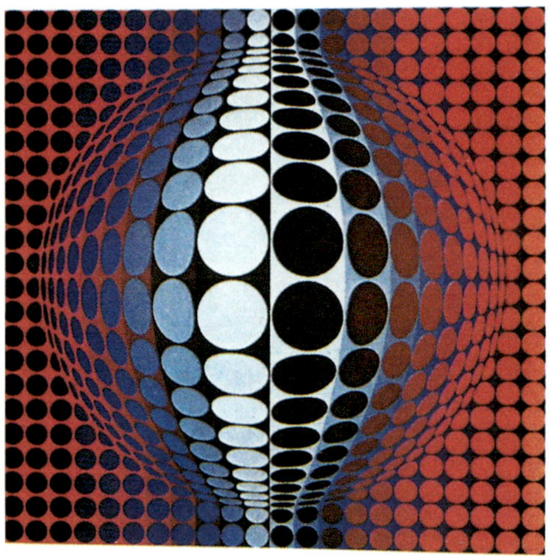

„Vega-Fel“ (1968) von Victor Vasarely

Moderne Designervase „Topkapi“, Entwurf Yves Galgon (Rosenthal)

Mosaikdetails der reich verzierten Alhambra in Granada (Spanien)

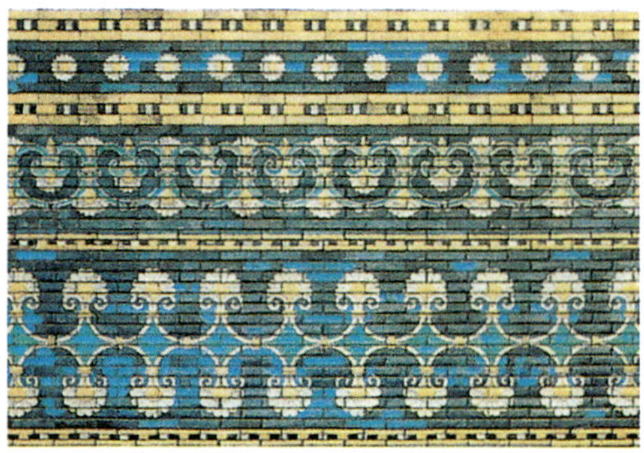

Ausschnitt aus einer Rekonstruktion der Thronsaalfassade von Babylon, 6. Jh. v. Chr.

IN KUNST UND ARCHITEKTUR

Grundrisse und Fassaden weisen oft besondere Symmetrien auf. Neben der Achsensymmetrie sind auch Punktsymmetrien zu finden.

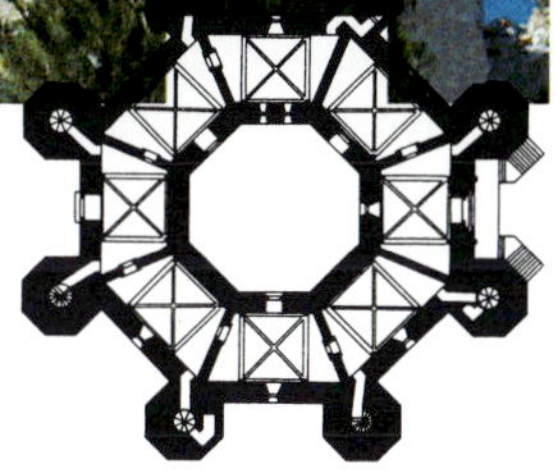

Castel del Monte/Apulien (Italien)
Grundriss in Achteckformen

Der Parthenontempel in Athen (5. Jh. v. Chr.), ein klassischer griechischer Tempelbau

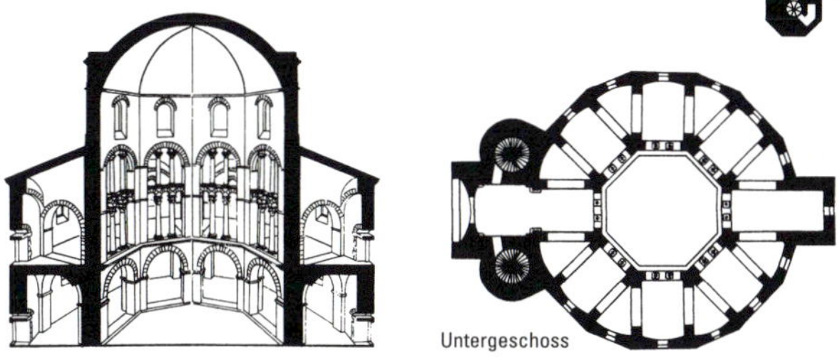

Die Pfalzkapelle in Aachen hat einen achsensymmetrischen Grundriss; das Innere ist sogar punktsymmetrisch.

Basilika von Maria Laach, Kirche mit achsensymmetrischem Grundriss

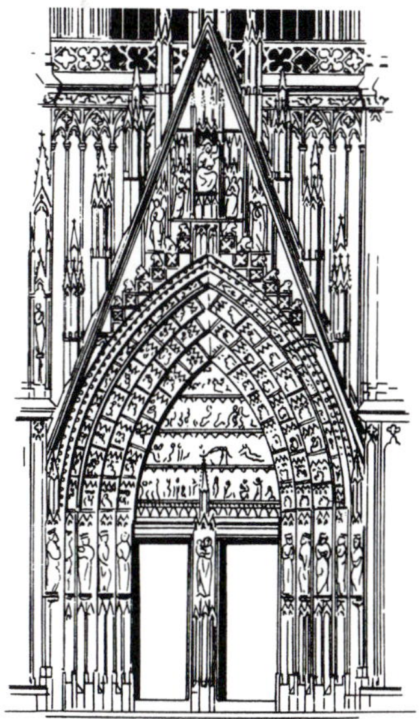

Kirchenportale sind meistens achsensymmetrisch.
Links: Seitenportal der Moschee von Cordoba (Spanien)
Rechts: Hauptportal der Westseite des Kölner Doms

Rückblick

Achsensymmetrie
Figuren, die durch Spiegelung an einer Achse in sich übergehen, nennt man achsensymmetrisch bezüglich der Achse a.
Sind die Punkte A und A′ symmetrisch bezüglich der Achse a, dann steht die Verbindungsstrecke [AA′] senkrecht auf der Achse a und wird von dieser halbiert.
Achsenpunkte und nur diese sind von zueinander symmetrischen Punkten gleich weit entfernt.

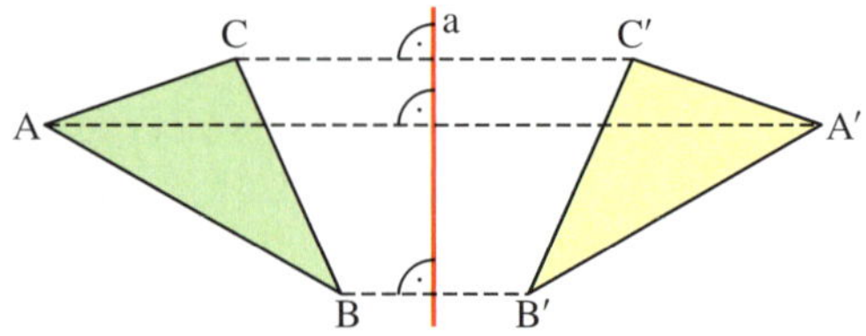

Punktsymmetrie
Figuren, die bei einer Halbdrehung um ihr Zentrum Z in sich übergehen, nennt man punktsymmetrisch bezüglich des Punktes Z.
Die Verbindungsstrecke zweier zueinander punktsymmetrischer Punkte wird vom Symmetriezentrum halbiert.

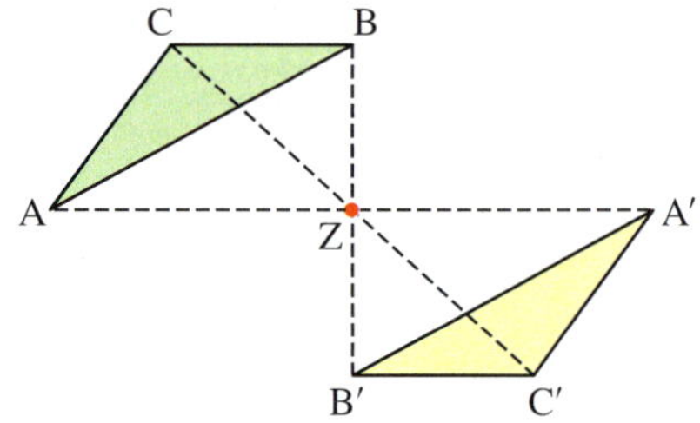

Konstruktionen
Die **Mittelsenkrechte m** zur Strecke [AB] ist die Symmetrieachse zu den Punkten A und B.
Die **Winkelhalbierende w_α** eines Winkels α ist die Symmetrieachse zu den beiden Schenkeln des Winkels.
Das **Lot l** zu einer Geraden g durch einen Punkt P ist die Symmetrieachse zu zwei Punkten A und B der Geraden g, die vom Punkt P gleich weit entfernt sind.

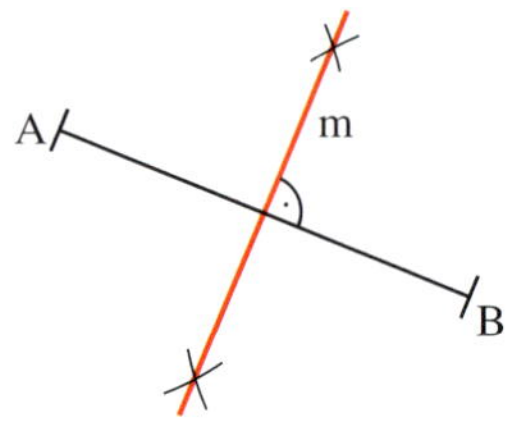

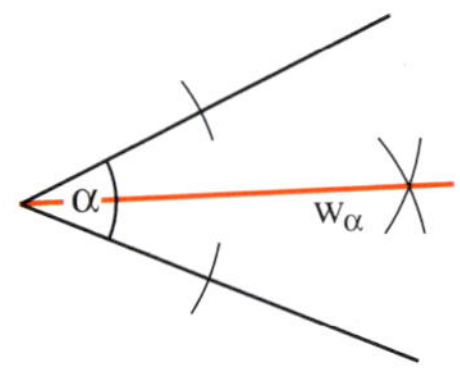

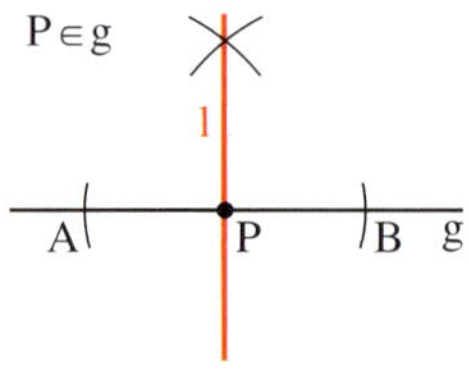

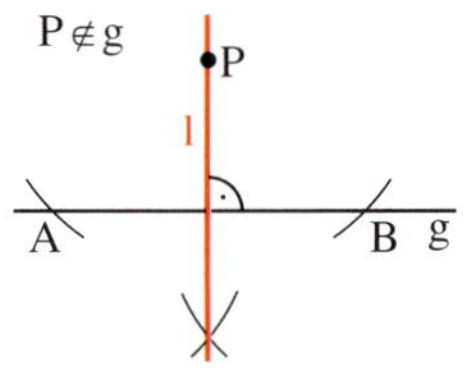

Achsen- und punktsymmetrische Vierecke
Achsensymmetrische Vierecke
- mit vier Symmetrieachsen: Quadrat
- mit zwei Symmetrieachsen: Rechteck, Raute
- mit einer Symmetrieachse: achsensymmetrisches Trapez, Drachen

Jedes punktsymmetrische Viereck ist ein Parallelogramm.

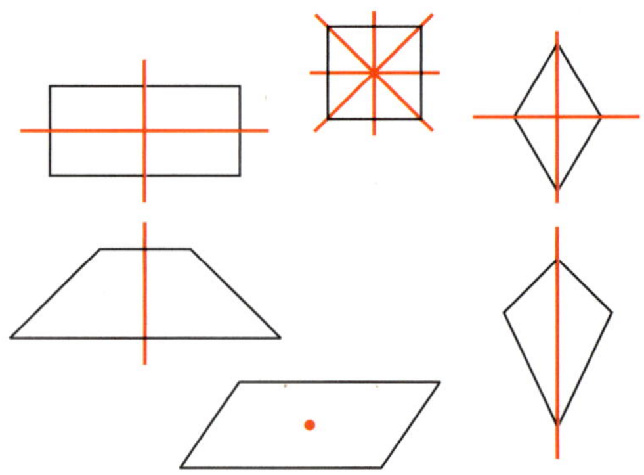

Aufgaben zum Üben und Wiederholen

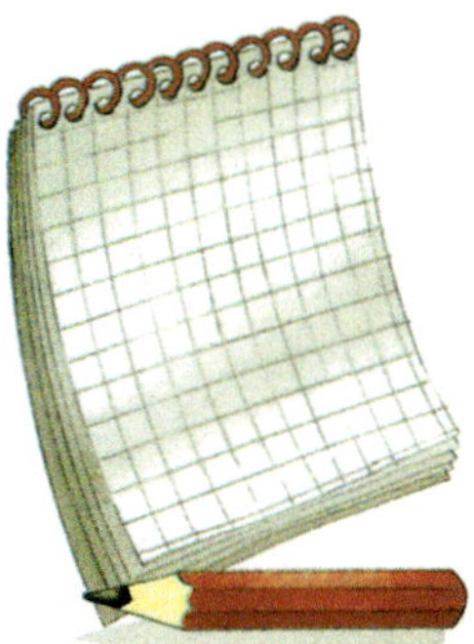

Die Lösungen zu den Aufgaben dieser Seite findest du auf den Seiten 198 und 199.

1
Beschreibe die Symmetrien der Fenster.

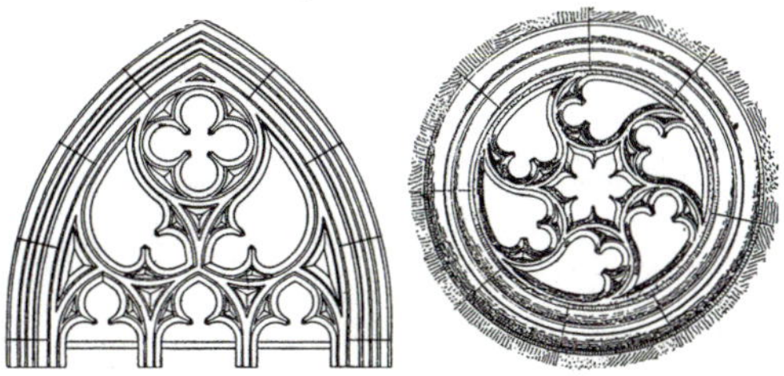

2
Übertrage die Figuren in dein Heft. Untersuche sie auf Achsen- und Punktsymmetrie. Trage die Achse bzw. das Zentrum ein.

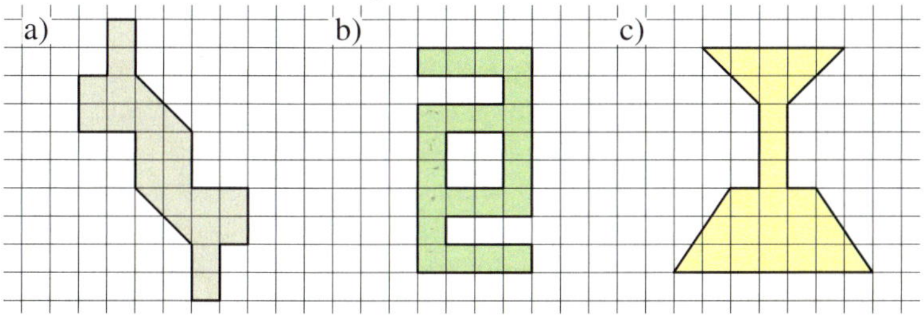

3
Zeichne ein beliebiges Dreieck und konstruiere
a) die Winkelhalbierenden,
b) die Mittelsenkrechten der Seiten.

4
Zeichne das Parallelogramm ABCD mit A(–1|–1), B(5|–1), C(7|1) und D(1|1). Konstruiere das Bildviereck bei einer Spiegelung
a) an der Achse a = BD,
b) an der Mittelsenkrechten m zu BD,
c) am Punkt R(3|0).

5
a) Zeichne eine 6 cm lange Strecke und konstruiere dazu die Mittelsenkrechte. Konstruiere zu den rechten Winkeln die Winkelhalbierenden.
b) Zeichne einen Kreis mit der ursprünglichen Strecke als Durchmesser und verbinde die Schnittpunkte der Kreislinie mit den Geraden zu einem Achteck.
c) Konstruiere alle Symmetrieachsen dieses Achtecks.

6
Zeichne das Dreieck ABC mit A(–1|–1), B(3|0) und C(3|2) und konstruiere das Bilddreieck so, dass bei einer Spiegelung
a) an einer Geraden,
b) an einem Punkt
die Punkte A und A′(2|4) zueinander symmetrisch sind.

7
a) Das Viereck ABCD ist punktsymmetrisch. Gegeben sind die Koordinaten der drei Eckpunkte A(–4|–1), B(1|1) und D(–2|4). Konstruiere das Symmetriezentrum Z und den Punkt C.
Gib die Koordinaten von C und Z an.
b) Beschreibe deine Konstruktion.

8
Zeichne die Gerade g durch A(–1|–1) und B(6|3) und die Gerade k durch A und C(2|4). Konstruiere eine Symmetrieachse so, dass der zu B symmetrische Punkt B′ auf der Geraden k und der zu C symmetrische Punkt C′ auf der Geraden g liegt.

9
Benenne die in der Figur versteckten symmetrischen Vierecke und ordne sie nach der Art ihrer Symmetrien.

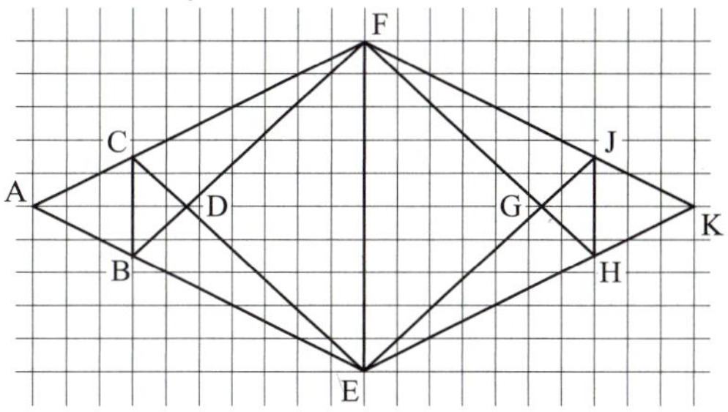

10
a) Miss die Abstände der Punkte A(1|–1), B(4|3) und C(–2,5|6) voneinander.
b) Zeichne die Gerade AB und dazu eine parallele Gerade h, die durch den Punkt C geht. Konstruiere das Lot zu AB durch den Punkt C und bestimme den Abstand der beiden Geraden AB und h.
c) Gib den Flächeninhalt des Dreiecks ABC möglichst genau an.

1 Scheitelwinkel und Nebenwinkel

1

Lege zwei Bleistifte wie in dem Bild übereinander. Drehe nun den einen Bleistift um den Kreuzungspunkt und beobachte die Winkel α, β, γ und δ.

a) Vergleiche die Winkel α und γ.

b) Vergleiche die Winkel β und δ.

c) Warum verändern sich die Summen $\alpha + \beta$ und $\gamma + \delta$ während des Drehens nicht?

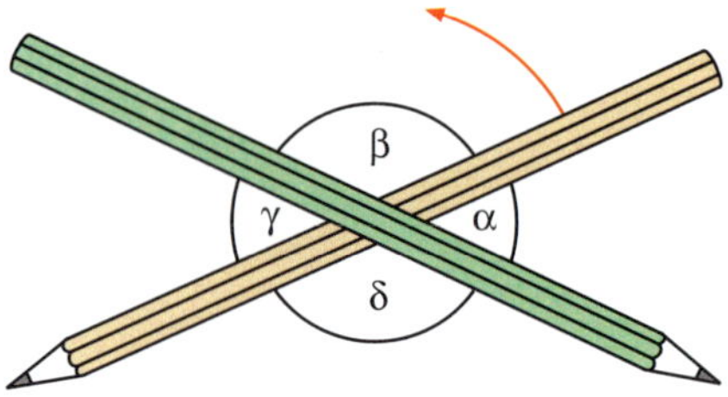

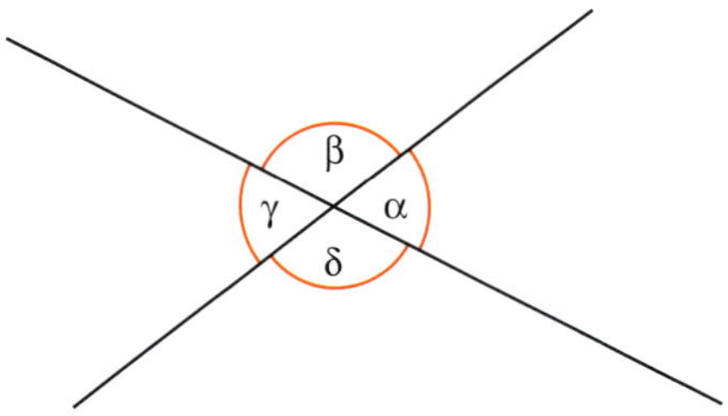

Winkel an einer Geradenkreuzung:
Je zwei gegenüberliegende Winkel nennt man **Scheitelwinkel**.
Je zwei nebeneinanderliegende Winkel nennt man **Nebenwinkel**.
In der nebenstehenden Figur sind α und γ Scheitelwinkel zueinander, ebenso β und δ. α und β sind Nebenwinkel zueinander, ebenso γ und δ, β und γ sowie δ und α.

Erinnerung:

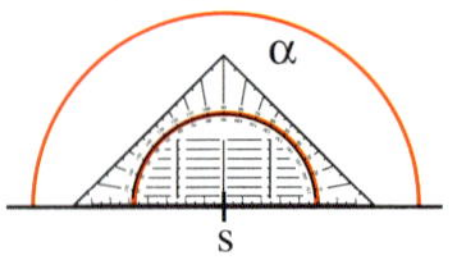

Gestreckter Winkel:
$\alpha = 180°$

Nebenwinkel ergänzen sich zu 180°, denn:
Der gestreckte Winkel wird von der grünen Geraden in die Winkel α und β unterteilt.
Daher gilt: $\alpha + \beta = 180°$.

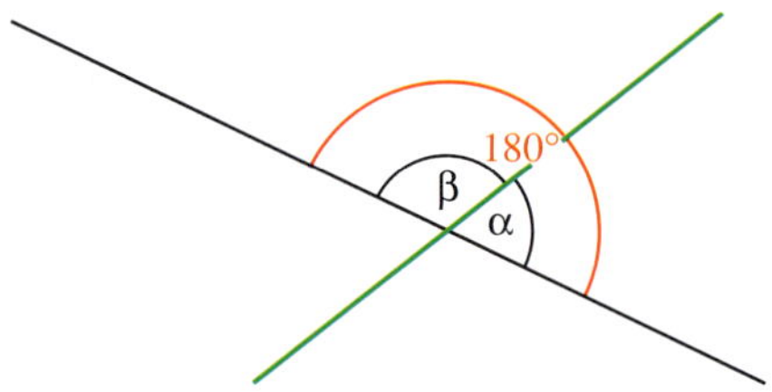

Scheitelwinkel sind gleich groß, denn:
α ist Nebenwinkel von δ und
γ ist Nebenwinkel von δ.
Also ergänzen sowohl α als auch γ den Winkel δ zu 180° und sind deshalb gleich groß.

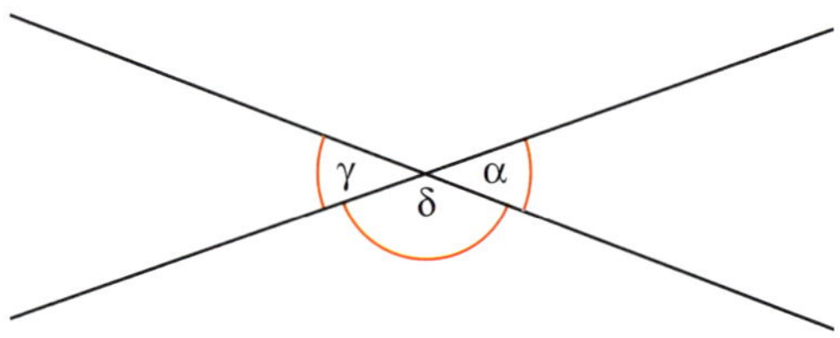

Scheitelwinkel sind gleich groß.
$\alpha = \gamma$, $\beta = \delta$

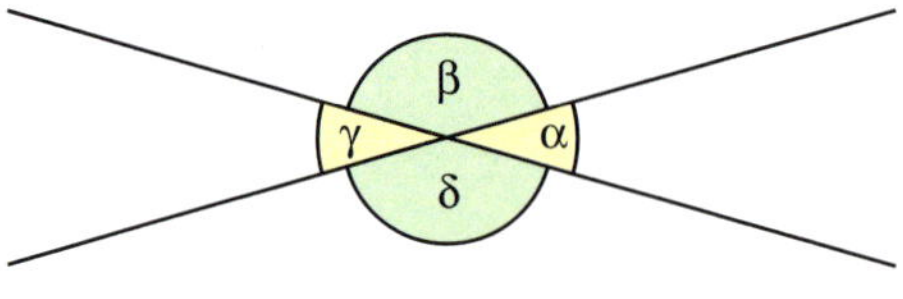

Nebenwinkel ergänzen sich zu 180°,
z. B. $\alpha + \beta = 180°$.

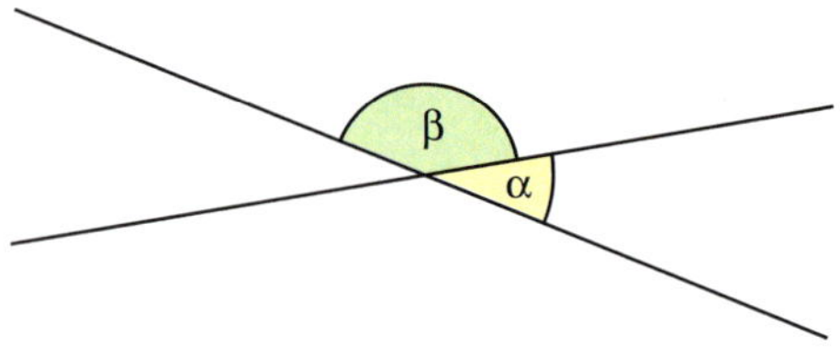

Beachte:

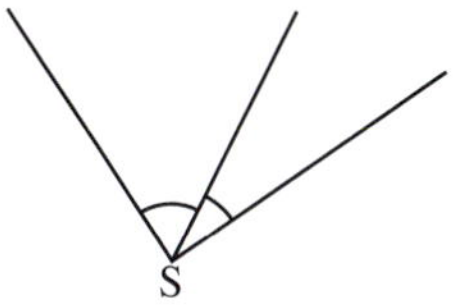

Diese beiden Winkel sind keine Nebenwinkel.

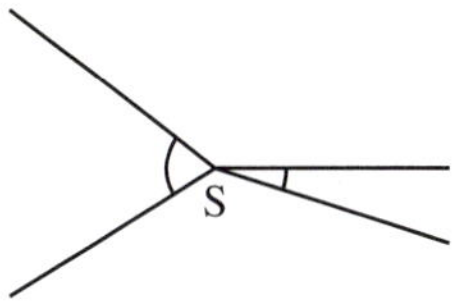

Diese beiden Winkel sind keine Scheitelwinkel.

Beispiel 1

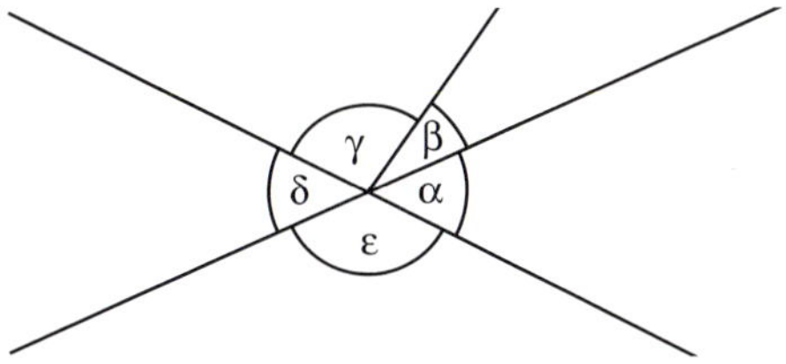

Gib alle Paare von Scheitelwinkeln und alle Paare von Nebenwinkeln in der Figur an.

Lösung:

Scheitelwinkel: α und δ

Nebenwinkel: α und ε,
δ und ε.

Beispiel 2

Ein Winkel α ist um 30° größer als sein Nebenwinkel β.

Wie groß sind die beiden Winkel?

Lösung:

1. Möglichkeit: systematisches Probieren.
   Probiere $\alpha = 90°$ und $\beta = 90°$, falsch;
   probiere $\alpha = 100°$ und $\beta = 80°$, falsch;
   probiere $\alpha = 105°$ und $\beta = 75°$, richtig.
2. Möglichkeit: Skizze

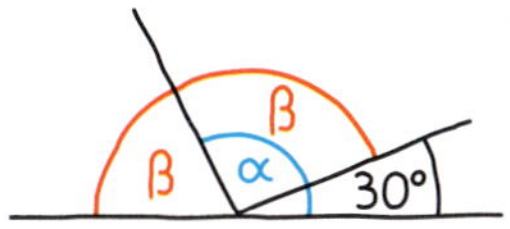

Das Doppelte des Winkels β ist 150°, also ist $\beta = 75°$, $\alpha = 105°$.

Aufgaben

Einige kleine Buchstaben des griechischen Alphabets:

α *Alpha*
β *Beta*
γ *Gamma*
δ *Delta*
ε *Epsilon*
φ *Phi*
η *Eta*
ϑ *Theta*
λ *Lambda*
μ *My*
ν *Ny*
π *Pi*
ω *Omega*

2

Gegeben sind die Punkte $A(-5|-2)$, $B(3|-4)$, $C(4|4)$ und $D(0|5)$.

a) Zeichne die Geraden AC und BD und benenne die an der Geradenkreuzung auftretenden Winkel. Gib die Koordinaten des Schnittpunktes der Geraden an.

b) Gib alle Paare von Scheitelwinkeln (Nebenwinkeln) mit ihrer Größe an.

3

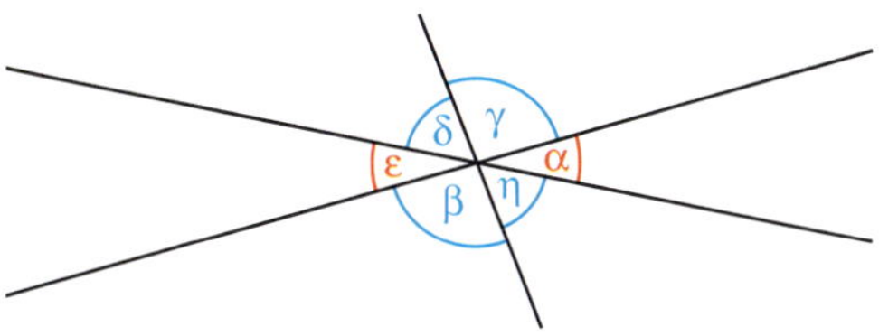

Bestimme alle Winkel, wenn

a) $\alpha = 24{,}5°$ und $\beta = 84°$,

b) $\varepsilon = 13{,}8°$ und $\gamma = 99{,}9°$,

c) $\alpha = 74°$ und $\delta = 102{,}8°$.

4

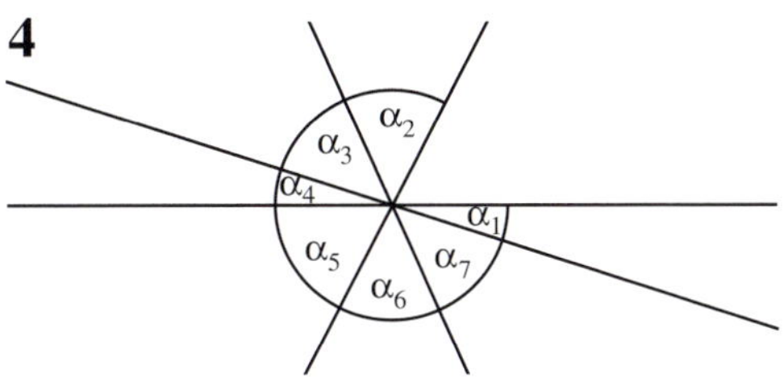

a) Bestimme alle Winkel, wenn $\alpha_1 = 18{,}2°$, $\alpha_3 = 47{,}9°$ und $\alpha_6 = 53°$.

b) Erstelle anhand der obigen Figur selbst Aufgaben und löse sie.

5

Wie groß sind die Winkel jeweils?

a) Ein Winkel ist um 25° größer als sein Nebenwinkel.

b) Ein Winkel ist um 25 % größer als sein Nebenwinkel.

c) Ein Winkel ist dreimal so groß wie sein Nebenwinkel.

6

Die Größe eines Winkels liegt zwischen 48° und 49°.

Was lässt sich über die Größe des Nebenwinkels sagen?

7

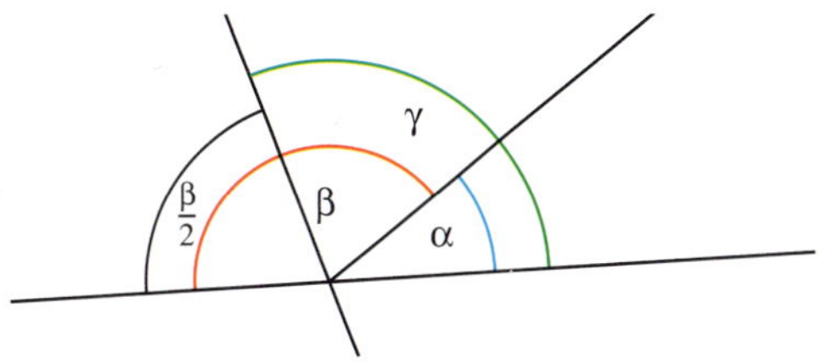

In der Figur sind die Winkel α, β, $\frac{\beta}{2}$ und γ eingezeichnet.

Berechne α und β für den Fall, dass $\gamma = 108°$.

G 8

Heiko, Jan und Thomas wollen sich auf drei Stühle setzen. Wie viele Möglichkeiten haben sie?

Veranschauliche die Situation mit Hilfe eines Baumdiagramms.

2 Stufenwinkel und Wechselwinkel

1

Zeichne zwei parallele Geraden, die von einer dritten Geraden geschnitten werden. Miss alle auftretenden Winkel. Was fällt dir auf?

Solche Figuren bezeichnet man häufig als Doppelkreuzungen.

In den folgenden Abbildungen werden zwei Geraden g und h von einer dritten Geraden s geschnitten. Einige der entstehenden Winkelpaare tragen wegen ihrer Lage zueinander besondere Namen.

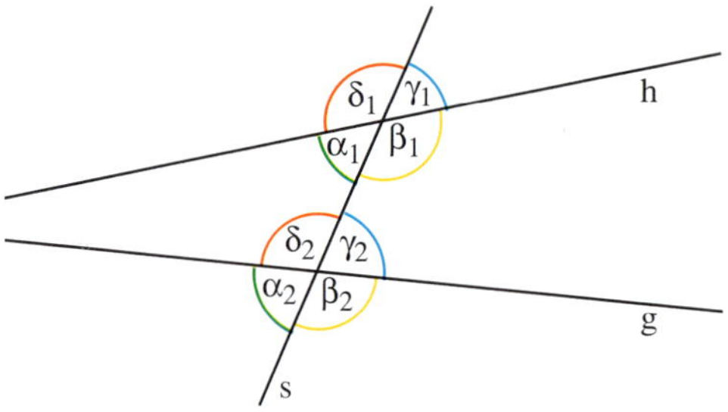

Die gleich gefärbten Winkel nennt man **Stufenwinkel**.

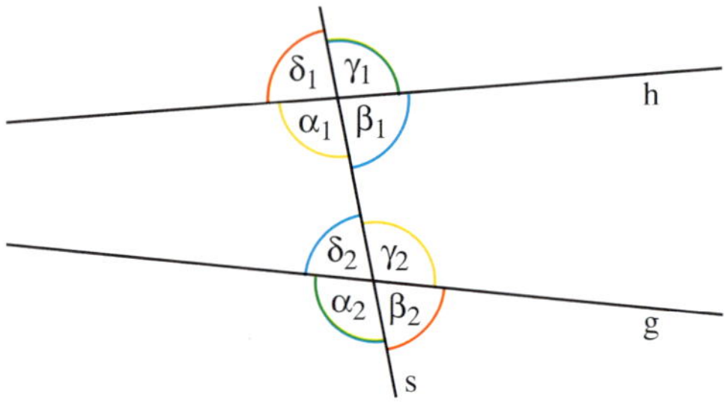

Die gleich gefärbten Winkel nennt man **Wechselwinkel**.

Wir betrachten nun Stufen- und Wechselwinkel an zwei **parallelen Geraden** g und h.

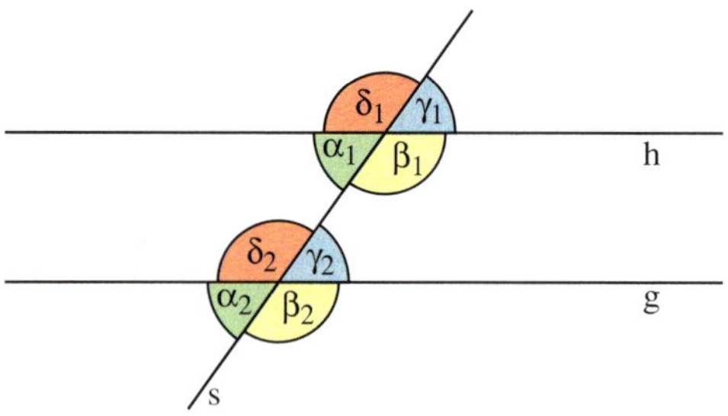

Die Stufenwinkel sind hier gleich groß:
$\alpha_1 = \alpha_2$, $\beta_1 = \beta_2$, $\gamma_1 = \gamma_2$, $\delta_1 = \delta_2$.

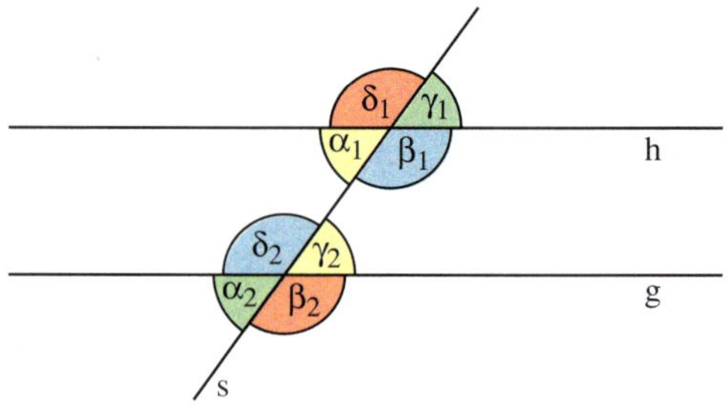

Die Wechselwinkel sind hier gleich groß:
$\alpha_1 = \gamma_2$, $\beta_1 = \delta_2$, $\gamma_1 = \alpha_2$, $\delta_1 = \beta_2$.

Die Gleichheit der Stufen- bzw. Wechselwinkel geht jedoch verloren, wenn die Geraden nicht zueinander parallel sind. Aus der Gleichheit von Stufen- bzw. von Wechselwinkeln kann somit gefolgert werden, dass die zugehörigen Geraden parallel sind.

> Werden zwei Geraden g und h von einer dritten Geraden geschnitten, so gilt:
>
> Wenn g und h parallel sind, dann sind Stufenwinkel gleich groß und Wechselwinkel gleich groß.
> Umgekehrt gilt:
> Wenn Stufenwinkel (Wechselwinkel) an g und h gleich groß sind, dann sind g und h zueinander parallel.

Beispiel 1
Die Geraden g und h sind zueinander parallel und es ist $\alpha = 45°$.
Berechne die Größen der anderen Winkel.
Lösung:
α und ε sind Stufenwinkel: $\varepsilon = \alpha = 45°$
α und λ sind Wechselwinkel: $\lambda = \alpha = 45°$
λ und γ sind Stufenwinkel: $\gamma = \lambda = 45°$
β ist Nebenwinkel zu α: $\beta = 135°$
β und η sind Stufenwinkel: $\eta = \beta = 135°$
β und ν sind Wechselwinkel: $\beta = \nu = 135°$
ν und δ sind Stufenwinkel: $\delta = \nu = 135°$

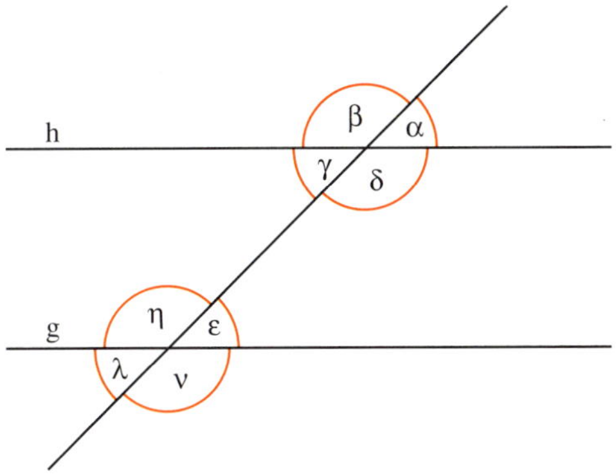

Beispiel 2
Zum Zeichnen von parallelen Geraden gibt es ein praktisches Verfahren mit Lineal und Geodreieck.
Wie in der linken Figur legt man an die gegebene Gerade g ein Geodreieck. An dieses legt man ein längeres Lineal. Dann verschiebt man das Geodreieck entlang des festgehaltenen Lineals so weit wie gewünscht und zeichnet die Parallele h.

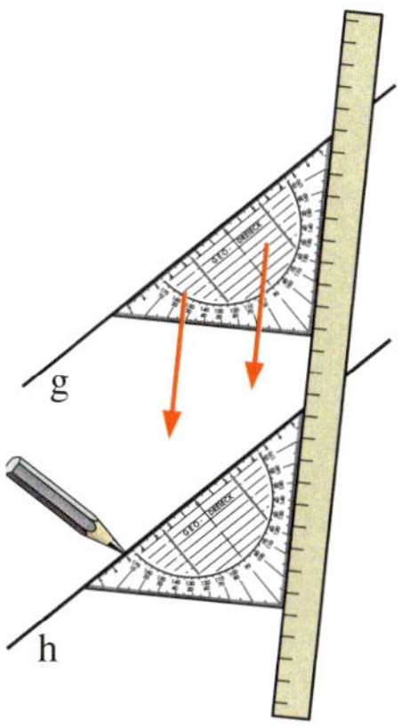

a) Begründe, warum dieses Verfahren funktioniert.
b) Kann das Geodreieck auch mit einer anderen Seite an das Lineal angelegt werden, um eine Parallele zu zeichnen? Begründe.

Lösung:
a) Da die beiden Stufenwinkel eine Größe von 45° haben, sind die Geraden g und h parallel.
b) Ja, da die entsprechenden Stufenwinkel gleich groß sind.

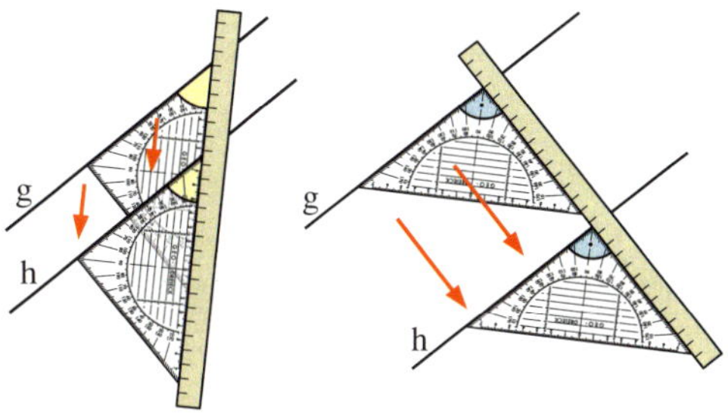

Aufgaben

2

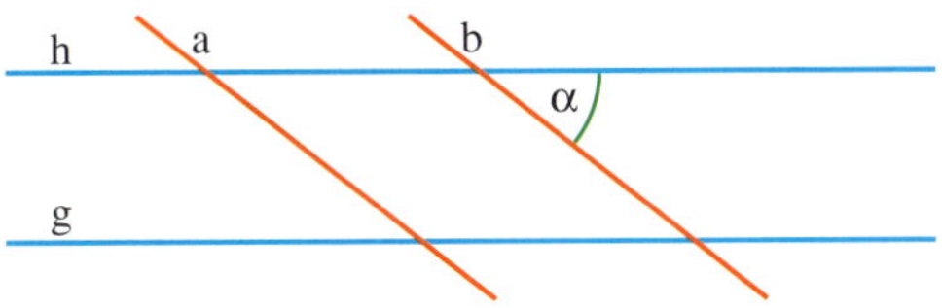

In der Figur sind $a \parallel b$ und $g \parallel h$.
Stelle diesen Sachverhalt in deinem Heft dar.
a) Benenne alle auftretenden Winkel.
b) Markiere alle Winkel, die die gleiche Größe wie der Winkel α haben.

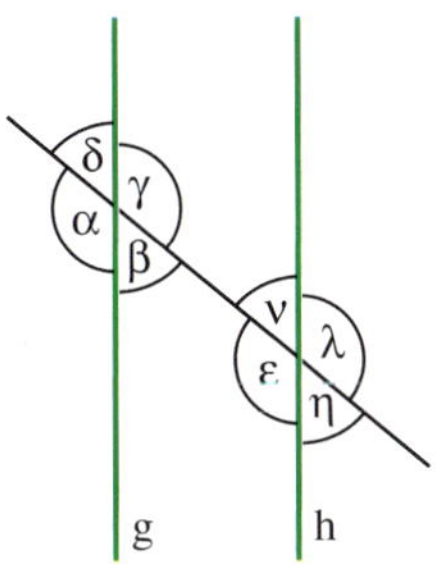

3
Die Geraden g und h sind zueinander parallel. Bestimme die Größen der anderen Winkel, wenn
a) $\beta = 73°$, b) $\delta = 110{,}5°$, c) $\lambda = 167{,}2°$.

4
Gegeben sind $A(-4|6)$, $B(0|7)$, $C(-0{,}5|-5{,}5)$, $D(7{,}5|-4)$ und $E(3|-1{,}5)$.
Zeichne die Geraden AB, CD und AE. Miss die an dieser Figur auftretenden Winkel und entscheide, ob $AB \parallel CD$.

5

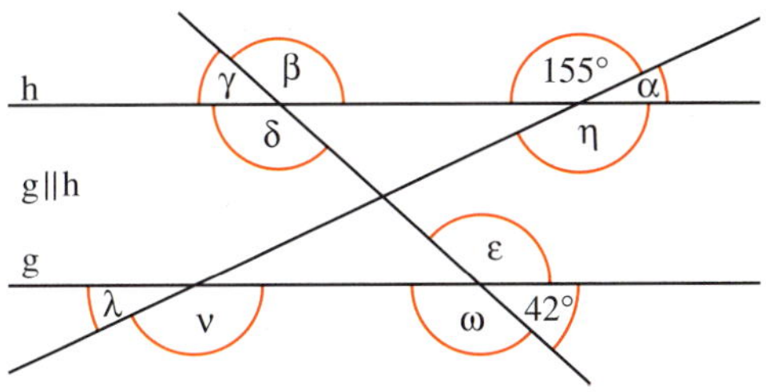

Gib für die benannten Winkel alle Paare von gleich großen Stufenwinkeln (Wechselwinkeln) an und berechne ihre Größe.

6

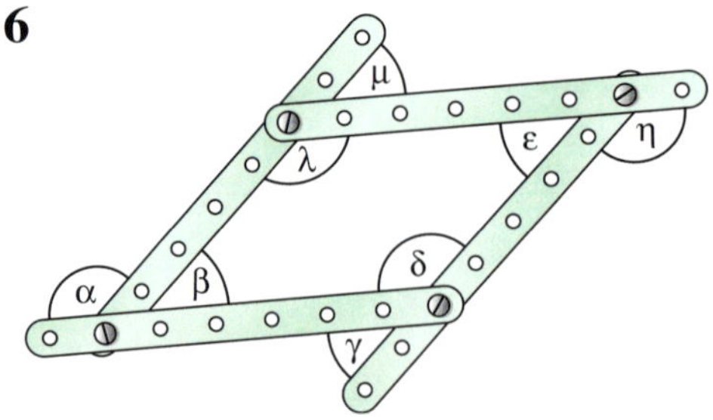

Maximilian hat Lochstäbe so zusammengeschraubt, dass sich in der Mitte ein Parallelogramm ergibt.

a) Welche Winkel sind gleich groß?

b) Berechne η, wenn $\beta = 22{,}2°$.

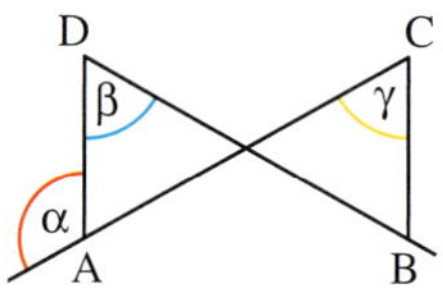

7

$\alpha = 112{,}3°$, $\beta = 77{,}7°$, $\gamma = 67{,}7°$.
Entscheide, ob [AD] ∥ [BC]. Begründe.

8

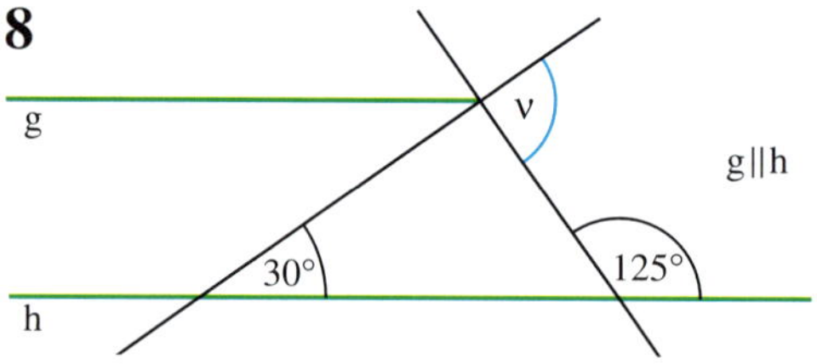

Übertrage die Zeichnung in dein Heft. Thomas behauptet, dass $\nu = 85°$. Hat er Recht? Begründe.

9

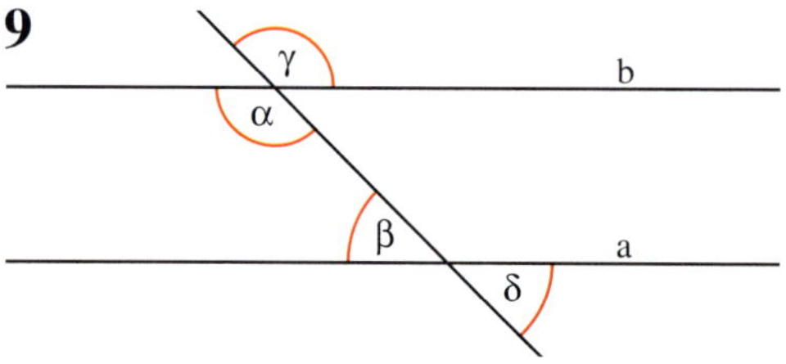

Sind die Geraden a und b zueinander parallel? Begründe.

a) $\alpha = 141°$ und $\beta = 39°$

b) $\alpha = 100°$ und $\beta = 81°$

c) $\gamma = 99°$ und $\beta = 81°$

d) $\delta = 1°$, $\alpha = 99°$ und $\beta = 1°$

e) $\alpha = \gamma = 120°$ und $\beta = \delta = 60°$

f) $\alpha = \beta = 30°$ und $\delta = \gamma$

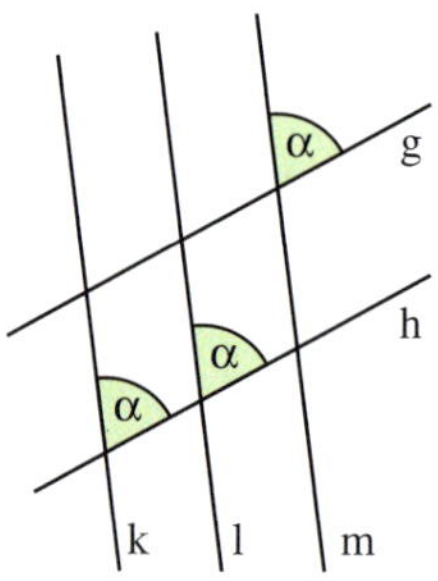

10

Für welche der Geraden g, h, k, l, m kannst du entscheiden, ob sie parallel sind? Begründe.

11

Zeichne zwei Parallelen, die von zwei weiteren Geraden geschnitten werden.

a) Welche Figuren ergeben sich?

b) Markiere jeweils gleich große Winkel mit gleicher Farbe.

c) Wie müssen die Geraden liegen, damit die Figur achsensymmetrisch (punktsymmetrisch) ist? Zeichne.

12

Zeichne eine Doppelkreuzung, bei der die Stufen- und Wechselwinkel gleich groß sind.

13

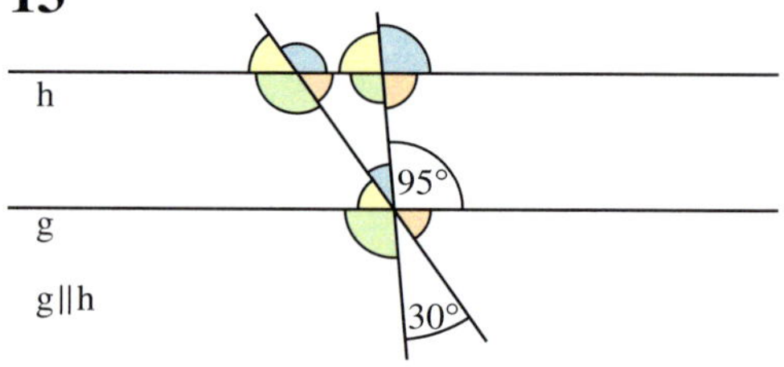

a) Übertrage die Zeichnung im Maßstab 4 : 1 ins Heft und bezeichne die Winkel.

b) Gib Paare von gleich großen Stufen- und Wechselwinkeln an.

c) Berechne die fehlenden Winkelgrößen.

14

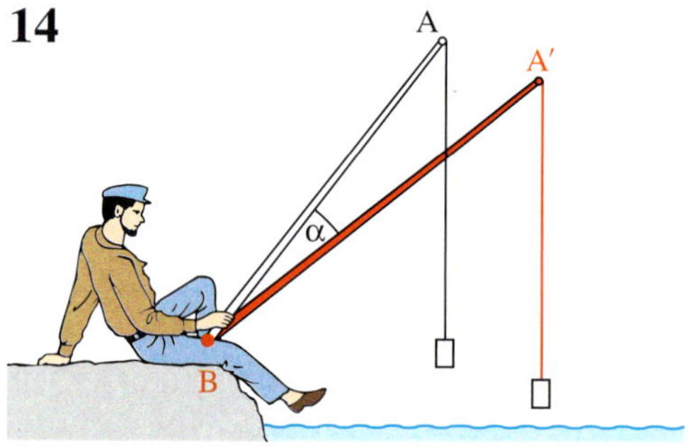

Wie ändert sich der Winkel bei A, wenn der Angler seine Angelrute um die Winkelgröße α senkt? Fertige eine Skizze an, in der du durch den Punkt A′ eine Parallele zur Geraden AB zeichnest.

G 15

Durch welche Veränderungen des Grundwertes oder des Prozentsatzes kann man eine Verdoppelung des Prozentwertes erreichen? Beantworte die Frage anhand eines selbstgewählten Beispiels.

3 Winkelsumme im Dreieck

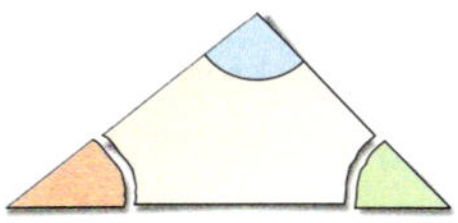

1
Zeichne ein beliebiges Dreieck auf ein Blatt Papier, schneide es aus und färbe die Winkel unterschiedlich. Reiße zwei Ecken ab und lege die Winkel neu zusammen. Was fällt dir auf? Vergleiche mit den Ergebnissen deiner Mitschüler.

Die Aufgabe lässt sich auch gut mit einem DGS lösen.

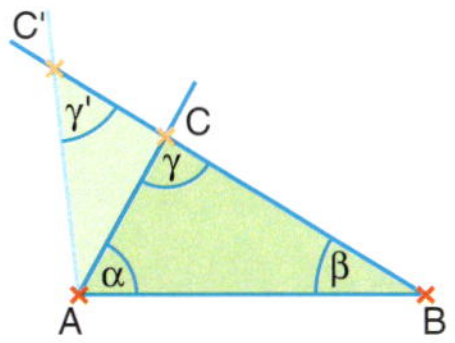

2
a) Welche Winkel des Dreiecks ABC ändern sich, wenn man den Stab AC nach rechts schwenkt und der Stab BC seine Richtung beibehält? Welcher Winkel wird größer, welcher kleiner? Vergleiche die Zunahme des einen Winkels mit der Abnahme des anderen.
b) Was lässt sich über die Summe $\alpha + \beta + \gamma$ sagen, wenn sich AC und BC immer mehr einer Lage nähern, in der beide Stäbe parallel sind?

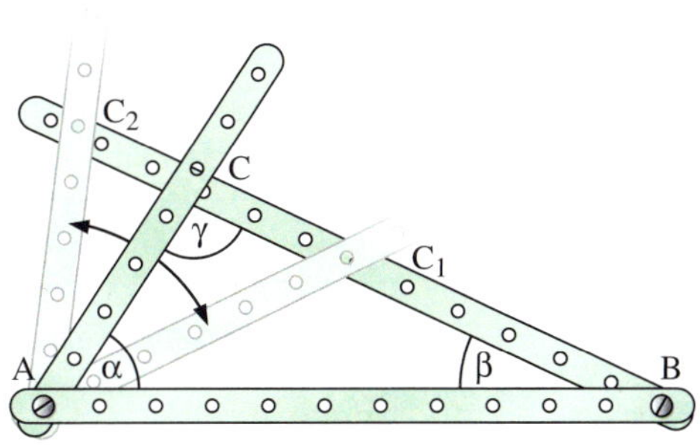

In einem Dreieck beträgt die Summe der Größen der Innenwinkel 180°.
Begründung:
Zeichnet man eine Hilfslinie durch den Punkt C, die parallel zur Geraden AB verläuft, so erkennt man:
α und α' sowie β und β' sind Wechselwinkel an parallelen Geraden, also gilt:
(1) $\alpha = \alpha'$ und $\beta = \beta'$.
α', γ und β' bilden zusammen einen gestreckten Winkel, somit gilt:
(2) $\alpha' + \gamma + \beta' = 180°$.
Die beiden Aussagen (1) und (2) zusammen ergeben die Behauptung: $\alpha + \gamma + \beta = 180°$.

***Strategie:** Einzeichnen einer Hilfslinie*

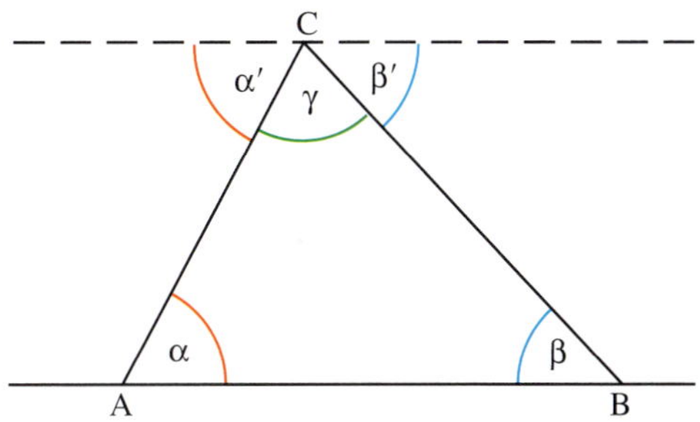

Satz von der Winkelsumme im Dreieck:
In jedem Dreieck beträgt die Summe der Größen der drei Innenwinkel 180°.

$$\boldsymbol{\alpha + \beta + \gamma = 180°}$$

Bemerkung
Einige der bisher gefundenen oder angewandten geometrischen Aussagen, wie z. B. „Stufenwinkel (Wechselwinkel) an parallelen Geraden sind gleich groß", setzen wir aufgrund unserer Erfahrung und Anschauung ohne Nachweis als wahr voraus. Solche Aussagen nennt man **Axiome** oder **Fundamentalsätze**. Sie bilden das Fundament unseres „geometrischen Gebäudes".
Im Gegensatz dazu wurde die keineswegs offensichtliche Aussage über die Winkelsumme im Dreieck aus bereits bekannten Winkelbeziehungen hergeleitet. Die so gewonnenen Aussagen bezeichnet man als **Lehrsätze** oder kurz **Sätze**.

***axioma** (griech.): Grundsatz*

Erinnerung:
$0 < \alpha < 90°$:
α ist ein spitzer Winkel
$\alpha = 90°$:
α ist ein rechter Winkel
$90° < \alpha < 180°$:
α ist ein stumpfer Winkel

Bezeichnungen für Dreiecke:

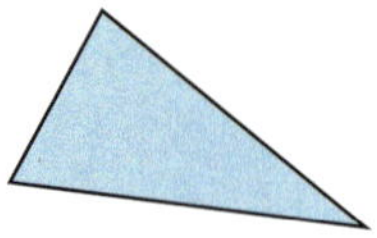

spitzwinkliges Dreieck
Jeder Winkel ist spitz.

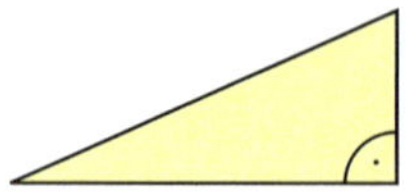

rechtwinkliges Dreieck
Ein Winkel ist ein rechter.

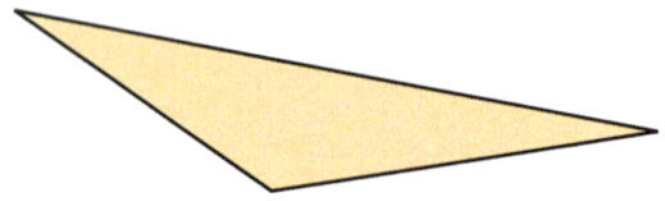

stumpfwinkliges Dreieck
Ein Winkel ist stumpf.

Beispiel 1

a) Berechne für ein Dreieck mit $\alpha = 87°$ und $\beta = 28°$ die Größe des dritten Winkels γ.
b) In einem rechtwinkligen Dreieck mit $\gamma = 90°$ ist der Winkel α doppelt so groß wie der Winkel β. Berechne α und β.

Lösung:
a) $\alpha + \beta + \gamma = 180°$ und $\alpha + \beta = 115°$, somit gilt: $\gamma = 65°$.
b) $\alpha + \beta + \gamma = 180°$ und $\gamma = 90°$, somit sind α und β zusammen ebenfalls 90°. Da α das Doppelte von β ist, ist β ein Drittel von 90°, also $\beta = 30°$, $\alpha = 60°$.

Beispiel 2

Begründe: In einem Dreieck kann höchstens ein Winkel stumpf, also größer als 90° sein.
Lösung:
Wenn in einem Dreieck zwei Winkel größer als 90° wären, dann wäre die Summe dieser beiden Winkel größer als 180°. Dies kann nach dem Satz von der Winkelsumme im Dreieck aber nicht sein.

Aufgaben

Lösungssalat zu 3 und 4:

3

Berechne jeweils den dritten Winkel des Dreiecks ABC und gib an, um welche Art von Dreieck es sich handelt, wenn
a) $\alpha = 30{,}5°$; $\beta = 62{,}7°$,
b) $\beta = 66°$; $\gamma = 102°$,
c) $\alpha = 5{,}25°$; $\gamma = 84{,}75°$.

4

Berechne den fehlenden Winkel eines rechtwinkligen Dreiecks, wenn ein Winkel 50° (33°; 67°; 83°) groß ist.

5

In einem Dreieck gilt $\beta = \gamma$. Berechne die Innenwinkel.
a) $\alpha = 63°$ b) $\beta = 57°$ c) $\gamma = 27{,}5°$

6

Zeichnet in Gruppenarbeit ein beliebiges Dreieck auf ein Blatt Papier und übertragt euer Dreieck im Maßstab 100 : 1 vergrößert auf den Schulhof. Überprüft an dem großen Dreieck den Winkelsummensatz und überlegt euch gegebenenfalls, warum euer Wert abweicht.

7

Von zwei Dreiecken wurden die Ecken abgerissen und zu einem Vollkreis zusammengelegt.

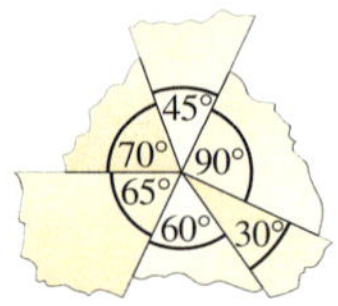

a) Übertrage die Figur auf ein Blatt Papier, schneide die Ecken aus und rekonstruiere die beiden ursprünglichen Dreiecke.
b) Vergleiche deine Lösungsdreiecke mit denen deiner Klassenkameraden. Was haben alle Lösungen gemeinsam?
c) Lassen sich aus den folgenden Figuren ebenfalls zwei Dreiecke bilden?

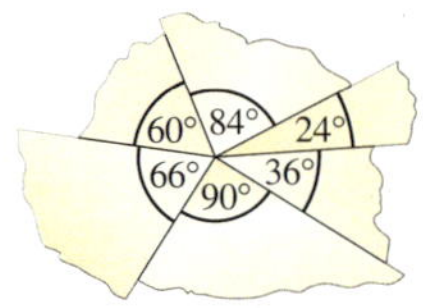

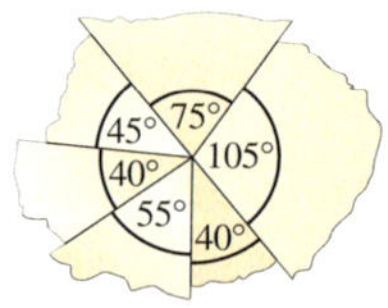

d) Erstelle eine ähnliche Figur und lass deinen Nachbarn die Dreiecke bestimmen.
e) Lassen sich auch alle Ecken von drei Dreiecken zu einem Vollkreis zusammenlegen?
Begründe deine Antwort.

8

a) In einem Dreieck mit $\overline{AC} = 4\,\text{cm}$ und $\gamma = 60°$ ist α um $\frac{1}{5}$ größer als γ. Zeichne das Dreieck und miss den Winkel β in deiner Figur. Überprüfe anschließend rechnerisch deinen Messwert.

b) Zeichne ein rechtwinkliges Dreieck mit $\overline{AB} = 6\,\text{cm}$ und $\beta = 90°$, bei dem α viermal so groß ist wie γ.

9

Berechne die Größe der fehlenden Innenwinkel der folgenden Dreiecke.

(1)

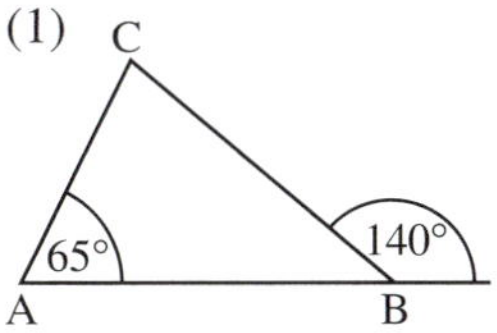

(2)

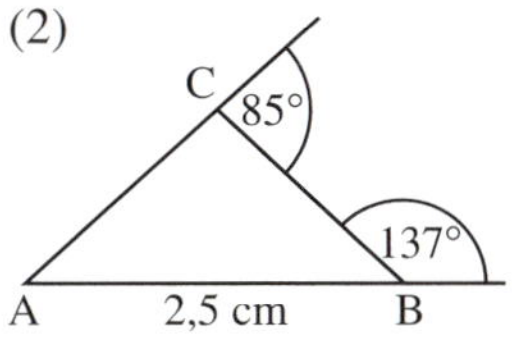

(3)

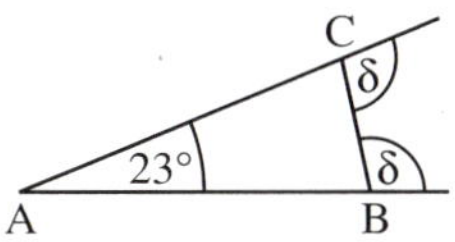

10

Die linke Figur entstand dadurch, dass von einem Dreieck zwei Ecken abgeschnitten wurden und die dritte abgerissen. Wie groß war der Winkel an der abgerissenen Ecke?

11

Wie viele Dreiecke gibt es, für die α ein Vielfaches von 30° und β ein Vielfaches von 20° ist? Wie viele davon sind rechtwinklig (spitzwinklig, stumpfwinklig)?

12

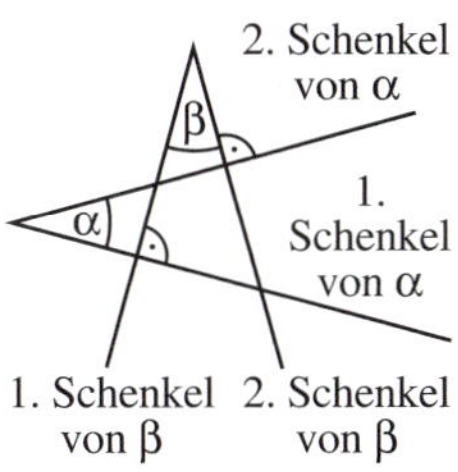

Begründe die folgende Aussage:
Stehen die sich entsprechenden Schenkel zweier Winkel senkrecht aufeinander (so wie in der links gegebenen Abbildung), dann sind die Winkel gleich groß.

13

Gib die Größe eines Winkels in der folgenden Figur vor, aus dem alle anderen Winkel berechnet werden können. Lass deinen Nachbarn für diesen von dir gewählten Wert alle anderen Winkel berechnen.

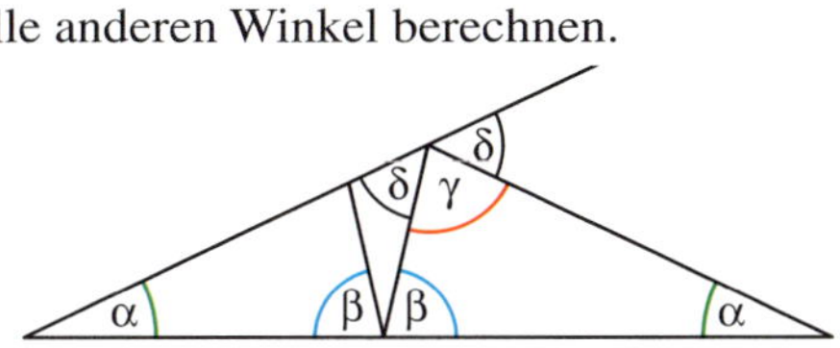

14

Begründe:

a) In jedem Dreieck ist höchstens ein Winkel 90° groß.

b) Jedes Dreieck besitzt mindestens zwei spitze Winkel.

c) In jedem Dreieck ist mindestens ein Winkel größer oder gleich 60°.

15

a) In der Figur ist w Winkelhalbierende. Berechne α.

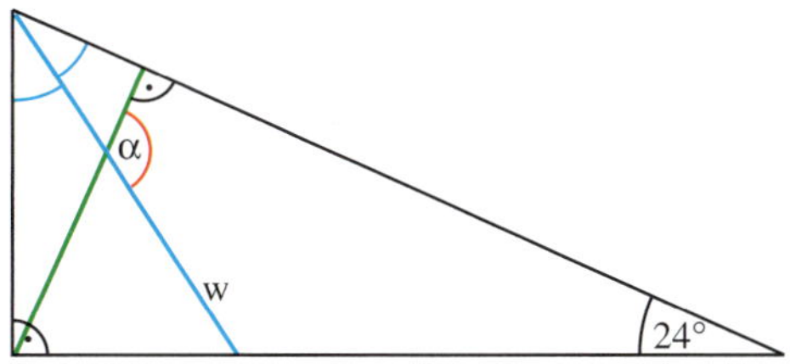

b) Berechne α, γ und δ in der folgenden Figur.

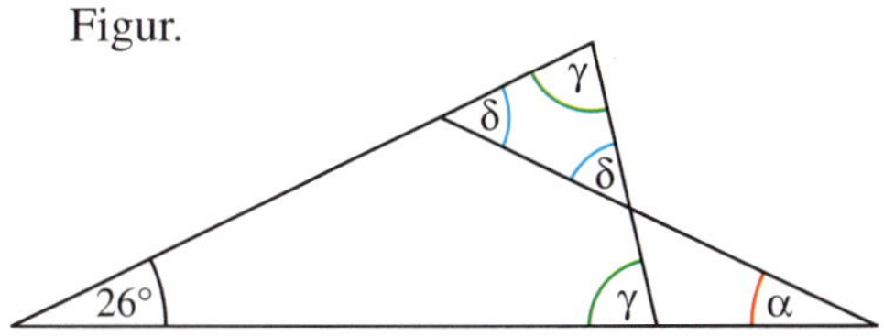

c) Denke dir eine Figur aus – ähnlich wie die oben abgebildeten –, gib die Größe einiger (möglichst weniger) Winkel an und lass deinen Banknachbarn alle anderen daraus berechnen.

16

In der folgenden Figur ist $g \parallel h$; w_1, w_2 und w_3 sind Winkelhalbierende.

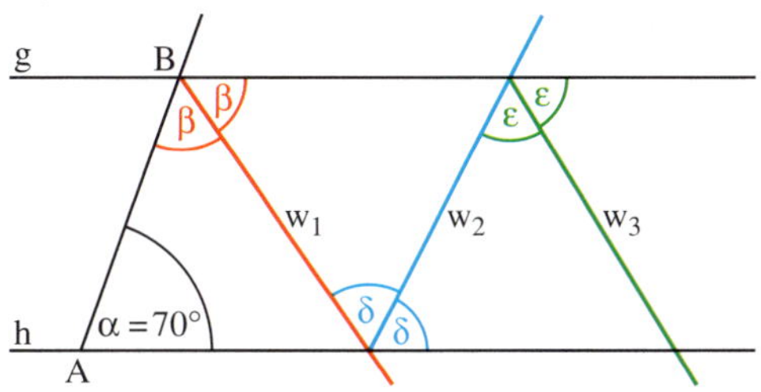

a) Überprüfe durch Berechnen von Winkeln, ob $w_1 \parallel w_3$.

b) Für welche Größe von α würde die Gerade AB parallel zu w_2 verlaufen?

17

Bei Segelflugmeisterschaften werden u. a. so genannte Dreiecksflüge durchgeführt. Die Teilnehmer müssen drei markante Stellen anfliegen und vom Flugzeug aus fotografieren.

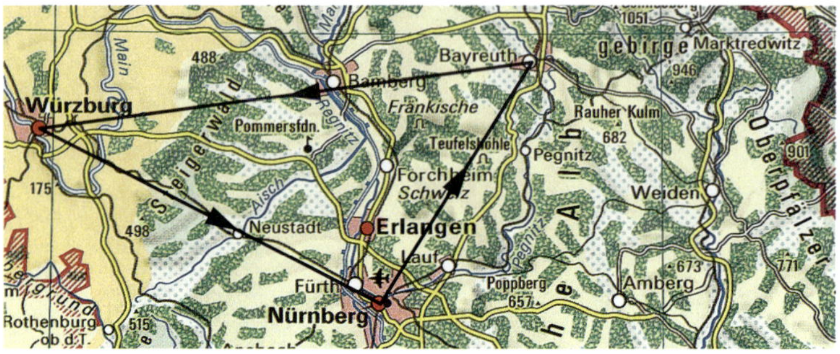

a) Zeichne ein Dreieck in dein Heft, das die gleichen Winkel besitzt wie das Flugdreieck auf der Karte.
b) Trage die Richtungsänderungen ein, die das Flugzeug machen muss.
c) Vergleiche an jeder Ecke den Winkel der Richtungsänderung mit dem Innenwinkel im Dreieck.
d) Welche Richtungsänderung muss das Flugzeug insgesamt bis zur Rückkehr in die Ausgangsposition fliegen?

Bei einem Dreieck nennt man jeden Nebenwinkel eines Innenwinkels einen ***Außenwinkel*** *des Dreiecks. Sie sind im nebenstehenden Dreieck bunt markiert.*

Beachte:
Die rot markierten Winkel sind ***keine*** *Außenwinkel.*

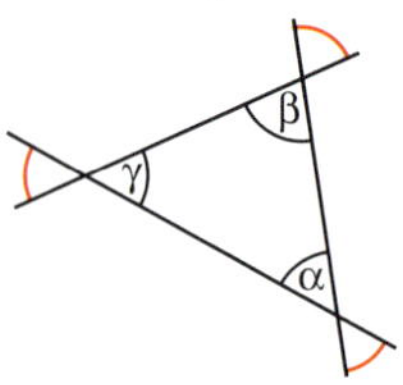

18 Außenwinkelsatz

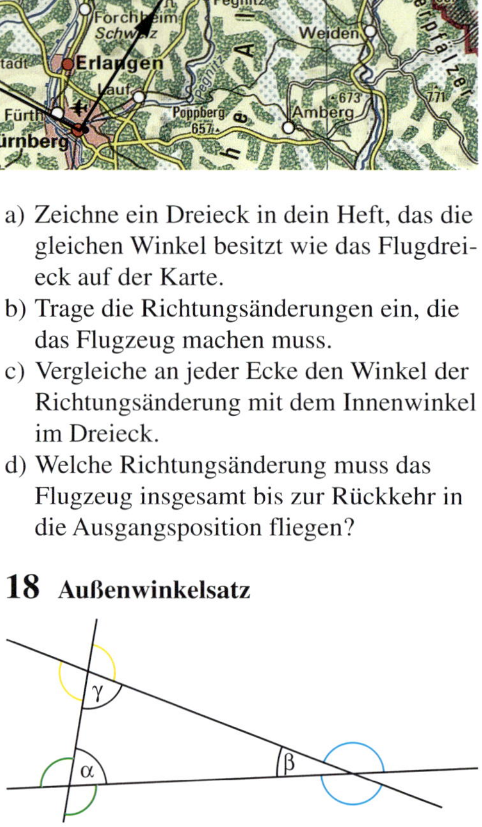

a) Wie groß sind die Außenwinkel eines Dreiecks mit den Innenwinkeln $\alpha = 78°$ und $\beta = 67°$?
b) Wie groß sind die drei Außenwinkel eines Dreiecks zusammen?
c) Begründe: Jeder Außenwinkel eines Dreiecks ist genauso groß wie die Summe der beiden nicht anliegenden Innenwinkel.

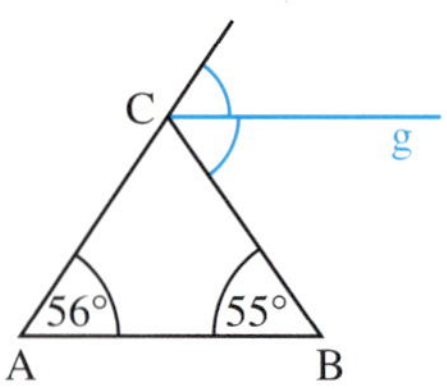

19

In der links gezeichneten Figur halbiert g den Außenwinkel bei C. Ist g parallel zu AB?

20

In der folgenden Figur sind w_1 und w_2 die Winkelhalbierenden von α bzw. β.

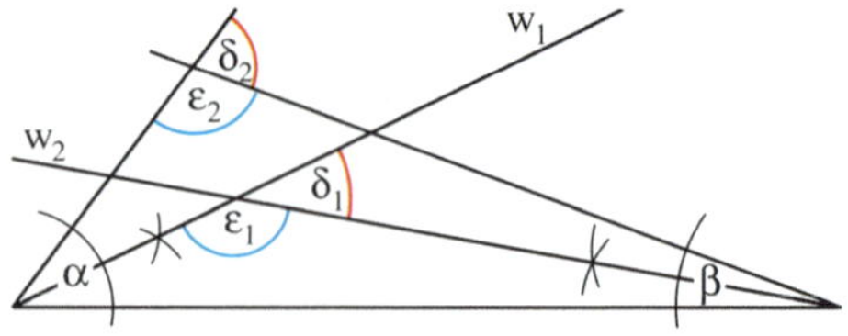

a) Vergleiche die Größen der Winkel δ_1 und δ_2 für $\alpha = 46°$ und $\beta = 68°$.
b) Begründe: Allgemein gilt $\delta_2 = 2 \cdot \delta_1$.
c) Berechne die Winkel ε_1 und ε_2, wenn gilt: $\alpha = 46°$ und $\beta = 68°$.
d) Begründe: Allgemein gilt $\varepsilon_1 > \varepsilon_2$.
e) Untersuche, ob es Dreiecke gibt, bei denen ε_1 doppelt so groß ist wie ε_2. Experimentiere zunächst mit Hilfe von Skizzen oder mit einem DGS und begründe anschließend dein Ergebnis.

21

Im Dreieck ABC sind die Innenwinkel bei A und B gleich groß.

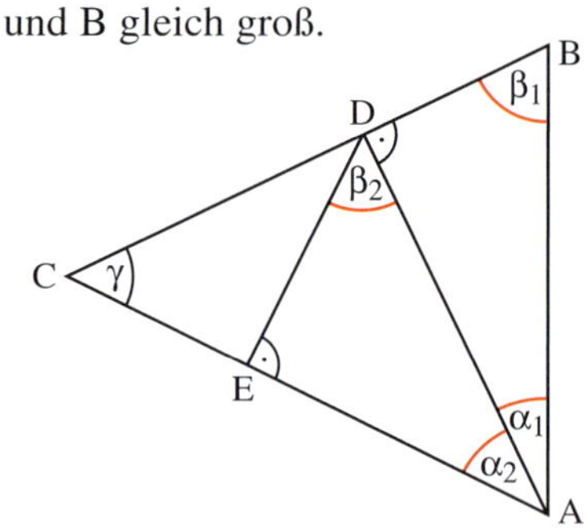

a) Gib α_1, α_2, β_1 und β_2 für $\gamma = 52°$ an.
b) Für welchen Winkel γ sind α_2 und β_2 gleich groß?
Für welche Winkel γ ist α_2 größer als β_2?
c) Für welchen Winkel γ ist α_2 doppelt (halb) so groß wie β_2?

G 22

Berechne das Volumen (Maße in cm).

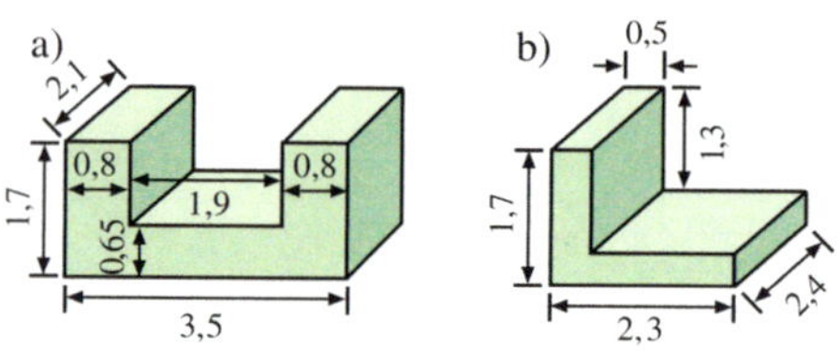

4 Winkelsumme im Vieleck

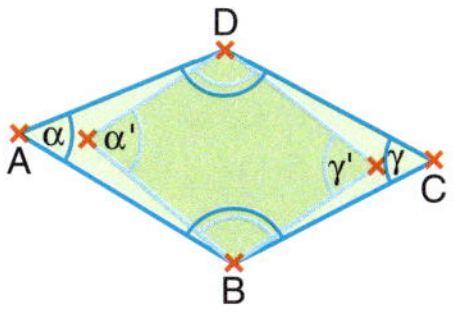

1 💻

Zeichne mit einem dynamischen Geometriesystem (DGS) ein beliebiges Viereck und lass die Größe seiner Innenwinkel anzeigen. Kannst du die Ecken des Vierecks so verändern, dass alle Innenwinkel größer (alle kleiner) werden? Wie verändern sich die einzelnen Winkel, wenn man gegenüberliegende Ecken auseinander (aufeinander zu) bewegt?

2

Die Abbildung zeigt ein 7-Eck, das in Dreiecke zerlegt wurde.

a) Zeichne ein 8-Eck (9-Eck) und zerlege es entsprechend in Dreiecke.

b) Welcher Zusammenhang besteht zwischen der Winkelsumme des 7-Ecks (8-Ecks, 9-Ecks) und der Winkelsumme im Dreieck?

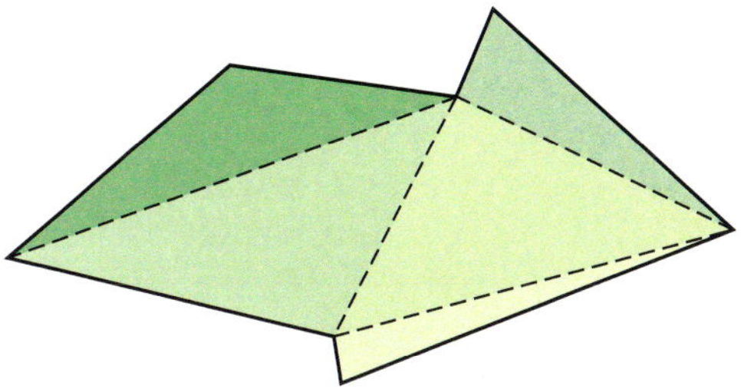

__Strategie:__ Zurückführen auf etwas Bekanntes

Jedes Vieleck kann man so in Dreiecke zerlegen, dass aus den Innenwinkeln der Dreiecke die Innenwinkel des Vielecks entstehen. Die folgenden Abbildungen zeigen Beispiele.

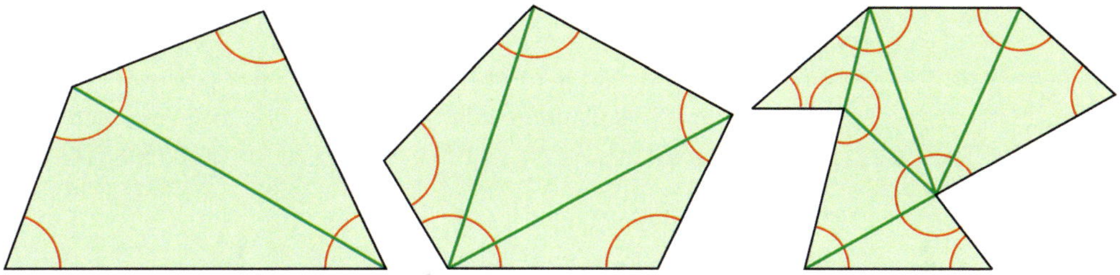

Die Winkelsumme im Dreieck beträgt 180°.

Ein Vieleck mit der Eckenzahl:	4	5	6	7	… n,
kann in so viele Dreiecke zerlegt werden:	2	3	4	5	… n – 2
und hat deshalb die Winkelsumme:	$2 \cdot 180°$	$3 \cdot 180°$	$4 \cdot 180°$	$5 \cdot 180°$	… $(n-2) \cdot 180°$.

Satz von der Winkelsumme in Vielecken:
Die Winkelsumme in einem **n-Eck** beträgt: $\mathbf{(n-2) \cdot 180°}$.
Insbesondere beträgt die **Winkelsumme im Viereck 360°**.

Ein __regelmäßiges Vieleck__ ist ein Vieleck, dessen Seiten alle gleich lang sind und dessen Innenwinkel alle gleich groß sind. Seine Ecken liegen alle auf einem Kreis.

Beispiel 1

Berechne die Größe der Innenwinkel eines regelmäßigen 5-Ecks.

Lösung:

Die Winkelsumme des 5-Ecks beträgt
$(5-2) \cdot 180° = 3 \cdot 180° = 540°$.
Da alle 5 Innenwinkel gleich groß sind, haben sie eine Größe von $540° : 5 = 108°$.

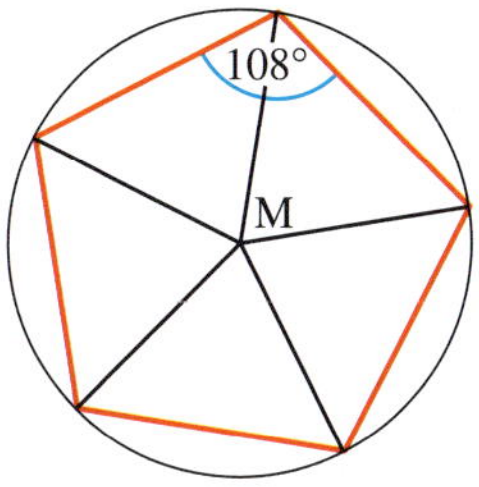

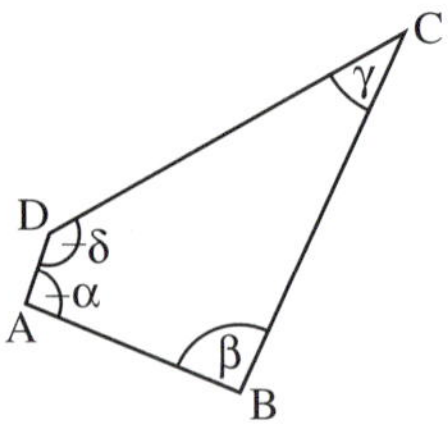

Beispiel 2
In einem Viereck mit dem Winkel $\alpha = 95°$ ist der Winkel β dreimal so groß wie der Winkel γ und der Winkel δ ist um 50° größer als der Winkel α.
Berechne die fehlenden Innenwinkel des Vierecks.

Lösung:
$\alpha = 95°$ und $\delta = 95° + 50° = 145°$,
somit gilt: $\alpha + \delta = 240°$.
$\alpha + \beta + \gamma + \delta = 360°$, also sind die beiden Winkel β und γ zusammen 120°.
Da β das Dreifache von γ ist, ist γ der 4. Teil von 120°, also $\gamma = 30°$ und $\beta = 90°$.

Aufgaben

Paul hat ein Fünfeck in folgender Weise in Dreiecke zerlegt:

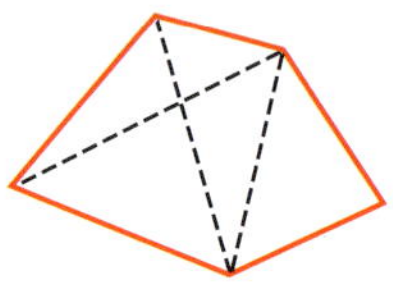

Als Winkelsumme errechnet er daraus:
$5 \cdot 180° = 900°$.
Was ist hier falsch?

3
Berechne in einem Viereck den bzw. die restlichen Winkel für
a) $\alpha = 47°$; $\beta = 63°$; $\gamma = 115°$
b) $\gamma = 57{,}5°$; $\alpha = 82{,}4°$; $\delta = 71{,}3°$
c) $\beta = 107°$; $\delta = 85°$; $\alpha = \gamma$
d) $\alpha = 60°$; $\beta = \gamma = \delta$

4
Zeichne ein nicht regelmäßiges 7-Eck. Miss die Innenwinkel. Welche Summe ergeben die gemessenen Winkelgrößen? Vergleiche mit dem „theoretischen“ Wert.

5
Berechne die Anzahl der Ecken eines Vielecks mit der Winkelsumme 900° (3600°).

6
Wie groß sind die Winkel α, β, γ und δ in einem Viereck, wenn β genauso groß wie α, γ doppelt so groß wie α und δ viermal so groß wie α ist?

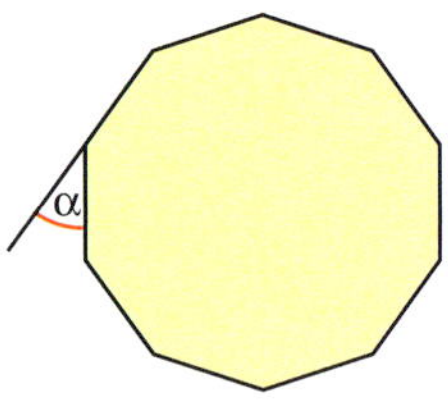

7
Berechne die Größe des Winkels α für das links abgebildete regelmäßige Vieleck.

8
Wie viele Winkel eines Vierecks müssen mindestens angegeben sein, um alle restlichen Winkel berechnen zu können, wenn das Viereck
a) ein Drachenviereck ist,
b) eine Raute ist,
c) ein achsensymmetrisches Trapez ist?
Begründe jeweils deine Antwort.

Pentagramm

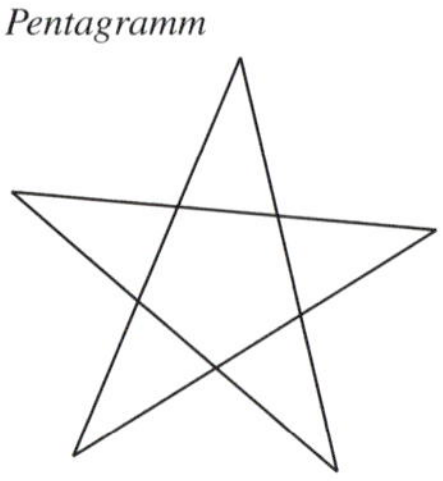

9
Berechne im Sternfünfeck (Pentagramm) die Größe der Winkel in den Spitzen.

10
a) Zeichne ein regelmäßiges 8-Eck. Beschreibe, wie du vorgehst.
b) Wie lässt sich daraus ein regelmäßiges 16-Eck konstruieren? Zeichne das 16-Eck in deine bereits vorhandene Zeichnung.
c) Berechne die Größe der Innenwinkel des 16-Ecks. Miss nach.

11

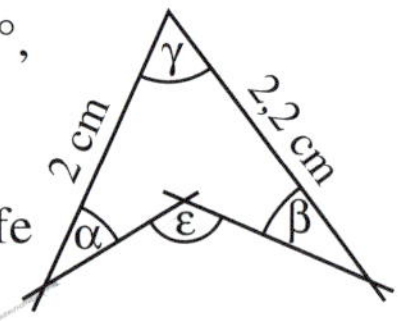

a) Berechne ε für $\alpha = 40°$, $\beta = 60°$ und $\gamma = 50°$.
b) Drücke allgemein die Winkelgröße ε mit Hilfe von α, β und γ aus.
c) Für welchen Winkel ε bestätigt die in b) gefundene Beziehung den Satz von der Winkelsumme im Dreieck?

12
a) Wie viele Ecken hat ein regelmäßiges Vieleck, dessen Innenwinkel 135° betragen?
b) Gibt es ein regelmäßiges Vieleck mit dem Innenwinkel $\alpha = 100°$? Begründe deine Antwort.

***13**
In der gegebenen Figur ist die Winkelgröße δ_1 um 50 % größer als die Winkelgröße δ_2. Berechne die Winkel δ_1 und δ_2, wenn $\alpha = 75°$ und $\gamma = 20°$.

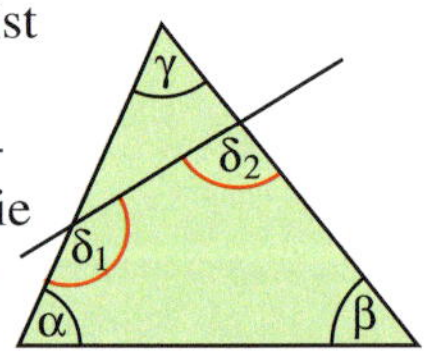

G 14
Konstruiere in einem Kreis mit Radius 4 cm ein Rechteck, dessen Ecken auf der Kreislinie liegen und dessen eine Seite 3 cm lang ist.

Thema:

Winkelsumme im Kugeldreieck

1

a) Suche in einem Atlas eine Karte von Südamerika und darauf die Punkte A und B von Südamerika, die auf dem Äquator liegen und die größtmögliche Entfernung voneinander haben. Gib die Längengrade dieser Punkte an.
b) Die Punkte A, B und der Nordpol N bilden auf dem Globus ein so genanntes Kugeldreieck ABN. Bestimme die Summe der Innenwinkel dieses Kugeldreiecks. Beschreibe dein Vorgehen.

Eine straff gespannte Schnur zwischen zwei Punkten des Äquators oder auf einem Längenkreis des Globus deckt sich mit einem Bogen auf diesen Kreisen.
Probiere es an einem Globus aus.

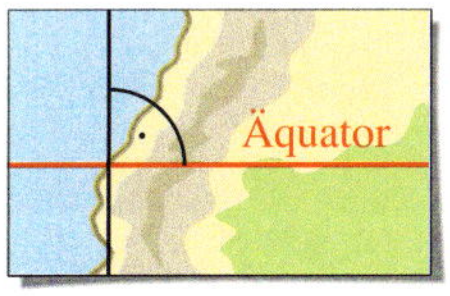

In der nebenstehenden Figur liegen die Punkte A und B auf dem Äquator, N ist der Nordpol. Die „Seiten" dieses Kugeldreiecks sind Kreisbögen auf dem Äquator und auf den Längenkreisen durch die Punkte A und B.
Auch beim Kugeldreieck kann man von Winkeln sprechen. Sie sind mit α, β und γ bezeichnet.
Alle Längenkreise stehen senkrecht auf dem Äquator, also gilt $\alpha + \beta = 180°$.
Hinzu kommt noch der Winkel γ. Die Summe der Innenwinkel des Kugeldreiecks ABN ist also größer als 180°.

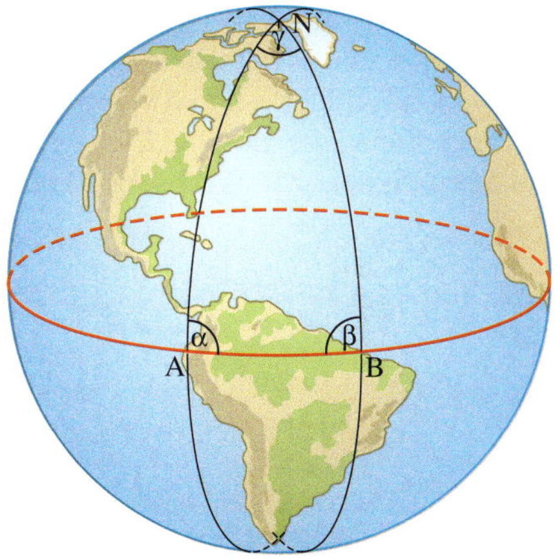

Dieses Ergebnis vereinbart sich nicht mit dem Satz, dass die Summe der Innenwinkel eines jeden Dreiecks genau 180° beträgt. Wie klärt sich der scheinbare Widerspruch auf?

2

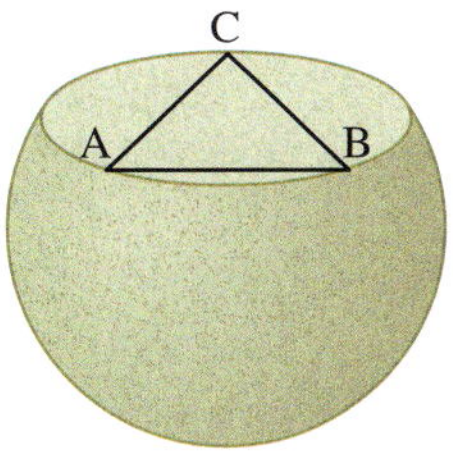

a) Markiere auf einem kugelförmigen Apfel oder Blumensteckschwamm drei Punkte A, B, C. Zeichne mit Hilfe einer gespannten Schnur ein Dreieck ABC auf die Oberfläche.
b) Lege durch die drei Punkte A, B, C einen ebenen Schnitt. Welche Schnittfigur entsteht? Miss in dem Dreieck ABC auf der Schnittfläche die Innenwinkel. Was stellst du fest?

Die rechte Figur zeigt, wie die Punkte A, B und C des Globus mit ihrer Umgebung auf ebene Karten abgebildet werden können. Auf diesen Kartenebenen lassen sich auch wie üblich Winkel messen.
Diese drei Ebenen haben aber im Raum verschiedene Richtungen. Keine von ihnen stimmt mit der Ebene durch die Punkte A, B, C überein, die die Kugeloberfläche in einer Kreislinie schneidet (vgl. Bild am Rand). Auf jener Ebene durch A, B und C beträgt die Winkelsumme 180°, wogegen im Kugeldreieck – wie oben gesehen – die Summe der Innenwinkel größer als 180° ist.

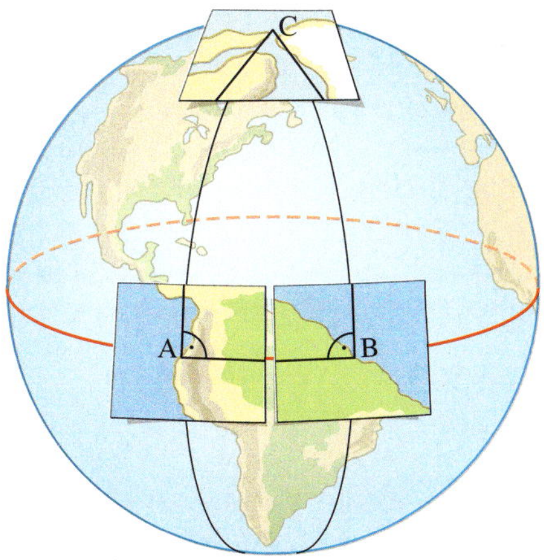

Rückblick

Scheitelwinkel und Nebenwinkel
An einer Geradenkreuzung nennt man je zwei gegenüberliegende Winkel **Scheitelwinkel** und je zwei nebeneinanderliegende Winkel **Nebenwinkel**.

Scheitelwinkel sind gleich groß.
Nebenwinkel ergänzen sich zu 180°.

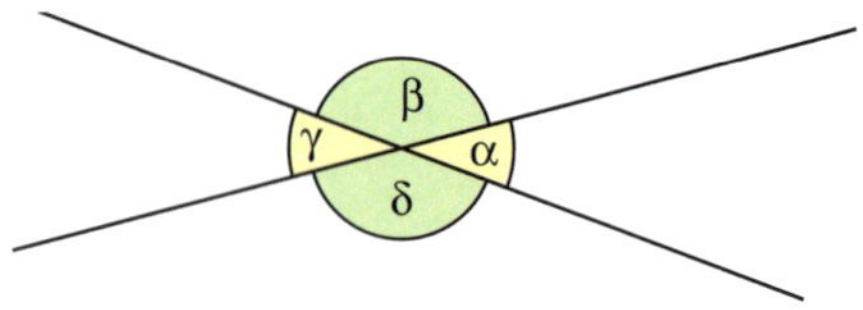

$\alpha = \gamma$, $\beta = \delta$,
z. B. $\alpha + \beta = 180°$

Stufenwinkel und Wechselwinkel
Werden zwei Geraden g und h von einer anderen Geraden geschnitten, so nennt man die jeweils gleich gefärbten Winkel an den Geraden **Stufenwinkel** bzw. **Wechselwinkel**.

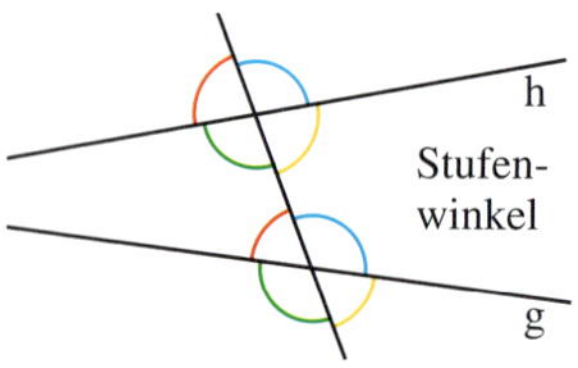

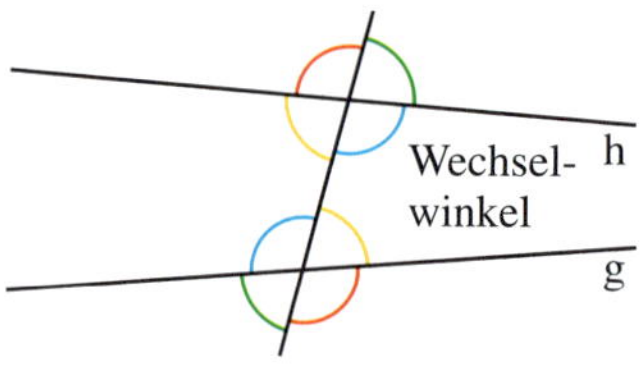

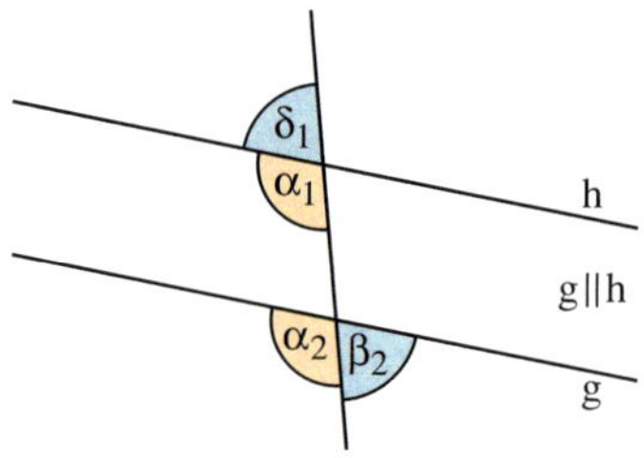

Wenn zwei Geraden g und h parallel sind, dann sind Stufenwinkel gleich groß und Wechselwinkel gleich groß.
Umgekehrt gilt:
Wenn Stufenwinkel (Wechselwinkel) an zwei Geraden g und h gleich groß sind, dann sind g und h zueinander parallel.

Stufenwinkel: z. B. $\alpha_1 = \alpha_2$
Wechselwinkel: z. B. $\delta_1 = \beta_2$

Winkelsumme im Dreieck
In jedem Dreieck beträgt die Summe der Größen der drei Innenwinkel 180°.

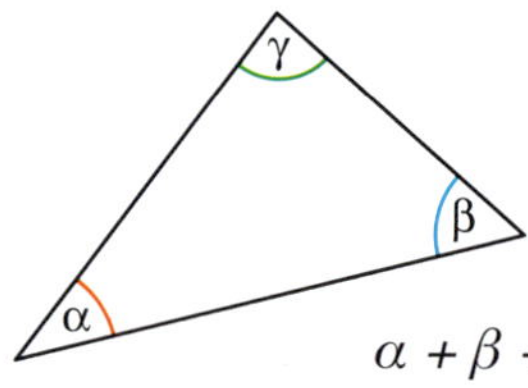

$\alpha + \beta + \gamma = 180°$

Bezeichnungen für Dreiecke
Spitzwinkliges Dreieck: Jeder Winkel ist spitz.
Rechtwinkliges Dreieck: Ein Winkel ist ein rechter.
Stumpfwinkliges Dreieck: Ein Winkel ist stumpf.

spitzwinkliges Dreieck *rechtwinkliges Dreieck* *stumpfwinkliges Dreieck*

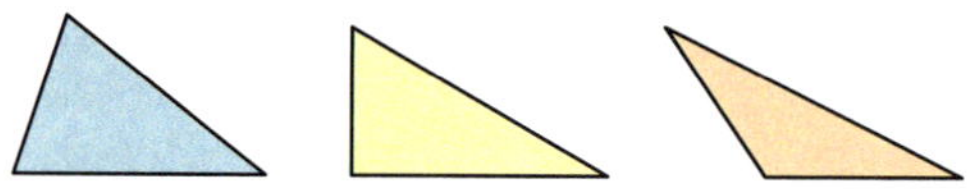

Winkelsumme im Viereck
In jedem Viereck beträgt die Summe der Größen der vier Innenwinkel 360°.

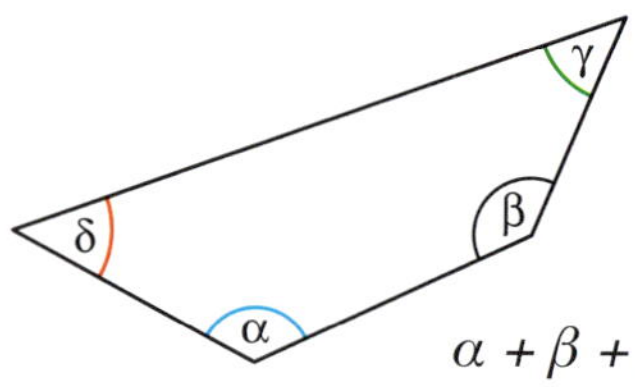

$\alpha + \beta + \gamma + \delta = 360°$

Winkelsumme im Vieleck
Die Winkelsumme in einem n-Eck beträgt: $(n - 2) \cdot 180°$.

Aufgaben zum Üben und Wiederholen

1
Berechne alle Winkel an einer Geradenkreuzung, wenn
a) ein Winkel um 37° größer ist als sein Nebenwinkel,
b) ein Winkel achtmal so groß ist wie sein Nebenwinkel.

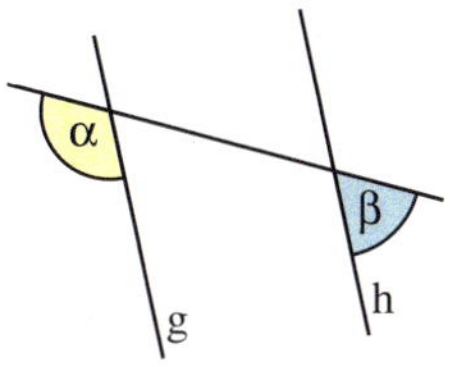

2
Berechne den Winkel β so, dass die Geraden g und h zueinander parallel sind, wenn
a) $\alpha = 30°$, b) $\alpha = 105{,}9°$, c) $\alpha = 179{,}6°$.

3
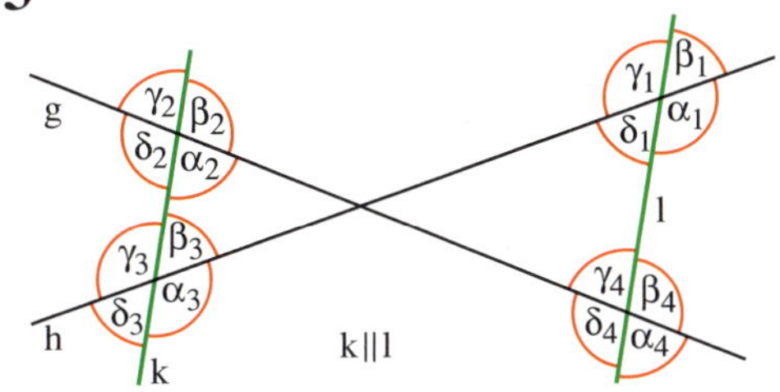

a) Welche der benannten Winkel sind Paare gleich großer Stufenwinkel (Wechselwinkel)?
b) Berechne die Größe der benannten Winkel, wenn β_1 fünfmal so groß ist wie α_1 und α_4 um 140° kleiner als β_4 ist.

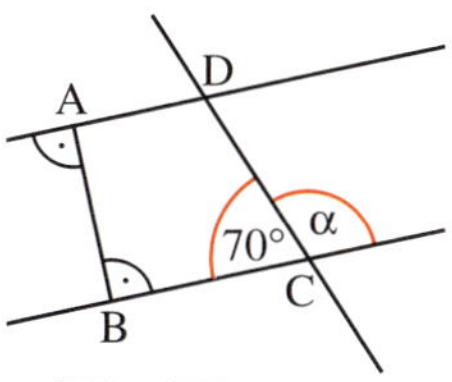

$\overline{AB} = \overline{BC} = 4$ cm

4
Übertrage die nebenstehende Figur in dein Heft. Konstruiere die Winkelhalbierende zu α und berechne die Größe aller in der Figur auftretenden Winkel.

5
In einem Dreieck ABC ist γ ebenso groß wie α und β zusammen. Um was für ein Dreieck handelt es sich?

6
Berechne die Größe der Winkel α, β, γ, δ und ε in den beiden Buchstaben.

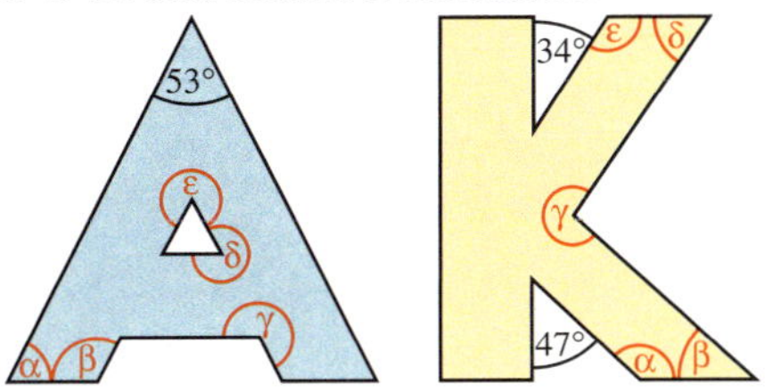

Die Lösungen zu den Aufgaben dieser Seite findest du auf den Seiten 199 und 200.

7
Welches regelmäßige n-Eck hat die Winkelsumme 1260°?
Bestimme die Größe seiner Innenwinkel.

8
Bestimme alle Innenwinkel des Vierecks ABCD.

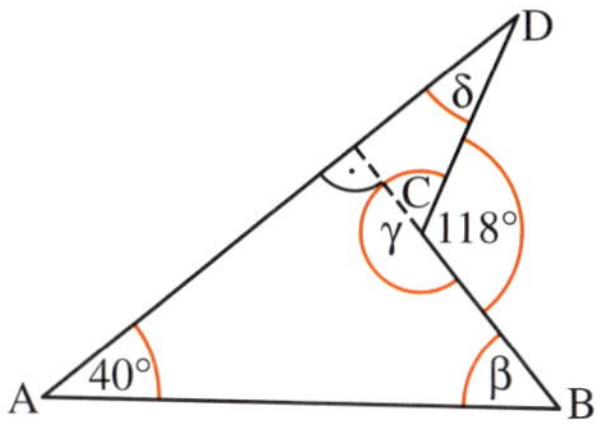

9
In einem Viereck ist β doppelt, γ dreimal und δ viermal so groß wie α.
a) Bestimme die Winkelgröße α.
b) Übertrage die Aufgabenstellung auf ein Dreieck und ein Fünfeck und bestimme dafür ebenfalls jeweils α.

10
Übertrage die Figuren in dein Heft. Berechne die bezeichneten Winkel und überprüfe deine Lösung noch auf einem anderen Weg.

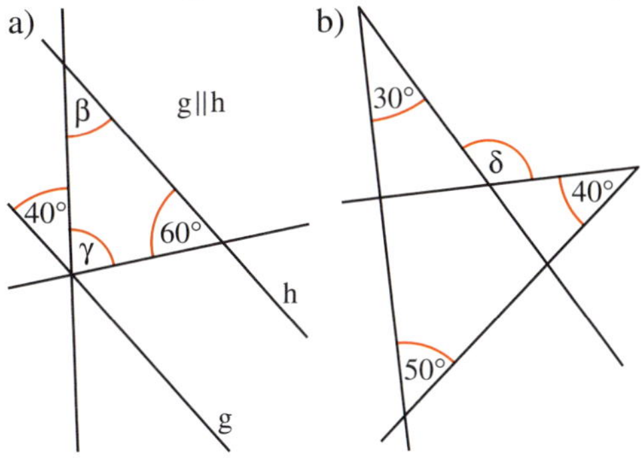

11
In einem Viereck ABCD sind die sich gegenüberliegenden Innenwinkel jeweils gleich groß.
a) Berechne die Größen aller Innenwinkel, wenn $\alpha = 54°$ (α doppelt so groß ist wie β), und zeichne anschließend ein Viereck mit den berechneten Winkeln.
b) Um welche Art von Viereck handelt es sich? Begründe deine Antwort allgemein.

III Terme

1 Terme mit Variablen

1

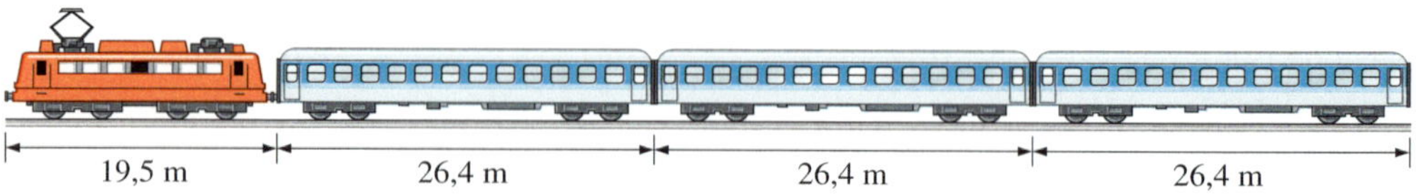

a) Wie lang ist der abgebildete Zug?
b) Wie lang ist ein Zug mit 5, 8, 10 Waggons gleicher Länge?
c) Beschreibe, wie man die Länge eines Zuges dieses Typs berechnen kann.

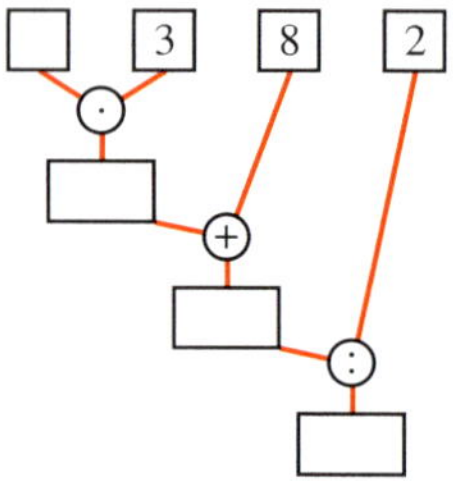

2
Michael beschreibt die Rechenanweisung im abgebildeten Rechenbaum so:
„Addiere zum Dreifachen einer Zahl 8 und teile das Ergebnis durch 2.“
Tim schreibt auf: $(x \cdot 3 + 8) : 2$.
a) Fasse analog die durch den Term $x^2 + 20$ gegebene Rechenanweisung in Worte.
b) Zeichne zu dem Term einen Rechenbaum.

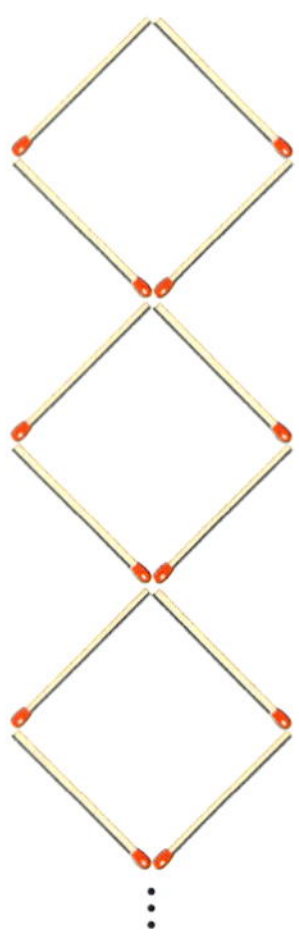

Die Zahl der Zündhölzer, die man zum Legen der Quadrate nach dem nebenstehenden Muster braucht, erhält man, indem man die Anzahl der zu legenden Quadrate mit vier multipliziert. Will man den Sachverhalt kürzer durch einen Term beschreiben, so führt man zunächst stellvertretend für die noch veränderliche Anzahl der Quadrate eine **Variable** (z. B. n) ein:

Anzahl der zu legenden Quadrate: n
Anzahl der Zündhölzer zum Legen von n Quadraten: $4 \cdot n$

Der Flächeninhalt der abgebildeten Figur hängt von der Länge der Zündhölzer ab. Wenn wir die Länge der Zündhölzer noch nicht wissen, können wir diese Länge z. B. mit der Variablen x bezeichnen:

Länge eines Zündholzes: x (x ist eine Größe mit Maßzahl und Maßeinheit)
Flächeninhalt der Figur aus 3 Quadraten: $3 \cdot x^2$

Sind die Zündhölzer 4,5 cm lang, so wird x durch 4,5 cm ersetzt und man erhält für den Flächeninhalt: $3 \cdot (4{,}5\,\text{cm})^2 = 60{,}75\,\text{cm}^2$.

variabilis (lat.): veränderlich

> In Termen können auch Variablen auftreten, z. B.
> $a + b$ $\quad$ $2 \cdot x + 3$ $\quad$ $y^2 - 4 \cdot y$.
> Die Variablen sind Stellvertreter für Zahlen oder für Größen.

Zweckmäßig ist es, den Term abkürzend mit einem Buchstaben zu bezeichnen, z. B. im obigen Zusammenhang den Flächeninhalt mit A. Da er von der Länge x der Zündhölzer abhängt, schreibt man:

A (x) wird gelesen: A (in Abhängigkeit) von x

$A(x) = 3 \cdot x^2$.
$A(6\,\text{cm}) = 3 \cdot (6\,\text{cm})^2 = 108\,\text{cm}^2$ gibt den Termwert für $x = 6\,\text{cm}$ an.

Bei $a \cdot 5$ lässt man den Malpunkt stehen.

Beachte:
Vor Variablen und vor Klammern lässt man häufig den Malpunkt weg.
Man schreibt $3x$ statt $3 \cdot x$ und $5(x+2)$ statt $5 \cdot (x+2)$.
Bei $2 \cdot \frac{4}{5}$ darf man den Malpunkt nicht weglassen, denn man würde es sonst mit $2\frac{4}{5} = 2 + \frac{4}{5}$ verwechseln.

Beispiel 1

a) Bilde einen passenden Term.
b) Berechne seinen Wert für die Zahl $-5{,}6$.
Lösung:
a) Die unbekannte Zahl wird mit x bezeichnet. Der Term lautet also $(x+4) \cdot 6$.
b) $(-5{,}6+4) \cdot 6 = -1{,}6 \cdot 6 = -9{,}6$

Beispiel 2
In vielen Fällen gibt der Händler auf den Preis einer Ware noch einen Rabatt.
a) Wie viel zahlt man für eine Ware, wenn auf den Preis p ein Rabatt von 20 % gewährt wird?
b) Wie viel zahlt man für ein Fahrrad, wenn auf den Preis von 480 € ein Rabatt von 20 % gewährt wird?
Lösung:
a) Rabatt: 20 % von $p = 0{,}2 \cdot p = 0{,}2p$ Endpreis: $E(p) = p - 0{,}2p$
b) $E(480\,€) = 480\,€ - 0{,}2 \cdot 480\,€ = 480\,€ - 96\,€ = 384\,€$
Man zahlt für das Fahrrad nur noch 384 €.

Andere Überlegung:
80 % von $p = 0{,}8p$
$E(p) = 0{,}8p$

Aufgaben

Lösungssalat zu 3:

3
Gib einen Term an und berechne seinen Wert für die Zahlen 3 und $-2{,}5$.
a) Multipliziere 5 mit einer Zahl und addiere zum Ergebnis 7.
b) Subtrahiere von einer Zahl -12 und dividiere das Ergebnis durch $-3{,}5$.
c) Addiere 2 zu einer Zahl und potenziere das Ergebnis mit 3.
d) Multipliziere eine Zahl dreimal mit sich selbst.

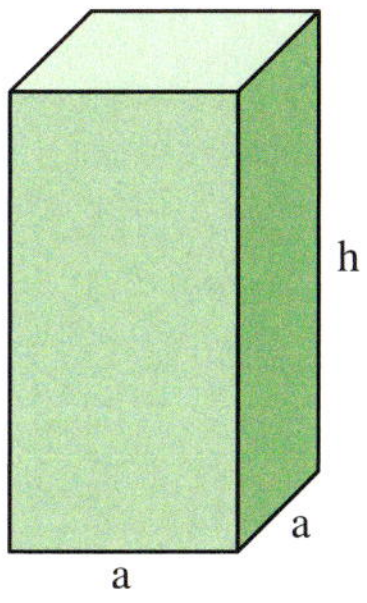

4
Gib einen Term an zur Berechnung
a) der Summe aller Kantenlängen,
b) des Oberflächeninhaltes,
c) des Volumens der Figur auf dem Rand.

5
Gib einen Term T(n) an, der beim Einsetzen von 1; 2; 3; 4; … folgende Termwerte liefert.
a) 2; 3; 4; 5; … b) 4; 8; 12; 16; …
c) -1; 0; 1; 2; … d) 1; 4; 9; 16; …

6

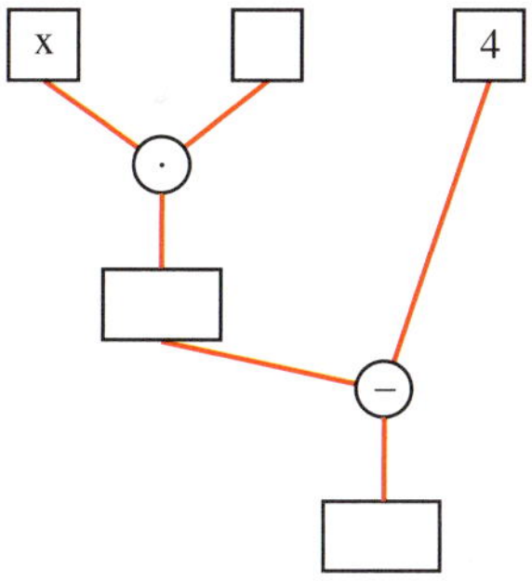

Gib zu dem Rechenbaum zwei verschiedene Terme an und fasse sie in Worte.

7
Erstelle zum Term $(5{,}8 - 9{,}5) \cdot x$ einen Rechenbaum und fasse die Anweisung in Worte.

G 8
Berechne: $0{,}5 - \left[3{,}75 : \left(-\frac{3}{4}\right) + \frac{2}{3} \cdot 0{,}66\right]$
Wie ändert sich der Wert des Terms, wenn 0,66 durch $0{,}\overline{6}$ ersetzt wird?

2 Berechnen von Termwerten

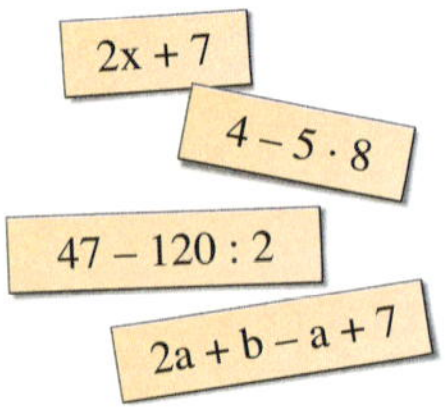

1
Welche Terme auf den nebenstehenden Kärtchen sind berechenbar?

2
Nebenan siehst du, was du brauchst, um einen „Plattfuß“ an deinem Fahrrad zu reparieren.
Verfasse eine Gebrauchsanweisung, die man einem Flickzeugpäckchen beilegen könnte. Genügt es zu sagen, was man mit jedem der drei Dinge macht?

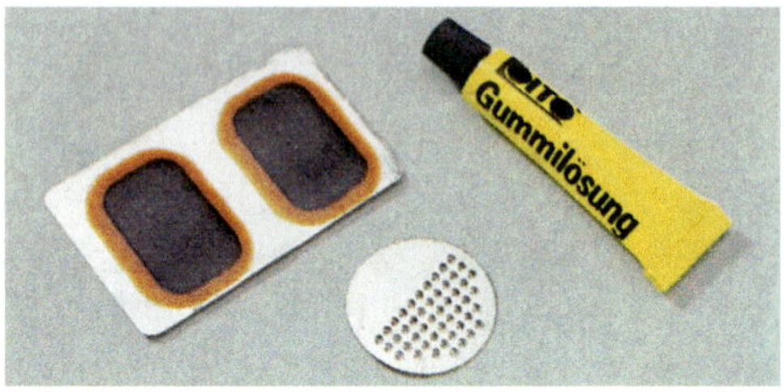

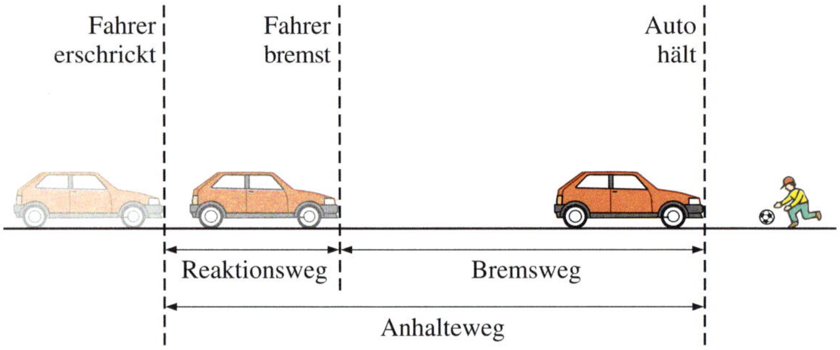

Der Anhalteweg eines Autos ergibt sich aus der Summe von Reaktionsweg und Bremsweg. Für die Berechnung des Reaktionsweges in Metern gilt folgende Faustregel: Dividiere die in km/h gemessene Geschwindigkeit v durch 10 und multipliziere das Ergebnis mit 3.
Für die Berechnung des Bremsweges gilt folgende Regel: Dividiere die in km/h gemessene Geschwindigkeit durch 10 und multipliziere das Ergebnis mit sich selbst.
Fährt ein Auto mit v km/h, so errechnet man seinen Anhalteweg A in Metern also mit Hilfe des Terms $A(v) = 0{,}3\,v + \left(\frac{v}{10}\right)^2$.
Fährt ein Auto mit 80 km/h, so ergibt sich
$A(80) = 0{,}3 \cdot 80 + \left(\frac{80}{10}\right)^2 = 24 + 64 = 88$. Der Anhalteweg beträgt 88 m.
Die mehrfach im Term vorkommende Variable v muss immer durch die gleiche Zahl ersetzt werden.

Der Flächeninhalt $A(a;\, b) = ab$ eines Rechtecks ist von den Seitenlängen a und b abhängig.
Für $a = 4\,\text{cm}$ und $b = 3\,\text{cm}$ gilt:
$A(4\,\text{cm};\, 3\,\text{cm}) = 3\,\text{cm} \cdot 4\,\text{cm} = 12\,\text{cm}^2$.
Für ein Quadrat mit der Seitenlänge 4 cm gilt:
$A(4\,\text{cm};\, 4\,\text{cm}) = 4\,\text{cm} \cdot 4\,\text{cm} = 16\,\text{cm}^2$.
Die im Term für den Flächeninhalt vorkommenden Variablen a und b können durch verschiedene, aber auch durch gleiche Größen ersetzt werden.

Nicht jedes Rechteck ist ein Quadrat, aber jedes Quadrat ist auch ein Rechteck.

> Den Wert eines Terms kann man erst berechnen, wenn alle Variablen durch Zahlen bzw. Größen ersetzt sind.
> Tritt in einem Term wie z. B. $x(x-1)$ die gleiche Variable mehrmals auf, so muss man für sie jeweils die gleiche Zahl bzw. Größe einsetzen.
> Treten in einem Term wie z. B. $2x^2 - 3y + 4$ verschiedene Variablen auf, so dürfen für diese verschiedene, aber auch die gleichen Zahlen bzw. Größen eingesetzt werden.

Für die Termberechnung gelten die bekannten Regeln:
1. Was in Klammern steht, wird zuerst berechnet.
2. Potenzieren kommt vor den Punktrechnungen Multiplizieren und Dividieren.
3. Die Punktrechnungen kommen vor den Strichrechnungen Addieren und Subtrahieren.

Beispiel 1
$T(x) = 8x - [4:(12 - 5x)]^3$.
Berechne T(2,5) und erläutere die einzelnen Rechenschritte.
Lösung:
$T(2{,}5) = 8 \cdot 2{,}5 - [4:(12 - 5 \cdot 2{,}5)]^3$
$= 20 - [4:(12 - 12{,}5)]^3$ Punkt vor Strich innerhalb und außerhalb der Klammer
$= 20 - [4:(-0{,}5)]^3$ Innere Klammer vor äußerer Klammer
$= 20 - [-8]^3$ Klammer vor Potenzieren
$= 20 - (-512)$ Potenzieren vor Strichrechnung
$= 532$

Beispiel 2
Gegeben ist der Term $T(a;\ b) = a^2 + 2ab + b^2$.
Berechne die Termwerte $T(3;\ -4)$ und $T\left(\frac{1}{8};\ \frac{1}{8}\right)$.

Beachte:
Potenzieren und Multiplizieren können hier im gleichen Rechenschritt ausgeführt werden, da beide Rechenoperationen Vorrang vor der Strichrechnung haben.

Lösung:
$T(3;\ -4) = 3^2 + 2 \cdot 3 \cdot (-4) + (-4)^2 = 9 - 24 + 16 = 1$
$T\left(\frac{1}{8};\ \frac{1}{8}\right) = \left(\frac{1}{8}\right)^2 + 2 \cdot \frac{1}{8} \cdot \frac{1}{8} + \left(\frac{1}{8}\right)^2 = \frac{1}{64} + \frac{2}{64} + \frac{1}{64} = \frac{1}{16}$

Beispiel 3
$T(a) = (a^3 - 8):(a^2 - 4)$
a) Berechne die Werte des Terms für $a = -4;\ -3;\ -1;\ 3$. Erstelle eine Wertetabelle.
b) Warum kann man T(2) und T(−2) nicht berechnen?

Man kann T(a) auch als Bruch schreiben.

Lösung:
a) $T(-4) = \frac{(-4)^3 - 8}{(-4)^2 - 4} = \frac{-64 - 8}{16 - 4} = \frac{-72}{12} = -6$
$T(-3) = \frac{(-3)^3 - 8}{(-3)^2 - 4} = \frac{-27 - 8}{9 - 4} = \frac{-35}{5} = -7$
$T(-1) = \frac{(-1)^3 - 8}{(-1)^2 - 4} = \frac{-1 - 8}{1 - 4} = \frac{-9}{-3} = 3$
$T(3) = \frac{3^3 - 8}{3^2 - 4} = \frac{27 - 8}{9 - 4} = \frac{19}{5} = 3{,}8$

a	−4	−3	−1	3
T(a)	−6	−7	3	3,8

b) Es gilt $2^2 - 4 = 0$ und $(-2)^2 - 4 = 0$. Für $a = 2$ und für $a = -2$ wird der Nenner also null. Durch null darf man aber nicht dividieren. Daher kann man T(2) und T(−2) nicht berechnen.

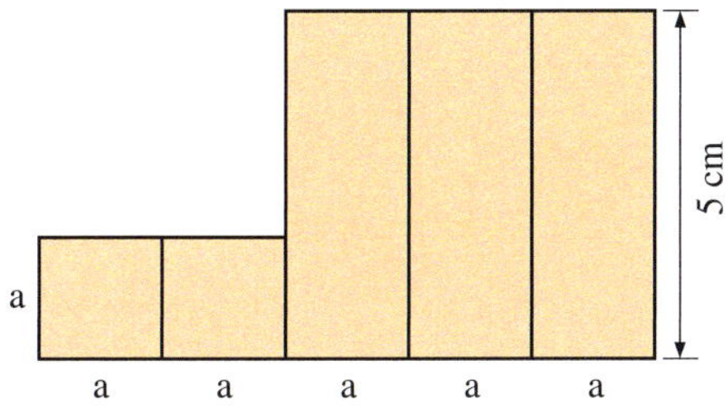

Beispiel 4
a) Gib einen Term zur Berechnung des Flächeninhaltes A(a) der Figur an.
b) Berechne A(3,5 cm).
Lösung:
a) $A(a) = 2a^2 + 3a \cdot 5\,\text{cm}$
b) $A(3{,}5\,\text{cm}) = 2 \cdot (3{,}5\,\text{cm})^2 + 3 \cdot 3{,}5\,\text{cm} \cdot 5\,\text{cm}$
$= 77\,\text{cm}^2$

Aufgaben

3

$T(x) = 0{,}5\,x^2 - 4\,x$

Berechne $T(-2)$ sowie $T\left(\frac{2}{3}\right)$ und erläutere die Rechenschritte.

4

$T(x;\,y) = x^2 + y^2$

Berechne $T(0{,}8;\ 1{,}2)$ sowie $T\left(\frac{2}{5};\ \frac{2}{5}\right)$ und erläutere die Rechenschritte.

Lösungssalat zu 5:

5

$A(x) = 0{,}75\,x^2$; $B(x) = (0{,}75\,x)^2$

x	–4	–0,8	0,4	2
A(x)				
B(x)				

Übertrage die Tabelle in dein Heft und fülle sie aus.

Bei den Aufgaben 6 und 12 ist auch ein Rechnereinsatz sinnvoll.

6

Berechne die Termwerte für $x = -5{,}5;\ -4;\ 0{,}5;\ 2;\ 3$ und fasse die Ergebnisse in einer Tabelle zusammen.

a) $A(x) = 4x - 12$
b) $B(x) = 2 - 0{,}5\,x$
c) $C(x) = 12(x - 3)$
d) $D(x) = (x - 2)^3$
e) $E(x) = \frac{2x - 3}{4x}$
f) $F(x) = \frac{x^2 - x}{x - 1}$

Will man nicht jeden Term mit einem neuen Buchstaben bezeichnen, so fügt man zur Unterscheidung der einzelnen Terme dem Buchstaben eine tief gestellte Zahl hinzu. Diese Zahl bezeichnet man als Index.

7

Die folgenden Terme unterscheiden sich durch verschieden gesetzte Klammern und unterschiedliche Bruchstriche:

$T_1(x) = \left(\frac{3 + x}{5}\right)^2$ $T_2(x) = \frac{3 + x^2}{5}$

$T_3(x) = 3 + \frac{x^2}{5}$ $T_4(x) = 3 + \left(\frac{x}{5}\right)^2$

$T_5(x) = \frac{(3 + x)^2}{5}$

Zeichne zu jedem Term einen Rechenbaum und berechne jeweils seine Werte für $x = -3;\ 0;\ 2;\ 5$.
Stelle die Ergebnisse für jeden Term in einer Tabelle zusammen.

8

$T_1(x;\ y) = 4(xy) - (8:2) + (2)^4$

$T_2(x;\ y) = (x - y)^2 + (6 + 3{,}5 \cdot 4)$

Lass in den Termen überflüssige Klammern weg und berechne die Termwerte für $x = \frac{3}{8}$ und $y = -2$.

9

$T_1(x) = x^2 - 2\,x$; $T_2(x) = (x - 1)^2 - 1$

Berechne die Werte der Terme für $x = -2{,}5;\ -1;\ 0;\ \frac{1}{2}$. Was fällt dir auf?

10

$T_1(a;\,b) = a^2 - b^2$; $T_2(a;\,b) = (a + b)(a - b)$

a) Berechne die Termwerte für $a = 3$; $b = 4$ und für $a = -0{,}8$; $b = 2$.
b) Wähle selbst Zahlen für a und b und berechne die zugehörigen Termwerte. Was vermutest du?

11

a + b	a – b + c	a – c
a – b – c	a	a + b + c
a + c	a + b – c	a – b

a) Wähle selbst rationale Zahlen für die Variablen a, b, c und berechne die Termwerte in den einzelnen Feldern.
b) Bilde jeweils die Summe der Termwerte aus jeder Zeile, aus jeder Spalte und aus jeder Diagonalen. Was stellst du fest?

12

$T_1(x) = \frac{x^2 + x - 12}{x + 4}$; $T_2(x) = x - 3$

a) Erstelle eine Tabelle mit $T_1(x)$ und $T_2(x)$ für $x = -4{,}5;\ -3;\ 1;\ 0{,}5;\ 3$.
b) Was fällt dir auf? Überprüfe deine Vermutung an weiteren Variablenwerten. Welche Probleme bereitet $x = -4$?

13

k	–1	0	1	2
T(k)	2	1	2	5

$T_1(k) = k + 1$; $T_2(k) = k^2 + 1$;
$T_3(k) = 1 - k^2$

Welcher der drei Terme passt zu der Tabelle?

14

Die Formel $V(a;\,b;\,c) = abc$ zur Berechnung des Volumens eines Quaders gilt auch für den Würfel. Begründe dies mit den Aussagen im Kasten dieser Lerneinheit.

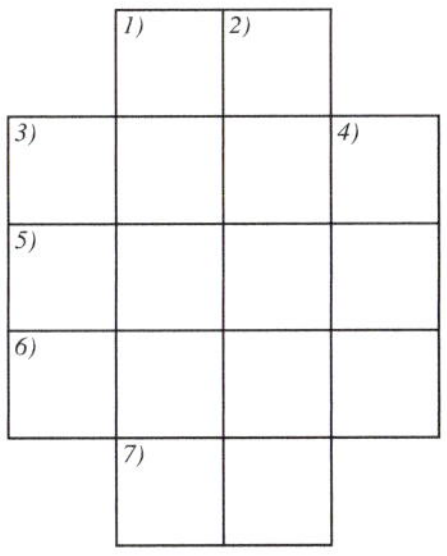

15 Kreuzzahlrätsel

Übertrage das Rätsel vergrößert in dein Heft und löse es dann. Beachte, dass das Komma und das Minuszeichen ein eigenes Kästchen beanspruchen.

$A(z) = z(z+4)+2$ $\quad B(z) = z^3 + 4$

$C(z) = z^3 - z^2$ $\quad D(z) = \frac{z^2-25}{z-5}$

$E(z) = z^2 - 2z + 9$

Waagrecht	Senkrecht
1) B(–2)	1) A(–1,4)
3) D(6,2)	2) B(0,5)
5) D(4,1)	3) A(12)
6) C(17)	4) E(15)
7) D(40)	

16

Beim Start der ersten Mondrakete dauerte das Abbrennen der ersten Stufe etwa 150 Sekunden. Die Geschwindigkeit in km/h, mit der sich die Rakete von der Erde entfernte, war dabei näherungsweise gegeben durch den Term

$24t + 0{,}15t^2 + 0{,}0005t^3$.

Die Variable t gibt die Zeit in Sekunden nach dem Abheben der Rakete an.

a) Berechne die Geschwindigkeit der Rakete nach 10 (20, 50, 100, 150) Sekunden.

b) Vergleiche diese Geschwindigkeiten mit der Schallgeschwindigkeit von ungefähr $\frac{1}{3}$ km pro Sekunde.

17 Rechenfehler

Ramona, Andreas und Kerstin berechnen den Wert des Terms $T(a) = 3a + 2a^2$ für $a = 5$. Ramona erhält das Ergebnis $T(5) = 115$, Andreas erhält $T(5) = 7225$ und Kerstin erhält $T(5) = 65$.

a) Wer hat das richtige Ergebnis errechnet? Welche Fehler haben die beiden anderen gemacht?

b) Ändere bei denen, die falsch gerechnet haben, den Term T(a) jeweils durch Setzen von Klammern so ab, dass sich beim Einsetzen von $a = 5$ die von ihnen angegebenen Termwerte ergeben.

c) $T(b) = 5 - 2b + 4b^2$
Entwirf mit diesem Term eine ähnliche Aufgabe und stelle sie deinen Nachbarn. Diskutiert insbesondere mögliche Fehler.

Bei manchen Aufgaben dieser Seite ist es sinnvoll, einen Rechner einzusetzen. Bei welchen Aufgaben würdest du keinen Rechner verwenden?

18

Um die zerstörerische Wirkung eines Aufpralls bei einem Unfall zu zeigen, werden Autos von einem Kran aus einer bestimmten Höhe fallen gelassen. Soll die Geschwindigkeit eines Autos beim Aufprall auf dem Boden x km/h betragen, so muss man es $\frac{1}{260}x^2$ m hochheben.
Bei welcher Höhe beträgt die Geschwindigkeit 26 km/h (52 km/h, 78 km/h, 104 km/h)?

19

a) Berechne $\frac{12 \cdot 4 - 24 + 2 \cdot 12}{48 : 4 - 12 \cdot 3}$.

b) Der obige Term ist durch Einsetzen von 12 an die Stelle der Variablen entstanden. Gib den Term mit Variablen an.

20

Erfinde Terme T(x), für die gilt

a) $T(0) = 1$ und $T(1) = 2$,

b) $T(0) = 1$ und $T(1) = 0$.

c) Erfinde ähnliche Rätsel und gib sie deinem Nachbarn auf.

21

$T(x) = \frac{x^2 - 20}{x^2 + 4}$

a) Berechne T(x) für $x = 0;\ 2;\ 4;\ 6;\ 8;\ \ldots$
Was lässt sich über die Termwerte bei wachsendem x sagen?

b) Überprüfe deine Vermutung an großen Zahlen. Ein Taschenrechner oder noch besser ein Tabellenkalkulationsprogramm können dir die Arbeit erleichtern.

G 22

Welche der folgenden Terme haben den gleichen Wert?

$-4^3;\ 4^2 \cdot (-4);\ 4 \cdot (-4)^2;\ (-4)^3$

3 Aufstellen und Interpretieren von Termen

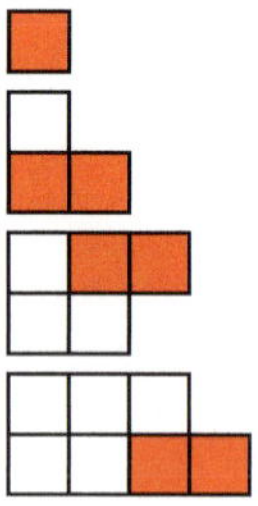

1

Zeichne wie abgebildet eine Folge von Figuren aus Quadraten in dein Heft.

a) Aus wie vielen Quadraten besteht die Figur mit der Nummer 4 (5, 10, 100) in der Folge?

b) Erkennst du einen Zusammenhang zwischen der Nummer n und der Anzahl der Quadrate in der Figur? Beschreibe ihn mit Worten.

Eine mögliche Geheimschrift:

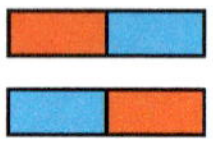

Das **Aufstellen eines Terms** wird anhand folgender Problemstellung vorgeführt:
Problem: Eine Geheimschrift soll entwickelt werden, bei der jeder Buchstabe durch zwei verschieden gefärbte Rechtecke dargestellt wird. Wie viele Zeichen können mit einer bestimmten Zahl von Farben verschlüsselt werden?

***Strategie:** Veranschaulichen durch eine Skizze*

Schritte beim Aufstellen eines Terms

1. Schritt:
Untersuchung des Sachverhaltes an konkreten Beispielen und Suche nach einer Gesetzmäßigkeit.

Zahl der möglichen Zeichen mit 4 Farben:

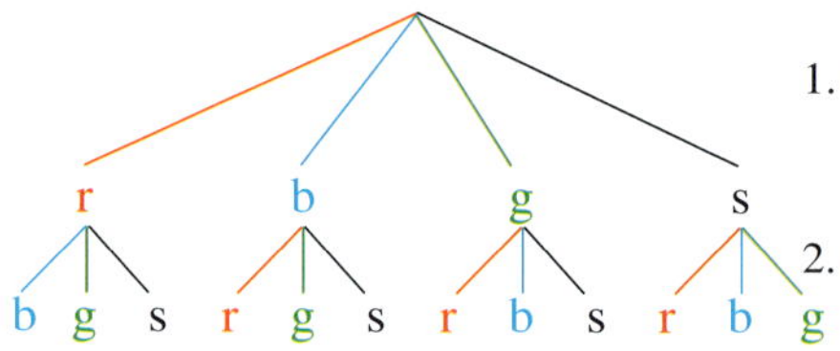

Für jede Wahl im 1. Feld (4 Möglichkeiten) gibt es noch 3 Möglichkeiten im 2. Feld.
Zahl der möglichen Zeichen: $4 \cdot 3 = 12$

2. Schritt:
Einführung von Variablen und Beschreibung der gefundenen Gesetzmäßigkeit durch einen Term.

Die Anzahl der Möglichkeiten zum Färben des 1. Feldes ist gleich der Anzahl n der Farben. Für jede Wahl im 1. Feld gibt es im 2. Feld eine Möglichkeit weniger, da die Farben verschieden sein sollen, also $n - 1$.
Die Anzahl Z der möglichen Zeichen ist gleich dem Produkt der beiden Anzahlen:
$Z(n) = n \cdot (n - 1)$
$Z(6) = 6 \cdot 5 = 30$
Mit 6 Farben kann man alle Buchstaben des Alphabets verschlüsseln.

interpretatio (lat.) Erklärung, Deutung

Oft will man einen gegebenen **Term interpretieren**.
Zum Beispiel könnte als Lösung des obigen Problems der Term $Z(n) = n^2 - n$ angegeben sein und man will wissen, wie dieser Term im Problemzusammenhang zu verstehen ist.

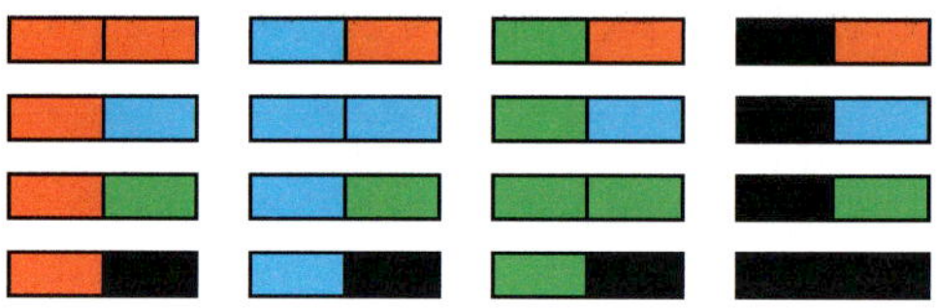

Verwendet man zum Färben der beiden Felder alle n Farben, so gibt es $n \cdot n = n^2$ Möglichkeiten.
Die n gleichfarbigen Zeichen der Diagonalen müssen dann aber abgezogen werden.

Skizze für beispielsweise 4 Würfel:

Beispiel 1

a) Ein aus n Würfeln zusammengeklebter Turm soll mit Farbe gestrichen werden. Die Anzahl der zu streichenden Würfelflächen hängt von der Anzahl der Würfel des Turms ab. Stelle einen Term zur Berechnung der zu streichenden Würfelflächen auf.

b) Wie viele Würfelflächen sind bei einem Turm aus n Würfeln aneinandergeklebt?

Lösung:

a) 1. Schritt: Bei einem Turm aus 5 Würfeln sind zunächst die $5 \cdot 4 = 20$ Außenflächen zu streichen. Hinzu kommen noch die Deckfläche des obersten Würfels und die Grundfläche des untersten Würfels. Insgesamt sind also $5 \cdot 4 + 2 = 22$ Flächen zu streichen.
2. Schritt: Ist der Turm aus n Würfeln gebaut, so sind wiederum zunächst bei jedem Würfel die vier Außenflächen zu streichen, also $4 \cdot n$ Flächen. Auch hier kommen noch zwei Flächen hinzu.
Anzahl der zu streichenden Würfelflächen: $W(n) = 4n + 2$

b) Beim obersten und untersten Würfel klebt eine Fläche am anderen Würfel, bei den anderen $n - 2$ Würfeln kleben jeweils zwei Flächen an anderen Würfeln.
Anzahl der zusammenklebenden Flächen: $Z(n) = 2 + 2 \cdot (n - 2)$

Beispiel 2

a) Stelle einen Term zur Berechnung des Oberflächeninhaltes des Prismas auf, das man nach dem Netz bauen kann.

b) $a = 6{,}5\,\text{cm}$, $b = 12\,\text{cm}$
Berechne den Oberflächeninhalt.

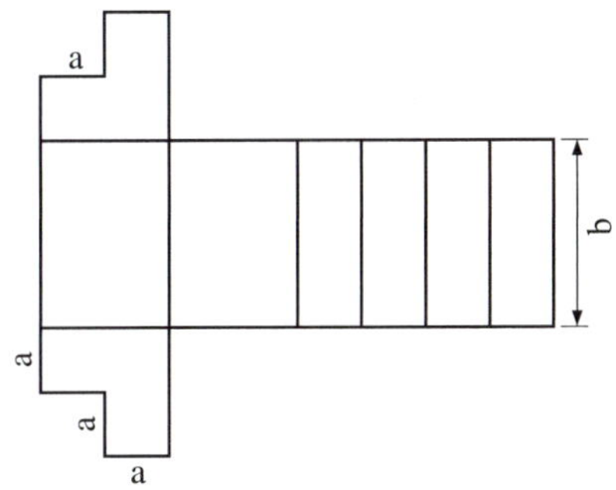

Lösung:

a) Oberflächeninhalt: $O(a; b) = 6a^2 + 8ab$

b) $O(6{,}5\,\text{cm}; 12\,\text{cm})$
$= 6 \cdot (6{,}5\,\text{cm})^2 + 8 \cdot 6{,}5\,\text{cm} \cdot 12\,\text{cm}$
$= 877{,}5\,\text{cm}^2$

Beispiel 3

Interpretiere den Term $A(a; b) = a \cdot (b - a)$, wenn a und b für die Seitenlängen eines Rechtecks stehen. Welche Werte für b sind sinnvoll?

Lösung:
$A(a; b) = a \cdot (b - a)$ gibt den Flächeninhalt des Rechtecks an, das durch Abschneiden eines Quadrates der Seitenlänge a vom gegebenen Rechteck entsteht. Es muss gelten: $b > a$.

Aufgaben

2

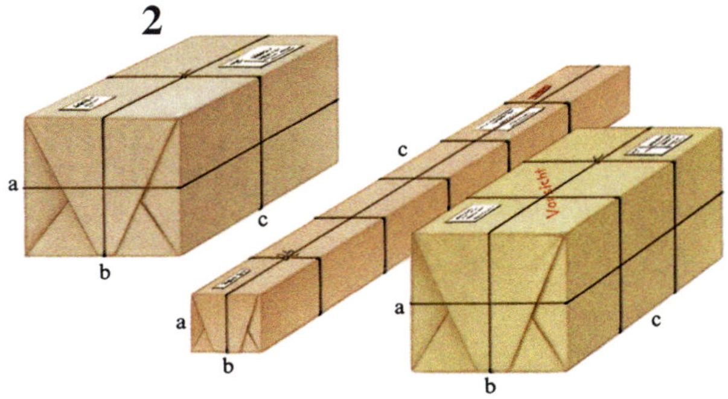

Wie viel Schnur (ohne Knoten) braucht man zum Verschnüren der einzelnen Pakete?

3

Der Term $(a + b) \cdot 5$ lautet in Wortform: Multipliziere die Summe zweier Zahlen mit fünf. Fasse in ähnlicher Weise in Worte:

a) $(2a - 9) \cdot 12$ b) $(x + 5)(y - 4)$
c) $(n - 3)^2$ d) $a^3 - a^2$

4

Schreibe die Anweisungen in Termform.

a) Bilde das Quadrat des Produktes zweier Zahlen.

b) Bilde das Produkt der Quadrate zweier Zahlen.

5

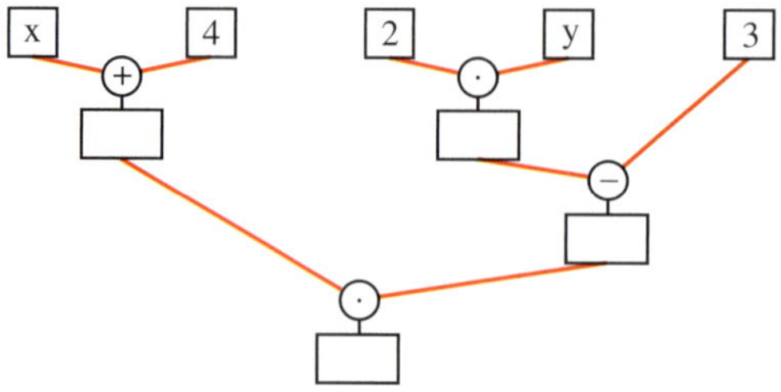

a) Zeichne den Rechenbaum vergrößert in dein Heft und fülle die leeren Kästchen aus.
b) Gib den zum Rechenbaum gehörigen Term an und fasse ihn in Worte.

6

Zeichne zu der Anweisung einen Rechenbaum und schreibe sie in Termform.
a) Multipliziere die Summe zweier Zahlen mit der Differenz dieser Zahlen.
b) Multipliziere die Summe zweier Zahlen mit sich selbst und subtrahiere vom Ergebnis das doppelte Produkt dieser Zahlen.

7

Ein Quader hat die Länge a, die Breite a und die Höhe 3 a.
a) Skizziere einen solchen Quader im Schrägbild so, dass man die größte Seitenfläche von vorne sieht.
b) Gib einen Term zur Berechnung der Summe aller Kantenlängen an und berechne diese Summe für $a = 7{,}2\,\text{cm}$.
c) Gib einen Term zur Berechnung des Oberflächeninhaltes $O(a)$ an.
d) Berechne $O(7{,}2\,\text{cm})$ und $O(12{,}5\,\text{cm})$.

8

a) Die Variable n steht für eine natürliche Zahl. Welche Eigenschaft haben Zahlen der Form $2n + 1$ und $2n - 1$ gemeinsam?
b) Was lässt sich über den Wert des Produktes aus zwei Zahlen der Form $2n + 1$ und $2n - 1$ sagen?
c) Gilt die in Teilaufgabe b) gemachte Aussage auch, wenn n eine ganze Zahl vertritt?

9

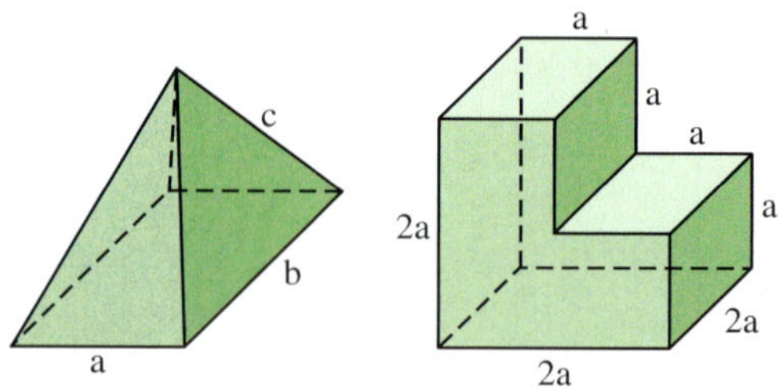

a) Gib einen Term zur Berechnung der Summe aller Kantenlängen der Körper an.
b) Welche Bedingung muss c erfüllen, damit eine Pyramide möglich ist?
c) Gib einen Term zur Berechnung des Oberflächeninhaltes des Prismas an.

10

Aus n aneinandergeklebten Würfeln ist ein Turm gebaut worden.
Max gibt zur Berechnung der Anzahl der zusammengeklebten Würfelflächen den Term $Z(n) = 2(n - 1)$ an.
Welche Überlegungen führten zu dieser Lösung?

11

Der Tennismeister eines Vereins wird in einer Hinrunde und in einer Rückrunde ermittelt. Was gibt der Term $n(n - 1)$ an, wenn n Spieler an dem Turnier teilnehmen? Erläutere deine Antwort.

12

Zwischen 4, 5, 6, 10, …, n Großstädten wird ein Flugnetz mit Direktverbindungen zwischen allen Städten eingerichtet.
Stelle einen Term zur Berechnung der Gesamtzahl der Flugverbindungen zwischen den n Städten auf. Erläutere deine Lösung anhand von geeigneten Skizzen.

13

Ein E-Werk stellt Folgendes in Rechnung: Grundpreis: 6,32 € und Leistungspreis von 10,08 ct pro Kilowattstunde. Zusätzlich sind auf diese Summe noch 16 % Mehrwertsteuer zu zahlen. Stelle einen Term zur Berechnung des Endpreises auf.

14

Tipp:
Ein entsprechendes zweidimensionales Problem mit aneinandergelegten Quadraten kann dir bei der Lösung helfen.

a) Wie viele kleine Würfel sind in diesem großen Würfel versteckt, d. h. ringsherum von anderen kleinen Würfeln umgeben?
b) Wie viele kleine Würfel sind in einem großen Würfel versteckt, bei dem n kleine Würfel längs einer Kante aneinandergefügt sind? Erläutere deine Lösung.

15 Term-Bau-Spiel

a) Bilde mit mindestens fünf Kärtchen aus dem Termbaukasten verschiedene Terme und lass sie von deiner Nachbarin oder deinem Nachbarn in Worte fassen.
b) Gebt euch die Zahl der zu verwendenden Kärtchen vor. Ziel ist es, einen Term aufzustellen, der beim Ersetzen der eventuell verwendeten Variablen durch Zahlen von 1 bis 10 einen möglichst großen (kleinen) Wert annimmt.
c) Legt in einem aufgestellten Term eine vereinbarte Zahl von Kärtchen anders. Ziel dabei ist, möglichst viele verschiedene Terme zu bilden.
d) Fallen euch weitere Spiele ein? Probiert sie aus.

16

Bei einer Geburtstagsgesellschaft stößt jeder Gast mit jedem anderen Gast auf das Wohl des Geburtstagskindes an. Wie oft erklingen bei n Gästen die Gläser? Erläutere deinen Lösungsweg.

17

Gegeben ist eine Folge von Produkten:
$50 \cdot 50;\ 47 \cdot 53;\ 44 \cdot 56;\ 41 \cdot 59;\ \ldots$

a) Schreibe die nächsten drei Glieder der Folge an.
b) Nach welchem Gesetz wird die Folge gebildet?
c) Beschreibe das Bildungsgesetz in mathematischer Kurzform mit Variablen.
d) Welchen Wert hat das 30. Glied der Folge?
e) Ab dem wievielten Folgenglied wird das Produkt negativ?

18

a) Bei dem abgebildeten Rechenspiel würfelt der Spieler zunächst eine Startzahl. Dann startet er an einer der Stellen A, B, C im Kreisel, umläuft ihn einmal in beliebiger Richtung und verlässt ihn wieder an derselben Stelle. Dabei befolgt er der Reihe nach die angegebenen Anweisungen. Wo muss er starten und in welche Richtung muss er laufen, damit er mit der gewürfelten Zahl ein möglichst großes (kleines) Ergebnis erzielt?
b) Erfindet ähnliche Rechenscheiben und beantwortet für sie die Frage aus a).

19

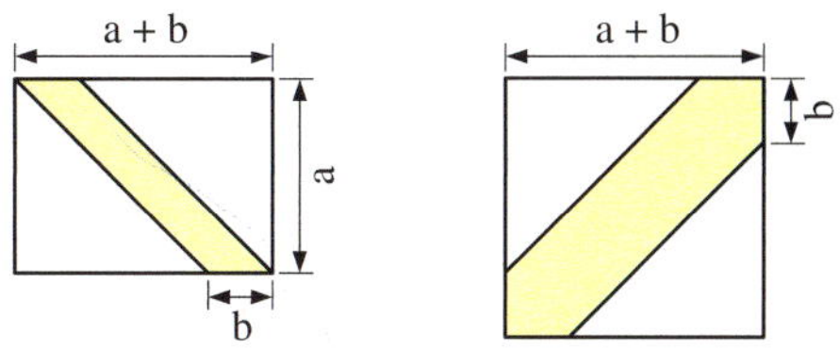

Welchen Flächeninhalt haben jeweils die gefärbten Flächen?

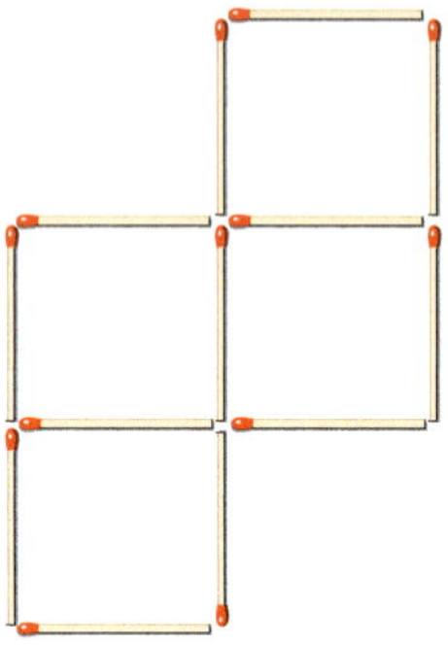

20

Zum Legen einer Figur mit einer bestimmten Zahl von Quadraten braucht man unterschiedlich viele Zündhölzer, je nachdem wie man die Quadrate anordnet. Die folgenden Teilaufgaben bearbeitet ihr am besten in Gruppen.

a) Legt Figuren aus 12 Quadraten in unterschiedlichen Anordnungen. Wie viele Zündhölzer braucht man höchstens? Wie viele braucht man mindestens?

b) Wie viele Zündhölzer braucht man zum Legen von $m \cdot n$ Quadraten in Form eines Rechtecks? Stellt jeweils einen Term auf.

c) Eine Figur aus 36 Quadraten lässt sich auf unterschiedliche Weisen in Rechtecken anordnen. Berechnet für jede dieser Anordnungen die Zahl der benötigten Zündhölzer und stellt die Ergebnisse in einer Tabelle zusammen. Fällt euch darin etwas auf?
Diskutiert die Vermutung und erprobt sie für andere Anzahlen von Quadraten.

d) Mit Zündhölzern kann man auch Dreiecke, Fünfecke oder Sechsecke in unterschiedlichen Anordnungen legen. Experimentiert mit diesen Figuren. Überlegt euch ähnliche Fragen, löst diese und diskutiert eure Lösungen.

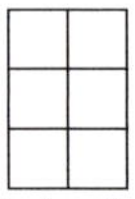

Rechteck aus $2 \cdot 3$ Quadraten

21

a + 4		
	a	
a − 1		a − 4

Erinnerung:
In einem magischen Quadrat haben die Summen aller Zahlen in einer Zeile, in einer Spalte und in einer Diagonalen jeweils den gleichen Wert. Diese Zahl heißt magische Zahl.

a) Übertrage die Figur in dein Heft, setze jedoch für a eine beliebige ganze Zahl ein und fülle die leeren Felder so aus, dass ein magisches Quadrat entsteht. Welchen Wert hat die magische Zahl?

b) Übertrage noch einmal die Figur genau wie angegeben und setze jetzt in die leeren Felder Terme mit der Variablen a ein, so dass bei der Ersetzung der Variablen a durch ganze Zahlen ein magisches Quadrat entsteht.

c) Gib einen Term für die Berechnung der magischen Zahl an.

22

Aus 20 cm Draht sollen unterschiedliche Rechtecke gebogen werden. Bezeichne eine Seite mit a und stelle einen Term zur Berechnung des Flächeninhaltes auf.

23

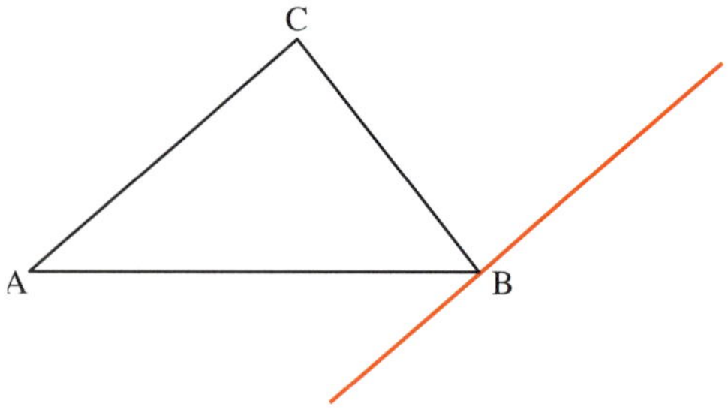

Begründe, warum der Flächeninhalt des Dreiecks ABC gleich bleibt, wenn der Eckpunkt B sich auf der Parallelen zu [AC] bewegt.

24

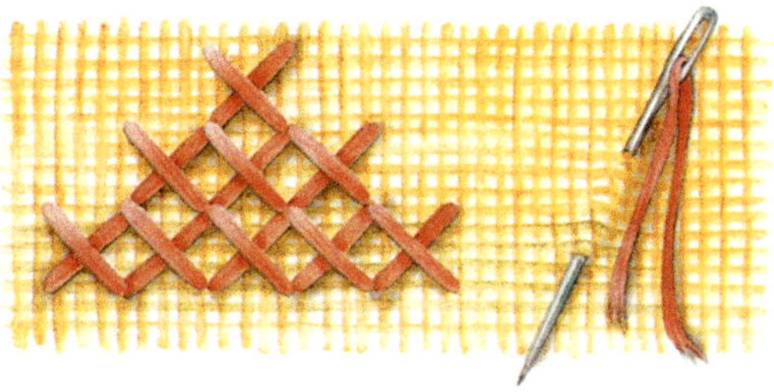

Das Stickmuster wird nach unten fortgesetzt. Gib einen Term mit der Variablen n an, der beim Einsetzen von 1, 2, 3, … die Anzahl der Kreuzstiche in der 1., 2., 3., … Zeile angibt.

G 25

Zeichne ein Schrägbild des Körpers so, dass die grüne Fläche vorn ist.

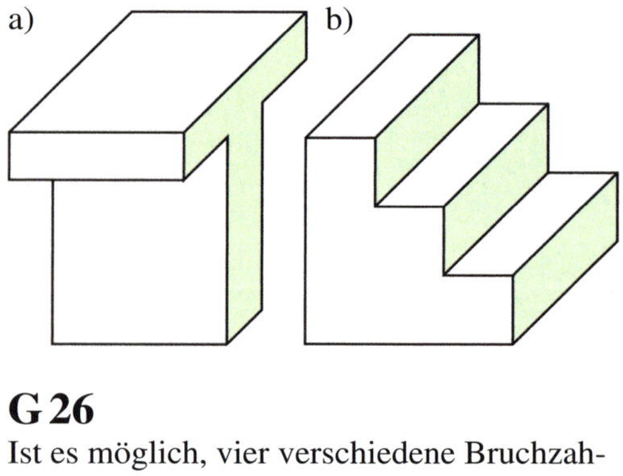

G 26

Ist es möglich, vier verschiedene Bruchzahlen anzugeben, die größer als $\frac{5}{9}$ und kleiner als 1 sind?
Falls nein, begründe. Falls ja, gib sie an.

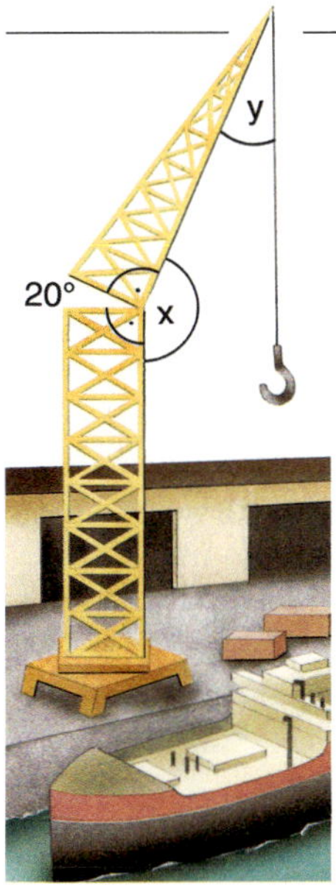

4 Zuordnung: Variablenwert – Termwert

1

Bei einem Kran kann der Ausleger von der abgebildeten höchsten Stellung um maximal 60° weiter nach unten gekippt werden.

x	160°	150°	140°	130°	120°	110°
y						

a) Übertrage die Tabelle in dein Heft und fülle sie vollständig aus.

b) Gib einen Term für die Zuordnung an, die jeder Winkelgröße x die Winkelgröße y zuordnet.

c) Veranschauliche die Zuordnung graphisch in einem Koordinatensystem.

Durch Terme, wie z. B. $T(x) = x^2 - 1$ wird jedem Variablenwert x ein Termwert zugeordnet. Verschiedenen Variablenwerten können gleiche Termwerte zugeordnet werden, z. B. gilt:
$T(1) = T(-1) = 0$.
Umgekehrt können aber einem Variablenwert durch einen Term niemals zwei verschiedene Termwerte zugeordnet werden. Die durch den Term beschriebene Zuordnung ist eindeutig.

Eine Wertetabelle liefert eine Übersicht zur Zuordnung: Variablenwert – Termwert:

x	–2	–1,4	–1	0	1	1,5
T(x)	3	0,96	0	–1	0	1,25

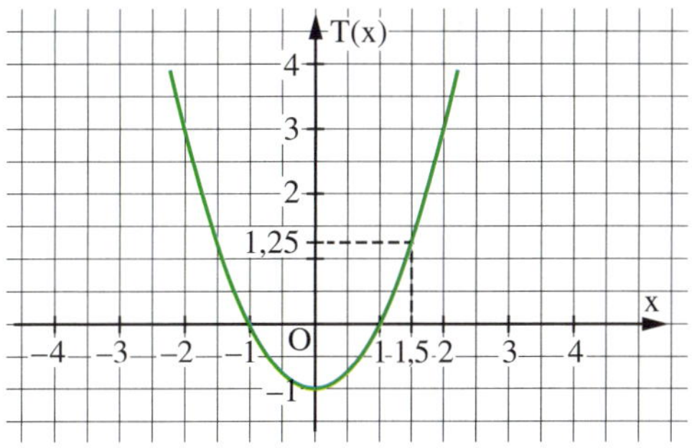

Jedes Zahlenpaar aus Variablenwert und zugeordnetem Termwert legt einen Punkt im Koordinatensystem fest.
Die Menge dieser Punkte bezeichnet man als **Graph** der Zuordnung.

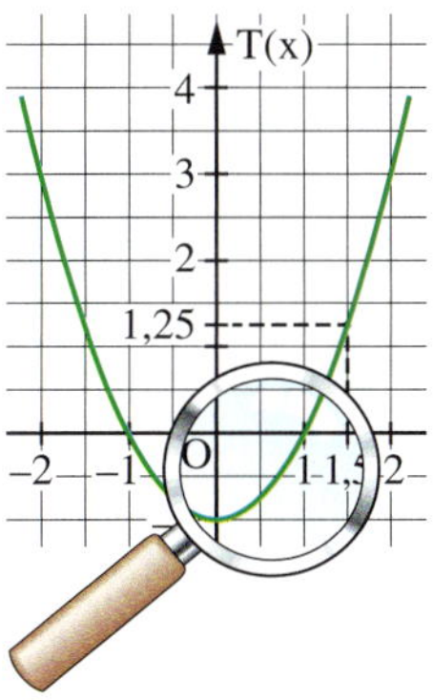

Im Beispiel darf man für x beliebige rationale Zahlen einsetzen. Die unendlich vielen Punkte des Graphen bilden eine für das Auge ununterbrochene Linie.
Es liegt vielleicht nahe, die errechneten Punkte durch gerade Linien zu verbinden (schwarze Strecke).
Der zusätzlich errechnete Punkt (0,5 | –0,75) zeigt jedoch, dass dies falsch ist.
Am vergrößerten Ausschnitt des Graphen ist zu erkennen, dass man die errechneten Punkte am besten durch eine Linie ohne Knicke verbindet (grüne Kurve).

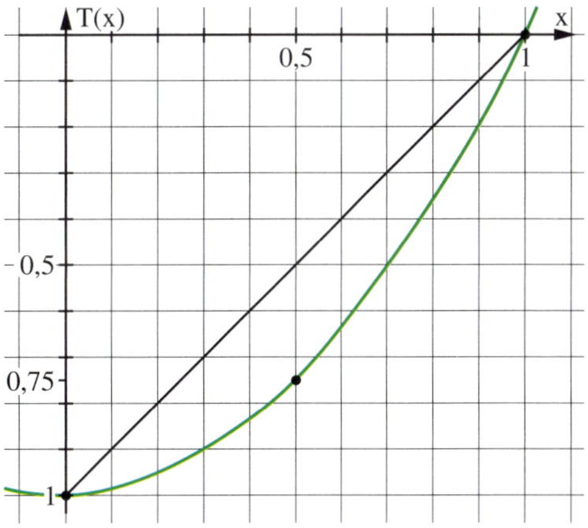

> Jedem Variablenwert wird durch einen Term ein eindeutig bestimmter Termwert zugeordnet.
> Die Zuordnung lässt sich durch eine Wertetabelle beschreiben und durch einen Graphen in einem Koordinatensystem veranschaulichen.

Beispiel 1

Herr Huber liest in der Zeitung zwei Angebote für einen Leihwagen gleicher Qualität. Er überlegt, auf welches Angebot er eingehen soll.

Hilf ihm beim Preisvergleich durch Aufstellen von Termen für die Endpreise und durch graphische Veranschaulichung der Zuordnung *gefahrene Kilometer* $\mapsto$ *Endpreis.*

Wann ist das Angebot B günstiger?

Lösung:

Die Variable s steht für die gefahrenen Kilometer.

$A(s) = 50€ + 0{,}30€ \cdot s$; $A(200) = 110€$

$B(s) = 20€ + 0{,}42€ \cdot s$; $B(200) = 104€$

Unter 250 km ist das Angebot B günstiger.

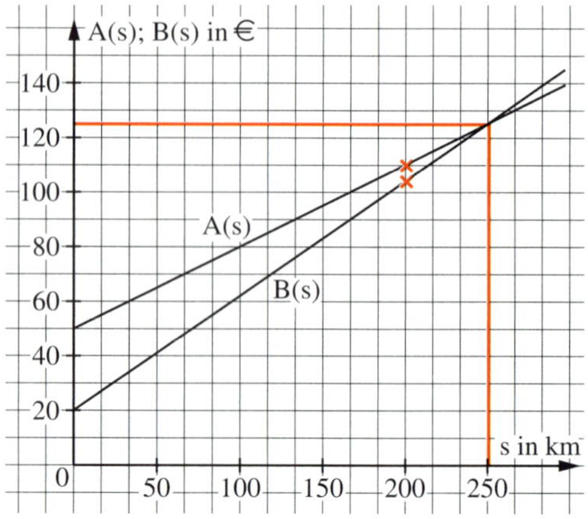

Beispiel 2

Zeichne den Graphen der Zuordnung $T(x) = \frac{1}{x}$ für $x > 0$ und vergleiche das Verhalten der Termwerte für $x > 1$ und $x < 1$.

Lösung:

x	1	2	4	8	0,5	0,25	0,2
T(x)	1	0,5	0,25	0,125	2	4	5

Für $x > 1$ fallen die Termwerte nur langsam, während sie für $x < 1$ nach links hin rasant ansteigen.

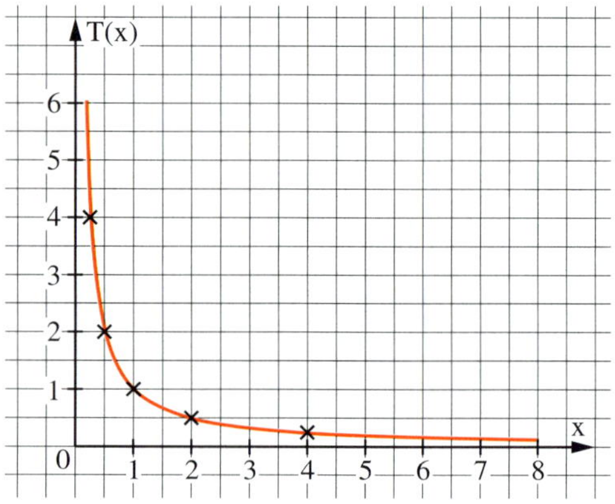

Aufgaben

2

Unter einem tropfenden Wasserhahn steht ein Eimer. Er enthält bereits 500 cm³ Wasser. In einer Minute tropfen weitere 15 cm³ Wasser hinein.

a) Gib einen Term an, der es gestattet, die Wassermenge in Abhängigkeit von der Zeit zu berechnen.

b) Wie viel Wasser befindet sich nach 10, 20, 45 Minuten im Eimer, wie viel nach 3 Stunden?

3

x	2	6	8	10	4,2	
T(x)	3	9	12	15		7,5

Gib den Term an, der den x-Werten die in der Tabelle angegebenen Werte zuordnet, und ergänze die fehlenden Werte in der Tabelle.

4

Zeichne den Graphen zu $T(x) = \frac{1}{x}$ für x-Werte zwischen –5 und 5.

Was fällt dir auf (vgl. Kapitel I)?

5

In den USA wird die Temperatur in Grad Fahrenheit gemessen (T_F), während sie bei uns in Grad Celsius (T_C) gemessen wird. Die Umrechnungsformel lautet:

$T_F = \frac{9}{5} \cdot T_C + 32.$

a) Fertige eine Wertetabelle für Temperaturen zwischen –20 °C und 100 °C an und zeichne den Graphen der Zuordnung.

b) Was könnte sich Fahrenheit bei der Festlegung der 100-Grad-Marke für seine Temperaturskala gedacht haben?

c) Wie lautet der Term, mit dem Temperaturen in °C in Kelvin umgewandelt werden?

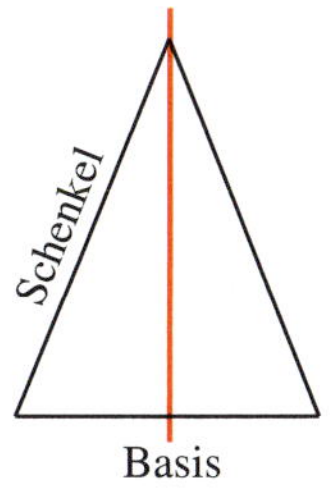

6

In einem achsensymmetrischen Dreieck sind die Schenkel doppelt so lang wie die Basis.

a) Gib einen Term zur Berechnung der Basislänge b in Abhängigkeit vom Umfang U an.

b) Stelle die Zuordnung zwischen gegebenem Umfang und Basis für $u < 30\,\text{cm}$ graphisch dar.

c) Wie verändert sich die Basis des Dreiecks, wenn der Umfang verdoppelt wird?

d) Gib einen Term zur Berechnung der Größe der symmetrischen Winkel des Dreiecks in Abhängigkeit vom Winkel an der Spitze an.

e) Zeichne den Graphen, der diese Abhängigkeit veranschaulicht.

7

Eine Autoverleihfirma macht folgendes Standard-Angebot:

Wagentyp	Tagesmiete	Pauschale pro km
Transporter	65 €	0,36 €
Kleinlaster	75 €	0,39 €
Lkw	99 €	0,54 €

a) Bilde für jeden Wagentyp einen Term, mit dessen Hilfe man den Gesamtpreis für beliebig viele an einem Tag gefahrene Kilometer berechnen kann.

b) Lege eine Preistabelle für den Kleinlaster an, aus der man den Gesamtpreis für 25, 50, 100, 150 und 200 gefahrene Kilometer ablesen kann.
Wächst der Gesamtpreis im gleichen Verhältnis wie die Zahl der gefahrenen Kilometer?

c) Wie viele Kilometer kann man mit dem Kleinlaster für 135 € mindestens fahren?

8

An Wochenenden macht die Autoverleihfirma ein Sparangebot, bei dem bereits 100 km in der Tagesmiete enthalten sind:

Unser Sparangebot für's Wochenende

Wagentyp	Tagesmiete inkl. 100 km	Mehrkilometer
Transporter	73 €	0,18 €
Kleinlaster	87 €	0,22 €
Lkw	125 €	0,30 €

a) Bilde für jeden Wagentyp einen Term, mit dessen Hilfe man den Gesamtpreis für beliebig viele über 100 km gefahrene Kilometer berechnen kann.

b) Was kosten 150, 200, 250 und 300 gefahrene Kilometer für die einzelnen Wagentypen? Lege eine Tabelle an.

c) Wie viele Kilometer kann man für 150 € mit den einzelnen Typen höchstens fahren?

d) Inges Eltern wollen am Wochenende in eine 65 km entfernte Stadt umziehen. Sie wollen das Sparangebot nutzen und überlegen, ob sie den Kleinlaster nehmen. Dann müssten sie allerdings zweimal fahren. Mit dem großen Laster müssten sie nur einmal fahren.
Welche Lösung ist sinnvoll? Begründe.

9

$T(x) = \frac{1}{x}$

a) Kann T(x) den Wert null annehmen? Begründe deine Antwort.

b) Um wie viel Prozent verändert sich der Termwert T(x) jeweils gegenüber T(1), wenn der x-Wert gegenüber $x = 1$ um 50 % vergrößert bzw. um 50 % verkleinert wird?

10

$T(a) = 2 - \frac{1}{a^2}$

Lege für die folgenden Fragestellungen jeweils eine Wertetabelle an und skizziere einen geeigneten Ausschnitt des Graphen.

a) Beschreibe das Verhalten der Termwerte für große Werte von a.

b) Welches Verhalten zeigen die Termwerte für kleine Werte von a?

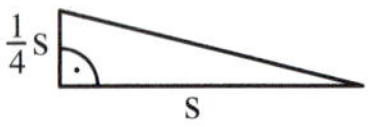

11

a) Welcher Flächeninhalt A des Dreiecks ist dem Variablenwert s zugeordnet? Stelle den Term A (s) auf und zeichne den Graphen der Zuordnung für $s \leqq 8\,\text{cm}$.

b) Um wie viel Prozent ändert sich der Flächeninhalt, wenn man s um 60 % verlängert (verkürzt)?

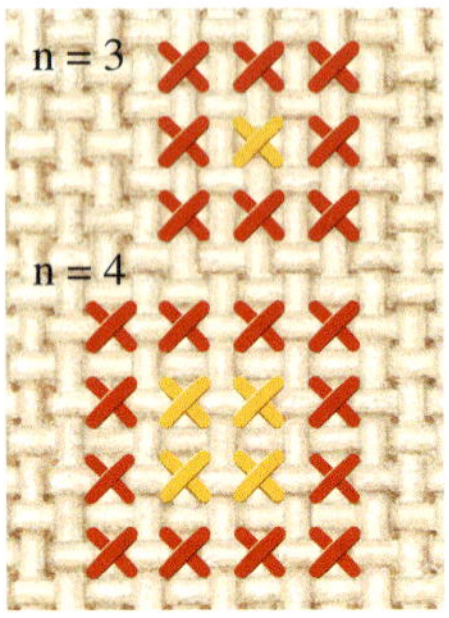

12

Bei den quadratischen Kreuzstichmustern wird ein gelb besticktes Quadrat mit einem einreihigen Rand aus roten Kreuzstichen umstickt.

a) Stelle Terme für die Anzahlen der roten und gelben Kreuzstiche in Abhängigkeit von n auf.

b) Errechne für verschiedene Werte von n die zugeordneten Termwerte und stelle sie in einer Tabelle zusammen.

c) Warum überwiegt ab einem gewissen n die Anzahl der gelben Kreuzstiche?

13

$T_1(x) = x^2$; $T_2(x) = x^3$

a) Vergleiche $T_1(x)$ und $T_2(x)$ für x-Werte zwischen 0 und 1.
Lege dazu eine geeignete Tabelle an und zeichne für beide Terme die Graphen der Zuordnung. Begründe die Ergebnisse.

b) Vergleiche $T_1(x)$ und $T_2(x)$ für $x > 1$. Lege eine Tabelle an und begründe die Ergebnisse.

Hier lohnt sich auch der Einsatz eines Taschenrechners oder eines Tabellenkalkulationsprogramms.

14

a) Mit einem 54 m langen Maschendraht soll ein rechteckiges Stück Wiese mit möglichst großem Flächeninhalt abgegrenzt werden. Führt zu diesem Problem gemeinsam ein Experiment im Maßstab 1 : 300 mit Schnur und Stecknadeln durch. Stellt die Ergebnisse in einer Tabelle zusammen.

b) Erläutert die Ergebnisse anhand von geeigneten Skizzen.

c) Stellt einen Term zur Berechnung des Inhaltes der umgrenzten Fläche auf und ermittelt mit seiner Hilfe die Maße des Rechtecks mit dem größten Flächeninhalt.

15

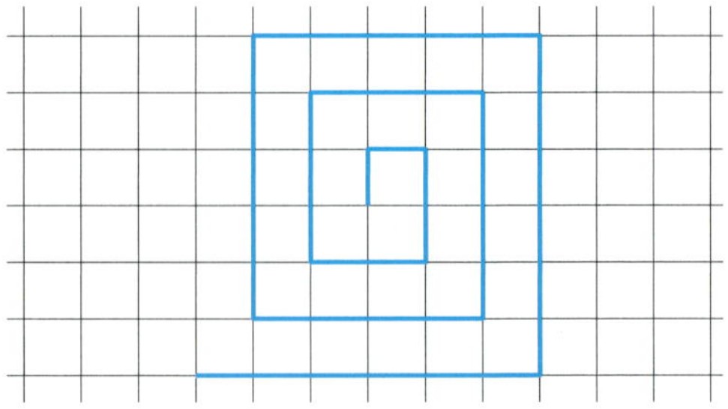

a) Zeichne diese Quadratspirale mit drei Windungen in dein Heft und füge noch zwei Windungen hinzu. Nutze die Kästchen deines Heftes.

b) Wie lang ist die 1., 2., 3., 4., 5. Windung der Spirale?

c) Gib einen Term zur Berechnung der Länge der n-ten Windung der Spirale an.

d) Hat die Windung mit der doppelten Nummer auch die doppelte Länge? Beantworte die Frage durch Erläuterung einer Tabelle mit geeigneten Werten.

16

$A(x) = 2x - 2$; $B(x) = 2 - 1{,}5x$

a) Erstelle eine Tabelle und trage in sie die Termwerte ein, die den Variablenwerten durch die beiden Terme zugeordnet sind.

b) Zeichne die Graphen der Zuordnungen. Welche Bedeutung hat der Schnittpunkt der Graphen?

17

Max baut einen Turm aus 1,93 mm dicken 10-ct-Münzen. Jan baut seinen Turm aus 1,67 mm dicken 1-ct-Münzen auf einer 6,5 mm dicken Unterlage. Sie legen gleichzeitig jeder eine Münze auf den Turm. Ab dem wievielten Spielzug ist der Turm von Max mindestens so hoch wie der von Jan?

G 18

Berechne geschickt mit Hilfe der Rechengesetze:

a) $40 \cdot 58 - 40 \cdot 18$

b) $25 \cdot (4 \cdot 78) + (53 \cdot 2) \cdot 50$

c) $34 \cdot 23 + 23 \cdot 34 + 32 \cdot 34$

d) $12 \cdot 11 - 17 \cdot 12 + 9 \cdot 12 - 12 \cdot 13$

e) $-\frac{4}{7} \cdot 13 \cdot \frac{7}{4} - \frac{7}{4} \cdot \frac{1}{3} \cdot 4$

Thema:

Rechnen mit dem Taschenrechner

Es gibt viele verschiedene Taschenrechner. Wozu speziell bei deinem Taschenrechner die einzelnen Tasten dienen, kannst du in der Bedienungsanleitung nachlesen.
Für viele Taschenrechner gilt: Zahlen, Rechenzeichen und Klammern werden in der Reihenfolge eingegeben, wie sie auch in den Termen stehen. Es gelten auch die Rechenregeln: „hoch vor Punkt vor Strich“. Jede Rechnung wird mit der [=]-Taste beendet. Die meisten Taschenrechner verfügen über eine Reihe von Funktionstasten, z. B. [x^2] zur Berechnung des Quadrates und [x^y] zur Berechnung der Potenz der zuletzt eingegebenen Zahl.

Zwei wichtige Hinweise

Vor jeder Rechnung ist es zweckmäßig, alles zu löschen, damit du nicht ungewollt mit dem letzten Ergebnis weiterrechnest.
Nach jeder Rechnung solltest du überschlagen, ob das angezeigte Ergebnis stimmen kann. Es passiert leicht, dass man etwas falsch eingibt.

Terme mit Klammern

Bei Dezimalbrüchen musst du statt des Kommas einen Punkt eingeben.

Beispiel 1

$(-45 + 1{,}7 \cdot 3) \cdot 5 + 4\,(17{,}7 - 29)$ Überschlag: $(-45 + 5) \cdot 5 + 4 \cdot (-10) = -240$

Rechenzeichen, auch nicht geschriebene Malpunkte und Klammern, werden an den Stellen eingegeben, an denen sie im Term stehen. Ein negatives Vorzeichen wird mit der [+/–]-Taste eingegeben. Bei älteren Taschenrechnern wird die [+/–]-Taste erst nach Eingabe der Zahl gedrückt.

Tastenfolge: [(] [+/–] 45 [+] 1.7 [×] 3 [)] [×] 5 [+] 4 [×] [(] 17.7 [–] 29 [)] [=]

Nutzen des Speichers
Es gibt verschiedene Tasten für den Speicher, z. B.
[Min] oder [STO] für die Eingabe,
[MR] oder [RCL] für die Ausgabe.

Beispiel 2

$(4{,}5 + 5{,}567) \cdot 5{,}567 - (8{,}76 - 1{,}45 \cdot 5{,}567) : 5{,}567$ Überschlag: $10 \cdot 5{,}6 - 0 : 5{,}6 = 56$

Wenn man häufig mit derselben Zahl rechnen muss, ist es bequemer mit dem Speicher zu arbeiten. Lies in der Bedienungsanleitung deines Taschenrechners nach, wie man eine Zahl in den Speicher eingibt, die Zahl aus dem Speicher abruft und den Speicher löscht.
Gib zuerst 5,567 in den Speicher ein und rufe dann bei Bedarf jedes Mal den Wert aus dem Speicher ab.

Tastenfolge z. B.: Erst 5.567 [Min], dann die Löschtaste betätigen und
[(] 4.5 [+] [MR] [)] [×] [MR] [–] [(] 8.76 [–] 1.45 [×] [MR] [)] [:] [MR] [=]

Die [x^y]-Taste

Für die zweite und dritte Potenz gibt es oft gesonderte Tasten.

Beispiel 3

$4 \cdot 7^5 - (3 \cdot 5)^4$

Die Potenz einer Zahl oder eines in Klammern stehenden Terms berechnet man mit der [x^y]-Taste.

Tastenfolge: 4 [×] 7 [x^y] 5 [–] [(] 3 [×] 5 [)] [x^y] 4 [=]

Bruchterme

Beispiel 4

$\frac{2\cdot 12-17}{8+4\cdot 5} = (2\cdot 12-17):(8+4\cdot 5)$

Denke dir den Bruch als Quotienten. Setze Zähler und Nenner jeweils in Klammern:

Tastenfolge: [(] 2 [×] 12 [−] 17 [)] [:] [(] 8 [+] 4 [×] 5 [)] [=]

Anzeige sehr großer Ergebnisse

Im genauen Ergebnis müsste die Endziffer 3 lauten. Der Taschenrechner hat also das Ergebnis gerundet.

Beispiel 5

$657\,539\cdot 64\,937$ Überschlag: $700\,000\cdot 60\,000 = 42\,000\,000\,000 = 42\cdot 10^9 = 4{,}2\cdot 10^{10}$

Jeder Taschenrechner kann nur eine begrenzte Anzahl von Stellen (meist 10) anzeigen. Ergebnisse mit mehr als 10 Stellen werden mit Hilfe von Zehnerpotenzen angegeben und gerundet. Der Taschenrechner mit 10 Stellen zeigt das Ergebnis 4.269861004 ^{10} an. Die hochgestellte 10 zeigt die Potenz 10^{10} an. Das Ergebnis lautet also $4.269861004\cdot 10^{10}$. Möchte man das Ergebnis ohne Zehnerpotenz anschreiben, so müsste man bei 4.269861004 das Komma um 10 Stellen nach rechts verschieben.

Anzeige sehr kleiner Ergebnisse

Beispiel 6

$0{,}25\cdot 0{,}000\,37$

Der Taschenrechner zeigt als Ergebnis 9.25 $^{-5}$ an.

Rechnet man nach, so ergibt sich: $0{,}25\cdot 0{,}000\,37 = \frac{25}{10^2}\cdot\frac{37}{10^5} = \frac{925}{10^7} = \frac{9{,}25}{10^5} = 0{,}000\,0925.$

Negative Exponenten in der Anzeige bedeuten also Zehnerpotenzen im Nenner. Will man das Ergebnis als Dezimalbruch schreiben, so muss man das Komma im vom Taschenrechner angegebenen Ergebnis um so viele Stellen nach links schieben wie der negative Exponent angibt.

Aufgaben

Überprüfe jedes Mal dein Ergebnis durch einen Überschlag.

1

a) $(173{,}5 + 86{,}27 - 102{,}05)\cdot 0{,}45$
b) $7{,}8 - 3{,}09\cdot(-15{,}2)$
c) $(39{,}02 + 112{,}88)^2 : 15{,}19$
d) $\frac{7}{9} + \frac{2}{3}\cdot\frac{11}{12}$
e) $\left(2\frac{3}{4} - 1\frac{2}{5}\right):\left(2\frac{2}{3} - 1\frac{1}{5}\right)$
f) $(3{,}7^2 - 1{,}5^3)^2 : (4{,}7 - 4{,}2)^2$

2

Gib das Ergebnis als Bruch an.

a) $0{,}6^4 + 3\cdot 0{,}5^4$ b) $\left(\frac{3}{4}\right)^4\cdot\left(\frac{8}{3}\right)^2$
c) $\frac{9}{4}:\left(\frac{3}{2}\right)^3$ d) $1{,}25^4 : 2{,}5^2$
e) $\left(2\frac{1}{2} - 3\frac{1}{4}\right)^5$ f) $5^4\cdot\left(\frac{7}{3}\right)^6:\left(\frac{35}{3}\right)^5$

3

Runde das Ergebnis auf zwei Stellen nach dem Komma.

a) $5{,}014 - 12{,}74 + 74{,}25 - 6{,}75\cdot 0{,}24$
b) $(12{,}45 - 3{,}63)\cdot(5{,}87 + 14{,}78)$
c) $4{,}2\cdot[15{,}7 - 6{,}8\cdot(2{,}5 - 2{,}48)]$
d) $[18{,}7\cdot(1{,}25 - 0{,}84) - 2{,}6]:(12{,}4 - 3{,}76)$

4

Runde auf zwei Stellen nach dem Komma.

a) $\frac{20{,}02}{1{,}4\cdot 28{,}6}$ b) $\frac{23{,}87 - 72{,}01}{-3{,}7}$
c) $\frac{1}{(3{,}7 + 0{,}8)\cdot 0{,}045}$ d) $\frac{1}{\left(2\frac{1}{3} + 3\frac{1}{4}\right)\cdot 5\frac{1}{4}}$
e) $\frac{23 - 3{,}08}{0{,}75 + 0{,}085} + 2{,}6\cdot\frac{3}{4}$ f) $\frac{(34{,}7 - 11{,}02)\cdot 0{,}04}{(2{,}45 - 0{,}68):0{,}75}$

5

a) $1\,400\,000\cdot 150\,000\,000$
b) $288\,000\,000\,000 : 0{,}0012$
c) $0{,}067\cdot 0{,}0093$
d) $0{,}0472 : 1888$

6

Hat der Taschenrechner ganz genau gerechnet? Begründe deine Antwort.

a) $37\,847\cdot 790\,000$ b) 15^{12}
c) $3\,654\,820 : 0{,}0003$ d) 2^{30}

7

Prüfe, ob das Ergebnis richtig ist.

a) $1 - 2^{11} + 2^{11}$ b) $1 + 10^{12} - 10^{12}$

Wann hat der Taschenrechner Probleme?

Taschenrechnerquiz

Mit dem Taschenrechner kannst du auch „schreiben“. Die Lösung ergibt sich, wenn du die folgenden Rechnungen mit dem Taschenrechner durchführst und dann, nach Drehung des Rechners, die Antwort abliest.

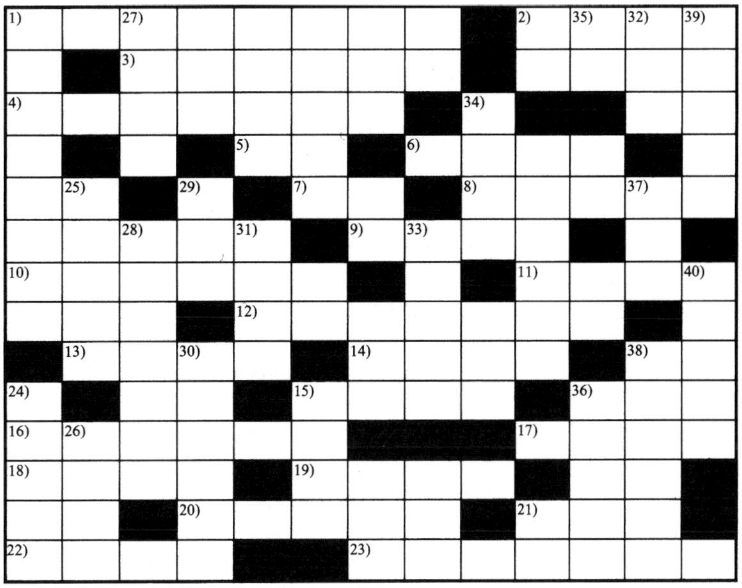

waagrecht:

1)	Unterrichtsfach	$2458 \cdot 9815 + 2684 \cdot 2458 + 1\,184\,476$
2)	wichtiger Bestandteil des Computer-ROMs	$22\,581 : 4{,}5$
3)	Wohnort des Teufels	$(168 \cdot 345 + 217) \cdot 6{,}5 - 846{,}5$
4)	anderer Begriff für Peitsche	$24^5 - 28^4 + 7171$
5)	Nahrungsmittel	$57 \cdot 68 + 302 + 49 \cdot (-85)$
6)	Kleidungsstück	$(-7)^4 + 11 \cdot 102 - 19$
7)	Autokennzeichen von San Sebastián (Spanien)	$\frac{(43{,}31 + 1{,}42 \cdot 2{,}5) \cdot 0{,}5}{0{,}3 \cdot 1{,}42}$
8)	nicht laut	$(38{,}2 + 117{,}3) \cdot (9{,}4 + 64{,}8) \cdot (4{,}52 + 5{,}48) : 3{,}5 + 2171$
9)	Storchvogel	$\frac{8662\frac{1}{2} : 2\frac{1}{4} + 4\frac{83}{125}}{0{,}75 \cdot 1{,}2 - 0{,}3 \cdot 0{,}52}$
10)	ledig	$\left(26\frac{1}{4} \cdot 28\frac{2}{5} + 34\frac{1}{2}\right)^2 - 317^2 - 23^2 - 39$
11)	dt. Übersetzung für victory	$\left(25\frac{1}{3} \cdot \frac{3}{4} - 4\right) \cdot (1044 - 147) \cdot \frac{9}{13}$
12)	stacheliges Lebewesen im Meer	$(4150 \cdot 117 + 12\,400 : 0{,}02) \cdot 7 - 347\,515$
13)	deutscher Fluss	$\frac{13\,795 + 112 \cdot 87{,}5}{5{,}5} - 417$
14)	Insektenfresser	$(851\,549 - 24 \cdot 66) : 115$
15)	Paarhufer	$8803 \cdot 8 - 63\,071$
16)	Bestandteil des Eies	$\frac{13}{16} \cdot 302\,032 + 6547 \cdot (100{,}3 - 4{,}3)$
17)	Endpunkt des Laufwettbewerbs	$\frac{17{,}3 \cdot 8{,}4}{0{,}1211} \cdot 6 + 8 \cdot 14$
18)	Metall	$4 \cdot 344{,}5$
19)	Windstoß	$206\frac{3}{4} \cdot \left(4\frac{1}{5} + 19\frac{2}{3} \cdot \frac{3}{5}\right)$
20)	deutscher Schriftsteller	$\frac{95{,}2 \cdot 151{,}2}{0{,}54 \cdot 0{,}34} - 1092$
21)	seemännischer Ausdruck	zweitgrößter Teiler von 4381
22)	anderer Begriff für die Ernte von Trauben	$(49\,676 - 158) : 14$
23)	biologischer Ausdruck	$17 \cdot (17 + 18) \cdot (17 + 36) \cdot (17 + 58) \cdot 1{,}6 - 10\,987$

senkrecht:

1)	deutsches Gewässer	$580\,691 \cdot 5 + 4195 \cdot 7185 - 542 \cdot (-914)$
2)	Autokennzeichen von Bochum	$\frac{1}{8} \cdot \frac{3}{5} + 0{,}725$
24)	Werkzeug	$71\,433 + 7^4$
25)	olymp. deutscher Skilangläufer (1984)	$(45 \cdot 108{,}4 + 54 \cdot 104{,}5) \cdot 3{,}5 + 614{,}5$
26)	weibl. Vorname	$(314\,749 + 17\,354) : 93$
27)	amerik. Bundesstaat	Runde auf 3 Dezimalen: $4{,}5 \cdot 0{,}7 - 3\frac{1}{99}$
28)	Berufsbezeichnung für einen Erdforscher	$\left[(256\,720{,}25 + 97{,}05) \cdot \left(2\frac{1}{2} + 3\frac{1}{5}\right) + 194{,}3 \cdot 509{,}3\right] \cdot 2{,}5$ (bei 8-stelliger Anzeige: Runde auf Ganze)
29)	Hilfsmittel zum „Hairstyling“	$55{,}425 : 0{,}075$
30)	Unterkunft	$\left(1800 \cdot 15\frac{1}{3} + 65\frac{8}{9}\right)\left(4\frac{1}{2} + 3\frac{1}{3} + 1\frac{1}{6}\right) + 415 \cdot 319$
31)	nicht fest	$3 \cdot [8{,}7 \cdot (1{,}8 - 0{,}7) + 15{,}43] \cdot [6{,}2 \cdot (7{,}2 + 0{,}36) + 0{,}336] - 33{,}6$
32)	span. Ausruf	$35{,}6 \cdot \left(5{,}6 \cdot \frac{3{,}2}{0{,}8} + 0{,}4\right) + 26{,}32 - 468$
33)	Farbe	$95\,412 : 0{,}24 - 4480{,}15 \cdot 80$
34)	Spiel eines einzelnen Instruments (Plural)	$\left(1409{,}55 - \frac{3}{5} \cdot 21\right) : \frac{3}{4} - 157\frac{3}{5}$
35)	engl. ist	$19 \cdot 17 - 17 \cdot 14 + 2 \cdot (-17)$
36)	heiliges Buch	$77\,508{,}9 : 1{,}5 : 0{,}7$
37)	Gewässer	$\left(15\frac{10}{11} \cdot 4\frac{2}{5} + 1\frac{81}{484} \cdot 4\frac{2}{5}\right) \cdot 4\frac{2}{5} + 4\frac{2}{5}$
38)	Teil des Hauses	$\left(11\,503 + \frac{0{,}5 \cdot 7{,}2}{7{,}5 + 2{,}5 \cdot 4{,}2} + 89\frac{3}{5}\right) \cdot 30 + 25^4 - 90$
39)	Zugabe zu einem Braten	$2 \cdot (124 + 24^2) \cdot 25 + 5 \cdot 101$
40)	russ. Schriftsteller des 19. Jh.	$(29^4 - 28^4) : 1{,}5 + 61{,}06 \cdot 150$

Uhren

Vorbild jeder Zeitmessung ist der regelmäßige Wechsel von Tag und Nacht.
Schon die Ägypter nutzten die Schattenrichtung eines in den Boden gesteckten Stabes, um den Tag in Zeitabschnitte zu unterteilen und so die Zeit zu messen.
Sonnenuhren haben jedoch einen Nachteil. Sie können nicht in der Nacht und bei schlechtem Wetter benutzt werden.
Deshalb baute man schon früh auch andere Uhren. Einige Bauarten werden im Folgenden vorgestellt und untersucht.

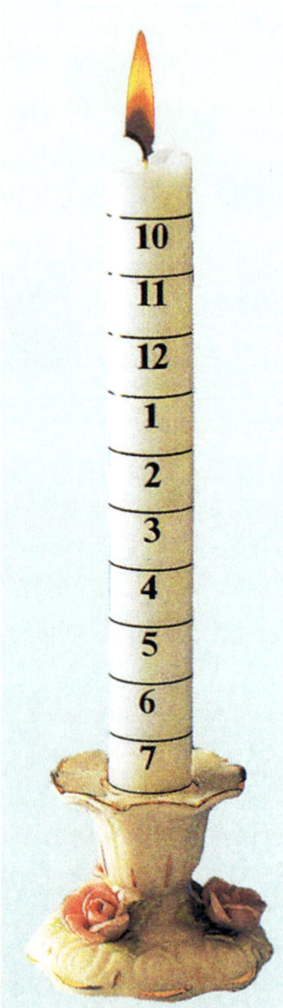

Stundenkerze

Sanduhr

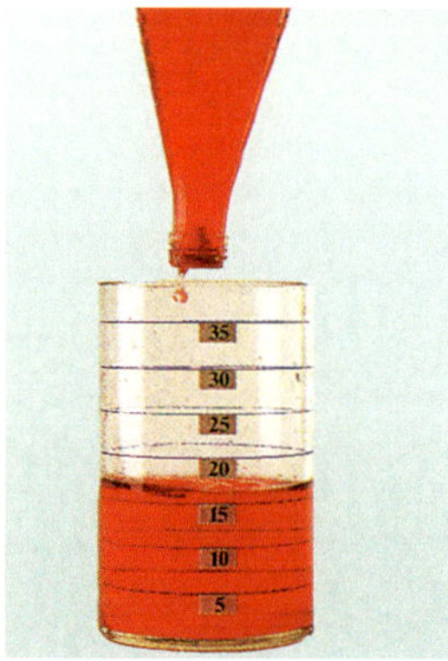

Wasseruhr

Öluhr

1

a) Erkläre, wie die dargestellten Uhren funktionieren. Welche Größe wird jeweils der Zeit zugeordnet? Warum ist der Abstand der Stundenmarkierungen auf den Skalen nicht immer gleich?
b) Kann man eine Stundenkerze herstellen, die einerseits die Zeit genau misst und andererseits auch eine lange Zeitdauer zu messen gestattet? Begründe deine Antwort.

2

In einer quaderförmigen Öluhr mit quadratischer Grundfläche von 3 cm Kantenlänge steht das Öl 6 cm hoch. In 40 Minuten verbrennen 3,6 ml Öl.
a) Die Höhe des Ölstandes stellt ein Maß für die Zeit dar. Lege eine Wertetabelle der Ölstände in Zeitabständen von 15 Minuten an und zeichne einen dazugehörigen Graphen.
b) Nach welcher Zeit ist das Öl in der Lampe verbraucht?
c) Welche Kantenlänge müsste die quadratische Grundfläche haben, damit der Ölspiegel alle 10 Minuten um 4 mm sinkt?

3

Betrachte den in der Zeichnung dargestellten Abbrand der Kerze. Erstelle eine Wertetabelle für die Zuordnung *Brenndauer* $\mapsto$ *Abbrand* und zeichne den dazugehörigen Graphen.

Projekt:

Wir bauen Uhren

Das Problem der Zeitmessung beschäftigt die Menschen seit Jahrtausenden. Uhren zu bauen könnte auch ein lohnendes Projekt für eure Klasse sein.

Wovon hängt die Genauigkeit einer Uhr ab?

Welche sich verändernden Größen eignen sich zur Zeitmessung?

Wie kann man möglichst lange Zeitdauern messen?

Ziele und Planung des Projekts

Am Rand seht ihr mögliche Fragestellungen zum Thema Zeitmessung. Sammelt für euer Projekt zunächst weitere euch interessierende Fragen.
In Kleingruppen könnt ihr dann konkrete Fragestellungen untersuchen und z. B. eine Sonnenuhr, Wasseruhr oder Sanduhr bauen.
Beachtet auch den Zeitbedarf. Zum Beispiel benötigt man für den Bau und die Beobachtung einer Sonnenuhr mehrere Monate.

Sonnenuhr

Steckt zwei einen Meter lange Stäbe in den Boden. Ein Stab soll senkrecht stehen. Der zweite Stab soll so im Boden stecken, dass er nach Norden weist und mit dem waagrechten Erdboden einen Winkel α bildet, der gleich dem Winkel des Breitengrades eures Wohnortes ist.
Markiert an einem Tag bei beiden Stäben die Schattenstellung zu jeder vollen Stunde. Beobachtet die Schattenstellung über einen längeren Zeitraum (etwa ein halbes Jahr). Diskutiert eure Beobachtungen. Welcher Stab eignet sich besser für eine Sonnenuhr?

Den Trichter klebt ihr am besten aus Papier. Feinen Quarzsand gibt es im Baumarkt. Um Glaszylinder und Stativmaterial bittet ihr einen Chemielehrer.

Sanduhr

Im Bild findet ihr eine Anregung zum Bau einer Sanduhr.
Messt die Höhe des Sandstandes im Glaszylinder in geeigneten Zeitabständen und tragt die zugeordneten Größen in eine Tabelle ein. Durch Veränderung der Bauelemente könnt ihr die Genauigkeit der Uhr und die messbare Gesamtzeitdauer beeinflussen.

Den Wasserfluss könnt ihr z. B. an einer Regentonne mit Auslassventil am Boden untersuchen.

Wasseruhr

Eine Wasseruhr könnt ihr analog zu einer Sanduhr bauen. Durch einen Hahn am Boden des Vorratsgefäßes könnt ihr bequem die Fließgeschwindigkeit des Wassers verändern. Hierbei ergeben sich auch interessante Fragestellungen zur Zeitmessung, die ihr diskutieren könnt. Der Sandfluss und der Wasserfluss zeigen jedoch deutliche Unterschiede. Untersucht sie.

Präsentation der Ergebnisse

Plant eine Ausstellung in eurer Schule, in der ihr eure Ergebnisse in interessanter und übersichtlicher Form präsentiert. Stellt schöne Exemplare eurer selbst gebauten Uhren aus und gebt eure Erfahrungen beim Bau dieser Uhren weiter.

Rückblick

Terme mit Variablen
In Termen können auch Variablen auftreten. Die Variablen sind Stellvertreter für Zahlen oder für Größen.

$3 \cdot (5 - a)$; $x^3 + x + 4$; $x \cdot a^2 - a \cdot b$ sind Terme mit Variablen.

Terme werden oft abkürzend mit Buchstaben bezeichnet.

$A(a;\ b) = a \cdot b$ ist ein Term, der von den Variablen a und b abhängt.

Berechnen von Termwerten
Erst wenn alle im Term vorkommenden Variablen durch Zahlen bzw. Größen ersetzt sind, kann man den Termwert berechnen. Gleiche Variablen sind durch gleiche Zahlen bzw. Größen zu ersetzen. Verschiedene Variablen können durch verschiedene, aber auch durch gleiche Zahlen bzw. Größen ersetzt werden.

$T(x) = x^3 - 4x \qquad T(5) = 5^3 - 4 \cdot 5 = 105$

$T(a;\ b) = a^2 + b^2 \qquad T(3;\ 4) = 3^2 + 4^2 = 25$

$T(5;\ 5) = 5^2 + 5^2 = 50$

Aufstellen und Interpretieren von Termen
Schritte beim Aufstellen eines Terms:
1. Untersuchung des Sachverhaltes an konkreten Beispielen und Suche nach einer Gesetzmäßigkeit
2. Einführung von Variablen und Beschreibung der gefundenen Gesetzmäßigkeit durch einen Term

$68 \cdot 72;\ 66 \cdot 74;\ 64 \cdot 76;\ 62 \cdot 78;\ \ldots$
Erkennen der Gesetzmäßigkeit:
$a_1 = 68 \cdot 72 = (70 - 2)(70 + 2)$
$a_2 = 66 \cdot 74 = (70 - 2 \cdot 2)(70 + 2 \cdot 2)$
$a_3 = 64 \cdot 76 = (70 - 2 \cdot 3)(70 + 2 \cdot 3)$
…
$a_n = (70 - 2n)\ (70 + 2n)$

Ein Term kann erst interpretiert werden, wenn die Bedeutung der Variablen geklärt ist.

Der Term $a \cdot b$ gibt den Flächeninhalt eines Rechtecks an, wenn a und b die Seitenlängen vertreten.

Zuordnung: Variablenwert – Termwert
Jedem Variablenwert wird durch einen Term ein eindeutig bestimmter Termwert zugeordnet.
Eine solche Zuordnung
lässt sich durch eine Wertetabelle beschreiben
und durch einen Graphen in einem Koordinatensystem veranschaulichen.

$T(x) = \frac{1}{2}x + 2$

x	-4	-2	0	1	2
$T(x)$	0	1	2	$2{,}5$	3

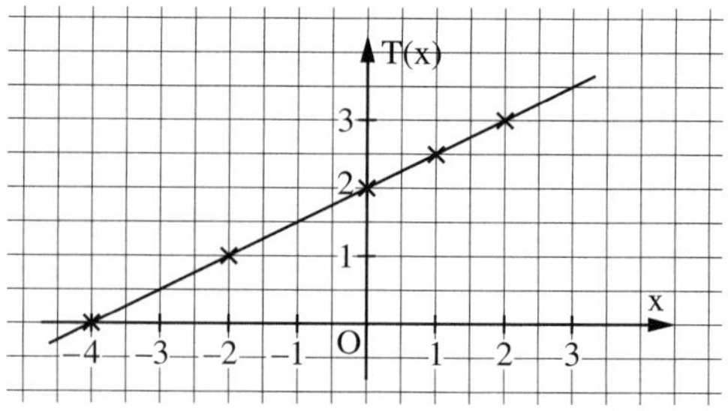

Aufgaben zum Üben und Wiederholen

Die Lösungen zu den Aufgaben dieser Seite findest du auf den Seiten 200 und 201.

1

$T(a) = a^2 - 6a + 9$

Berechne $T(5)$, $T(-2{,}4)$ und $T\left(-\frac{3}{4}\right)$.

2

$T(x) = \frac{3}{2}x^2 - 2x$

Berechne die Termwerte für $x = 2;\ -8;\ \frac{4}{3}$.

3

$A(x;\, y) = (x + y)(x - y)$; $B(x;\, y) = x^2 - y^2$

Berechne die Termwerte der beiden Terme für $x = 3;\ y = 7$ und $x = \frac{1}{3};\ y = -\frac{1}{2}$.

4

Der abgebildete Turm ist aus Zündhölzern gebaut.

Gib einen Term an, mit dessen Hilfe man die Zahl der benötigten Zündhölzer für einen Turm mit n Stockwerken berechnen kann. Wie viele Zündhölzer braucht man für einen Turm mit 10 Stockwerken?

5

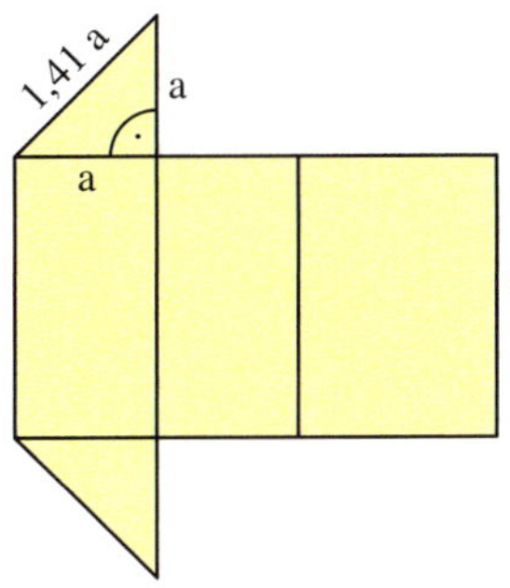

a) Gib einen Term zur Berechnung der Oberfläche des Körpers an, der aus diesem Netz gebaut werden kann.
b) Gib den Term $V(a;\, b)$ zur Berechnung des Volumens des Körpers an.
c) Berechne $V(5\,\text{cm};\ 12\,\text{cm})$ und $V(7{,}5\,\text{cm};\ 7{,}5\,\text{cm})$.
d) Wie verändern sich die Oberfläche und das Volumen des Körpers, wenn a und b verdoppelt werden?

6

a) Zeichne zum Term $(x + 3) \cdot x^2$ einen Rechenbaum.
b) Fasse die Rechenanweisung des Terms in Worte.

7

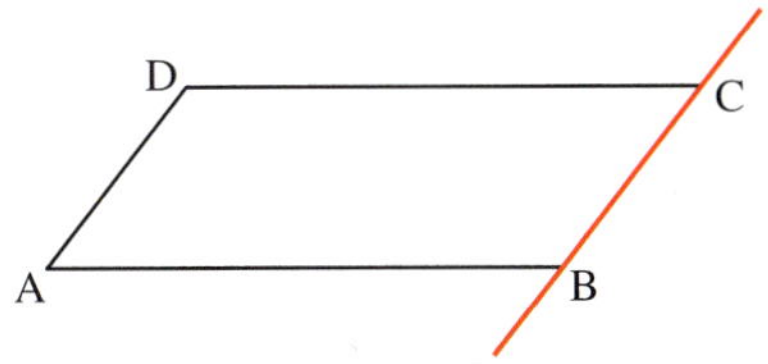

Wenn die Seite [BC] des Parallelogramms längs einer Parallelen zur Gegenseite [AD] verschoben wird, ändert sich die Gestalt des Parallelogramms. Warum bleibt jedoch der Flächeninhalt unverändert?

8

a) Wie viele Zündhölzer brauchst du zum Legen von drei Sechsecken mindestens (höchstens)? Erläutere deine Antworten durch geeignete Skizzen.
b) Man möchte n Sechsecke so legen, dass für jedes neue Sechseck möglichst wenige Zündhölzer benötigt werden.
Welche Gesamtzahl von Hölzern reicht dann auf jeden Fall? Erläutere das Aufstellen des Terms durch geeignete Skizzen.

9

2; 6; 12; 20; 30; 42; …

a) Setze die Folge um drei Glieder fort.
b) Welchen Wert hat das 100. Glied der Folge?
c) Nach welchem Gesetz wird die Folge gebildet? Beschreibe sie durch einen Term.

10

$A(t) = 18\,\text{km} - 0{,}2\,\text{km} \cdot t$; $B(t) = 0{,}25\,\text{km} \cdot t$

a) Veranschauliche die durch die beiden Terme gegebenen Zuordnungen durch Graphen. Zeichne beide in dasselbe Koordinatensystem.
b) Jan besucht seinen 18 km entfernt wohnenden Freund Tim mit seinem Fahrrad. Er fährt 0,2 km pro Minute. Tim startet gleichzeitig und fährt ihm mit 0,25 km pro Minute entgegen. Was geben die Terme A (t) und B (t) an?
c) Welche Information liefert der Schnittpunkt der beiden Graphen?
d) Gib den Schnittpunkt der Graphen der Zuordnungen an, die durch die Terme $C(t) = 18\,\text{km} - 0{,}25\,\text{km} \cdot t$ und $D(t) = 0{,}2\,\text{km} \cdot t$ gegeben sind.

1 Gleichwertige Terme

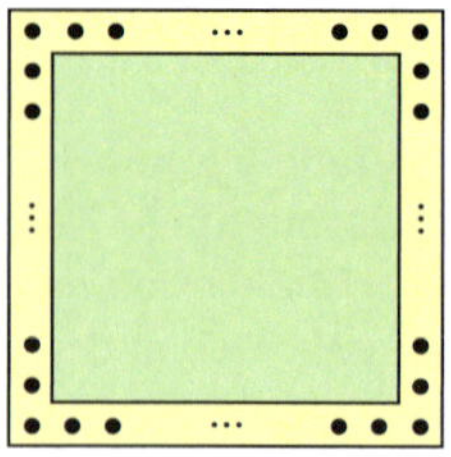

p Holzpfähle

1

Sebastian, Katharina, Veronika und Jan-Pascal helfen im Schulgarten bei der Planung eines Zauns für ein quadratisches Beet. Katharina schlägt vor: „Auf jeder Seite sollen gleich viele Holzpfähle stehen.“ Daraufhin erstellt jeder der vier jeweils einen Term für die benötigte Gesamtzahl der Holzpfähle. Wie hat jeder einzelne Schüler wohl gedacht? Wer hat Recht?

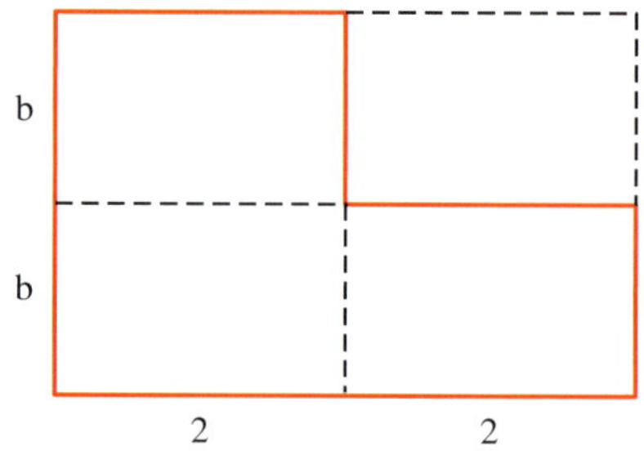

Zur Berechnung des Inhalts des abgebildeten rot umrandeten Flächenstücks können unterschiedliche Terme aufgestellt werden. Zum Beispiel kann man vom Flächeninhalt $2b \cdot 4$ der großen Rechtecksfläche den Inhalt $2 \cdot b$ der kleinen Rechtecksfläche abziehen oder aber das Dreifache des Inhalts $2 \cdot b$ der kleinen Rechtecksfläche nehmen:
$A_1(b) = 2b \cdot 4 - 2 \cdot b$ oder $A_2(b) = 3 \cdot (2 \cdot b)$.
Bei jeder Einsetzung für b müssen die beiden unterschiedlich aussehenden Terme jeweils denselben Wert ergeben, da sie ja lediglich verschiedene Rechenwege zur Berechnung des gleichen Flächeninhalts angeben.

Nun stellt sich die Frage, ob man auch rechnerisch nachweisen kann, dass die Terme A_1 und A_2 gleichwertig sind. Da die Variablen Platzhalter für Zahlen sind, kann man die bereits bekannten Rechengesetze für rationale Zahlen auch verwenden, um einen Term mit Variablen in einen gleichwertigen Term umzuformen:

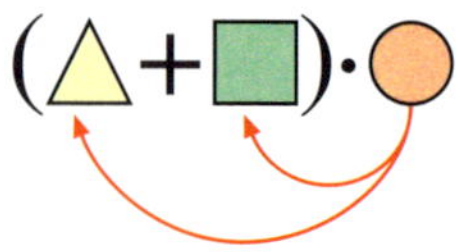

Kommutativgesetze (KG) der Addition und Multiplikation:
Für alle rationalen Zahlen a, b gilt: $a + b = b + a$
$a \cdot b = b \cdot a$
Assoziativgesetze (AG) der Addition und Multiplikation:
Für alle rationalen Zahlen a, b und c gilt: $a + (b + c) = a + b + c = (a + b) + c$
$a \cdot (b \cdot c) = a \cdot b \cdot c = (a \cdot b) \cdot c$
Distributivgesetz (DG):
Für alle rationalen Zahlen a, b und c gilt: $(a + b) \cdot c = a \cdot c + b \cdot c$
Für alle rationalen Zahlen a, b und c ($c \neq 0$) gilt: $(a + b) : c = a : c + b : c$

Durch Anwendung der Rechengesetze ergibt sich für die Terme A_1 und A_2:

$$A_1(b) = 2b \cdot 4 - 2 \cdot b \overset{KG}{=} 4 \cdot 2b - 2 \cdot b \overset{AG}{=} (4 \cdot 2) \cdot b - 2 \cdot b = 8 \cdot b - 2 \cdot b \overset{DG}{=} (8 - 2) \cdot b = 6b$$

$$A_2(b) = 3 \cdot (2 \cdot b) \overset{AG}{=} (3 \cdot 2) \cdot b = 6 \cdot b = 6b$$

also gilt $A_1 = A_2$

Damit ist rechnerisch nachgewiesen, dass A_1 und A_2 gleichwertige Terme sind.

äquus *(lat.): gleich*
valens *(lat.): wertig*

Zwei Terme, die bei jeder möglichen Ersetzung der Variablen durch Zahlen jeweils den gleichen Termwert ergeben, nennt man **gleichwertig** oder **äquivalent**. Man darf zwischen ihnen ein Gleichheitszeichen setzen.
Durch Anwendung der Rechengesetze kann man einen Term in einen äquivalenten Term umformen.

$T_1(2) = 2$ und $T_2(2) = 8$

Beachte: Um festzustellen, dass zwei Terme nicht äquivalent sind, genügt es, eine Zahl zu finden, für die die Terme unterschiedliche Werte haben. Zum Beispiel sind die Terme $T_1(x) = 2x^2 - 6$ und $T_2(x) = 4x$ für $x = 2$ ungleich und daher nicht äquivalent.

$T_1(3) = T_2(3) = 12$ und $T_1(-1) = T_2(-1) = -4$

Andererseits kann man die Äquivalenz von Termen nicht durch probeweises Einsetzen zeigen, da man mit allen existierenden Zahlen testen müsste. Beispielsweise besitzen $T_1(x)$ und $T_2(x)$ für $x = 3$ und $x = -1$ zwar den gleichen Wert, sind aber nicht äquivalent.

Termumformungen haben vielfach den Zweck, einen gegebenen Term in eine einfachere Form zu bringen. Beispielsweise ist der Term $6b$ auf Seite 74 übersichtlicher als der Term $2b \cdot 4 - 2 \cdot b$. Darüber hinaus können mit $6b$ Termwerte leichter berechnet werden. Oft lassen sich Terme vereinfachen, indem man gleichartige Bestandteile zusammenfasst:

$2a + 4a \overset{DG}{=} (2 + 4) \cdot a = 6 \cdot a = 6a$ oder entsprechend

$2y - 5y + 7y = -3y + 7y = 4y.$

Man muss lediglich die Zahlenfaktoren vor den Variablen addieren bzw. subtrahieren und die gemeinsame Variable beibehalten.

Beispiel 1

Untersuche, ob die Terme äquivalent sind. Erläutere die durchgeführten Umformungen.

a) $T_1(z) = z \cdot 2 \cdot 3 + 5 + 2z + 4 \cdot 3$ und $T_2(z) = 8z + 17$

b) $T_1(p) = 7 + 5p - 6 - 3p$ und $T_2(p) = 4 \cdot p \cdot \frac{1}{2} - p + p^2$

c) $T_1(x; b) = \frac{1}{2}(x + 10) \cdot 8 + b$ und $T_2(x; b) = \frac{1}{3} \cdot x \cdot 12 + 8 \cdot 5 + b$

Lösung:

a) $T_1(z) = z \cdot 2 \cdot 3 + 5 + 2z + 4 \cdot 3$ Anwendung des AG und KG
$= 6z + 5 + 2z + 12$ Anwendung des KG
$= 6z + 2z + 5 + 12$ Zusammenfassen gleichartiger Bestandteile
$= 8z + 17$
$= T_2(z)$, daher sind die Terme äquivalent.

b) $T_1(p) = 7 + 5p - 6 - 3p$ Anwendung des KG
$= 7 - 6 + 5p - 3p$ Zusammenfassen gleichartiger Bestandteile
$= 1 + 2p$

$T_2(p) = 4 \cdot p \cdot \frac{1}{2} - p + p^2$ Anwendung des KG
$= 2p - p + p^2$ Zusammenfassen gleichartiger Bestandteile
$= p + p^2$

Da $T_1(0) = 1$ und $T_2(0) = 0$ gilt, sind die Terme nicht äquivalent.

c) $T_1(x; b) = \frac{1}{2}(x + 10) \cdot 8 + b$ Anwendung des KG
$= 4 \cdot (x + 10) + b$ Anwendung des DG
$= 4x + 40 + b$

$T_2(x; b) = \frac{1}{3} \cdot x \cdot 12 + 8 \cdot 5 + b$ Anwendung des KG
$= 4x + 40 + b$

Die beiden Terme T_1 und T_2 stimmen also mit $4x + 40 + b$ überein und sind daher äquivalent.

Beispiel 2

Weil man die Frage zunächst nicht beantworten kann, ist es sinnvoll, den Term umzuformen.

Gegeben ist der Term $T(k) = 8k + 2^2 + 12 \cdot k \cdot \frac{1}{6} - 5$. Gib einen Wert für k an, so dass der zugehörige Termwert größer als 30 und kleiner als 40 ist.

Lösung:

$T(k) = 8k + 12 \cdot k \cdot \frac{1}{6} + 2^2 - 5 = 8k + 2k + 4 - 5 = 10k - 1$

Mögliche Werte für k:

$k = 4$, denn $T(4) = 10 \cdot 4 - 1 = 39$ oder

$k = 3{,}5$, denn $T(3{,}5) = 10 \cdot 3{,}5 - 1 = 35 - 1 = 34$

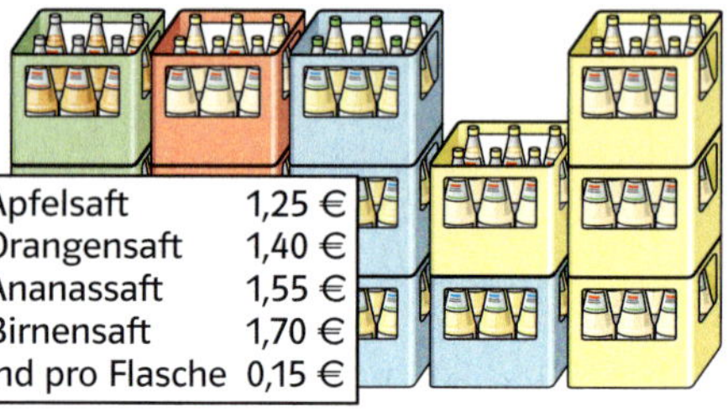

1 l Apfelsaft	1,25 €
1 l Orangensaft	1,40 €
1 l Ananassaft	1,55 €
1 l Birnensaft	1,70 €
Pfand pro Flasche	0,15 €

Beispiel 3

Für eine große Geburtstagsfeier möchte der Hobbybarkeeper Jan für einen Früchtecocktail vier Sorten Fruchtsäfte zu gleichen Anteilen mischen (Apfel-, Orangen-, Ananas- und Birnensaft) und daher pro Sorte jeweils die gleiche Menge Saft kaufen. Von seiner Mutter erhält er 50€ und 10 Flaschen Leergut.

a) Wie viel muss Jan inklusive Pfand insgesamt bezahlen, wenn er 2; 3 bzw. 4 Liter pro Sorte kauft?

b) Wie viel Saft könnte Jan maximal für die 50€ kaufen?

Das Aufstellen eines Terms für n Liter und die anschließenden Umformungen sind sinnvoll, da die Berechnung für drei verschiedene Literangaben durchgeführt wird.

Lösung:

a) Term für n Liter:

$1{,}25€ \cdot n + 1{,}40€ \cdot n + 1{,}55€ \cdot n + 1{,}70€ \cdot n + 4 \cdot n \cdot 0{,}15€ - 10 \cdot 0{,}15€$

$= 1{,}25€ \cdot n + 1{,}40€ \cdot n + 1{,}55€ \cdot n + 1{,}70€ \cdot n + 0{,}60€ \cdot n - 1{,}50€$

$= 6{,}50€ \cdot n - 1{,}50€$

Berechnung des Preises für

$n = 2$: $6{,}50€ \cdot 2 - 1{,}50€ = 13{,}00€ - 1{,}50€ = 11{,}50€$

$n = 3$: $6{,}50€ \cdot 3 - 1{,}50€ = 19{,}50€ - 1{,}50€ = 18{,}00€$

$n = 4$: $6{,}50€ \cdot 4 - 1{,}50€ = 26{,}00€ - 1{,}50€ = 24{,}50€$

Antwort:

Wenn Jan pro Sorte 2; 3 bzw. 4 Liter kauft, muss er insgesamt 11,50€; 18,00€ bzw. 24,50€ bezahlen.

b) Probieren:

Da der Wert für $n = 4$ deutlich zu klein und für $n = 10$ deutlich zu groß ist, probiert man einen Wert dazwischen.

$n = 4$: aus Aufgabe a): 24,50€

$n = 10$: $6{,}50€ \cdot 10 - 1{,}50€ = 63{,}50€$

$n = 8$: $6{,}50€ \cdot 8 - 1{,}50€ = 50{,}50€$

Antwort:

Jan kann maximal 7 Liter je Sorte kaufen.

Aufgaben

2

Sylke und Benjamin sollen für ein Rechteck der Länge a und der Breite b einen Term angeben, der den Rechtecksumfang beschreibt. Sylke schreibt $2a + 2b$ auf, Benjamin notiert $2(a + b)$.
Wer hat Recht?
Begründe deine Antwort.

3

Gib mehrere verschiedene Terme an, die zu $T(z) = 4z + 6$ äquivalent sind.

4

Fasse so weit wie möglich zusammen.

a) $2b + 3b + b$
b) $x - x + x - x$
c) $6f + 3f + f - 9f$
d) $60g - 30g + 15$
e) $1{,}5 + 5u + 50\,\% - u$
f) $3\frac{1}{2} - \frac{1}{2}z + 2z$
g) $1{,}7p - 0{,}7q + 1$
h) $\frac{2}{6}x + 4 - \frac{2}{3}x$
i) $0{,}1r - 1{,}2s - 0{,}01r$
k) $2{,}3x - \frac{1}{2}x - 2\frac{1}{2}x$
l) $-6{,}5t + \frac{3}{8}t - \frac{1}{20}t - s$
m) $\frac{3}{2}x^2 - 3{,}5x^2$
n) $\frac{4}{9}s + 0{,}8 - \frac{17}{20} - \frac{7}{6}s$
o) $2{,}7v - \frac{2}{7} - \frac{3}{5}v + 3$
p) $0{,}8t - \frac{1}{3}t - \frac{5}{6} + 0{,}5t$
q) $\frac{1}{4} + u - 20\,\% - \frac{1}{7}u$

5

x	−2	0	2	10
$7x - 1 - 3\cdot x$				
$-x + 6x - 1$				
$1 + 4\cdot x - 2$				
$4x + 1$				

a) Übertrage die Tabelle in dein Heft und fülle sie aus.
b) Welche Terme sind äquivalent, welche nicht äquivalent? Begründe.

Lösungssalat zu 6 a–d:

6

Forme so um, dass du Termwerte möglichst leicht berechnen kannst. Führe die Berechnung dann für $n = -1$; 0; $\frac{1}{2}$ und 10 durch.

a) $2\cdot n - 3\cdot n + 5\cdot n$
b) $50\,\% \cdot (n - 2)\cdot 6$
c) $n\cdot\frac{1}{2} + 4{,}5\cdot n + 5$
d) $8 - 5{,}2n - 2^3 + \frac{1}{5}n$
e) $0{,}75\,n + n - \frac{1}{2}n$
f) $n\cdot\frac{5}{9} + \frac{7}{3} - \frac{1}{3}n + 1{,}2$
g) $-n + n^2 + 10$
h) $4\cdot\left(n - 2\frac{1}{2}\right) - 4n$

7

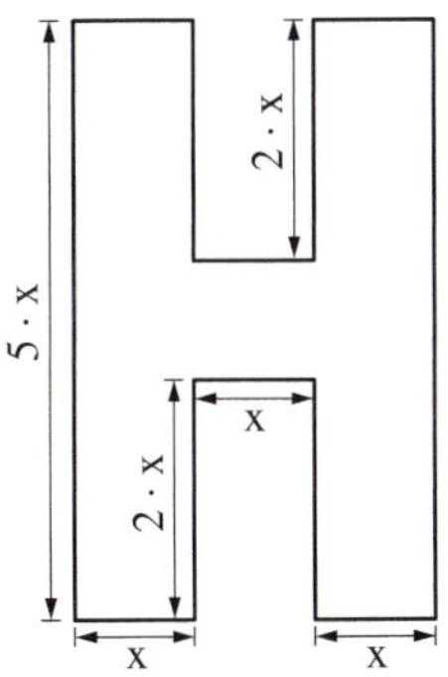

Die Freunde Horst, Helmut und Hanna finden in einer Zeitschrift eine Skizze für ein Drahtmodell des Buchstabens H mit dem Titel „Für jeden die gewünschte Größe". Jeder überlegt sich einen Plan zum Nachbauen und stellt einen Term für die benötigte Drahtlänge auf.

Horst: $2\cdot x + 2\cdot 2\cdot x + x + 2\cdot x + 2\cdot 2\cdot x + x + 2\cdot 5\cdot x$

Helmut: $x + 2\cdot x + x + 2\cdot x + x + 5\cdot x + x + 2\cdot x + x + 2\cdot x + x + 5\cdot x$

Hanna: $2\cdot(3\cdot x) + 4\cdot 2\cdot x + 2\cdot 5\cdot x$

a) Erläutere in Worten und mit Hilfe einer Skizze, welche Überlegungen Horst, Helmut und Hanna beim Aufstellen ihres Terms jeweils gemacht haben müssen.
b) Begründe ohne zu rechnen, warum die Terme äquivalent sind.
c) Horst möchte, dass sein Buchstabe 20 cm hoch wird, Helmut möchte eine Höhe von 15 cm, Hanna eine Höhe von 10 cm. Wie lang muss der Draht jeweils sein?
d) Wie groß ist für Helmut der Anteil an den gesamten Materialkosten? Gib ihn auch in Prozent an.

8

Prüfe, ob die Terme äquivalent sind. Erläutere die durchgeführten Umformungen.

a) $5x - 2x + 6x$ und $2\cdot x\cdot 2 + 5x$
b) $4y - 3\cdot 4y + 15$ und $3\cdot 5 + 2y - 4y - 6y$
c) $2y - 3 + z$ und $5y\cdot 2 + z + 5 - 8y - 8$
d) $4\cdot\frac{3}{2} - 2z$ und $6 + 8z - 5\cdot 20\,\% - z\cdot 9$
e) $5a - b$ und $-3b + \frac{3}{2}a + 2b + \frac{7}{2}a$
f) $6\cdot(2 + x)\cdot 2$ und $\frac{1}{5}\cdot x\cdot 10 + 5\cdot 3 + 3^2$
g) $2\cdot 4\cdot(x^2 + 1)\cdot\frac{1}{8}$ und $2\cdot(3^2 - 2^3)\cdot(x + 1)$
h) $2\cdot(7 - 2x) + 4x$ und $5\cdot(x - x) + 14$
i) $3d : \frac{1}{3} - \frac{1}{3}\cdot d + f$ und $-3\cdot f\cdot\frac{1}{3} + 2f + \frac{26}{3}d$

9

Welche Änderungen an den Termen könntest du vornehmen, damit äquivalente Terme entstehen?

a) $T_1(x) = 2x + 5x + 2$ und $T_2(x) = 8x + 2$
b) $T_1(f) = 6f$ und $T_2(f) = -2\cdot f\cdot\frac{1}{2} + 4f$
c) $T_1(r) = 3r - 2^3r + 5 - r$ und $T_2(r) = 3\cdot r\cdot 2$
d) $T_1(k) = 3{,}5\cdot(2k - 1) - 4\cdot 3{,}5\cdot 25\,\%$ und $T_2(k) = 7k - 7 + 0{,}5k$
e) $T_1(u) = -\frac{1}{2}\cdot(u + 2)\cdot 15 + u$ und $T_2(u) = -5\cdot(u + 2) + 2u$

10

Erstelle vier verschiedene Terme, von denen drei zueinander äquivalent sind. Lass deinen Nachbarn herausfinden, welcher der Terme nicht zu den anderen äquivalent ist.

11

Zu jedem der von 1 bis 8 nummerierten Zettel mit Termen gibt es einen äquivalenten Term auf einem Zettel mit einem Buchstaben. Du erhältst ein Lösungswort.

1	$4\cdot(3 - x)\cdot 25\%$	**E**	$1\frac{1}{2}x + 9 : 3 - x - 0{,}5x$
2	$-1 - 5x + 5 + 7x$	**L**	$3x + 1 - x$
3	$2 + x\cdot 3 + 3x - 2$	**N**	$\frac{1}{5}x + 3x^2 + 0{,}2x$
4	$\frac{5}{2}\cdot x + 7{,}3 + 0{,}5x - 2{,}3$	**B**	$75\%\cdot x\cdot 8$
5	$0{,}8 + 2{,}1 + x\cdot 2 - 1{,}9$	**L**	$2x + 3 - 3x$
6	$-2^2 + 3x^2 + 0{,}4\cdot x\cdot 5$	**I**	$2\cdot(2 + x)$
7	$0{,}5\cdot(6 - 4x) + \frac{1}{3}\cdot x\cdot 6$	**L**	$2\cdot(x - 2) + 3x^2$
8	$3x^2 - x\cdot 30\% + 0{,}7x$	**E**	$x + x + x + 2 : \frac{2}{5}$

A
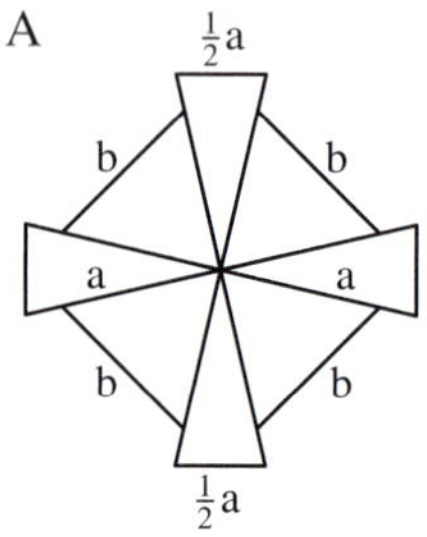

B
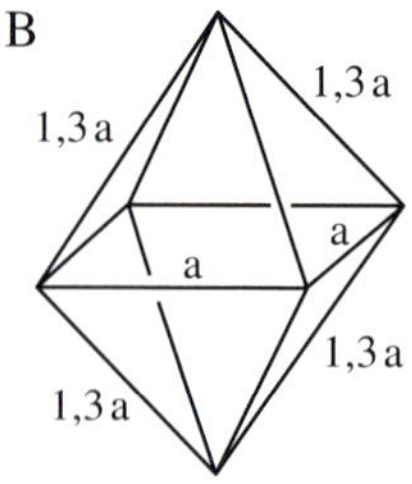

C
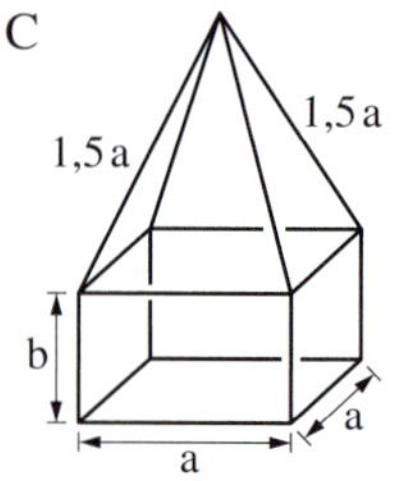

12

Gegeben ist der Term
$T(k) = -2 \cdot 3 + 0{,}25 \cdot k \cdot 8 + 5 - 7k$

a) Gib einen Wert für k an, so dass der zugehörige Termwert zwischen den Zahlen 10 und 15 (–3 und –2) liegt.

b) Stelle T(k) graphisch dar. Beschreibe in Worten, wie man vorgehen muss, um mit Hilfe des Graphen einen Wert für k zu ermitteln, so dass der Termwert zwischen den Zahlen –3 und –2 liegt.

13

a) Moritz möchte das ebene Drahtmodell A und das räumliche Drahtmodell C basteln. Für welches benötigt er mehr Draht?

b) Daniel bastelt die beiden räumlichen Drahtmodelle B und C. Kann es sein, dass er jeweils die gleiche Menge an Draht benötigt?

14

Tina formt den Term $x \cdot (-2) + 3 + 4 \cdot x$ um und schreibt ihre Gedanken auf:
„Zuerst forme ich den ersten Summanden $x \cdot (-2)$ in $-2x$ um und schreibe $4x$ für $4 \cdot x$. Dann sortiere ich die Summe so, dass alle Summanden, die ein x enthalten, nach vorne kommen: $-2x + 4x + 3$. Nun kann man die beiden ersten Summanden zusammenfassen und erhält den Term $2x + 3$. Fertig.“
Schreibe deine Gedanken auf, die du beim Umformen folgender Aufgaben hast.

a) $3 \cdot n + n \cdot 0{,}5 + 5$ b) $12n - n \cdot 32$
c) $0{,}33n - 2 \cdot 2 \cdot n \cdot 2{,}5$ d) $6n - (2n - 3n)$
e) $n \cdot (-3) + 3^2 - 34n$ f) $6 \cdot (n - 3) \cdot \frac{1}{3}$
g) $5 \cdot n - n \cdot \left(6 : \frac{1}{3}\right) - 3n$ h) $(-5) \cdot 2 \cdot (-n \cdot (-2))$

15

„Addiert man das Dreifache einer Zahl zu der um vier erhöhten Zahl, so ist diese Summe immer durch vier teilbar.“
Stelle einen geeigneten Term auf und begründe damit diese Behauptung allgemein.

16

Maike behauptet: „Addiert man vier aufeinander folgende ganze Zahlen, so ist die Summe stets durch 2 und durch 4 teilbar.“
Hat sie Recht? Begründe.

17 Termbauspiel

x	x	x	x^2	y
(	)	·	·	·
+	+	–	–	2
2	3	4	5	6
8	9	12	$\frac{1}{2}$	$\frac{1}{4}$

Das Spiel wird in Gruppen zu je 4 Schülern gespielt. Ein Schüler aus der Gruppe beginnt die erste Spielrunde, indem er aus allen Plättchen maximal 12 auswählt und sie so anordnet, dass ein Term entsteht. Er erhält als „Leger“ 20 Punkte gutgeschrieben. Beispiel:

2 · (2 x – 4) + 6 x

Die restlichen Mitspieler schreiben nun innerhalb einer festgelegten Zeit (z. B. 1 min) möglichst viele Terme auf, die zu dem gelegten Term äquivalent sind. Anschließend werden die Terme eines jeden Mitspielers von der gesamten Gruppe auf Richtigkeit überprüft. Für einen korrekten äquivalenten Term erhält ein Spieler 20 Punkte. Hat ein weiterer Mitspieler den gleichen Term aufgeschrieben, so werden nur 10 Punkte gutgeschrieben. Für jeden neuen äquivalenten Term erhält der „Termleger“ selbst 5 Punkte. Sind alle Terme geprüft und alle Punkte aufgeschrieben, legt ein anderer Spieler einen Term usw. Das Spiel ist beendet wenn alle vier Spieler mit dem Termlegen an der Reihe waren. Sieger ist derjenige, der am Ende die meisten Punkte hat.

G 18

In der folgenden Figur ist $g \parallel h$; w_1 und w_2 sind Winkelhalbierende. Übertrage die Figur ins Heft. Wie groß ist ε?

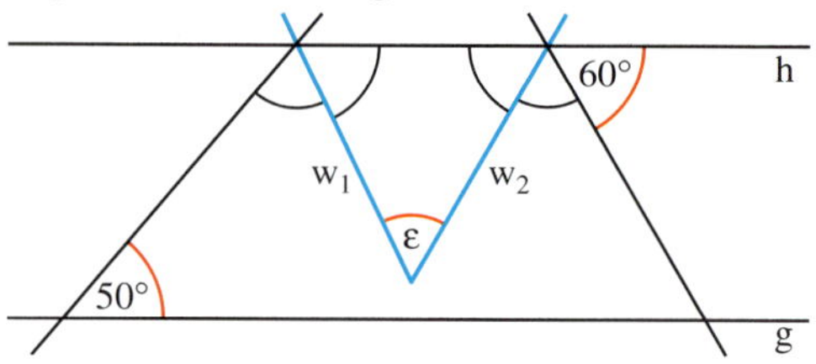

2 Umformungen in Produkten

1

Ersetze □ so, dass die angegebenen Terme äquivalent sind.

a) $2 \cdot 3{,}78 \cdot \frac{1}{4} \cdot 1{,}42 \cdot 2 \cdot 1{,}42 \cdot \square$ und $\frac{1}{2} \cdot 3{,}78 \cdot 1{,}42^3$

b) $\square \cdot 6 \cdot 2050^3 \cdot 5{,}67$ und $4 \cdot (2 \cdot 2050^2 \cdot 5{,}67) \cdot (3 \cdot 2050 \cdot 5{,}75)$

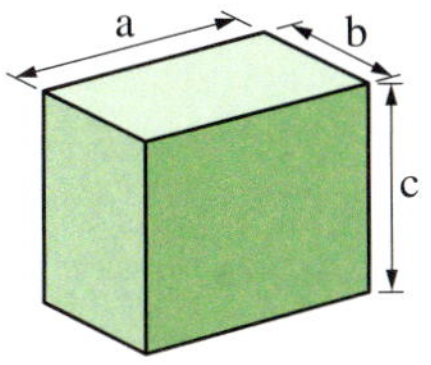

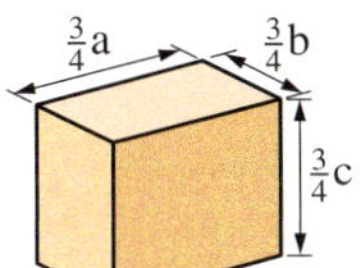

2

In einer Verpackungsabteilung gibt es große Pakete mit der Länge a, der Breite b und der Höhe c. Zudem gibt es kleinere Pakete mit den Maßen $\frac{3}{4}a$, $\frac{3}{4}b$ und $\frac{3}{4}c$ sowie mit den Maßen $\frac{4}{5}a$, $\frac{4}{5}b$ und $\frac{4}{5}c$.
Welches der kleineren Pakete hat etwa den halben Rauminhalt eines großen Paketes?

Erinnerung:

$x \cdot x \cdot x \cdot x \cdot x = x^5$ (Exponent: 5, Basis: x)

Der Exponent gibt an, wie oft x als Faktor auftritt.
Es ist vereinbart:
$x^1 = x$
$x^0 = 1$

Produkte wie z. B. $5 \cdot a \cdot a \cdot b \cdot c \cdot c \cdot c \cdot c$ können in einen übersichtlicheren äquivalenten Term umgeformt werden, indem man die Teilprodukte, die aus mehreren gleichen Faktoren bestehen, als Potenzen schreibt:

$$5 \cdot \underbrace{a \cdot a}_{a^2} \cdot b \cdot \underbrace{c \cdot c \cdot c \cdot c}_{c^4} = 5 \cdot a^2 \cdot b \cdot c^4 = 5\,a^2bc^4$$

Gleiche Faktoren können zu Potenzen zusammengefasst werden.

Beachte:
$xy^2 \neq (xy)^2$

Beispielsweise schreibt man in der Regel xy und nicht yx oder k^2rt^2 und nicht rk^2t^2.

Bemerkungen

1. Die beiden Terme yx^2 und x^2y sehen auf den ersten Blick unterschiedlich aus. Wegen des Kommutativgesetzes gilt aber $yx^2 = y \cdot x^2 = x^2 \cdot y = x^2y$, das heißt, die beiden Terme sind äquivalent. Um Terme leichter vergleichen zu können, schreibt man die Variablen meist in alphabetischer Reihenfolge.
2. Enthalten Terme bereits Potenzen, so kann es nützlich sein, die Potenzen zunächst als Produkte zu schreiben und anschließend Termumformungen durchzuführen:
   $a^5 : a^3 = \frac{a^5}{a^3} = \frac{a \cdot a \cdot a \cdot a \cdot a}{a \cdot a \cdot a} \underset{\text{Kürzen}}{=} \frac{a \cdot a \cdot 1 \cdot 1 \cdot 1}{1 \cdot 1 \cdot 1} = a^2$
   $(2\,xy)^2 = (2\,xy) \cdot (2\,xy) = 2 \cdot 2 \cdot x \cdot x \cdot y \cdot y = 4\,x^2y^2$
3. Es gilt $-2 \cdot 3 = -6$ und $2 \cdot (-3) = -6$.
   Entsprechend gilt für Variablen: $-ab = (-a) \cdot b = a \cdot (-b)$.
   Ein Minuszeichen vor einem Produkt ist also gleichwertig mit einem Minuszeichen vor einem der beiden Faktoren.

Beispiel 1

Fasse so weit wie möglich zusammen.

a) $x^4 \cdot x^3$ b) $y^6 : y^2$ c) $(4\,ac)^2 \cdot \frac{1}{8}c^2f^2$

Lösung:

a) $x^4 \cdot x^3 = x \cdot x \cdot x \cdot x \cdot x \cdot x \cdot x = x^7$ Kürzer: $x^4 \cdot x^3 = x^{4+3} = x^7$

b) $y^6 : y^2 = \frac{y^6}{y^2} = \frac{y \cdot y \cdot y \cdot y \cdot y \cdot y}{y \cdot y} = y^4$ Kürzer: $y^6 : y^2 = y^{6-2} = y^4$

c) $(4\,ac)^2 \cdot \frac{1}{8}c^2f^2 = 4\,ac \cdot 4\,ac \cdot \frac{1}{8}c^2f^2 = 4 \cdot 4 \cdot \frac{1}{8} \cdot a \cdot a \cdot c \cdot c \cdot c^2 \cdot f^2 = 2 \cdot a^2 \cdot c^4 \cdot f^2 = 2\,a^2c^4f^2$

Beispiel 2

Fasse in dem Produkt $3a^2 \cdot (2az) \cdot (-4a^3x)$ die Faktoren so weit wie möglich zusammen. Erläutere die einzelnen Schritte der Termumformung.

Lösung:

$3a^2 \cdot (2az) \cdot (-4a^3x)$	Weglassen der Klammern (Anwendung des AG)
$= 3 \cdot a^2 \cdot 2 \cdot a \cdot z \cdot (-4) \cdot a^3 \cdot x$	Ordnen der Faktoren (Anwendung des KG)
$= 3 \cdot 2 \cdot (-4) \cdot a^2 \cdot a \cdot a^3 \cdot x \cdot z$	Zusammenfassen gleicher Faktoren zu einer einzigen Potenz
$= -24 \cdot a^6 \cdot x \cdot z = -24a^6xz$	

Erinnerung:
Durch einen Bruch wird dividiert, indem man mit dem Kehrwert multipliziert.

Beispiel 3

Schreibe $(8a^2b \cdot 5a) : \left(-\frac{4}{3}\right)$ als Produkt und fasse so weit wie möglich zusammen.

Lösung:

$(8a^2b \cdot 5a) : \left(-\frac{4}{3}\right) = (8a^2b \cdot 5a) \cdot \left(-\frac{3}{4}\right) = 8 \cdot 5 \cdot \left(-\frac{3}{4}\right) \cdot a^2 \cdot a \cdot b = -30a^3b$

Aufgaben

3

Fasse so weit wie möglich zusammen.

a) $5x \cdot 6y \cdot 3x \cdot 2y$ b) $0{,}5p \cdot 3q \cdot 4r$
c) $u^2 \cdot u^5 \cdot u^3$ d) $z^5 : z^2$
e) $(2x)^2 \cdot 0{,}4x \cdot 10b$ f) $\frac{1}{10}u - u + 3 + u$
g) $d \cdot 6 \cdot 11d \cdot 75\,\%$ h) $\frac{1}{2} \cdot |7 - 12| + 4 : \left(-\frac{1}{4}\right)$
i) $\frac{4}{7}x^2y^5 \cdot \frac{7}{6}x^3y$ k) $6z^2 \cdot z^5 \cdot 4z^2$
l) $-53 - 13 + 2^5$ m) $60\,\% \cdot (p^6 : p) \cdot 5$
n) $7uv \cdot 3u \cdot 10 \cdot (-2)$ o) $f^2 \cdot (f^4 : f^3) \cdot (-f)$
p) $5k^2 \cdot (-0{,}2kx) \cdot x$ q) $-r + \frac{1}{3}r - 1 + r^2$
r) $\left[\left(-\frac{1}{2}b\right) \cdot (-4b)\right] : \frac{1}{2}$ s) $25\,\% \cdot (ab) \cdot (ab)^2$

4

Die zwei Termbaukästen enthalten Plättchen, mit denen Terme gelegt werden können:

Kasten 1:

2	3	x	x^2
x^3	(	)	·
·	:	+	−

Kasten 2:

2	6	8	x
x	x	(	)
·	·	+	−

Aus den beiden Kästen sollen die Plättchen so ausgewählt werden, dass die damit gelegten Terme äquivalent sind.

Beispiel:

Aus Kasten 1:

2	x	·	x^2

Aus Kasten 2:

2	x	·	x	·	x

Finde möglichst viele Paare von äquivalenten Termen.

5

Gib mehrere verschiedene Terme an, die zu $T(r) = 24r^3 + 6r$ äquivalent sind.

6

Gib jeweils einen Term für den Inhalt der gefärbten Flächen an.

(1)

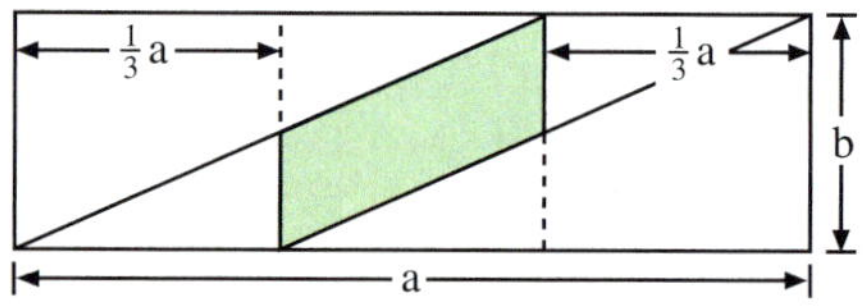

(2)

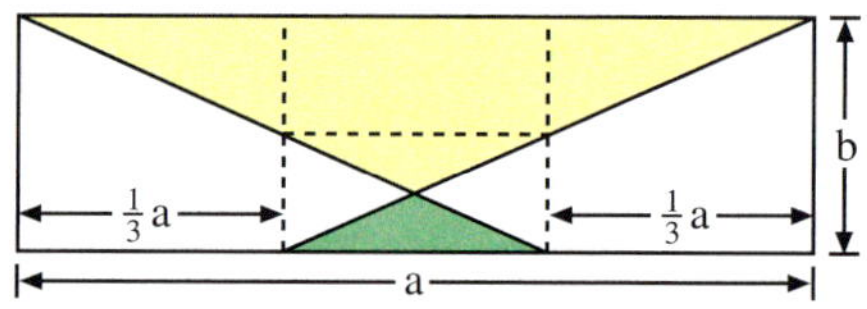

7

Prüfe nach, ob die Gleichheitszeichen zu Recht stehen. Wenn nicht, beschreibe in Worten, welche Fehler gemacht wurden.

a) $-z^2 \cdot 3z^3 \cdot \frac{1}{2}z = -1{,}5z^6$
b) $2 \cdot (ab) \cdot x^2 = 2a \cdot 2b \cdot x^2$
c) $(9f^2 \cdot 6k^3 \cdot c^4) : 3 = 3f^2 \cdot 2k^3 \cdot c^4$
d) $6y \cdot \frac{1}{3}x \cdot 6z^2y^2 = 12y^3xz^2$
e) $(7 + 3 \cdot 2 + a) \cdot b = (20 + a) \cdot b = 20 + ab$
f) $2 \cdot (a + 3) \cdot 3 = 2a + 9$

8

Herr Herbst besitzt ein rechteckiges Grundstück. Wegen eines Straßenneubaus soll die Länge des Grundstücks um 10 % kleiner werden. Ihm wird vorgeschlagen, dass dafür die Breite seines Grundstücks um 10 % vergrößert werden soll. Wärst du damit einverstanden? Begründe.

Lösungssalat zu 9:

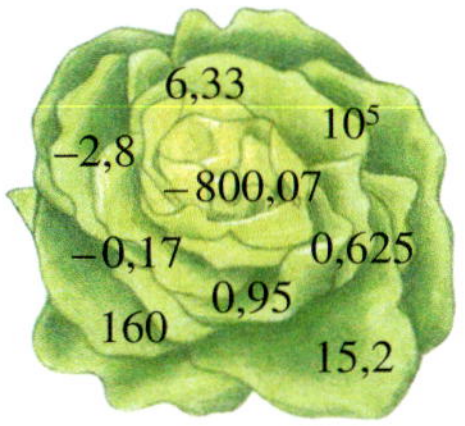

9

Berechne die Termwerte für $u = -2;\ 0{,}5;\ 10$.

a) $2{,}5 \cdot u^2 \cdot 2 \cdot u \cdot u \cdot 2$ b) $(-u)^2 \cdot \left(-\frac{4}{5}u\right) - 7\,\%$

c) $-1{,}5^2 u + 0{,}75\,u + 2{,}1 + 3 \cdot (u^5 : u^4) - 1\frac{9}{10}$

10

Fasse so weit wie möglich zusammen.

a) $0{,}4\,y^4 \cdot 0{,}5\,y \cdot y^3$ b) $v^3 \cdot (-z^2) \cdot (-2\,z)$

c) $2\,a - \frac{5}{2}a + \frac{3}{2}a - 2^4$ d) $(-e)^2 \cdot 3\,ef \cdot \left(-\frac{2}{3}fe\right)$

e) $2\,m^2n^3 \cdot n^5m^2 \cdot 5\,\%$ f) $\frac{4}{9}v^2w \cdot \frac{3}{8}vw^2$

g) $(4{,}5\,u^3v^2 \cdot 6\,vu) : \frac{3}{4}$ h) $2\,a + 3\,b - \frac{1}{4}a - 3$

i) $\left(1{,}25\,c \cdot \frac{4}{5}c^2\right) : 50\,\%$ k) $(-6\,r^4 : r^2) \cdot \frac{1}{6}v^2$

l) $x^2 \cdot \left(y^2 : \frac{1}{3}\right) \cdot \left(xz : \frac{3}{5}\right)$ m) $(1{,}6\,r^3 \cdot 2{,}5\,r) : r^2$

n) $7 - 6 \cdot t - 35\,\% + 2\frac{1}{2}t - \frac{3}{8} - 5{,}26\,t$

o) $7\,\% \cdot (2{,}25\,vr \cdot 100) \cdot 3\,r^2 \cdot (v^3 : v) : \frac{1}{3}$

11

Gegeben sind die Terme $T_1(a;\ b) = 2\,a \cdot 5\,b \cdot a$ und $T_2(a;\ b) = -5\,b \cdot b \cdot (2\,a)$.

a) Gib fünf Zahlenpaare (a; b) so an, dass die Terme jeweils den gleichen Termwert besitzen. Gibt es weitere Zahlenpaare?

b) Sind $T_1(a;\ b)$ und $T_2(a;\ b)$ äquivalent?

12

Welche Änderungen an den Termen könntest du vornehmen, damit äquivalente Terme entstehen?

a) $T_1(x;\ y;\ z) = 2\,xz \cdot 4\,y \cdot 8\,z \cdot x \cdot z$ und $T_2(x;\ y;\ z) = 8\,z \cdot 12\,y \cdot x^2 \cdot z$

b) $T_1(k) = -2 \cdot (k^2 + 3) \cdot \left(-\frac{1}{6}\right) + k$ und $T_2(k) = \frac{1}{3} \cdot (k + k + 3) + \frac{1}{3}k$

c) $T_1(a;\ b;\ c;\ d) = 2 \cdot a \cdot c \cdot 12\,b^2 \cdot d$ und $T_1(a;\ b;\ c) = 12\,b \cdot 32\,c^2a$

d) Erfinde eine ähnliche Aufgabe und lass sie von deinem Nachbarn lösen.

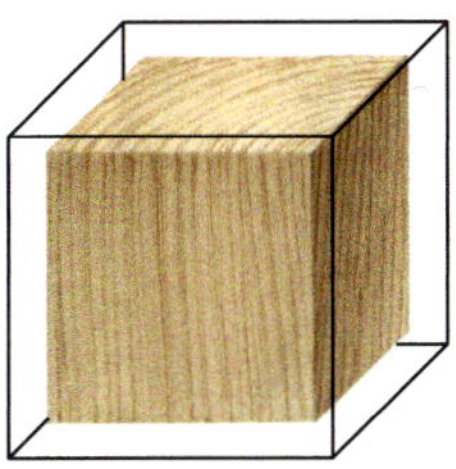

13

Ein Holzwürfel wird auf jeder der sechs Seitenflächen abgehobelt. Dadurch verkürzt sich jede Kantenlänge um 1 %. Um wie viel Prozent wird sein Volumen dadurch kleiner?

14

Gib zwei Terme mit der Variablen x an, die für $x = 0$ und $x = 3$ jeweils den gleichen Termwert besitzen, aber nicht äquivalent sind.

15

a) Wie ändert sich der Flächeninhalt eines Dreiecks, wenn man seine Grundseite halbiert und die zugehörige Höhe versechsfacht?

b) Wie ändert sich das Volumen eines Quaders, wenn man die Länge halbiert, die Breite drittelt und die Höhe vervierfacht?

16

Gegeben sind zwei verschiedene Quader: Quader 1 hat die Kantenlängen a, a und b, Quader 2 die Kantenlängen $\frac{1}{2}a$, $\frac{1}{2}a$ und c.

a) Welcher Quader besitzt das größere Volumen? Begründe.

b) Ist es möglich, dass beide Quader das gleiche Volumen haben? Begründe.

17

Marlene hat einen Beutel mit x Nüssen. Sie nimmt ein Drittel heraus und behält sie für sich. Dann verschenkt sie drei Achtel der noch im Beutel befindlichen Nüsse an Michael. Sie hat dann noch Nüsse übrig und verschenkt sie an Dorina und Luisa.

Es sei x die Anzahl der Nüsse, die am Anfang im Beutel waren. Mit welchem der folgenden Terme kann man dann die Anzahl der Nüsse berechnen, die Michael erhält? Begründe deine Antwort.

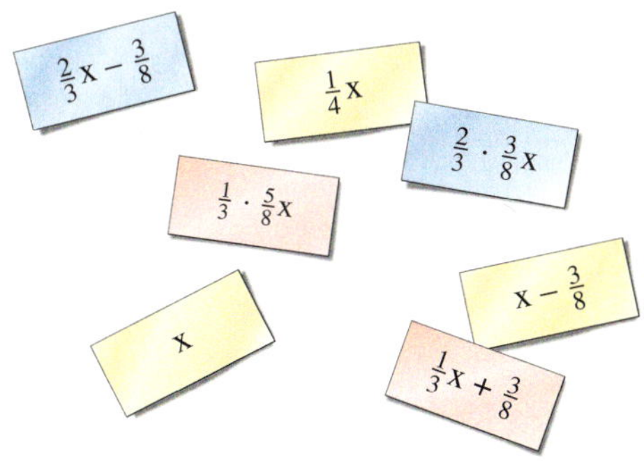

G 18

Wie viel Prozent?

a) Von 8000 Autos wurden 2432 verkauft.

b) Der Preis wurde von 140 Euro auf 99 Euro gesenkt.

c) Nur 83 der 650 Schüler kommen mit dem Fahrrad.

3 Umformungen in Summen

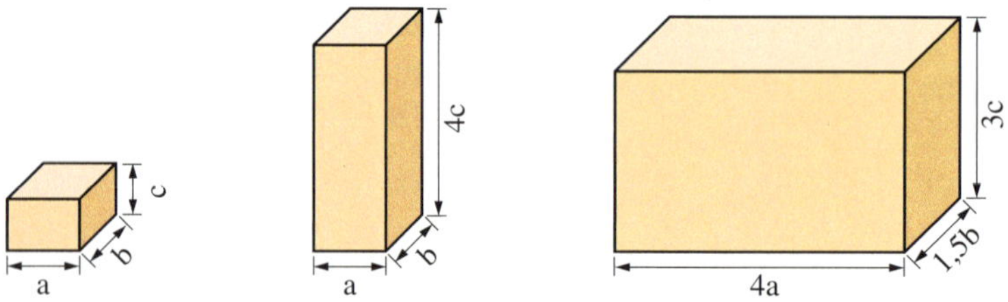

1

a) Gib für jeden Quader einen Term für sein Volumen an.

b) Wie groß ist das Volumen der drei Quader zusammen?

2

Tim rechnet: $5\,m^2 + 7\,m^3 = 12\,m^2$. Was meinst du dazu?

3

Der Term $x - (y - z) + y$ wird von Anke und Lars an der Tafel umgeformt. Welche der Umformungen ist falsch? Begründe deine Antwort.

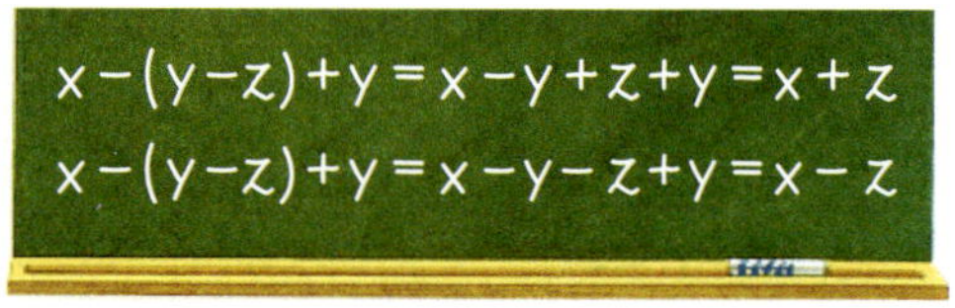

$5\,m^2 + 2\,m^2 = 7\,m^2$
$7\,x^2 + 2\,x^2 = 9\,x^2$
$7\,x^2 - 2\,x^2 = 5\,x^2$

$3\,xy^2 + 11\,xy^2 = 14\,xy^2$
$3\,xy^2 - 11\,xy^2 = -8\,xy^2$

Man kann $5\,m^2$ und $2\,m^2$ zu $7\,m^2$ addieren, da es sich jeweils um Flächeninhalte gleicher Einheit handelt. Entsprechend können Terme, wie beispielsweise $7\,x^2$ und $2\,x^2$, addiert oder auch subtrahiert werden. Ihre Summe ergibt $9\,x^2$, ihre Differenz $5\,x^2$.
Allgemein können Produkte, wie zum Beispiel $3\,xy^2$ und $11\,xy^2$, bei denen die gleichen Variablen in jeweils gleicher Potenz auftreten, addiert oder subtrahiert werden.

Beispielsweise sind die Terme $2\,ab^3$ und $\frac{1}{4}ab^3$ gleichartig.

Zwei Produkte, in denen genau die gleichen Variablen in jeweils gleicher Potenz auftreten, nennt man **gleichartig**. Sie werden addiert (subtrahiert), indem man die Zahlenfaktoren vor den Variablen addiert (subtrahiert) und die gemeinsamen Variablen beibehält.

Auch $3\,m^2$ und $4\,m^3$ können nicht zusammengefasst werden.

Beachte:
Die Terme $2\,xy$ und $5x^2y$ sind nicht gleichartig, denn sie unterscheiden sich in den Potenzen, in denen die Variablen auftreten. Man kann die Summe $2\,xy + 5x^2y$ nicht weiter zusammenfassen.

In Termen wie $2\,xy \cdot \frac{1}{4}y + \frac{1}{2}xy^2 \cdot 3 + x \cdot 5\,x \cdot y$ erkennt man gleichartige Produkte oft nicht auf Anhieb. Man formt deshalb zunächst die einzelnen Produkte um und fasst dann gleichartige Produkte zusammen:

$$2\,xy \cdot \frac{1}{4}y + \frac{1}{2}xy^2 \cdot 3 + x \cdot 5\,x \cdot y = \frac{1}{2}xy^2 + \frac{3}{2}xy^2 + 5\,x^2y = 2\,xy^2 + 5\,x^2y$$

Terme, wie beispielsweise $4\,x + (2\,x + y)$ oder $4\,x - (2\,x + y)$, können wegen der vorhandenen Klammer zunächst nicht weiter zusammengefasst werden. In Analogie zu Zahlenbeispielen können die Klammern jedoch wie folgt „aufgelöst“ werden:

Plus	$4\,x + (2\,x + y) = 4\,x + 2\,x + y$	$8 + (4 + 1) = 8 + 4 + 1$
vor	$4\,x + (2\,x - y) = 4\,x + 2\,x - y$	$8 + (4 - 1) = 8 + 4 - 1$
der	$4\,x + (-2\,x + y) = 4\,x - 2\,x + y$	$8 + (-4 + 1) = 8 - 4 + 1$
Klammer	$4\,x + (-2\,x - y) = 4\,x - 2\,x - y$	$8 + (-4 - 1) = 8 - 4 - 1$

Statt die Summe zweier Zahlen (Terme) von einer Zahl (einem Term) zu subtrahieren, kann man auch die einzelnen Summanden subtrahieren.

Minus vor der Klammer		
	$4x - (2x + y) = 4x - 2x - y$	$8 - (4 + 1) = 8 - 4 - 1$
	$4x - (2x - y) = 4x - 2x + y$	$8 - (4 - 1) = 8 - 4 + 1$
	$4x - (-2x + y) = 4x + 2x - y$	$8 - (-4 + 1) = 8 + 4 - 1$
	$4x - (-2x - y) = 4x + 2x + y$	$8 - (-4 - 1) = 8 + 4 + 1$

Beachte:
Die Klammerregeln beinhalten auch folgende vier Fälle:
$a + (-b + c) = a - b + c$
$a + (-b - c) = a - b - c$
$a - (-b + c) = a + b - c$
$a - (-b - c) = a + b + c$

Klammerregeln

Steht ein **Plus** vor der Klammer, können die Klammern einfach weggelassen werden:

$a + (b + c) = a + b + c$
$a + (b - c) = a + b - c$

Steht ein **Minus** vor der Klammer, so ändert man die Vorzeichen in der Klammer und lässt die Klammern und das Minuszeichen vor der Klammer weg:

$a - (b + c) = a - b - c$
$a - (b - c) = a - b + c$

Beachte:
Auch in Fällen wie $-(2k - 3s)$, bei denen nur ein Minuszeichen vor der Klammer steht, kann die Klammer nach den Regeln aufgelöst werden: $-(2k - 3s) = -2k + 3s$.

Beispiel 1
Fasse so weit wie möglich zusammen.
a) $3ab + 6ba - ab$
b) $\frac{1}{2}s \cdot 2sv + 3s \cdot \frac{5}{6}v \cdot 4s$
c) $9k^2u + 3u^2k + k \cdot u^2k$
d) $\frac{3}{2}y \cdot 8yx + 9y^2 \cdot \frac{2}{3}x^2 - y^2 \cdot 5x$

Lösung:
a) $3ab + 6ba - ab = 3ab + 6ab - ab = 8ab$
b) $\frac{1}{2}s \cdot 2sv + 3s \cdot \frac{5}{6}v \cdot 4s = s^2v + 10s^2v = 11s^2v$
c) $9k^2u + 3u^2k + k \cdot u^2k = 9k^2u + 3ku^2 + k^2u^2$
d) $\frac{3}{2}y \cdot 8yx + 9y^2 \cdot \frac{2}{3}x^2 - y^2 \cdot 5x$
$= 12xy^2 + 6x^2y^2 - 5xy^2$
$= 12xy^2 - 5xy^2 + 6x^2y^2 = 7xy^2 + 6x^2y^2$

Beachte:
Bei Teilaufgabe c) kann nichts zusammengefasst werden.

Beispiel 2
Schreibe ohne Klammern und fasse so weit wie möglich zusammen.
a) $5x - (4y + 2x) - (8x - y)$
b) $x - (-y^2 + 2xy^2) + y^2 \cdot 3 - y^2x$

Lösung:
a) $5x - (4y + 2x) - (8x - y)$
$= 5x - 4y - 2x - 8x + y$
$= 5x - 2x - 8x - 4y + y$
$= -5x - 3y$

b) $x - (-y^2 + 2xy^2) + y^2 \cdot 3 - y^2x$
$= x + y^2 - 2xy^2 + 3y^2 - y^2x$
$= x + y^2 + 3y^2 - 2xy^2 - xy^2$
$= x + 4y^2 - 3xy^2$

Aufgaben

4
Fasse so weit wie möglich zusammen.
a) $4cf - 5fc + fc$
b) $-4kc - k \cdot \frac{1}{2}c$
c) $1{,}5c \cdot d + 4{,}5d \cdot 2c$
d) $13 - (42 - 54)$
e) $2 \cdot (x + x) + 2x^2$
f) $6r - 5s + 4rs$
g) $-57 - (-245 - 57)$
h) $1{,}7zp - 2{,}5pz$
i) $3^3h \cdot y - yh \cdot 200\,\%$
k) $3a + b + ab$
l) $(2a)^2 - 6a^2 + 2a^2$
m) $4a^2 - 3a$
n) $2 \cdot (ab) - a \cdot 7 \cdot b$
o) $3a \cdot \frac{2}{7}b - 10\,\%\ ab$
p) $-0{,}4m \cdot 0{,}3n + 2{,}5 \cdot 0{,}7n \cdot m - mn \cdot 1{,}6 \cdot 2$
q) $e \cdot \frac{5}{12}f - \frac{1}{6}fe + 4\,\% + \frac{4}{9} \cdot fe \cdot 3 + f \cdot \frac{7}{18}e - 1{,}6$
r) $-v^7w - 3w^2v - 12v^5 \cdot wv^2 + 2 \cdot v^2w - w^2v$
s) $-d \cdot c \cdot \frac{4}{15} + d \cdot \frac{7}{3} + d \cdot \frac{2}{5}c - \frac{7}{15}d - cd : 6$

5
Prüfe, welche der Terme äquivalent sind.

2 $6 \cdot (k^2 + k) - 6p$
6 $2k^2 - 6p - 8k^2 + 6k$
3 $2p - (-4p^2k^2 + 2pk^2) - 2k \cdot 2p^2k$
7 $3pk^2 + 2p - p \cdot 2\frac{4}{5}k^2 - 1{,}2kp^2 - 2p$
5 $p : \frac{1}{2} - pk \cdot 2k$
4 $(3k)^2 + 6p - k^2 : \frac{1}{3} - 6p$
9 $2p^2k + 20\,\% \cdot k^2p + 0{,}8p \cdot pk$
1 $p \cdot \frac{1}{5}k^2 - 0{,}6k \cdot 2p^2$
8 $p \cdot 3 - 2 \cdot (p \cdot k^2) - p$

Lösungssalat zu 6 (für die oberen 3 Reihen):

Kleine Fehler-Hitparade

1. Platz
$a + a \neq a^2$
Richtig ist:
$a + a = 2a$
$a \cdot a = a^2$.

2. Platz
$2\cdot(ab) \neq (2a)\cdot(2b)$
Richtig ist:
$2 \cdot (a \cdot b) = 2ab$.

3. Platz
$3a + b \neq 3ab$
Richtig ist:
$3a + b$ kann man nicht weiter vereinfachen.

6

Übertrage die Tabelle in dein Heft und ergänze sie. Berechne jeweils den Termwert für $r = -1$ und $s = 2$.

+	$\frac{2}{3}rs + r^2s$	$\frac{1}{4}rs + \frac{1}{2}rs^2$	$\frac{1}{5}rs + \frac{2}{3}r^2s^2$
$\frac{1}{3}rs + r^2s^2$			
$\frac{1}{6}rs^2 + \frac{1}{2}r^2s$			
$\frac{2}{3}r^2s + \frac{1}{4}r^2s^2$			
$\frac{1}{8}rs^2 + \frac{4}{9}r^2s^2$			

7

Fasse so weit wie möglich zusammen.

a) $4a - 3a\cdot b + 3\cdot 2a - b\cdot 4a - a + ba$
b) $3fg\cdot\frac{1}{6}g + 2\cdot(g^2\cdot 2f) - 0{,}5fg^2\cdot 500\,\%$
c) $2yz^2 - 5z^2\cdot y + 3y\cdot z - 4z\cdot y - y\cdot z^2\cdot 2^3$
d) $-v^2w - w^2\cdot v\cdot 3 - (12w\cdot v^2 - 2\cdot v^2w) - w^2v$
e) $-2^2\cdot s^3\cdot 3st + 2s^2t\cdot 3st - 2s^2t\cdot 3s^2 - t^2\cdot s^3$
f) $4x + y + 6xy - 3x\cdot(2y^2 : y) - 2y^2\cdot 2x$
g) $ceg + e^2cg + c^2g + (ecg - cgc) + eceg$
h) $30\,\% - d\cdot 1{,}4c + 2{,}7 - 2{,}6d\cdot 2c + 5cd$
i) $-5\cdot b^3r + 3\cdot\left(\frac{1}{2}r\cdot b^2\right)\cdot(-2) + 8b^2\cdot 0{,}25br$
k) $-3\cdot(xy)^2 - 35\,\% + 4{,}5x^2y^2 - 7xy^2 + 2{,}1$

8

Die Karte zeigt einen Ausschnitt aus dem Plan einer Stadt mit einem rechteckigen Straßennetz von lauter Einbahnstraßen.

a) Florian und Thomas machen mit ihren Rädern eine Stadtrundfahrt. Florian fährt zunächst von D über A nach B und anschließend über C zurück nach D. Thomas startet auch in D und durchfährt die Punkte in umgekehrter Reihenfolge. Welche Fahrtroute ist kürzer?
b) Ändert man die Fahrtrichtung für eine der Einbahnstraßen, so kann man erreichen, dass die kürzesten Wege A ⟶ B ⟶ C und A ⟶ C (nicht über B) gleich lang werden. Wo muss man diese Änderung der Fahrtrichtung vornehmen?

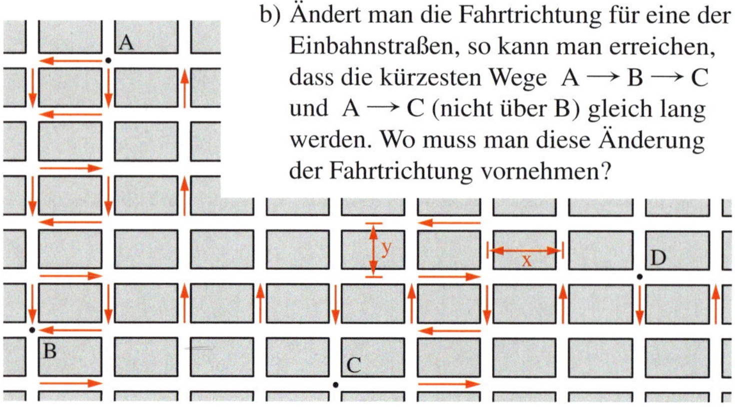

9

Fasse so weit wie möglich zusammen.

a) $7e - (4 - 5) - 1{,}5 + 5e + 2$
b) $15a - 12b - (a - 3b) - (9a + 6b)$
c) $1{,}3 - (0{,}6 + 0{,}4hg) + h^2g + 0{,}4gh$
d) $z + (v^2 - 4zv^2 + 3) - v^2 : 5 - z^2v - \frac{3}{8}$
e) $5d - \left(\frac{3}{2}xd\right)^2 - (x\cdot d^2x + 5xd) + 2^3d$
f) $-(f^2\cdot 5e - e^2\cdot f\cdot 3) + (2e\cdot f^2 + 6\cdot f^2e)$
g) $\left(q\cdot\frac{5}{8}p^2 - \frac{1}{6}\cdot p^4q\right) + \left(p^4q\cdot\frac{3}{4} + p^2\cdot\frac{7}{8}q\right)$

10

a) Gib jeweils einen Term für den Inhalt der Oberfläche der gegebenen Körper an.
b) Vergleiche die Oberflächeninhalte von Körper II und III. Kannst du entscheiden, welche Oberfläche größer ist?
c) Ermittle, welcher Körper das größte Volumen hat.

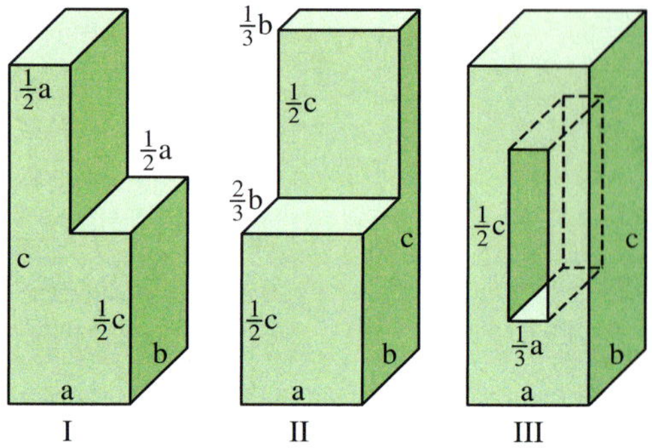

11

Fasse so weit wie möglich zusammen.

a) $3{,}6p - (q^2 - 1{,}4p) + \frac{1}{2} + (-2q^2 - 4p) - 1\,\%$
b) $-(3a + b) - 3ab - (-3a - 3ab) + 2b + b^2$
c) $2\frac{4}{5}x^2 - (3y^2 - 5{,}2x^2) + y\cdot 11y - 8x^2y^2$
d) $6v^2 - (4u^2 - 3v^2 + 2vu) - (u\cdot 2u - v\cdot 2u)$
e) $-(-x^2 + x) + x\cdot 20\,\% + (x^5 : x^3) - 1{,}5x^2$
f) $-(2k^2u^2 + 4{,}5u^2k - 0{,}5u^2k\cdot 5k) - \left(-\frac{1}{2}ku\right)^2$

12

Schreibe als Term und fasse so weit wie möglich zusammen.

a) Subtrahiere vom Produkt aus $-2v^2$ und $\frac{1}{4}k$ das Produkt aus dem Term $3v\cdot kv$ und der Summe der Zahlen $-3\frac{1}{2}$ und $4\frac{1}{3}$.
b) Addiere zum Produkt aus $2x$ und der Differenz aus $5{,}4xy^2$ und $\frac{1}{4}xy^2$ den Quotienten aus $7x^2y^2$ und x.

13

Prüfe nach, ob die Umformungen richtig sind. Wenn nicht, beschreibe in Worten, welche Fehler gemacht wurden.

a) $-3^2 d - (2r - 6d) = 9d - 2r - 6d = 3d - 2r$
b) $5 \cdot (r \cdot 2h) - 10h + r = 5r + r = 5r^2$
c) $-(-5k - 3s) + 3s = 5k + 3s + 3s$
$= 5k + 6s$
d) $6a + (b - 5ab) - ab = 6ab - 5ab - ab = 0$
e) $7 + 3 \cdot n - (2 + 10n) = 10n - 2 - 10n = -2$

14

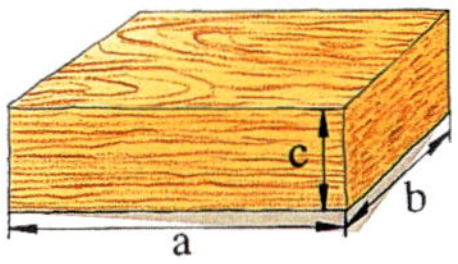

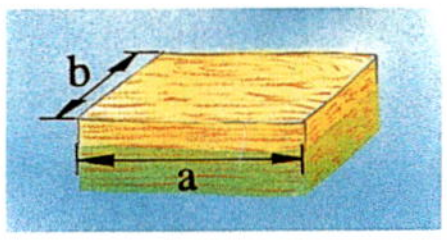

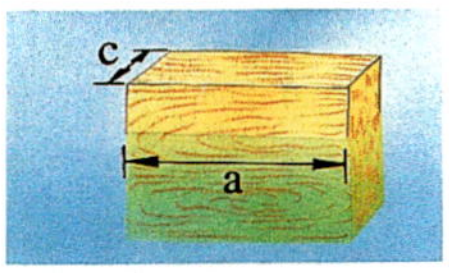

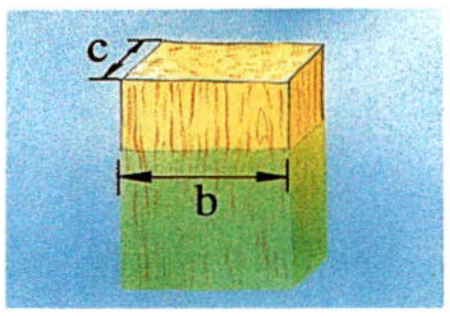

Für einen Holzquader mit den Seitenlängen a, b und c gibt es drei verschiedene Möglichkeiten ihn so in Wasser zu tauchen, dass er schwimmt und eine Quaderfläche parallel zur Wasseroberfläche ist. Dann sind stets $\frac{2}{3}$ seines Rauminhaltes unter der Wasseroberfläche. Bearbeite die folgenden Aufgaben für jede der drei Möglichkeiten.

a) Zeichne ein Netz des Quaders und färbe in ihm die feuchten Flächen blau.
b) Gib einen Term für den Flächeninhalt der feuchten Fläche an.
c) Welcher Anteil der gesamten Quaderoberfläche ist feucht, wenn $a = 2c$ und $b = \frac{3}{2}c$ gilt? Gib diesen Anteil auch in Prozent an.
d) Führe das Experiment selbst durch. Bestimme für deinen Holzklotz den Anteil seines Rauminhaltes unter der Wasseroberfläche.

15

Übertrage ins Heft und setze Klammern so, dass das Gleichheitszeichen zu Recht steht.

a) $2b - 5b - 12a = 2b - 5b + 12a$
b) $a + b^2 - 3a + 5b^2 = a + b^2 - 3a - 5b^2$
c) $-4c + 2d - 3e = -4c - 2d - 3e$
d) $7x - 4 + 3x - 1{,}5 = 7x - 4 - 3x - 1{,}5$
e) $2f - g + f - 3g = 2f - g - f + 3g$

16

Fasse so weit wie möglich zusammen.

a) $[z^2 + (3z - 3z^2) - 5z \cdot 0{,}2] + z^2 + 2z$
b) $-3a - [(a - 2b) + (-7a^2 + 5b)]$
c) $2{,}6x - [-6{,}3y - (7{,}2y + 4{,}8x) + 0{,}2x]$
d) $8\frac{3}{4} + \left[1{,}25 - \left(2n \cdot \frac{1}{3} + k : 3\right)\right] + 0{,}3k$
e) $-[0{,}5u + (2 - u) - (u - 2) - 30\,\%]$
f) $-(g^2 \cdot 3v^2 + 3gv) + \left[-2 - \left(5 - \frac{3}{4}gv\right)\right]$

Zu Aufgabe 16: Löse erst die inneren und dann die äußeren Klammern auf.

17

Eine Arzneimittelschachtel hat die Höhe h und eine quadratische Grundfläche mit der Seitenlänge s. Das „Netz“ der Schachtel hat folgendes Aussehen:

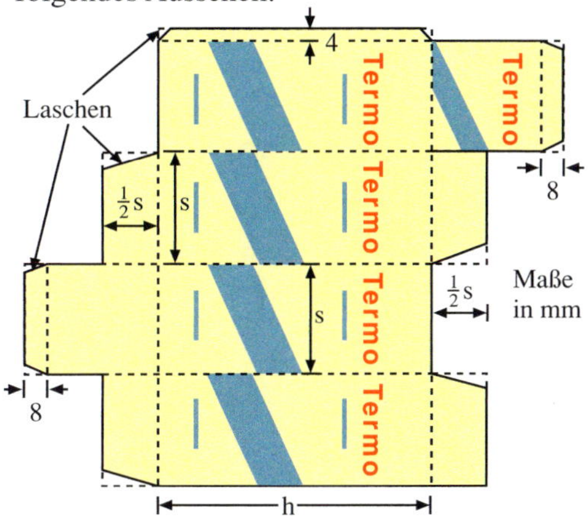

a) Welche Form hat die zusammengebaute Schachtel? Warum handelt es sich bei dem Kartonstück nicht wirklich um ein Netz des Körpers?
b) Welche Vorteile hat das abgebildete „Netz“ gegenüber anderen denkbaren Möglichkeiten?
c) Gib einen Term für den Flächeninhalt des benötigten Kartons an. Verwende bei den (abgeschrägten) Laschen die ursprünglichen Rechtecke. Berechne den Flächeninhalt für s = 3 cm und h = 20 cm, s = 4 cm und h = 11,25 cm bzw. s = 6 cm und h = 5 cm. Vergleiche.
d) Berechne für die in Aufgabe c) gegebenen Maße jeweils das Volumen der Schachtel. Welche Abmessungen sollte man wählen?
e) Das gesamte Netz wird aus einem rechteckigen Kartonstück herausgestanzt. Welche Kantenlängen muss dieser Karton haben, damit möglichst wenig Abfall entsteht? Gib jeweils einen Term an.
f) Ermittle für die in c) gegebenen Maße, wie viel Prozent Abfall jeweils entsteht.

G 18

In einem Dreieck ist $\alpha = \beta$. Der Winkel γ ist um 18° kleiner (um 15° größer; halb so groß; dreimal so groß) wie α.
Wie groß sind die Winkel des Dreiecks?

4 Anwendungen des Distributivgesetzes

1
Berechne im Kopf und beschreibe in Worten, wie du gerechnet hast.
a) $102 \cdot 7$ b) $98 \cdot 3$

2
Gib den Flächeninhalt des rot umrandeten Rechtecks mit zwei verschiedenen Termen an. Wie kann man die Äquivalenz der Terme begründen?

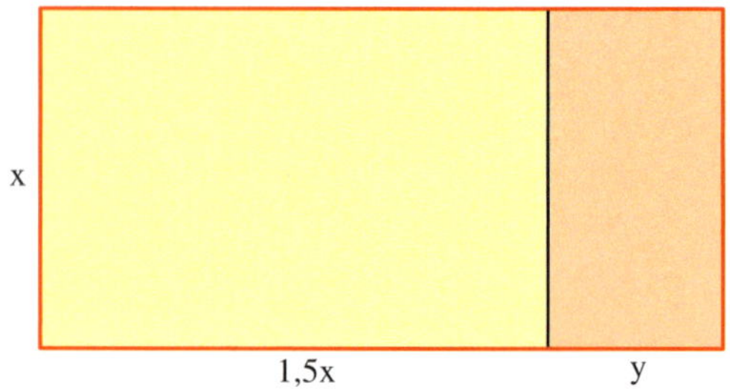

__Beachte:__ Wegen des Kommutativgesetzes kann man auch schreiben:
$c \cdot (a + b) = c \cdot a + c \cdot b$
$c \cdot (a - b) = c \cdot a - c \cdot b$

Mit Hilfe des Distributivgesetzes können Produkte wie $(a + b) \cdot c$ oder $(a - b) \cdot c$ in Summen umgeformt werden:

$$(a + b) \cdot c = a \cdot c + b \cdot c$$
$$(a - b) \cdot c = a \cdot c - b \cdot c$$

Da für a, b und c sowohl Zahlen als auch Terme wie $2x$ oder y^2 stehen können, gilt beispielsweise:

$$(2x + 4) \cdot 4x = 2x \cdot 4x + 4 \cdot 4x = 8x^2 + 16x$$
oder $$-2(a - 2b^2) = (-2) \cdot (a - 2b^2) = -2 \cdot a - (-2) \cdot 2b^2 = -2a + 4b^2$$

Eine Summe wird mit einem Term multipliziert, indem man jeden Summanden mit dem Term multipliziert und die dabei entstehenden Produkte addiert.

Beachte:
1. Bei Divisionen kann das Distributivgesetz der Division verwendet werden, zum Beispiel: $(8v^2 + 12v) : 4 = 8v^2 : 4 + 12v : 4 = 2v^2 + 3v$
2. Wegen des Distributivgesetzes gilt zwar $2 \cdot (a + b) = 2a + 2b$, aber beim Produkt $2 \cdot (ab)$ ist $2 \cdot (ab) \neq 2a \cdot 2b$, es gilt nämlich $2 \cdot (ab) = 2ab$.

Mit Hilfe des Distributivgesetzes können nun auch komplexere Terme wie $2a - 4(a - 2b)$ umgeformt werden. Dies kann auf mehrere Arten erfolgen. Beispielsweise kann so vorgegangen werden:

1. $2a - 4(a - 2b) = \underbrace{2a + (-4) \cdot (a - 2b) = 2a + (-4) \cdot a - (-4) \cdot 2b}_{\text{Diese Zwischenschritte schreibt man in der Regel nicht auf.}} = 2a - 4a + 8b = -2a + 8b$

   Hier wandelt man die Differenz zunächst in eine Summe um und wendet anschließend das Distributivgesetz an.

oder

2. $2a - 4(a - 2b) = \underbrace{2a - [4 \cdot (a - 2b)]}_{\text{Diesen Zwischenschritt schreibt man in der Regel nicht auf.}} = 2a - [4a - 8b] = 2a - 4a + 8b = -2a + 8b$

   Hier wendet man zunächst beim Subtrahenden das Distributivgesetz an und löst anschließend mit Hilfe der Klammerregel die Klammer auf.

Werden Produkte mit Hilfe des Distributivgesetzes in Summen umgeformt, so spricht man auch vom **Ausmultiplizieren**. Umgekehrt können Summen durch Anwendung des Distributivgesetzes in Produkte umgeformt werden, zum Beispiel gilt $5x + 5y = 5 \cdot (x + y)$. Man nennt diesen Vorgang auch **Ausklammern** oder **Faktorisieren**. Voraussetzung dafür ist, dass alle Summanden einen gemeinsamen Faktor besitzen, in obigem Beispiel ist dies die Zahl 5.

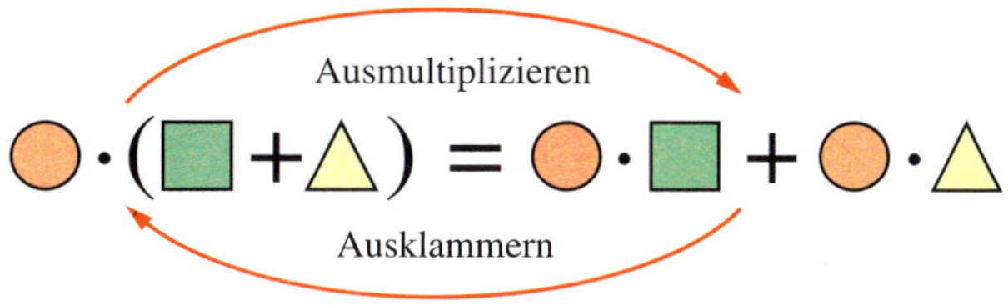

Beispiel 1
Multipliziere aus.
a) $-4(-s - 5f)$ b) $4x \cdot (1 - x^2) \cdot 2$ c) $-\frac{1}{2}x \cdot \left(2a - \frac{1}{3}b + c^2\right)$
Lösung:
a) $-4(-s - 5f) = -4 \cdot (-s) - (-4) \cdot 5f = 4s + 20f$
b) $4x \cdot (1 - x^2) \cdot 2 = 4x \cdot 2 \cdot (1 - x^2) = 8x \cdot (1 - x^2) = 8x \cdot 1 - 8x \cdot x^2 = 8x - 8x^3$
c) $-\frac{1}{2}x \cdot \left(2a - \frac{1}{3}b + c^2\right) = -\frac{1}{2}x \cdot 2a - \left(-\frac{1}{2}x\right) \cdot \frac{1}{3}b + \left(-\frac{1}{2}x\right) \cdot c^2 = -ax + \frac{1}{6}bx - \frac{1}{2}c^2x$

Beispiel 2
Fasse so weit wie möglich zusammen.
a) $3a \cdot (3 + 4b) - 7a \cdot (2a - b)$ b) $-0{,}5b^2 \cdot (-1 - v + 3u^2) - \left(\frac{1}{3}vb - 2bu^2\right) \cdot \frac{3}{2}b$
Lösung:

In Beispiel 2 a) sind zwei verschiedene Rechenwege vorgeführt.

a) $3a \cdot (3 + 4b) - 7a \cdot (2a - b)$
$= 9a + 12ab - 14a^2 + 7ab$
$= 9a - 14a^2 + 19ab$

oder:

$3a \cdot (3 + 4b) - 7a \cdot (2a - b)$
$= 9a + 12ab - (14a^2 - 7ab)$
$= 9a + 12ab - 14a^2 + 7ab$
$= 9a - 14a^2 + 19ab$

b) $-0{,}5b^2 \cdot (-1 - v + 3u^2) - \left(\frac{1}{3}vb - 2bu^2\right) \cdot \frac{3}{2}b = 0{,}5b^2 + 0{,}5b^2v - 1{,}5b^2u^2 - \left(\frac{1}{2}b^2v - 3b^2u^2\right)$
$= 0{,}5b^2 + 0{,}5b^2v - 1{,}5b^2u^2 - \frac{1}{2}b^2v + 3b^2u^2 = 0{,}5b^2 + 1{,}5b^2u^2$

In Beispiel 3 a) ist erkennbar, dass man häufig verschiedene Terme ausklammern kann. Oft klammert man möglichst viel aus (hier z. B. 5y).

Beispiel 3
Schreibe als Produkt.
a) $5y^2 - 15y$ b) $4xy - y$ c) $-9x^2 + 6x - 24x^3$
Lösung:
a) $5y^2 - 15y = 5 \cdot (y^2 - 3y)$ oder $5y^2 - 15y = y \cdot (5y - 15)$ oder $5y^2 - 15y = 5y \cdot (y - 3)$
b) $4xy - y = 4x \cdot y - 1 \cdot y = y \cdot (4x - 1)$
c) $-9x^2 + 6x - 24x^3 = -3x \cdot 3x + 2 \cdot 3x - 8x^2 \cdot 3x = 3x \cdot (-3x + 2 - 8x^2)$

Aufgaben

3
Multipliziere aus.
a) $5 \cdot (2a - b)$ b) $-3^2(-s^2 + t^2)$
c) $0{,}5c \cdot \left(\frac{1}{2}c^2 - 1{,}6b\right)$ d) $2(f + 3s) \cdot (-sf)$
e) $-5 \cdot \left(k - \frac{4}{3}k^2 + 2u\right)$ f) $0{,}75 \cdot (a + 1) \cdot a^2$
g) $2a - \left(-2a + \frac{1}{2}b\right) \cdot a$ h) $(2^2x - z) \cdot (-3) \cdot y$
i) $-\frac{2}{5}u \cdot \left(u^3 - v^2 - \frac{1}{2}u^3\right)$ k) $5 - (2 - 4) \cdot \frac{3}{4}k$
l) $a \cdot (6a^2 + 9a) : \left(-\frac{1}{3}\right)$ m) $[-(-p + q)] \cdot (-r)$

4
Gib je einen Term für den Inhalt der gefärbten Fläche an. Sind die Terme äquivalent?

(1)
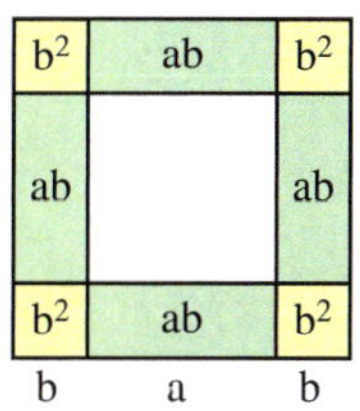

(2)

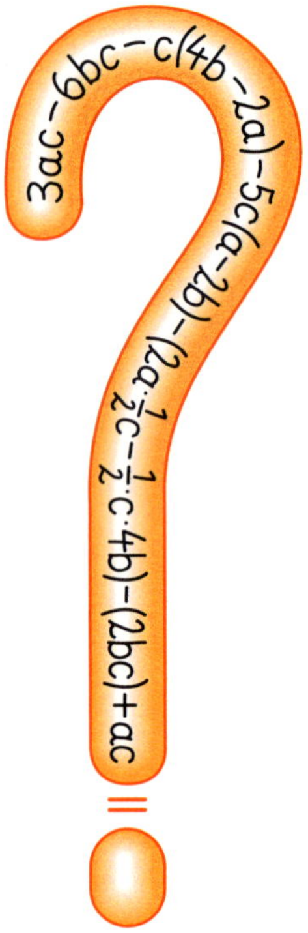

5

Fasse so weit wie möglich zusammen.

a) $2x \cdot (4y - 5) - 6x \cdot (1{,}5y - 2x)$
b) $3u + 4 \cdot \left(1 - v + \frac{1}{3}u\right) - (u - 2)$
c) $\left(\frac{1}{2}cx\right)^2 + 5cx - cx^2 \cdot \frac{3}{8}c - 2(c + 0{,}125\,cx)$
d) $-9k \cdot (-3a + 5z) + (-7a - 6z) \cdot 5k$
e) $(6p^2 - 3p^3) : 3p - 0{,}1p^2 - \left(1 - p + \frac{2}{5}p^2\right)$
f) $-3 \cdot (xy)^2 + 4{,}5x^2y^2 - 7xy^2$
g) $-3k \cdot (-2 + 4s) - 6s(2k - 0{,}25s) \cdot \frac{1}{2}$

6

Schreibe als Produkt.

a) $6a + 6b$
b) $18r^2 - 9s^2$
c) $25d - 16dg$
d) $8t^3 - 12t^2$
e) $12v^2 - 32uv$
f) $by - b$
g) $\frac{1}{2}a^4b - \frac{5}{2}a^3b - a^2b^3$
h) $24c^4 - 16c^2 - 8c^2$
i) $48a^2b^3 - 36a^3b^2$
k) $4u - 4uv + 8u^3$

7

Die Terme nehmen für genau zwei verschiedene Einsetzungen für d den Wert null an. Ermittle diese beiden Zahlen. Beschreibe, wie du bei der Lösung vorgegangen bist.

a) $2d \cdot (d + 2)$
b) $-10d - 5d^2$
c) $d^2 - 16$
d) $-4d^3 + 8d^2$
e) $(11d - 6) \cdot d + 8 - 8d^2 - 2^3$
f) Erfinde eine ähnliche Aufgabe und lass sie von deinem Nachbarn lösen.

8

Lösungssalat zu 8:

Forme zielgerichtet so um, dass du die Termwerte für $a = -1$; $b = 0{,}4$ und $c = 2$ möglichst leicht berechnen kannst.

a) $3{,}5a^2 + 2b \cdot (c - 5) - 2bc + c$
b) $(c - 2) \cdot 2a^2b - 2a \cdot 5ab$
c) $(abc)^2 + \frac{1}{5}a^2b^2c^2 + 0{,}4b^2a \cdot 2c^2a$
d) $3(c - b) + 2(c - b) + 5(c - b)$
e) $-2ac \cdot (a + 1) \cdot b^2 + 3b + 0{,}5ac + 7b$
f) $a + b + c - 3(2a - b - c) + 5a - 4b - 4c$

9

Steht das Gleichheitszeichen zu Recht? Wenn nicht, beschreibe den Fehler.

a) $2 \cdot (x - 2y) \cdot \frac{1}{2} + \frac{3}{2} = 2x - y + 1{,}5$
b) $2 \cdot (2z \cdot 3k) = 4z \cdot 6k$
c) $2b - 3\left(\frac{1}{2}k - 2b\right) = 2b - \frac{3}{2}k - 6b$
d) $5 \cdot (2 \cdot (-3x) + y^2) = 2 \cdot (-15x) + 5y^2$
e) $7a + 3a \cdot (d - 5) \cdot 2 = 10a \cdot (2d - 10)$

$a \cdot (b + c) = a \cdot b + a \cdot c$
aber
$a \cdot (b \cdot c) \neq a \cdot b \cdot a \cdot c$

10

Familie Eigenheim plant für ihr neues Haus den Grundriss, der auf Wunsch der ganzen Familie U-förmig sein soll. Außer der Breite b sind alle Maße des Grundrisses bereits festgelegt. Der Vater möchte die Grundrissfläche des Hauses in Abhängigkeit von b bestimmen. Die ganze Familie beteiligt sich an der Planung und stellt Terme auf:

Vater:	$12\,m \cdot b - 3\,m \cdot 8\,m$
Mutter:	$2 \cdot (6\,m \cdot b - 3\,m \cdot 4\,m)$
Tochter:	$2 \cdot (2\,m \cdot 3\,m) + 12\,m \cdot (b - 3\,m)$
Sohn:	$8\,m \cdot (b - 3\,m) + 2 \cdot (2\,m \cdot b)$

Tochter und Mutter haben zur Herleitung ihres Terms je eine Skizze gezeichnet.

Skizze der Mutter:

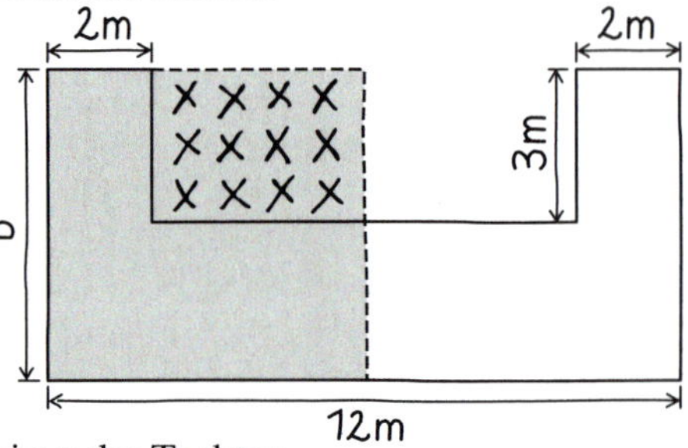

Skizze der Tochter:

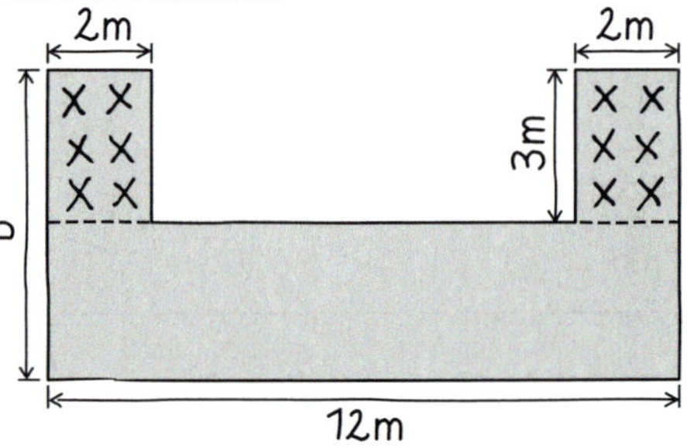

a) Erläutere an den Skizzen, mit welchen Überlegungen beide ihren Term gefunden haben.
b) Erstelle für die Terme des Sohnes und des Vaters ebenfalls Skizzen, die die Zusammensetzung der Terme begründen.
c) Weise nach, dass die vier Terme äquivalent sind.
d) Berechne die Fläche des Grundrisses, wenn die Breite b die Werte 7 m, 8 m bzw. 10 m annimmt.
e) Wie breit muss das Haus sein, wenn die Grundrissfläche $84\,m^2$ betragen soll?

11
Prüfe, ob die Terme äquivalent sind.
a) $\frac{5}{6}x\cdot(6x\cdot 6y)$ und $25x^2y$
b) $2a(4a\cdot 3b^2) + (-2ab)^2$ und $28a^2b^2$
c) $6d - 9d^3 + 3d^2$ und $3d\cdot(2 - 3d^2 + 1)$
d) $\frac{1}{5}k^2v^2 - \frac{4}{5}(5k^2 - v^2k^2)$ und $(kv)^2 - 4k^2$
e) $24ab - 8a^2b - 1$ und $-(-24ab + 8a^2b + 1)$

Projektvorschlag:
Erstellt in Gruppenarbeit selbst eine solche Tabelle mit 6 Jokern und 30 verschiedenen Termen. Jeweils drei Terme sollen zueinander äquivalent sein. Anschließend könnt ihr die Tabellen laminieren und habt eine Vielzahl verschiedenster Spielfelder zur Verfügung.

12 Würfelspiel
Bei diesem Spiel geht es darum, äquivalente Terme zu finden. Das Spielfeld besteht aus Term- und Jokerfeldern. Zu jedem Term gibt es zwei äquivalente Terme auf dem Spielfeld. Das Spiel wird in Gruppen zu je 4 Schülern gespielt.
Ein Schüler aus der Gruppe beginnt die erste Spielrunde, indem er mit einem roten und einem blauen Würfel wirft. Jede Würfelkombination entspricht genau einem Feld in der Tabelle (Beispiel: (3|4) entspricht dem Feld mit dem Term $-3a$).
Erhält der Würfelnde ein Joker-Feld, so werden ihm 5 Punkte gutgeschrieben und der Nächste ist mit dem Würfeln an der Reihe. Erhält er ein Termfeld, so müssen alle Spieler einen zu diesem Term äquivalenten Term auf dem Spielfeld suchen. Hat ein Spieler einen äquivalenten Term gefunden, sagt er „Stopp“ und gibt das entsprechende Feld an. Er erklärt, welche Umformungen notwendig sind, um den zweiten Term aus dem ersten zu erhalten. Die Mitspieler überprüfen seine Erklärungen. Sind sie korrekt, so erhält der Spieler 5 Punkte gutgeschrieben. Andernfalls bekommt er 5 Minuspunkte. Anschließend würfelt der Nächste usw.
Das Spiel endet entweder nach einer vorher vereinbarten Zeit oder nachdem der erste Spieler eine vorher festgelegte Punktzahl erreicht hat.

Beachte:
Auch wenn ein Feld wiederholt erwürfelt wird, können Punkte vergeben werden.

13
Fasse so weit wie möglich zusammen.
a) $15a - 12b - 0{,}5(3 - 3^2)\cdot 2 - (9a + 6b)$
b) $-3v + w - 2(u - v + w) - (3u - 4v - 6w)$
c) $3xy\cdot\left(-1\frac{1}{2}y^2\right) - 3xy^3 - 3\frac{1}{5}x\cdot(-4y)^3$
d) $-(1{,}5u - v^2) + 0{,}75\cdot\left(\frac{2}{3}u - \frac{4}{3}v^2\right) - 2$
e) $-\frac{1}{2}k^2\cdot(-1 + 3u^2 - r) - \left(\frac{1}{4}rk - 1{,}5u^2k\right)\cdot 2k$
f) $-2c(0{,}3f - 2{,}4c)\cdot(-1) - 4\left(-1{,}2c^2 - \frac{1}{10}fc\right)$

14
Karin stellt fest: Wenn ich drei aufeinander folgende Zahlen, wie zum Beispiel 5, 6 und 7 oder 21, 22 und 23, addiere, ist die Summe immer durch drei teilbar.
a) Kontrolliere Karins Behauptung an einigen Zahlenbeispielen.
Warum ist damit Karins Behauptung noch nicht begründet?
b) Versuche die Behauptung allgemein zu begründen, indem du einen geeigneten Term aufstellst.

G 15
In der Rechenmauer wird nach oben hin addiert. Welchen Wert muss a annehmen?

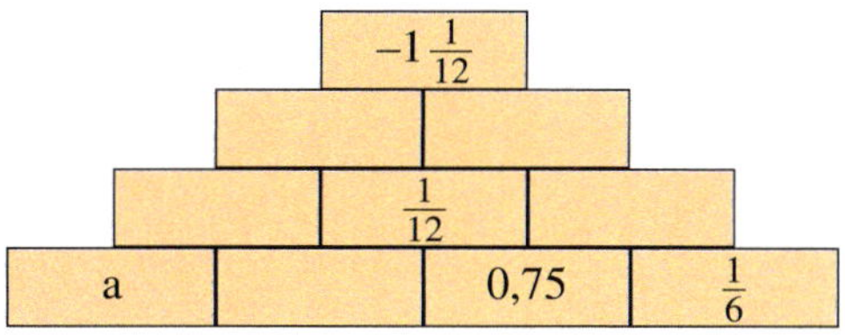

G 16
Überschlage zuerst und berechne dann.
a) $42{,}80 + 37{,}519$
b) $330{,}49 - 79{,}58$
c) $8 - \frac{1}{5} + 1{,}9 + \frac{19}{20}$
d) $6{,}8 + 2{,}5 - 10\frac{1}{10} - \frac{1}{3}$
e) $3\frac{1}{8} - 2{,}3 + 18{,}75\,\% - (2^3 - 3^2)\cdot 2$

6	$2\cdot 3 - 4x + 6$	$3x^2y^2(y - 2x)$	$6 + 4x - 6$	$9a:(-3)$	$x^3y^2 - 4y^2x^3$	Joker
5	$12a - 15a$	Joker	$-\frac{1}{2}a\cdot(-12b)$	$6\left(a - \frac{3}{2}a^2\right)$	$a\cdot 6^2b$	$2x - x^2$
4	Joker	$2x\cdot\left(1 - \frac{1}{2}x\right)$	$-3a$	$3y^3x^2 - 6y^2x^3$	$2(3 - 2x + 3)$	$\frac{1}{3}(a + b)\cdot 9$
3	$36ab$	$6a - 9a^2$	$12 - 4x$	$6a\cdot 6b$	Joker	$-a\cdot(-6 + 9a)$
2	$6 + 4x - 3\cdot 2$	$3a + 3b$	Joker	$-2x\cdot\left(\frac{1}{2}x - 1\right)$	$-(-3a - 3b)$	$-3xy^2x^2$
1	$2a\cdot 3b$	$x^3\cdot(y^2 - 4y^2)$	$3x^2y^3 - 6x^3y^2$	Joker	$6\cdot(ab)$	$4x$
	1	2	3	4	5	6

5 Multiplizieren von Summen

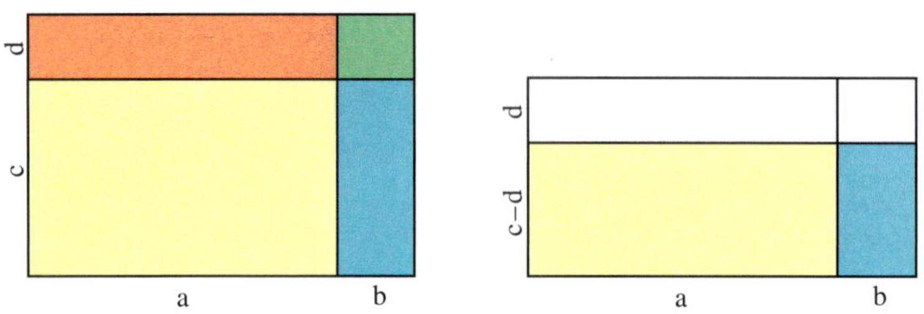

1

a) Der Flächeninhalt des linken Rechtecks wird durch den Term $(a + b) \cdot (c + d)$ beschrieben. Drücke den Flächeninhalt mit Hilfe der Inhalte der Teilflächen aus.

b) Drücke in der rechten Abbildung den durch $(a + b) \cdot (c - d)$ beschriebenen Flächeninhalt durch $a \cdot c$, $a \cdot d$, $b \cdot c$ und $b \cdot d$ aus.

2

Der Fußballplatz eines Sportvereins ist 90 m lang und 60 m breit. Der Vorstand beschließt, die Spielfläche um 15 m zu verlängern und um 10 m zu verbreitern. Als Saatgut für die neue Rasenfläche kauft der Schatzmeister des Vereins für 150 m² Rasensamen. Die beim Anlegen der Spielfläche helfenden Vereinsmitglieder können ihre Arbeit nicht beenden. Warum?

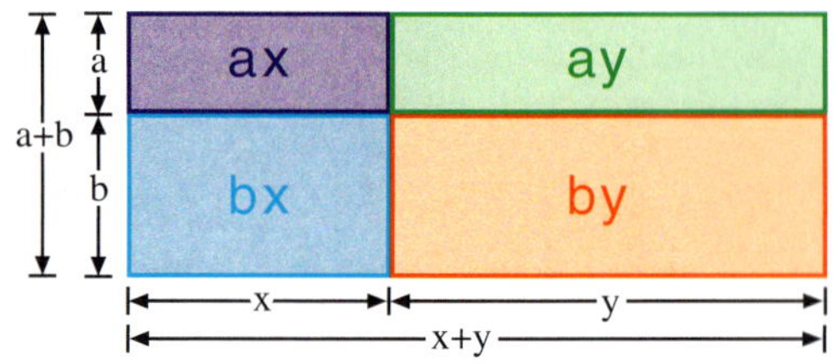

Den Flächeninhalt des großen Rechtecks kann man zum einen durch das Produkt $(a + b) \cdot (x + y)$ der Seitenlängen beschreiben. Andererseits kann der Flächeninhalt auch durch die Summe $a \cdot x + a \cdot y + b \cdot x + b \cdot y$ der Inhalte der vier Teilflächen ausgedrückt werden. Also gilt offensichtlich:
$(a + b) \cdot (x + y) = a \cdot x + a \cdot y + b \cdot x + b \cdot y$.
Diese Gleichheit kann auch mit Hilfe von Termumformungen nachgewiesen werden, indem man die Summe $x + y$ vorübergehend durch s ersetzt und das Distributivgesetz mehrfach anwendet:

$$(a + b) \cdot (x + y) = (a + b) \cdot s \overset{DG}{=} a \cdot s + b \cdot s = a \cdot (x + y) + b \cdot (x + y) \overset{DG}{=} a \cdot x + a \cdot y + b \cdot x + b \cdot y$$

↑ ersetze $x + y$ durch s ↑ ersetze s wieder durch $x + y$

Zwei Summen werden multipliziert, indem man jeden Summanden der ersten Summe mit jedem Summanden der zweiten Summe multipliziert und die dabei entstehenden Produkte addiert:

$$(a + b) \cdot (x + y) = a \cdot x + a \cdot y + b \cdot x + b \cdot y = ax + ay + bx + by$$

Erinnerung:

+ · + = +
– · – = +
+ · – = –
– · + = –

Häufig spricht man vom **Ausmultiplizieren** oder Auflösen der Klammern.

Beachte:
Treten wie bei $(a - b) \cdot (-x + y)$ in den Klammern Minuszeichen auf, so multipliziert man entsprechend und berücksichtigt dabei jeweils die Minuszeichen:

$$(a - b) \cdot (-x + y) = \underbrace{(a + (-b)) \cdot (-x + y)} = -ax + ay + bx - by$$

Diesen Zwischenschritt schreibt man in der Regel nicht auf.

Beispiel 1

Multipliziere aus und fasse zusammen.

a) $(4 + x)\cdot(3x + 2)$ b) $(4 + x)\cdot(3x - 2)$ c) $(4 - x)\cdot(3x - 2)$ d) $(-4 - x)\cdot(3x - 2)$

Lösung:

Den Malpunkt zwischen den Klammern kann man auch weglassen.

a) $(4 + x)\cdot(3x + 2) = 4\cdot 3x + 4\cdot 2 + x\cdot 3x + x\cdot 2 = 12x + 8 + 3x^2 + 2x = 3x^2 + 14x + 8$

b) $(4 + x)\cdot(3x - 2) = 4\cdot 3x - 4\cdot 2 + x\cdot 3x - x\cdot 2 = 12x - 8 + 3x^2 - 2x = 3x^2 + 10x - 8$

c) $(4 - x)\cdot(3x - 2) = 4\cdot 3x - 4\cdot 2 - x\cdot 3x + x\cdot 2 = 12x - 8 - 3x^2 + 2x = -3x^2 + 14x - 8$

d) $(-4 - x)(3x - 2) = -4\cdot 3x + 4\cdot 2 - x\cdot 3x + x\cdot 2 = -12x + 8 - 3x^2 + 2x = -3x^2 - 10x + 8$

Beispiel 2

Multipliziere aus und fasse so weit wie möglich zusammen.

a) $\left(\frac{1}{2}u^2 + 2v\right)\cdot\left(3u^2 - \frac{1}{4}v\right)$ b) $-(0{,}1b - 5)\left(10a + \frac{1}{3}r\right)$

c) $(2x + 4d)(-d + 0{,}5x + 3)$ d) $-2s\cdot(5 - 0{,}4s) - (2s - 4)^2$

Lösung:

a) $\left(\frac{1}{2}u^2 + 2v\right)\cdot\left(3u^2 - \frac{1}{4}v\right) = \frac{3}{2}u^3 - \frac{1}{8}u^2v + 6u^2v - \frac{1}{2}v^2 = \frac{3}{2}u^3 + 5\frac{7}{8}u^2v - \frac{1}{2}v^2$

b) $-(0{,}1b - 5)\left(10a + \frac{1}{3}r\right) = -\left[ab + \frac{1}{10}\cdot\frac{1}{3}br - 50a - \frac{5}{3}r\right] = -ab - \frac{1}{30}br + 50a + \frac{5}{3}r$

c) $(2x + 4d)(-d + 0{,}5x + 3) = -2dx + x^2 + 6x - 4d^2 + 2dx + 12d = x^2 + 6x - 4d^2 + 12d$

d) $-2s\cdot(5 - 0{,}4s) - (2s - 4)^2 = -10s + 0{,}8s^2 - (2s - 4)\cdot(2s - 4)$

$= -10s + 0{,}8s^2 - [4s^2 - 8s - 8s + 16] = -10s + 0{,}8s^2 - 4s^2 + 8s + 8s - 16$

$= -3{,}2s^2 + 6s - 16$

Aufgaben

3

Multipliziere aus und fasse so weit wie möglich zusammen.

a) $(x + 2)\cdot(3 + x)$ b) $(y - 2)\cdot(y + 5)$

c) $-(b + 3)\cdot(c - 2{,}5)$ d) $5s - 4s\cdot(f + 7)$

e) $6k + 4k\cdot 2k$ f) $(s - 0{,}5)\cdot\left(1 - \frac{1}{3}\right)$

g) $(-a + b)(3c - 4d)$ h) $(3\cdot 3 - 2^3)\cdot(a - 1)$

i) $\left(a^2 + \frac{1}{8}\right)(-0{,}6 - a)$ k) $5n - 3n\cdot\frac{1}{2}c + \frac{3}{2}c$

l) $(-3y - z)(5y - z)$ m) $(c - 2)^2 - (c - 2)$

4

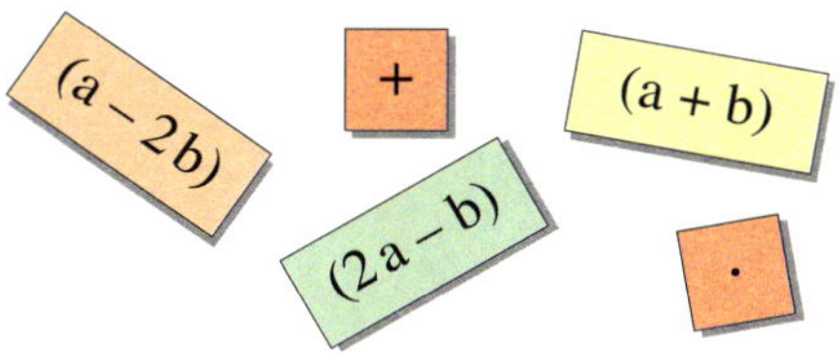

Gib alle Terme an, die du mit den abgebildeten Plättchen legen kannst, wenn jedes Plättchen nur einmal vorhanden ist und auch jedes Plättchen verwendet werden muss. Gibt es Terme, die äquivalent sind?

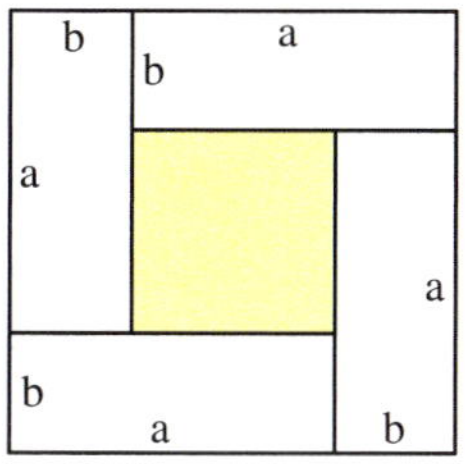

5

Begründe $(a + b)^2 - (a - b)^2 = 4ab$ rechnerisch und zeichnerisch.

6

Mit sechs rechteckigen Plättchen der Seitenlängen a und b (wobei $a > 2b$ gilt) kann man auf die drei gezeichneten Arten rechteckige Figuren legen.

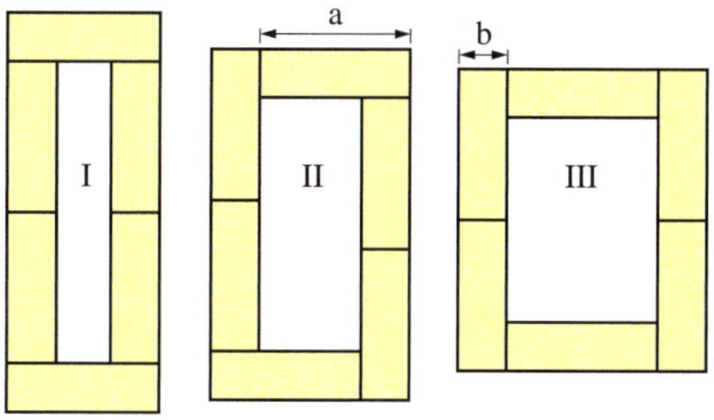

a) Gib jeweils einen Term für den Flächeninhalt der Figuren I, II und III einschließlich der weißen Innenfläche an.

b) Forme die Terme in Summen um und ermittle, welche Figur den kleinsten und welche Figur den größten Flächeninhalt besitzt. Beachte dabei, dass $a > 2b$ gilt.

c) Zeichne alle möglichen Figuren, die man mit 8 rechteckigen Plättchen der Seitenlängen a und b (wobei $a > 2b$) legen kann.

__Projektvorschlag:__
Erfindet selbst ähnliche Aufgaben wie in Aufgabe 8 und schreibt sie auf die Vorderseite eines DIN-A5-Blattes. Erstellt eine saubere Lösung zu der Aufgabe und schreibt diese auf die Rückseite des Blattes. Steckt jedes Blatt einzeln in eine Klarsichthülle und sammelt alle Aufgaben in einem kleinen Ordner. Auf diese Weise entsteht für eure Klasse ein vielfältiges Übungsmaterial, das ihr langfristig nutzen und zu einem späteren Zeitpunkt mit weiteren selbst ausgedachten Aufgaben beliebig erweitern könnt.

7

Zeige, dass die Terme $(2k - 4r)^2 + 16kr$ und $(2k - 4r)(2k + 4r)$ nicht äquivalent sind.

8

Fasse so weit wie möglich zusammen. Multipliziere gegebenenfalls vorher aus.

a) $(u + 1) \cdot (u + 3) - u^2 - 7u$

b) $2x - x^2 + (x + 2)(-4 + x) + 6$

c) $5z^2v - 2z \cdot (2zv^2 - zv) + (2vz)^2$

d) $4 \cdot (3a \cdot 2p) + 3 - 2ap - \left(\frac{2}{3}\right)^2$

e) $-r^2 \cdot n \cdot \frac{5}{24} + r^2 \cdot 0{,}375\,n^2 - \frac{5}{16}nr^2 + \frac{5}{4}n^2r^2$

f) $(2b - 3)(2 + b) - (b - 1) \cdot b$

g) $-(3{,}4xy + y^2)(x^2 - 2{,}3xy) + 2\frac{4}{5}xy \cdot x^2$

h) $-6c^2 \cdot k + 1{,}6^2 \cdot 0{,}5k \cdot c - 2kc + c^2k \cdot 4{,}3$

9

Um ein rechteckiges Gemüsebeet der Länge a und der Breite b soll ein Schotterweg der Breite x gelegt werden. Yvonne, Patrizia und Martin schreiben Terme auf, die den Flächeninhalt des Weges beschreiben:

Yvonne: $x \cdot (a + x + x) \cdot 2 + b \cdot x \cdot 2$

Patrizia: $(b + 2x) \cdot (a + 2x) - a \cdot b$

Martin: $2 \cdot (a + x) \cdot x + 2 \cdot (b + x) \cdot x$

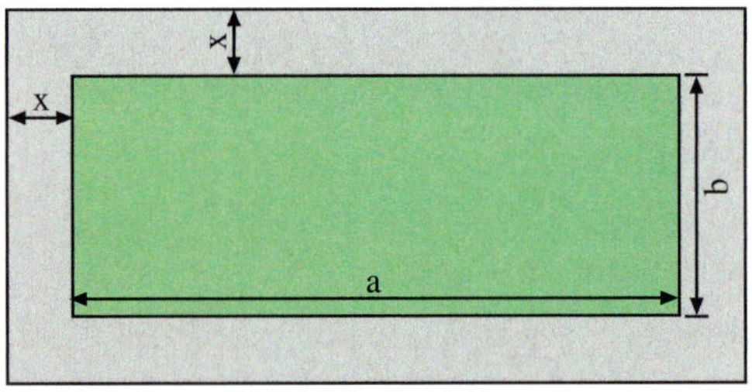

a) Erläutere, mit welchen Überlegungen die drei ihren Term gefunden haben.

b) Sind die Terme äquivalent? Begründe.

c) Peter stellt den Term $x \cdot a \cdot 2 + x \cdot b \cdot 2$ auf. Begründe, warum er nicht äquivalent zu einem der anderen Terme ist.

d) Karl behauptet, dass man doppelt so viel Schotter benötigen würde, wenn die Wegbreite 2x wäre. Hat er Recht?

e) Anne behauptet, dass man genauso viel Schotter benötigt, wenn der Weg nur an der oberen und rechten Seite des Beetes verläuft und die Breite 2x hat. Veranschauliche die Situation an einer Skizze und begründe, warum sie Recht hat.

10

Prüfe, ob ein „multiplikatives" magisches Quadrat vorliegt.

ab	$-1 + c$	$d - 2$	$b \cdot a$
$ad - 2a$	$-0{,}5b$	$b - cb$	$a \cdot 2$
$cb - b$	$a(2 - d)$	$2a$	$-\frac{1}{2}b$
$(-1)^8$	$2^3a \cdot \frac{1}{4}b$	$-\frac{1}{2}ab$	$(-2 + d) \cdot (1 - c)$

11

Die Höhe des Finderlohnes ist gesetzlich geregelt (§ 971 Bürgerliches Gesetzbuch): Bis zu einem Wert von 500 € beträgt der Finderlohn 5 % dieses Wertes. Ist der Wert höher als 500 €, so beträgt der Finderlohn für den darüber hinausgehenden Wert nur 3 %.

a) Guido findet eine Brieftasche mit 2100 € und gibt sie bei der nächsten Polizeiwache ab.
Mit welchem Finderlohn kann er mindestens rechnen?

b) Im Fundamt München soll der Finderlohn mit einem Tabellenkalkulationsprogramm berechnet werden. Dazu werden zwei Terme (einerseits für Werte bis 500 €, andererseits für Werte über 500 €) zur Berechnung des Finderlohns benötigt. Stelle sie auf.

c) Erstelle für Gegenstandswerte bis 3000 € eine Wertetabelle für die Zuordnung *Gegenstandswert* $\mapsto$ *Finderlohn*, so dass du mit ihrer Hilfe die Zuordnung graphisch veranschaulichen kannst.

d) Carmen findet einen Ring und erhält den gesetzlichen Finderlohn von 70 €. Ermittle den Wert des gefundenen Rings mit Hilfe des Graphen.

e) Frau Flüssig verliert einen mit Diamanten besetzten Ring im Wert von 8000 €. Sie ist bereit, das Vierfache des gesetzlichen Finderlohns zu zahlen. Wie viel Prozent vom Wert des Ringes sind das?

__Zum Knobeln:__
□ und □ sind je eine Ziffer, für die gilt:
□□ = (□ + 1)(□ + 8).
Findest du die zwei Möglichkeiten?

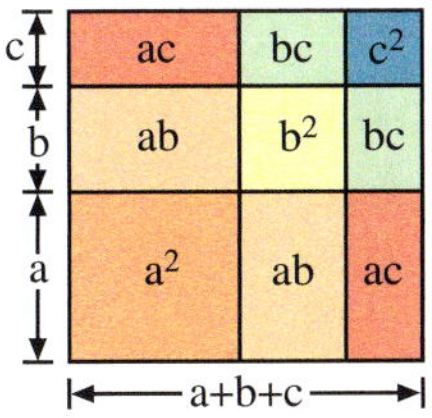

12

a) Zeige, dass gilt: $(a + b + c)^2 = a^2 + b^2 + c^2 + 2ab + 2ac + 2bc$.

b) Forme $(a + b + c + d)^2$ entsprechend um und veranschauliche den Sachverhalt geometrisch.

13

Sind die Umformungen richtig?
Wenn nicht, beschreibe in Worten, welche Fehler gemacht wurden, und führe die Rechnung in deinem Heft korrekt aus.

a) $-(-2d - d^2)\cdot(d + 1) = 2d + 3d^2 + d^3$

b) $(x + 6)\cdot 2\cdot(2y - 3) = (2x + 12)(4y - 6)$

c) $(x - h)^2 + \frac{1}{4}h^2 = x^2 - h^2 + \frac{1}{4}h^2 = 4x^2 - 1\frac{1}{4}h^2$

d) $3a + a - ab - 2a^2 = 3a^2 - ab - 2a^2 = a^2 - ab$

e) $4\cdot\left(\frac{1}{2}a\cdot\frac{1}{4}b\right) - 2ab = 2a\cdot b - 2ab = 0$

f) $7{,}1 + 2{,}9a + \frac{1}{3}a = 10a + \frac{1}{3}a = 10\frac{1}{3}a$

g) $9b^3 - 45b + 9 = 9\cdot(b^3 - 5b + 1)$

h) $(-2)\cdot(-2p + 3q^2) - 2q^2 = 4p + q^2$

i) $-2^4\cdot(p + 1)(p - 1) = 8\cdot(p^2 - 1) = 8p^2 - 1$

k) $(x + y)x - y(x + y) = (x - y)(x + y)$

l) Erfinde ähnliche Aufgaben und lass sie von deinem Nachbarn lösen.

14

Gegeben ist der Term $T(r) = -2 + 4r^2$. Durch Setzen eines Klammerpaares kann man Terme erhalten, die nicht zu $T(r)$ äquivalent sind, z. B. $-2 + (4r)^2 = -2 + 16r^2 \neq T(r)$. Finde alle zu $T(r)$ nicht äquivalenten Terme, die man durch Klammersetzen erhält. Weise für jeden Term nach, dass er nicht zu $T(r)$ äquivalent ist.

15

a) Herr Konz tauscht einen quadratischen Bauplatz gegen einen rechteckigen, der zwar 2 m breiter, aber auch 2 m kürzer ist. Ist dieser Tausch günstig? Begründe deine Antwort.

b) Eine Gärtnerin möchte mit einer an den Enden zusammengeknüpften Schnur ein rechteckiges Beet abstecken. Zuerst legt sie ein Quadrat. Da ihr die Form nicht gefällt, verlängert sie die eine Seite und verkürzt die andere, so dass ein Rechteck entsteht. Wird das Beet dadurch größer oder kleiner? Begründe.

16 Erstellen eines Termdominos

Nach dem Domino-Prinzip könnt ihr ein Rechenspiel erstellen. Dazu zeichnet ihr auf ein Blatt Papier leere Dominosteine auf.

Schafft ihr es, so einen Bogen mit dem Computer zu erstellen?

Schneidet die Dominosteine aus und legt mit ihnen eine Domino-Schlange (zur späteren Lösungskontrolle für Termdominospieler sollte diese z. B. eine geschlossene Linie bilden oder die Form einer Ziffer (z. B. 5) haben oder …). Erfindet pro Dominostein eine Termumformungsaufgabe samt Lösung. Nun müssen auf die Steine der Domino-Schlange die Aufgaben und Lösungen geschrieben werden. Dies muss so geschehen, dass eine Aufgabe und ihre Lösung in der Domino-Schlange immer direkt aneinander stoßen:

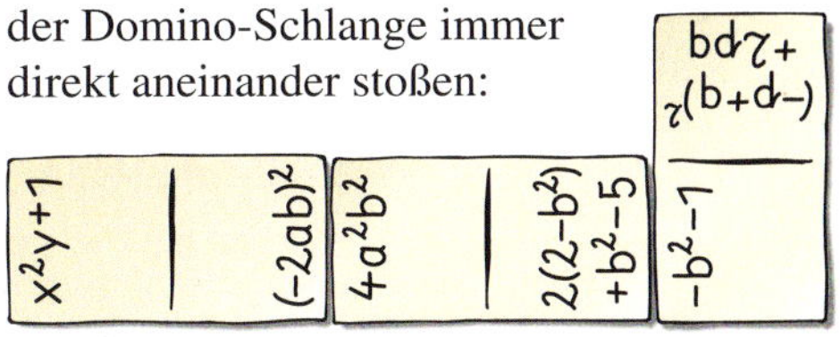

Damit die Papierdominos besser halten, könnt ihr sie zum Schluss laminieren.

17

Schreibe als Term und fasse so weit wie möglich zusammen.

a) Multipliziere die Differenz der Terme $2x^2$ und $5z^2x$ mit der Hälfte der Summe dieser Terme.

b) Subtrahiere von $k\cdot ks$ das Produkt aus der Summe der Terme $0{,}5ks$ und $-\frac{3}{4}s^2$ und der Differenz von $0{,}25s$ und $2k$.

c) Subtrahiere von $7a$ die Differenz der Terme $3b$ und $-3a$ und multipliziere diesen Term mit der Summe aus $-\frac{1}{4}b$ und $\frac{1}{2}a$.

18

Prüfe, ob die Terme äquivalent sind.

a) $\left(2u - \frac{1}{2}v\right)^2$ und $4u^2 - uv + 0{,}25v^2$

b) $2mn\cdot(2 - mn)$ und $(mn - 1)(2 - mn) + (1 + mn)(2 - mn)$

c) $9x^2 - (3x - 2y)(3x + 2y) - y - 6$ und $3\cdot(y - 2)\cdot(3x + 1) + 9x\cdot(2 - y)$

Beweise erfordern etwas Spürsinn.

Zuerst solltest du die Zahlenbeispiele genau ansehen.

Dann solltest du eigene Beispiele suchen.

Zum Schluss erfolgt der Beweis durch Umformen geeigneter Terme.

19

a) Die Werte der Produkte $7\cdot 10$ und $8\cdot 9$ unterscheiden sich um 2. Gilt dies immer, wenn man bei vier aufeinander folgenden Zahlen die größte und die kleinste sowie die beiden mittleren Zahlen multipliziert? Versuche deine Antwort mit Hilfe von Termen zu beweisen.

b) Die Werte der Produkte $7\cdot 13$ und $9\cdot 11$ unterscheiden sich um 8. Gilt dies immer, wenn man bei vier aufeinander folgenden ungeraden Zahlen die größte und die kleinste sowie die beiden mittleren Zahlen multipliziert?

c) Versuche weitere ähnliche Gesetzmäßigkeiten zu finden.

20

a) Beweise: Die Differenz der Quadrate von zwei aufeinander folgenden natürlichen Zahlen ist gleich der Summe dieser Zahlen (Beispiel: $7^2 - 6^2 = 7 + 6$).

b) Beweise: Die Summe der Quadrate von zwei aufeinander folgenden natürlichen Zahlen übertrifft das doppelte Produkt dieser Zahlen um 1.

21

Fasse so weit wie möglich zusammen. Multipliziere gegebenenfalls vorher aus.

a) $5b - 5b\cdot a - (a\cdot 4b - 3b) + b\cdot 25a - 2ab$

b) $(2t - s)(t - 2s) + (2s - 5t)\cdot(-s)$

c) $(p^2\cdot 5q\cdot 2 - p\cdot 12q) - (q\cdot 7p + p^2\cdot 18q)$

d) $(-2p^2)\cdot(4p^2\cdot 75\,\%)^2 + p^4\cdot 20p^2$

e) $30x\cdot y^2x - \frac{1}{2}(6xy - 4xz)\cdot(-5xy - 2xz)$

f) $r\cdot\frac{5}{18}s^2 - \frac{1}{9}s^3r - \left(-\frac{5}{6}\cdot s^3r\cdot 3 - s^2\cdot\frac{7}{18}r\right)$

g) $-5a + 2(1{,}3k^2 - 2a)\cdot 4(-5{,}5 + 1{,}1k^2)$

h) $(-z + 2p)^2\cdot(4p^2 - 2z^2)\cdot\left(-\frac{1}{5}\right)$

i) $0{,}4g\cdot 5fg - [2{,}5fg^2 - (0{,}6fg)^2] + f^2g^2\cdot 4\,\%$

k) $(4h\cdot q):0{,}25 - (-h + q)(2q - 2h)\cdot 4$

l) $-\left(\frac{3}{4}x^2y^3 - 2y^3x^3\right)(x - 1) - \frac{1}{8}y\cdot(-2yx)^2$

22

Gegeben ist der Term $2\cdot a^2 + 2\cdot b^2$.
Für $a = 8$ und $b = 3$ gilt:

$$2\cdot 8^2 + 2\cdot 3^2 = 11^2 + 5^2.$$

Zeige, dass sich für alle natürlichen Zahlen a und b der Term $2\cdot a^2 + 2\cdot b^2$ als Summe von zwei Quadratzahlen schreiben lässt.

23

Übertrage ins Heft und setze Klammern so, dass das Gleichheitszeichen zu Recht steht.

a) $4\cdot x - 2\cdot y + 5\cdot x = -x - 2\cdot y$

b) $2\cdot a + b\cdot\frac{1}{2}\cdot a - b = a^2 - 2ab + ab - 2b^2$

c) $-n\cdot 2 + p\cdot n + 2\cdot p = -2n^2 - 5np - 2p^2$

d) $x - y^2 = x^2 - 2\cdot x\cdot y + y^2$

e) $\frac{1}{5}\cdot x - 7 + 3\cdot x = \frac{1}{5}\cdot x - 5 - 3\cdot x - 2$

f) $0{,}5\cdot r\cdot s^2 + 2\cdot s^2\cdot r = 0{,}25\cdot r^2\cdot s^2 + 2rs^2$

g) $2\cdot x\cdot x + y = x^2 + x\cdot y\cdot 2$

24

Zeige:

a) Jede gerade Quadratzahl ist durch 4 teilbar.

b) Das Produkt von zwei aufeinander folgenden geraden (ungeraden) natürlichen Zahlen ist um 1 kleiner als das Quadrat der dazwischenliegenden Zahl.

*c) Eine ungerade Quadratzahl ergibt bei der Division durch 8 den Rest 1.

*25

Wähle eine natürliche Zahl, bilde das Produkt dieser Zahl mit den nächsten drei natürlichen Zahlen und addiere die Zahl 1. Ist die entstehende Zahl stets eine Quadratzahl?

G 26

a) Wie bezeichnet man den folgenden Körper?

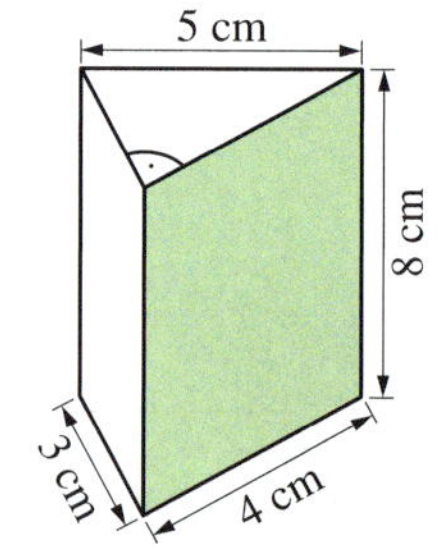

b) Zeichne ein Netz des Körpers und bestimme seinen Oberflächeninhalt.

c) Zeichne ein Schrägbild des Körpers, das den Körper auf der bunten Seitenfläche liegend mit der Grundfläche nach vorne weisend zeigt.

d) Berechne das Volumen des Körpers.

Thema:

Binomische Formeln und das Pascalsche Dreieck

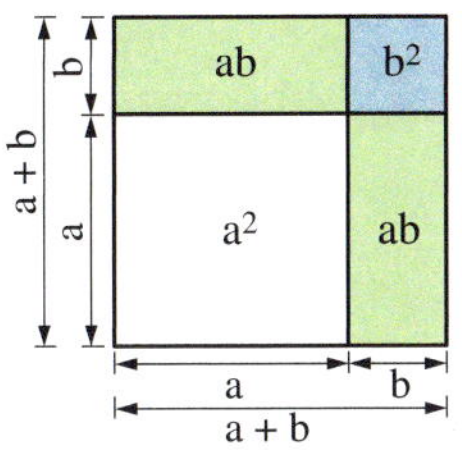

Der Flächeninhalt des großen Quadrats kann durch den Term $(a+b)^2$ beschrieben werden. Man kann ihn aber auch durch die Summe $a^2 + 2ab + b^2$ der Inhalte der Teilflächen ausdrücken. Es gilt also: $(a+b)^2 = a^2 + 2ab + b^2$.
Diese Gleichheit kann auch mit Hilfe von Termumformungen nachgewiesen werden:
$(a+b)^2 = (a+b)\cdot(a+b) = a^2 + ab + ba + b^2 = a^2 + 2ab + b^2$.

Um also das Quadrat $(a+b)^2$ umzuformen, kann man statt des Ausmultiplizierens der Klammern kürzer auch die Formel $(a+b)^2 = a^2 + 2ab + b^2$ anwenden. Dies ist ein besonderer Fall bei der Multiplikation von zweigliedrigen Summen (den so genannten **Binomen**).
Daneben kommen häufig noch die folgenden zwei Fälle vor:
$(a-b)^2 = (a-b)\cdot(a-b) = a^2 - ab - ba + b^2 = a^2 - 2ab + b^2$
$(a+b)\cdot(a-b) = a^2 - ab + ba - b^2 = a^2 - b^2$

***Binom**: Term mit zwei „Namen“ (= Variablen).*
***bis** (lat.): zweimal*
***nomen** (lat.): Namen*

Diese drei besonderen Zusammenhänge werden **binomische Formeln** genannt:
(1) $(a+b)^2 = a^2 + 2ab + b^2$
(2) $(a-b)^2 = a^2 - 2ab + b^2$
(3) $(a+b)(a-b) = a^2 - b^2$

Beachte:
$(a+b)^2 \neq a^2 + b^2$

1

Forme jeweils mit der passenden binomischen Formel um.
a) $(x+y)^2$ b) $(g-f)^2$ c) $(a-x)(a+x)$ d) $(2+z)(2-z)$
e) $(0{,}6-5t)^2$ f) $(5x+7z)^2$ g) $(1+0{,}1r)^2$ h) $(4+3u)(4-3u)$

2

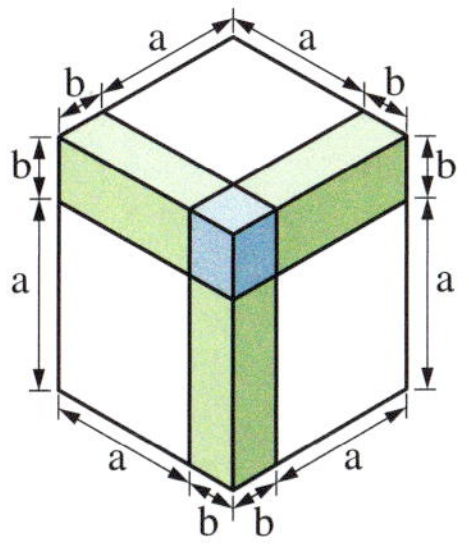

Es gilt $(a+b)^3 = a^3 + 3a^2b + 3ab^2 + b^3$.
Die Abbildung am Rand zeigt eine geometrische Veranschaulichung dieser Formel.
a) Aus wie vielen Quadern besteht der ganze Würfel?
Bestimme die Rauminhalte der einzelnen Quader. Vergleiche mit der Formel.
b) Berechne $(a+b)^2\cdot(a+b)$. Überprüfe so die Formel.
c) Berechne mit der Formel: $(u+v)^3$; $(x+2)^3$; $(x-2)^3$; $(r+2s)^3$

3

1 ——— 0. Zeile
1 1 ——— 1. Zeile
1 2 1 ——— 2. Zeile
1 3 3 1 ⋮
1 4 6 4 1
1 5 10 10 5 1
1 6 15 20 15 6 1

Das Zahlendreieck wurde von dem französischen Mathematiker Pascal näher untersucht. Er nannte es „arithmetisches Dreieck“, heute ist der Name „Pascalsches Dreieck“ üblich.
a) Berechne $(a+b)^4$ und $(a+b)^5$.
Vergleiche mit dem Pascalschen Dreieck.
b) Wie entsteht im Pascalschen Dreieck eine Zeile aus der vorhergehenden? Erweitere das Dreieck bis zur 10. Zeile.
c) Bestimme mit Hilfe des Pascalschen Dreiecks
$(a+b)^7$; $(a+b)^8$; $(a+b)^9$.

Blaise Pascal (1623–1662) war ein regelrechtes mathematisches Wunderkind. Bereits mit 16 Jahren entdeckte er in der Geometrie den ersten nach ihm benannten Satz.

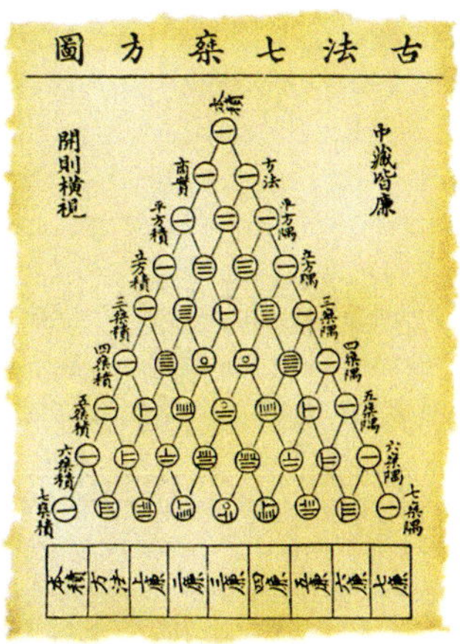

chinesische Darstellung von 1303

Rückblick

Gleichwertige Terme
Zwei Terme, die bei jeder möglichen Ersetzung der Variablen durch Zahlen jeweils den gleichen Termwert ergeben, nennt man **gleichwertig** oder **äquivalent**. Durch Anwendung der Rechengesetze kann man einen Term in einen äquivalenten Term umformen.

$T_1(x) = x \cdot \left(\frac{1}{2}y + x\right)$ und $T_2(x) = \frac{1}{2}xy + x^2$ sind äquivalent.

$T_1(a) = 2a^2 - 4$ und $T_2(a) = 2a - 4$ sind nicht äquivalent.

Rechengesetze
Für alle rationalen Zahlen a, b und c gilt:

Kommutativgesetze:	$a + b = b + a$
	$a \cdot b = b \cdot a$
Assoziativgesetze:	$a + (b + c) = a + b + c = (a + b) + c$
	$a \cdot (b \cdot c) = a \cdot b \cdot c = (a \cdot b) \cdot c$
Distributivgesetz:	$(a + b) \cdot c = a \cdot c + b \cdot c$

Umformungen in Produkten
Gleiche Faktoren können zu Potenzen zusammengefasst werden.

$$4a \cdot 2b \cdot a \cdot \tfrac{1}{2}b \cdot 2a = 8 \cdot a \cdot a \cdot a \cdot b \cdot b = 8a^3 b^2$$

Gleichartige Terme
Zwei Produkte, in denen genau die gleichen Variablen in jeweils gleicher Potenz auftreten, nennt man **gleichartig**. Sie können addiert bzw. subtrahiert werden.

$$3a \cdot 2b - \tfrac{1}{2}b \cdot 4a + 2ab^2 = 6ab - 2ab + 2ab^2 = 4ab + 2ab^2$$

4ab und $2ab^2$ sind nicht gleichartig.

Klammerregeln
Steht ein **Plus** vor der Klammer, können die Klammern einfach weggelassen werden.

$a + (b + c) = a + b + c$
$a + (b - c) = a + b - c$

$-3k + (5 + 2k) = -3k + 5 + 2k = -k + 5$
$7r + (2s^2 - 3{,}5r) = 7r + 2s^2 - 3{,}5r = 2s^2 + 3{,}5r$

Steht ein **Minus** vor der Klammer, so ändert man die Vorzeichen in der Klammer und lässt die Klammern und das Minuszeichen vor der Klammer weg.

$a - (b + c) = a - b - c$
$a - (b - c) = a - b + c$

$x^2 - (2x^2 + y^2) = x^2 - 2x^2 - y^2 = -x^2 - y^2$
$-2u - (uv^2 - 2u) = -2u - uv^2 + 2u = -uv^2$

Ausmultiplizieren und Ausklammern
Mit Hilfe des Distributivgesetzes können Summen mit einem Term multipliziert werden: Man multipliziert jeden Summanden mit dem Term und addiert die dabei entstehenden Produkte. Diese Umformung eines Produktes in eine Summe nennt man Ausmultiplizieren.

$6z \cdot (2x + \frac{1}{3}z) = 12xz + 2z^2$
$(3a - 2b^2) \cdot 2a = 6a^2 - 4ab^2$
$pq - p \cdot (q - 3p) = pq - pq + 3p^2 = 3p^2$
$pq - p \cdot (q - 3p) = pq - (pq - 3p^2) = pq - pq + 3p^2 = 3p^2$

Formt man mit Hilfe des Distributivgesetzes eine Summe in ein Produkt um, so spricht man vom Ausklammern. Voraussetzung dafür ist, dass alle Summanden einen gemeinsamen Faktor besitzen.

$4r^2 - 6r = 2 \cdot (2r^2 - 3r)$ *oder auch*
$4r^2 - 6r = 2r \cdot (2r - 3)$

Multiplizieren von Summen
Zwei Summen werden multipliziert, indem man jeden Summanden der ersten Summe mit jedem Summanden der zweiten Summe multipliziert und die dabei entstehenden Produkte addiert:

$$(a + b) \cdot (x + y) = ax + ay + bx + by$$

$(u + 2v) \cdot (u - v)$
$= u \cdot u - u \cdot v + 2v \cdot u - 2v \cdot v$
$= u^2 - uv + 2uv - 2v^2 = u^2 + uv - 2v^2$

$(-2 - k)(2k - 4)$
$= -4k + 8 - 2k^2 + 4k = 8 - 2k^2$

Aufgaben zum Üben und Wiederholen

1
Prüfe, ob die Terme äquivalent sind.
a) $-3\cdot(s+2)\cdot 2$ und $-\frac{1}{2}\cdot s\cdot 12-3\cdot 4$
b) $-\frac{1}{2}r+3r-5$ und $7-1\frac{1}{4}r-2-1\frac{1}{4}r$
c) $\frac{4}{5}pu^2-\left(60\,\%\cdot pu^2-\frac{3}{8}p^2u^2\right)$ und
$\left(\frac{1}{2}pu\right)^2+\frac{1}{2}u^2\cdot 2p+0{,}125\,p^2u^2-80\,\%\cdot pu^2$

2
Nils zeigt, dass die Terme
$T_1(x)=2x^3-4x^2+3$ und $T_2(x)=2x-1$
für $x=-1$, $x=1$ und $x=2$ jeweils den gleichen Wert besitzen. Er behauptet daraufhin, dass die beiden Terme äquivalent sind.
a) Berechne selbst die Termwerte für die angegebenen Werte von x.
b) Was sagst du zu Nils' Behauptung? Begründe deine Antwort.

3

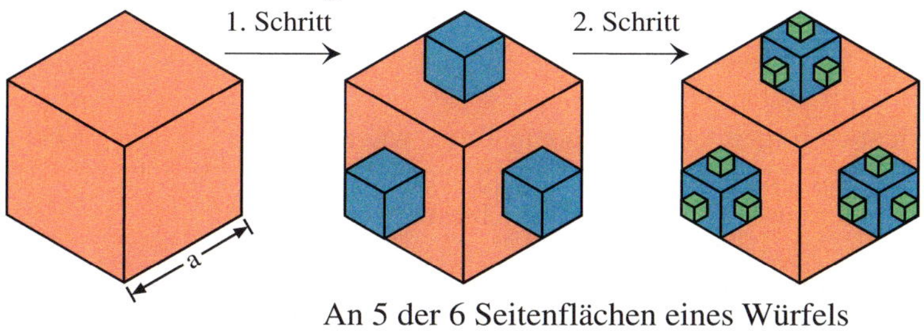

An 5 der 6 Seitenflächen eines Würfels wird je ein kleinerer Würfel angefügt, dessen Seitenlänge $\frac{1}{3}$ der ursprünglichen beträgt (mittlerer Körper). Aus ihm erhält man auf die gleiche Weise den rechten Körper.
a) Berechne Volumen und Oberfläche der drei Körper.
b) Wie groß ist der Volumenzuwachs beim vierten Schritt? Gib ihn in Prozent an.
c) Wie groß muss die Kantenlänge a gewählt werden, damit der mittlere Körper ein Volumen von $32\,cm^3$ besitzt?

4
Fasse so weit wie möglich zusammen.
a) $4^2z^2y-3y\cdot 2yz-2yz+4y\cdot 2z^2+zy$
b) $2(3x-5y)+3(0{,}4-1)-10y+15$
c) $4r^2s-(3rs^2+r^2s^2)-(r^2s-5r^2s^2)$
d) $-2p\cdot(q-p)+\frac{1}{4}\cdot(p^2-4)\cdot 2+55\,\%$
e) $(2x-y)\cdot(-x+2y)-(x^2+y^2)$
f) $-(u^2+v)+(uv-v^2)-2(v^2-u^2)-3vu$
g) $a^2b^2-(a^2-5ab^2)(-3ba^2+b^2)+5b^2a^2\cdot ab$

Die Lösungen zu den Aufgaben dieser Seite findest du auf den Seiten 201 und 202.

5
Gib einen möglichst einfachen Term für den Inhalt der gefärbten Fläche an.

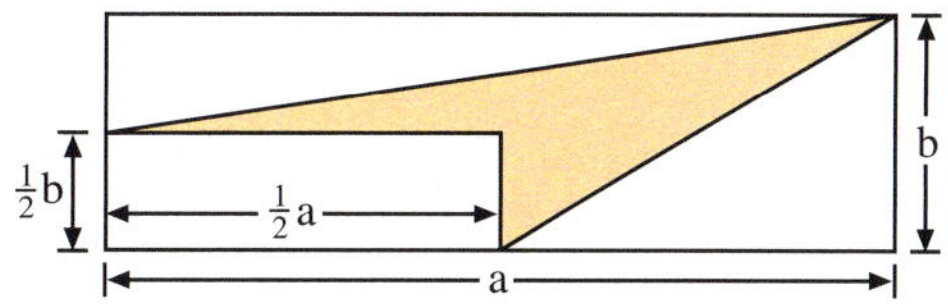

6
Welche Änderungen an den Termen T_2 könntest du vornehmen, damit äquivalente Terme entstehen?
a) $T_1(a)=2\cdot(3a-5)-\frac{1}{3}\cdot a\cdot 6$ und
$T_2(a)=-2a+2\cdot 3+4a-1$
b) $T_1(k)=(2k)^2-2k^2-2k$ und
$T_2(k)=-2k+k\cdot(k-1)+2k$

7
Berechne die Termwerte für $a=-1$; $b=0{,}5$ und $c=2$.
a) $5a\cdot 2b^2c-5ba^2\cdot c-2{,}5b\cdot cb\cdot a$
b) $-2\cdot\left(\frac{1}{4}ac-\frac{1}{4}bc\right)+\frac{1}{4}(a\cdot 2c-2bc)$
c) $-\frac{1}{2}\cdot(c-2)\cdot 5+6a+c\cdot\left(b-\frac{1}{2}\right)$
d) $(2ab)^2-(b^2\cdot 70\,\%\cdot a^2-4c)-c:\frac{1}{4}$
e) $8(a+1)-(b-0{,}5)\cdot 2a^3bc^2+3a^2b\cdot 2ac^2$

8
Die Terme $T_1(r)=10-\frac{7}{2}r-2^3+4r$ und $T_2(r)=5r-\frac{3}{2}-r\cdot 2+0{,}5-r$ sind gegeben.
a) Stelle T_1 und T_2 graphisch dar.
b) Sind die Terme äquivalent? Begründe.

9
Sind die Umformungen richtig?
Wenn nicht, beschreibe die Fehler.
a) $2{,}4+0{,}6\cdot a+b=3a+b=3ab$
b) $2k-(k+7)+k=2k-k+7+k=7+k$
c) $3\cdot(4\cdot z-x)=12\cdot 3z-3x=36z-3x$
d) $(2+x)\cdot 2^2\cdot(-3+y)=(4+2x)\cdot(2y-6)$
e) $5x^2y-4\cdot\left(\frac{1}{4}x^2\cdot\frac{1}{4}y\right)=5x^2y-x^2y=5$

10
In einem Dreieck wird die Höhe auf ein Drittel verkürzt. Kann man die Länge der Grundlinie so ändern, dass das neue Dreieck den gleichen Flächeninhalt besitzt wie das ursprüngliche? Begründe.

1 Gleichungen und Lösungen

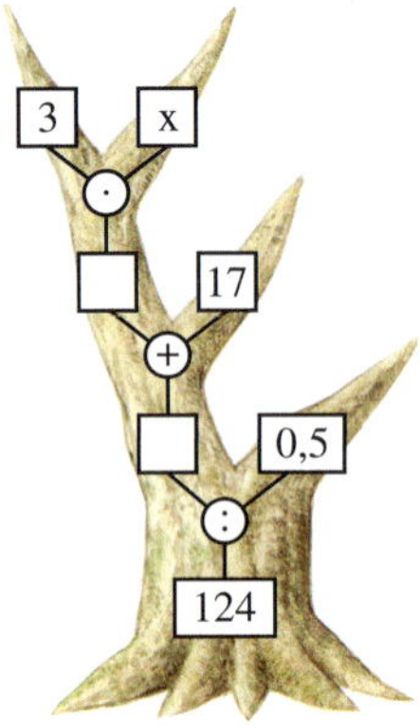

1

Mit dem nebenstehenden Rechenbaum wird ein Term mit der Variablen x beschrieben. Untersuche, für welchen Wert von x der Wert des Terms gleich 124 ist.

2

Auf der Tafel steht fünfmal das Gleichheitszeichen. Was sagst du dazu?

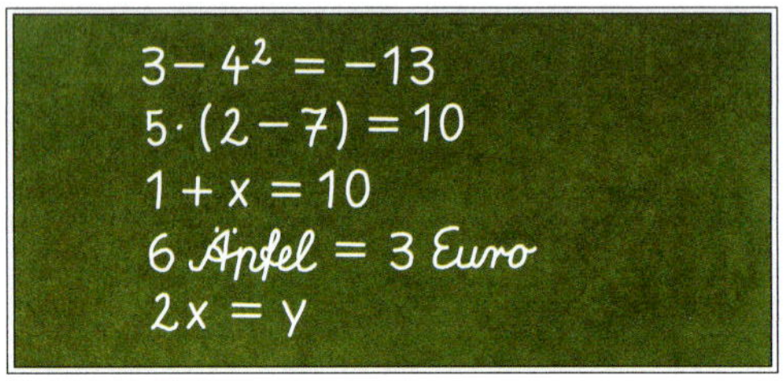

3

Wenn man das Dreifache einer unbekannten Zahl von 5 subtrahiert, erhält man um 10 mehr als das Doppelte der Zahl.
Untersuche dazu die Werte der Terme
$T_1(x) = 5 - 3x$
und
$T_2(x) = 2x + 10$
für $x = -3, -2, \ldots, 3$
und finde heraus, ob für einen Variablenwert die Termwerte gleich groß sind.

$x - 8 \longrightarrow 2 - 8 = -6$
↑
②

Bisher haben wir in einen Term mit einer Variablen einen Wert für die Variable eingesetzt und mit dieser Einsetzung den Termwert berechnet.

Umgekehrt kann man sich auch fragen, ob es zu einem Term, wie z. B. zu $x - 8$, eine Einsetzung für x so gibt, dass man einen bestimmten vorgegebenen Termwert, wie z. B. 15, erhält. Diese Fragestellung kann man als **Gleichung** aufschreiben:

$x - 8 = 15.$

Ersetzt man in dieser Gleichung die Variable x durch 23, so ergibt sich die richtige Aussage

$23 - 8 = 15.$

Man nennt die Zahl 23 dann eine **Lösung der Gleichung**.

Man sagt auch, die Zahl 23 „löst die Gleichung“ $x - 8 = 15$.

Eine Gleichung besteht aus zwei Termen, die durch ein Gleichheitszeichen miteinander verbunden sind. Dabei muss wenigstens in einem der beiden Terme eine Variable vorkommen.

$2x + 3 = 27$ oder $-7 + 4x = 2x + 5$ oder $4 - x^2 = x^3 + 3$

sind Beispiele für Gleichungen.

Ergeben sich aus dem Einsetzen einer Zahl (oder einer Größe) für die Variable die gleichen Termwerte auf beiden Seiten der Gleichung, so nennt man die Zahl (oder Größe) eine Lösung der Gleichung.

Sucht man nach der Lösung einer Gleichung, so sagt man auch, „man löst die Gleichung“.

Während man leicht erkennt, dass 23 die Lösung der Gleichung $x - 8 = 15$ ist oder dass zu der Gleichung $x^2 = 4$ die beiden Zahlen -2 und 2 Lösungen sind, kann man bei komplizierteren Gleichungen, wie z. B. bei $x^2 + 3x = 8$ oder $-7 + 4x = 2x + 5$, nicht unmittelbar die Lösungen erkennen.
Zwei einfache Strategien können hilfreich sein, um solche Gleichungen exakt oder zumindest näherungsweise zu lösen.
Wir wenden diese Strategien hier auf die Gleichung $-7 + 4x = 2x + 5$ an:

Strategie: *Systematisches Probieren*

Erste Vorgehensweise:

$-7 + 4x = 2x + 5$:

für x einsetzen	linke Seite		rechte Seite	
$x = -2$:	-15	$\neq$	1	Die linke Seite wächst stärker; die beiden Werte kommen sich näher.
$x = -1$:	-11	$\neq$	3	
$x = 0$:	-7	$\neq$	5	
$x = 5$:	13	$\neq$	15	
$x = 6$:	17	$=$	17	Hier stimmen die Werte überein.
$x = 7$:	21	$\neq$	19	Die Werte entfernen sich voneinander.
$x = 8$:	25	$\neq$	21	

Die Zahl 6 ist also eine Lösung der Gleichung. Da die linke Seite stärker anwächst als die rechte Seite, wenn man größere x-Werte einsetzt, ist 6 die einzige Lösung.

Strategie: *Veranschaulichen durch eine Zeichnung*

Zweite Vorgehensweise:

Die Zuordnungen des Variablenwertes zu den Termwerten von $T_1(x) = -7 + 4x$ bzw. von $T_2(x) = 2x + 5$ kann man in einem gemeinsamen Koordinatensystem darstellen.

$T_1(x) = -7 + 4x$:

x	-2	-1	0	7
$T_1(x)$	-15	-11	-7	21

$T_2(x) = 2x + 5$:

x	-2	-1	0	7
$T_2(x)$	1	3	5	19

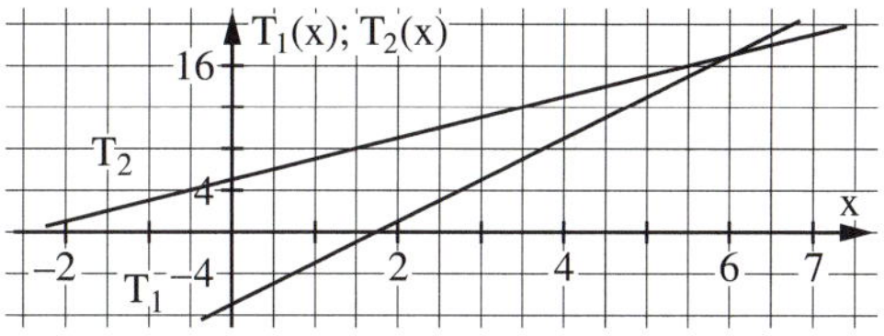

Tipp: *Manchmal ist es sinnvoll, auf den beiden Koordinatenachsen verschiedene Einheiten zu wählen.*

Der x-Wert des Schnittpunktes der beiden Graphen ist die Lösung der Gleichung, denn für diesen x-Wert haben der Term auf der rechten und der auf der linken Gleichungsseite den gleichen Wert. Hier erkennt man noch besser, dass es nur eine Lösung gibt.

Bemerkung

Auch aus Termen mit mehreren Variablen können Gleichungen gebildet werden,
z. B. $4 - x + y^2 = y + 3$ oder $z + x - a + 5 = 0$.
Jede Kombination von Zahlen, deren Einsetzung für die Variablen die gleichen Termwerte auf den beiden Gleichungsseiten ergibt, nennt man dann eine Lösung der Gleichung. So sind beispielsweise zu der Gleichung
$4 - x + y^2 = y + 3$ die Paare $(x = 1;\ y = 0)$ wegen $4 - 1 + 0 = 0 + 3$
und $(x = 3;\ y = 2)$ wegen $4 - 3 + 2^2 = 2 + 3$ Lösungen.

Der Einkauf von Klaus:

Was kostet eine Semmel?

Beispiel 1

Klaus kauft beim Bäcker Hörnchen zu je 0,80 € und Semmeln. Er zahlt 4,40 €. Verwende für den Preis einer Semmel die Variable x und beschreibe die Situation als Gleichung.

Lösung:

Gleichung: $\underbrace{8 \cdot x + 2 \cdot 0{,}80}_{\text{Preis der Semmeln und Hörnchen}} = \underbrace{4{,}40}_{\text{Gesamtpreis}}$

Die Semmeln kosten 4,40 € – 1,60 € = 2,80 €.

Also $8 \cdot x = 2{,}80$

Daher $x = 2{,}80 : 8$

Eine Semmel hat also 0,35 € gekostet.

Beispiel 2

Suche nach Lösungen der Gleichung $x^2 + 4 = 5x$.

Lösung:

$x = -10$:	$104 \neq -50$	Solange x negativ ist, ist die rechte Seite negativ, die linke jedoch positiv.
$x = -5$:	$29 \neq -25$	
$x = 0$:	$4 \neq 0$	
$x = 1$:	$5 = 5$	Lösungen
$x = 2$:	$8 \neq 10$	
$x = 3$:	$13 \neq 15$	
$x = 4$:	$20 = 20$	Lösungen
$x = 5$:	$29 \neq 25$	Die linke Seite wächst stärker als die rechte.
$x = 8$:	$68 \neq 40$	

Aufgaben

Lösungssalat zu 4:

a)

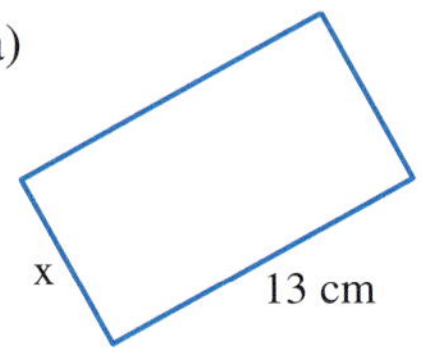

b)

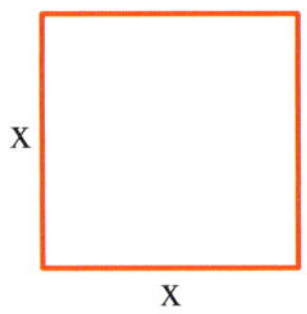

c)

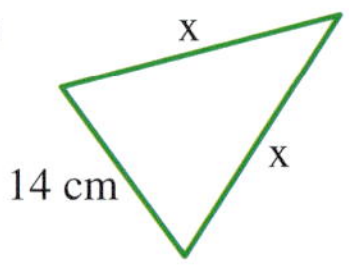

waagrecht:
1 $4 \cdot x = 56$
3 $101 - x = 2$
5 $51 = x : 20$
7 $-6 \cdot x = -288$
8 $x \cdot 13 = -169$
9 $128 - x = 162$
11 $(-87) : x = -3$
12 $x : 33 = 34$
15 $8 = x : 92$
16 $9 = x : 9$
17 $13 + x = -86$

senkrecht:
1 $x + 90 = 200$
2 $2^3 \cdot 5 = x$
3 $x \cdot 8 = 720$
4 $229 + x = 146$
6 $79 + x = 312$
7 $458 = x : 9$
9 $(-3) \cdot x = 2793$
10 $-5 + x = 36$
11 $-192 + x = 86$
13 $27 \cdot 7 = x$
14 $(-1344) : x = -56$

4
Löse die Gleichungen im Kopf:
a) $x - 3 = 11$ b) $17 = 4x + 1$
c) $36 = (-9) \cdot x$ d) $21 : x = 3{,}5$
e) $10\,\% \cdot x = 80$ f) $2x + 1 = -9$
g) $2^x = 8$ h) $x^3 = -1$
i) Erfinde selbst einfache Gleichungen und gib sie deinem Nachbarn zum Lösen.

5
Bilde eine Gleichung, die das Zahlenrätsel beschreibt, und löse sie.
a) Das Achtfache einer gesuchten Zahl ist 96.
b) Ein Drittel einer gesuchten Zahl ist 18.
c) Wenn man von einer gesuchten Zahl 88 subtrahiert, erhält man die Zahl -32.
d) Die Zahl 45 ist so groß wie die Summe einer unbekannten Zahl und der Zahl 111.

6
Der Umfang der Figuren auf dem Rand beträgt jeweils 36 cm. Wie lang ist die mit x bezeichnete Seite?

7
Schreibe ein Zahlenrätsel zu der Gleichung auf.
a) $x - 56 = 166$ b) $3x + 5 = 92$
c) $-33 = x : 11$ d) $(3x - 3) : 4 = 2x$

8
Die Gleichungen haben nur eine Lösung. Zeichne das Kreuzzahlrätsel in dein Heft ab und trage die Lösungen ein. Jedes Minuszeichen benötigt ein eigenes Kästchen.

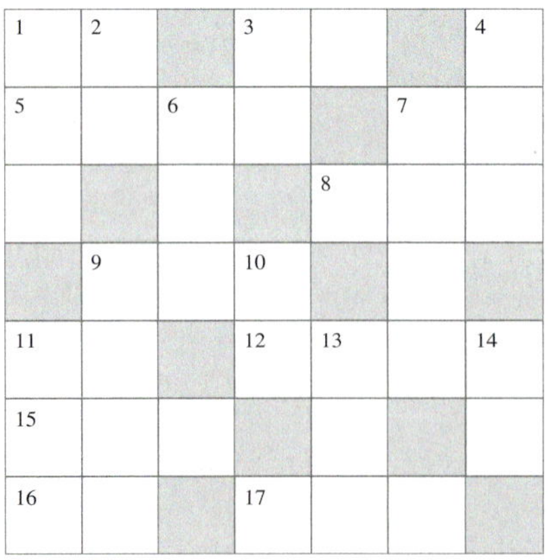

9
Suche nach Lösungen der Gleichung $j = 2m$. Beschreibe die Bedeutung der Gleichung und der Lösungen in Worten, wenn die Variable j für die Anzahl der Jungen und die Variable m für die Anzahl der Mädchen in einer Schulklasse steht.

10
Suche nach Lösungen der Gleichungen.
a) $x - 4 = y$ b) $3y + 1 = 6 - 2x$

11
Löse die Gleichungen durch systematisches Probieren oder durch Darstellung der beiden Terme in einem gemeinsamen Koordinatensystem.
a) $7 + x = 3x + 3$ b) $3 - 4x = 4x + 1$
c) $15 - 2x = x^2$ d) $3^x + 9 = 90$

12 🖩
a) Untersuche, zwischen welchen benachbarten ganzen Zahlen die Lösung der Gleichung jeweils liegt.
I $\frac{2}{7} \cdot x + 5 = 2x$ II $0{,}3 - 0{,}8x = 4 + x$
b) Versuche, die Lösungen mit einem Taschenrechner noch stärker einzugrenzen.

13
Untersuche die Gleichung
$0{,}5x^2 - 2x + 4 = 1{,}25x$ durch eine geeignete graphische Darstellung.
Bestimme die Lösungen.

14
Suche durch systematisches Probieren nach Lösungen der folgenden Gleichungen.
Was fällt dir auf? Beschreibe die Besonderheiten.
a) $4 + x = x - 2$
b) $2(x + 3) = 6 + 2x$
*c) $x^2 - 3x + 2 = 4 - x(3 - x)$

G 15
a) Welche Lage können achsensymmetrische Geraden bezüglich der Achse haben? Zeichne verschiedene Fälle.
b) Zwei Winkel $\sphericalangle$ ASB und $\sphericalangle$ PSQ sind symmetrisch zur Achse a. Was lässt sich folgern? Skizziere die Situation.

2 Äquivalente Gleichungsumformungen

1

Auf der abgebildeten Tafelwaage befinden sich insgesamt zehn gleich schwere Dosen mit unbekannter Masse sowie Gewichtsstücke der Masse 1 kg. Die Waage befindet sich im Gleichgewicht.
Wie kann man die Masse einer Dose bestimmen?

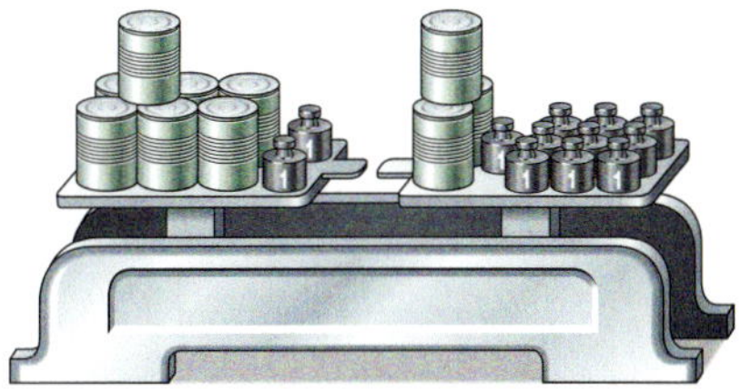

Einfache Gleichungen wie $x + 14 = 29$ und $5 \cdot x = 4$ kann man lösen, indem man $x = 29 - 14$ bzw. $x = 4 : 5$ berechnet.
Eine kompliziertere Gleichung wie $6(x + 2) - 9 = 11 + 2x$ versucht man schrittweise in eine einfachere Gleichung umzuwandeln, ohne dass sich dabei die Lösungen ändern. Jede solche Umwandlung einer Gleichung, bei der die Lösungen die gleichen bleiben, nennt man eine **Äquivalenzumformung**.

Zuerst kann man versuchen, die auftretenden Terme auf den beiden Seiten der Gleichung durch einfachere, äquivalente Terme zu ersetzen. Da sich dadurch die Werte der Terme bei Einsetzung von Zahlen nicht verändern, ändern sich auch die Lösungen der Gleichung nicht.

$$6(x + 2) - 9 = 11 + 2x$$
$$6x + 3 = 11 + 2x$$

Diese Gleichung lässt sich mit Hilfe einer Waage veranschaulichen:

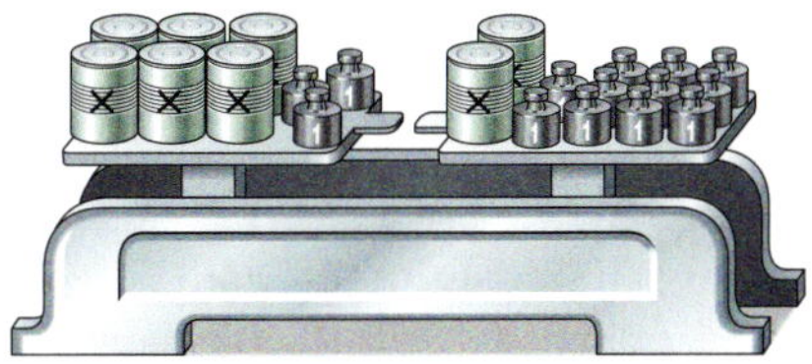

*Wenn man auf **beiden** Seiten der Waage jeweils zwei der unbekannten Massen wegnimmt, so bleibt die Waage im Gleichgewicht.*

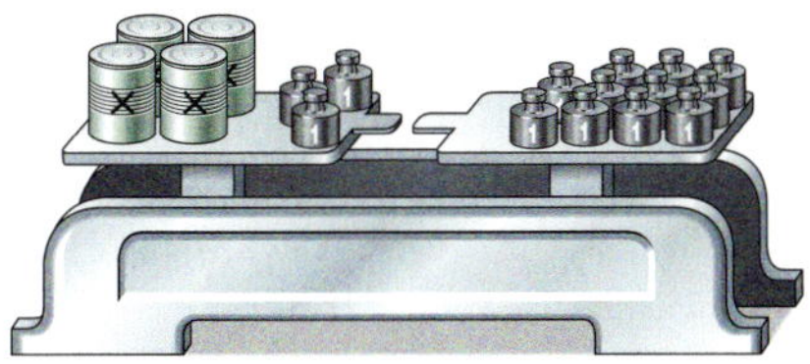

Das Wegnehmen von zwei Dosen bedeutet für die Gleichung, von den beiden Seiten jeweils den Term $2x$ zu subtrahieren:

$$6x + 3 - 2x = 11 + 2x - 2x$$
$$4x + 3 = 11$$

*Ebenso bleibt die Waage im Gleichgewicht, wenn man auf den **beiden** Seiten jeweils drei der 1-kg-Massen entfernt.*

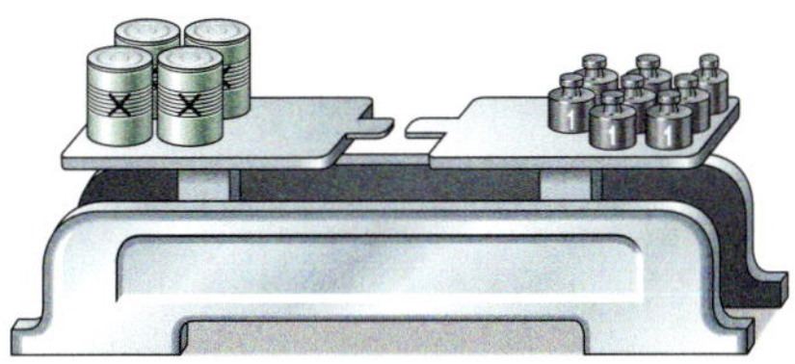

Nun wird von beiden Seiten der Gleichung jeweils die Zahl 3 subtrahiert:

$$4x + 3 - 3 = 11 - 3$$
$$4x = 8$$

Man erkennt:
Subtrahiert man den gleichen Term oder die gleiche Zahl von beiden Seiten einer Gleichung, so bleibt deren Lösung gleich. Ebenso verändert sich die Lösung nicht, wenn man auf beiden Seiten der Gleichung den gleichen Term oder die gleiche Zahl addiert.

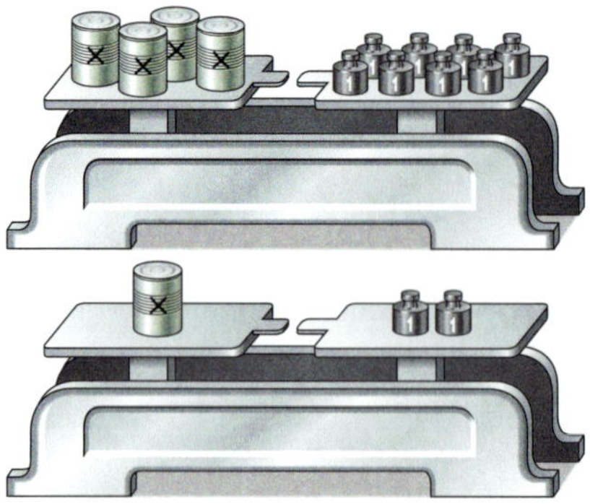

Es ergibt sich wieder ein Gleichgewicht, wenn man ein Viertel der linken Seite bzw. ein Viertel der rechten Seite übrig lässt.

Für die Gleichung bedeutet dieses Vorgehen, beide Seiten jeweils durch die Zahl 4 zu dividieren:

$$4x = 8$$
$$4x : 4 = 8 : 4$$
$$x = 2$$

Würde man mit 0 multiplizieren, so ginge die ursprüngliche Gleichung in „0 = 0“ über und somit verloren.

Dividiert man beide Seiten einer Gleichung durch die gleiche Zahl ($\neq 0$), so bleibt die Lösung gleich. Ebenso verändert sich die Lösung nicht, wenn man beide Seiten der Gleichung mit der gleichen Zahl ($\neq 0$) multipliziert.

Vor einer Äquivalenzumformung, bei der auf ***beiden*** *Seiten der Gleichung die gleiche Rechenoperation durchgeführt wird, schreibt man kurz mit einem senkrechten Strich:*
$3x + 2 = 2x - 15 \mid -2x$
$x + 2 = -15$

Als Äquivalenzumformung bezeichnet man jede Umformung einer Gleichung, nach der sie die gleichen Lösungen besitzt wie vorher.
Wichtige Äquivalenzumformungen von Gleichungen sind
- Termumformungen z. B. $3(4x - 2) = x + x - x^2$
  $12x - 6 = 2x - x^2$
- Addition oder Subtraktion eines Terms oder einer Zahl auf **beiden** Seiten der Gleichung z. B. $4 + x + 3x^2 = 16 - 2x \mid +2x$
  $4 + 3x + 3x^2 = 16$
- Multiplikation der **beiden** Seiten der Gleichung mit einer Zahl ($\neq 0$) oder Division **beider Seiten** durch eine Zahl ($\neq 0$) z. B. $8x = 72 \mid :8$
  $x = 9$

Beachte: Bei der Multiplikation oder Division der beiden Seiten einer Gleichung kann es Probleme geben.
So sind zum Beispiel für die Gleichung $x^2 = 2x$ die Zahlen 0 und 2 Lösungen. Nach Division durch x erhält man die Gleichung $x = 2$, für die 0 offenbar keine Lösung ist. Der Grund dafür ist, dass für $x = 0$ die Gleichung durch null dividiert worden wäre.

Beispiel 1
Löse die Gleichung.
a) $2 = 4x + 2x + 0{,}5x$
b) $-2y + 5 = -3y - 2$
Lösung:
a) Zusammenfassung der x-Terme:
$2 = 6{,}5x$
Division durch 6,5 und Vertauschen:
$x = 2 : 6{,}5$
Die Zahl $\frac{4}{13}$ ist also eine Lösung.
b) $-2y + 5 = -3y - 2 \quad \mid +3y$
$y + 5 = -2 \quad \mid -5$
$y = -7$
Die Zahl -7 ist eine Lösung der Gleichung.

Jederzeit dürfen die beiden Seiten einer Gleichung auch vertauscht werden:
$8 = 4x$
$4x = 8$

Beispiel 2
Untersuche, ob die beiden Gleichungen
I $x^3 - 2x - 1 = 0$ und
II $2x(x^2 - 1) = x^3 + 1$
die gleichen Lösungen besitzen.
Lösung:
Gleichung II wird umgeformt:
$2x^3 - 2x = x^3 + 1 \quad \mid -(x^3 + 1)$
$2x^3 - 2x - (x^3 + 1) = 0$
$2x^3 - 2x - x^3 - 1 = 0$
$x^3 - 2x - 1 = 0$
Da sich auf diese Weise durch Äquivalenzumformungen die Gleichung I ergeben hat, besitzen die beiden Gleichungen die gleichen Lösungen.

Aufgaben

2
Wie viele Kugeln wiegt ein Klötzchen?

a)
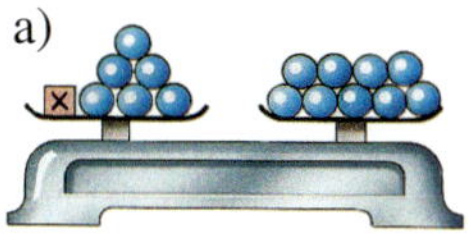

b)
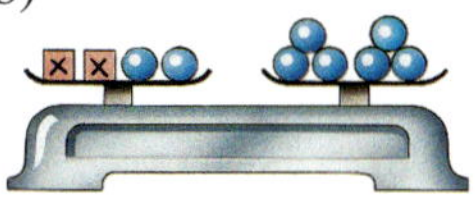

c)
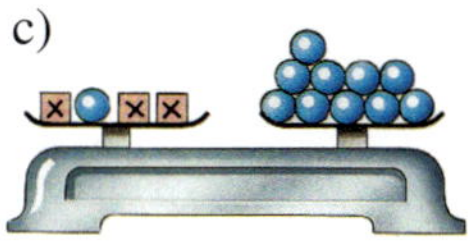

d)
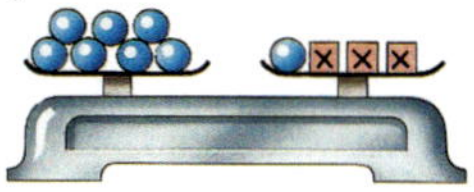

3
Gib jeweils an, durch welche Äquivalenzumformung man die zweite Gleichung aus der ersten erhält, und bestimme die in der ersten Gleichung fehlende Zahl.

a) $x - 6 = ☺ \mid ??$
$x = 8$

b) $\frac{1}{4}x = ☺ \mid ??$
$x = 8$

c) $☺ = 0{,}3\,x \mid ??$
$x = 3$

d) $x + \frac{1}{8} = ☺ \mid ??$
$x = \frac{3}{4}$

4
Löse jeweils die Gleichung.

a) $x - 4{,}5 = 12{,}3$
b) $4x = 3{,}2 - \frac{3}{8}$
c) $2x + 5 = 5$
d) $x + \frac{11}{6} = -\frac{4}{3}$

5
Sollte man zum Lösen der Gleichung $3x + 5 = 6$ zunächst durch 3 dividieren oder 5 subtrahieren?
Erkläre deine Einschätzung.
Was wäre jeweils der folgende Schritt?

6
Die Gesamtlänge der Kanten der Körper beträgt 144 cm. Berechne die Länge der mit x bezeichneten Kante.

a)
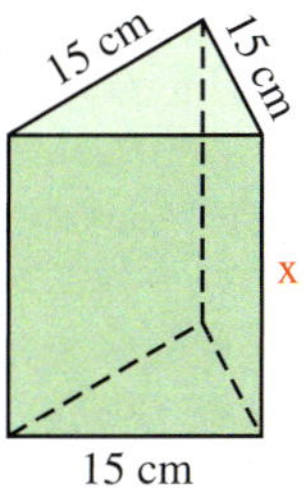

b)
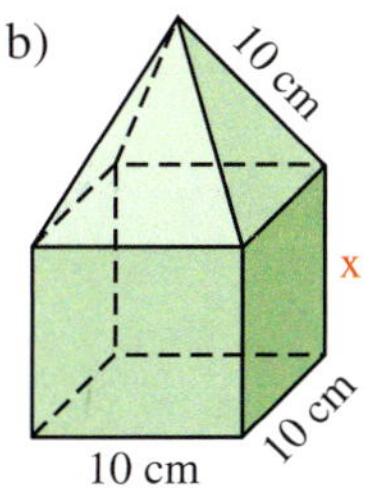

7
Hier ist einiges durcheinander gekommen. Gib jeweils die Äquivalenzumformung an, die zu einer der Gleichungen auf der rechten Seite führt. Zu einer der Gleichungen links gibt es gar keine passende zweite. Die zugeordneten Gleichungen liefern ein Lösungswort.

a) $-\frac{6}{7} + x = \frac{1}{7}$	$x = \frac{5}{7}$	M
b) $-\frac{1}{7} - x = \frac{4}{7}$	$x = -\frac{3}{7}$	T
c) $-\frac{7}{5} \cdot x = -1$	$x = -\frac{5}{7}$	A
d) $-x : \frac{7}{6} = 2$	$x = 1$	L
e) $x \cdot (-7) = 5$	$x = -\frac{6}{7}$	E

8
Untersuche, ob die beiden Gleichungen $x^2 + 2y - 4 = 12$ und $x(x - 1) = 2y + 1$ die gleichen Lösungen besitzen.

9
Max hat etwas durcheinander gebracht:

$2x = 6$	→	$x = 4$
$2 + x = 6$	→	$x = 3$

Erkläre ihm den Unterschied zwischen den beiden Gleichungen und welche Äquivalenzumformung er jeweils verwenden muss.

10
Erkläre, welcher Fehler gemacht wurde. Stelle die Rechnung richtig.

a) $x + 28 = 4$
$x = 24$

b) $3x = 18$
$x = 54$

c) $10x = 20$
$x = 10$

d) $x - 14 = -18$
$x = -4$

e) $0{,}5x = -28$
$x = -14$

f) $-6 = -14 + x$
$x = -20$

11
a) Erfinde drei unterschiedliche Gleichungen, deren Lösung die Zahl 3 ist.
b) Erfinde drei Gleichungen und wende jeweils eine Äquivalenzumformung auf diese Gleichungen an. Füge in eine Umformung einen absichtlichen Fehler ein, den dein Nachbar finden soll.

12
Die Lösungen der Gleichungen ergeben ein Lösungswort.

a) $3y + 6 = 8$ b) $4z - 1 = 2$
c) $24x - 7 = 5$ d) $5a + 4 = 8$
e) $9 + 6y = 33$ f) $12k - 49 = -7$
g) $15 + 16z = 87$ h) $20x - 59 = -13$

13
Tina ist zwei Jahre älter als Claus, Verena vier Jahre jünger. Zusammen sind sie 34 Jahre alt. Finde zunächst durch systematisches Probieren das Alter der drei Kinder heraus. Stelle anschließend eine Gleichung auf und überprüfe mit ihr die Lösung.

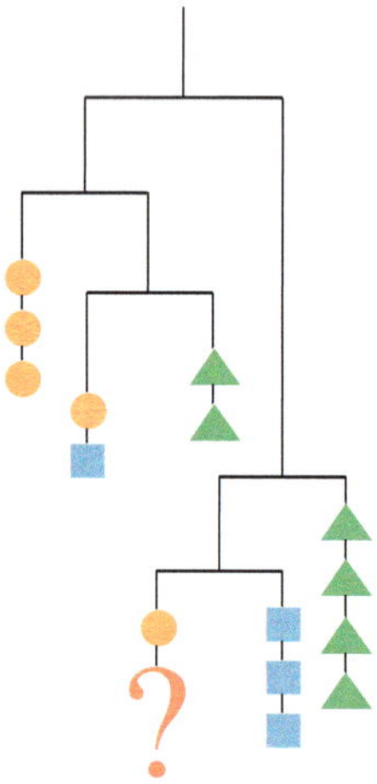

14
Das Monster von Loch Ness ist 20 Meter und seine halbe Länge lang.
Wie lang ist das Monster?

15
Durch welche Figur musst du das Fragezeichen in dem Mobile auf dem Rand ersetzen, damit es im Gleichgewicht ist?

16
Die folgenden Figuren haben alle den Umfang 42 cm.
Stelle jeweils eine Gleichung auf und berechne die unbekannte Seitenlänge x.

a)
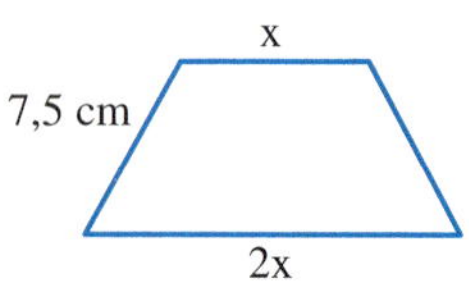

b)
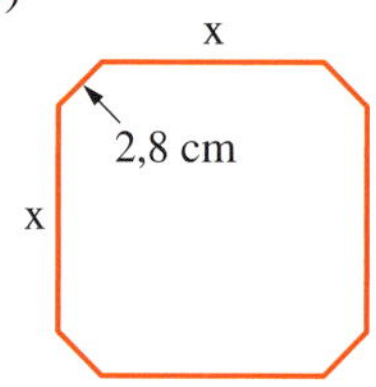

c)
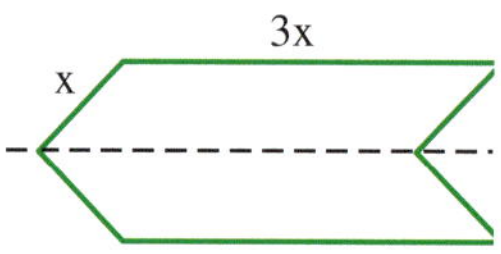

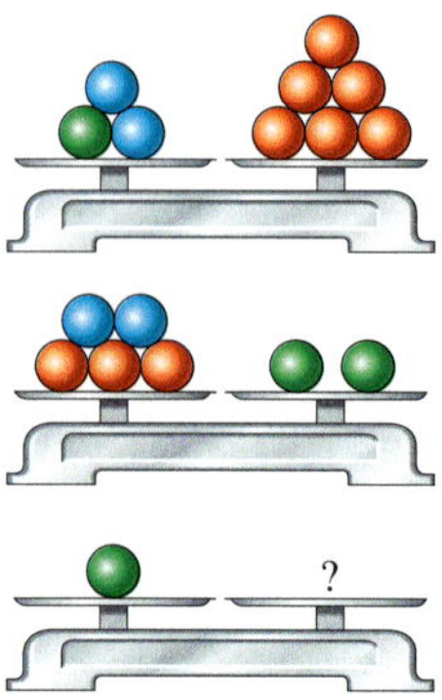

17
Kann man die Gleichung II aus der Gleichung I durch Äquivalenzumformungen erhalten?

I $3x = 12$
II $x^2 = 4x$

18
Kugeln gleicher Farbe haben auf den Waagen auf dem Rand gleich große Masse. Wofür steht das Fragezeichen?

19 Nullstellen
Äquivalenzumformungen lassen sich auch dazu nützen, eine Gleichung durch Addition und Subtraktion so umzuformen, dass die Gleichung die Form $T(x) = 0$ erhält.
Die Lösungen der Gleichung nennt man dann auch Nullstellen des Terms $T(x)$.

a) Ermittle die Lösung der Gleichung $\frac{3}{2}x - 2 = 0$ näherungsweise durch graphisches Darstellen.
b) Stelle die Lösung der Gleichung $3x - 5 = -4{,}5x + 2$ in einem Koordinatensystem dar. Forme die Gleichung anschließend so um, dass auf einer Gleichungsseite 0 steht, und stelle auch dies im Koordinatensystem dar.
c) Suche näherungsweise Lösungen der Gleichung $0{,}5x^2 - 2x + 1 = 0$.
d) Welche ganze Zahl liegt möglichst nahe an einer Lösung der Gleichung $5{,}4 - 0{,}8x^2 = x(x^2 - 0{,}6)$?

20
Es gehören jeweils zwei Gleichungen, die man durch Äquivalenzumformungen in einander überführen kann, und eine ihrer Lösungen zusammen. Finde die „Drillinge“.

$6x - 3 + 2x - 4 = -7 + x$
$7x - 3x^2 = 4$
3
$1 - 2x = 2x(1 - x) + 7$
$(x - 2) \cdot (1 - 3x) = 2$
0
$7x = 0$
$2x^2 - 4x - 6 = 0$
1

G 21
Leo setzt aus 54 Würfeln der Kantenlänge 0,02 m einen Quader zusammen.

a) Wie viele verschiedene Quader kann er bauen? Skizziere für eine dieser Möglichkeiten ein Schrägbild.
b) Bei welcher der Möglichkeiten erhält man das größte Quadervolumen? Begründe. Gib den Wert dieses Volumens an.

3 Systematisches Lösen linearer Gleichungen

1
Katharina, Alexander, Benjamin und Franziska haben verschiedene Umformungen vorgeschlagen, um die Ausgangsgleichung $3x - 6 = 6 + 9x$ zu lösen.

a) Führe die vorgeschlagenen Umformungen durch und erkläre, welches Vorgehen dir am geeignetsten erscheint, um eine Lösung der Gleichung zu finden.

b) Sind alle vorgeschlagenen Umformungen auch Äquivalenzumformungen?

Wir haben gesehen, dass Äquivalenzumformungen die Lösung einer Gleichung unverändert lassen. Dies nutzen wir nun, um bestimmte Gleichungstypen systematisch zu lösen.

> Die Lösung einer Gleichung bestimmt man häufig dadurch, dass man durch eine Reihe von Äquivalenzumformungen schließlich eine Gleichung der Form $x = \ldots$ erhält, deren Lösung man sofort ablesen kann.

Welche Umformungen man an einer bestimmten Stelle vornimmt, hängt von den jeweiligen Termen auf den beiden Seiten der Gleichung ab.
Meist ist es sinnvoll, zunächst die Terme durch Auflösen von Klammern und Zusammenfassen umzuformen. Das folgende Beispiel zeigt das Vorgehen:

$$\begin{aligned}(5x - 4)\cdot 2 + 11 &= 1 + 2x + 4\\ 10x - 8 + 11 &= 5 + 2x\\ 10x + 3 &= 5 + 2x\end{aligned}$$

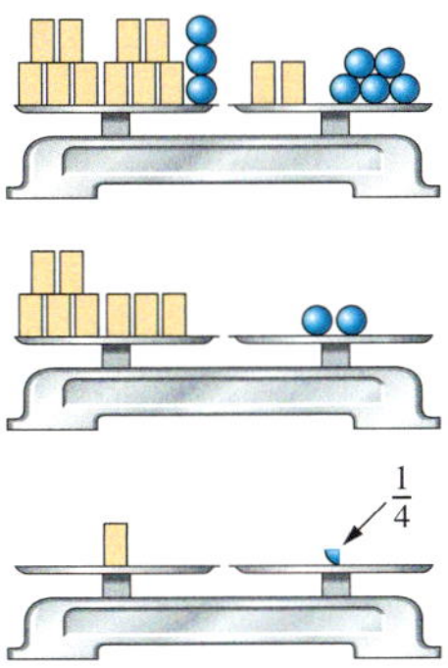

Man kann dann durch Addition und Subtraktion erreichen, dass nur noch die Variable oder ein Vielfaches von ihr auf einer Seite der Gleichung steht.

$$\begin{aligned}10x + 3 &= 5 + 2x \quad &|-2x\\ 8x + 3 &= 5 &|-3\\ 8x &= 2\end{aligned}$$

Die Lösung lässt sich anschließend durch Division (oder Multiplikation) leicht ermitteln.

$$\begin{aligned}8x &= 2 \quad |:8\\ x &= \tfrac{1}{4}\end{aligned}$$

Also löst die Zahl $\frac{1}{4}$ die Gleichung.

Durch Einsetzen in die ursprüngliche Gleichung überprüft man das Ergebnis.

l. S.: $\left(5\cdot\frac{1}{4} - 4\right)\cdot 2 + 11 = \left(-\frac{11}{4}\right)\cdot 2 + 11 = \frac{11}{2}$

r. S.: $1 + 2\cdot\frac{1}{4} + 4 = 1 + \frac{1}{2} + 4 = 5\frac{1}{2} = \frac{11}{2}$

Eine Gleichung, in der wie in der eben gelösten die Variable x nach dem Ausmultiplizieren von Klammern nur in der Form $a\cdot x$ vorkommt, heißt **lineare Gleichung**.
So ist $4x - 3 = x - 5 + 3x$ eine lineare Gleichung, nicht jedoch $x^2 - 5 = 6x + 3$ oder $3x(x - 2) = 1$. Dies sind Beispiele für quadratische Gleichungen.
Das eben gezeigte Vorgehen lässt sich zur Lösung linearer Gleichungen immer durchführen.

Es gibt häufig auch Gleichungen, die sich durch Äquivalenzumformungen in eine lineare Gleichung umwandeln lassen. So wird die Gleichung $x^2 - 4 = x^2 + 3x + 7 \;|-x^2$ zu $-4 = 3x + 7$, also zu einer linearen Gleichung, die sich mit dem beschriebenen Verfahren lösen lässt.

Eine lineare Gleichung mit der Variablen x löst man in drei Schritten:

$4 - 2(x+3) = x - 5 + 6x$

1. Termumformungen bis die Gleichung die Gestalt $ax + b = cx + d$ besitzt

   $-2x - 2 = 7x - 5$

2. Addition bzw. Subtraktion sowie Zusammenfassen so, dass nur noch die Variable oder ein Vielfaches von ihr auf nur einer Seite der Gleichung steht

   $-2x - 2 = 7x - 5 \quad |-7x + 2$

   $-9x = -3 \quad |:(-9)$

3. Division durch den Faktor des x-Terms

   $x = \frac{1}{3}$

Probe durch Einsetzen

$\text{l.S.} = 4 - 2\left(\frac{1}{3} + 3\right) = 4 - \frac{20}{3} = -\frac{8}{3}$

$\text{r.S.} = \frac{1}{3} - 5 + 6 \cdot \frac{1}{3} = -\frac{14}{3} + \frac{6}{3} = -\frac{8}{3}$

Beispiele zu den Sonderfällen findest du in Aufgabe 4.

Bemerkung: Weil man ausschließlich Äquivalenzumformungen durchführt und am Ende die Form x = … erreicht wird, erkennt man außerdem, dass eine lineare Gleichung nur eine einzige Lösung hat. Ausnahmen treten nur dann auf, wenn im zweiten Schritt alle Terme mit der Variablen wegfallen. Dann löst entweder jede Zahl oder aber gar keine die Gleichung.

Carinas Rechnung:

3x − 8 = 9 |:3
x − 8 = 3
x = 11
Probe:
l.S.: 33 − 8 = 25
r.S.: 9
??

Beispiel 1

Carina hat versucht, eine lineare Gleichung zu lösen. Erkläre ihr, wo sie einen Fehler gemacht hat, und rechne richtig.

Lösung:

Carina hat im ersten Schritt nicht die linke Seite der Gleichung, sondern nur den ersten Teil (3x) durch 3 dividiert.

$(3x - 8):3 = 9:3$

$x - \frac{8}{3} = 3$

$x = 3 + \frac{8}{3} = 5\frac{2}{3}$

Beispiel 2

Löse die Gleichung $3x - 4 + 2x + 3 = \frac{3}{2}x$. Überprüfe deine Lösung.

Lösung:

$3x - 4 + 2x + 3 = \frac{3}{2}x$

$5x - 1 = \frac{3}{2}x \quad |+1 - \frac{3}{2}x$

$\frac{7}{2}x = 1 \quad |\cdot\frac{2}{7}$

$x = \frac{2}{7}$

Probe: $\text{l.S.}: \frac{6}{7} - 4 + \frac{4}{7} + 3 = \frac{10}{7} - 1 = \frac{3}{7}$

$\text{r.S.}: \frac{3}{2} \cdot \frac{2}{7} = \frac{3}{7}$

Aufgaben

2

Löse die lineare Gleichung.
Überprüfe (wie immer) deine Lösung.

a) $16 - 5v = 34 + 9v$
b) $15 - (5x + 8) = 19 + 3x$
c) $3(1 + 3z) - 4(z - 2) + 3 = 0$
d) $3 - \frac{3}{2}y = 2y + 5$
e) $7z - 21 = -21 - 17z$
f) $-32y + 8 - 8y + 2 = -5 - 10y - 5$

3

Prüfe nach, ob die Gleichung durch Äquivalenzumformungen in eine lineare Gleichung umgewandelt werden kann.

a) $(x - 3)\cdot(4 - 3x) = 3x(2 - x) + 5$
b) $x^3 + 1 = x(2 - x) + x$
c) $3x - 2[2 - 2x(x^2 - 1)] = 1 - 4x^3$

4

Die folgenden linearen Gleichungen sind Sonderfälle, in denen eine lineare Gleichung nicht genau eine Lösung besitzt. Erkläre, wie die Sonderfälle zu erkennen sind, und beschreibe den Unterschied zwischen den beiden auftretenden Fällen.

$3x - 4 = -(2 - 3x)$
$2 = 4x + 2(1 - 2x)$
$x(4 - 3x) = -3(x^2 - 2x) - 2(x + 1)$
$2x - 8 + 3x - 5x = 0$
$8x = 8\left(x - \frac{1}{2}\right) + 4$

5

Löse die Gleichung.

a) $\frac{a}{2} - (12 - a):3 = -3 + a$
b) $(5b + 2):3 - (3 - 2b):2 = (b + b)\cdot 3$

6

Löse die lineare Gleichung.

a) $4(2{,}5 - 2x) = (-2)\cdot(4x - 5)$

b) $3(x - 3) = 4x - 2(x + 1)$

c) $0{,}4z + 2 = -\frac{6}{5}z + z$

d) $2\left(1 - \frac{1}{2}x\right) - 3\left(x - \frac{1}{3}\right) = 0$

e) $2 - \left[4x - \left(3 - \frac{4}{3}x\right)\right] = 4x - \left(-3 - \frac{3}{2}x\right)$

f) $13(a - 5) - a(a - 1) + a^2 = 5$

7

Löse die lineare Gleichung.

a) $\frac{6}{5} + \frac{5}{4}x = \frac{2}{3}x$

b) $0{,}7z - 1{,}2 = 3{,}8z + 1{,}1 + 0{,}3(z - 2)$

c) $\frac{3}{4} - \frac{3}{2}(a + 3) + \frac{2}{3}a = -\frac{5}{6}(4 + a)$

d) $-1\frac{3}{4} - 0{,}8(2x - 3) = -\frac{2}{3}(2x - 5) + 0{,}3$

e) $0 = 2{,}2v - 0{,}2(8 - 2v) - \frac{8}{5}(v - 1)$

Lösungssalat zu 7:

8

Stelle zu dem Zahlenrätsel eine Gleichung auf und löse sie.

a) Das Vierfache einer Zahl ist um 18 kleiner als die Summe des 1,5fachen der gleichen Zahl und der Zahl 4.

b) Das vierfache Produkt der Summe von 2 und der Hälfte einer gesuchten Zahl ist genauso groß wie 80 Prozent der gleichen Zahl.

9

Erstelle selbst ein Zahlenrätsel, in dem die gesuchte Zahl mindestens zweimal vorkommt, und gib es deinem Nachbarn oder deiner Nachbarin zum Lösen. Überprüfe die Bearbeitung anschließend.

10

Robert versucht, auch eine „quadratische Gleichung" so zu lösen wie lineare Gleichungen.
Erkläre ihm, wo er einen schweren Fehler gemacht hat. Diskutiert in der Klasse, ob Robert zum Ziel kommen könnte, wenn er den Fehler nicht macht.

$3x^2 - 4(x+1) = 2x(x-1)$
$3x^2 - 4x - 4 = 2x^2 - 2x \quad | -2x^2 + 4x + 4$
$x^2 = 2x + 4 \quad | :x$
$x = 2 + 4$
$x = 6$

Wie kann Robert selbst feststellen, dass sein Ergebnis keine Lösung der Ausgangsgleichung ist?

11

In der folgenden Gleichung ist eine Zahl verloren gegangen.

$4x - 3 + ?\cdot x = 1 - x$

a) Bestimme die fehlende Zahl so, dass 1 die Lösung der Gleichung ist.

b) Bestimme die fehlende Zahl so, dass 0 die Lösung der Gleichung ist.

c) Bestimme die fehlende Zahl so, dass 100 die Lösung der Gleichung ist.

d) Welches ist die größtmögliche Lösung der Gleichung?

e) Bestimme die fehlende Zahl so, dass die Gleichung keine Lösung besitzt.

f) Kannst du die fehlende Zahl auch so bestimmen, dass jede Einsetzung für x eine Lösung der Gleichung ist?

Gleichungstennis

Spielt euch die Lösungen zu! Die Lösungen der einen Seite werden in die Gleichungen auf der anderen Seite eingesetzt. Die ersten Buchstaben der Lösungszahlen auf jeder Seite ergeben jeweils ein Lösungswort.

5∗ − 100 = 2(∗ + 100) → $\frac{1}{10}$(∗ − 10♠) = 10(♠ + 1)

4♦ + 7♠ = 8(4 + 10♠) → (3♦ − 7♥) = −$\frac{1}{2}$♦♥

30 + ♥ − 6♣ = ♣ − 4 → ♣✱ + 8 − ♣ = 5(✱ + 2) − 1

7✱ + 3✌ = 2(✱ + ✌ + 23) → $\frac{1}{10}$(9✌ + 1) = 10◊

12
Ermittle eine oder mehrere Lösungen der Gleichung.

a) $x(2x-2) - x^2 = x(x+1)$

b) $x(2x-2) - x^2 = \frac{1}{2}x(x+1)$

13
Bei der Lösung der folgenden Gleichungen lohnt es sich, genau hinzuschauen. Das übliche Vorgehen zur Lösung linearer Gleichungen ist nicht unbedingt das schnellste. Löse die Gleichungen.

a) $27(x+3) = 27$

b) $\frac{1}{4}x = \frac{1}{16}(x-2)$

c) $3x - x(2x+1) = 8 - x(2x+1)$

d) $\frac{1}{9}(2x-3) + 1 = \frac{1}{3}(x+2)$

e) $16(2x+3) = 16(x-1) + 32$

f) $\frac{1}{8}(x-3) + \frac{1}{2}(2-x) = \frac{1}{4}(3x+2)$

14
a) Erfinde eine lineare Gleichung mit mindestens vier Rechenzeichen, deren Lösung die Zahl 3 ist.

b) Verändere deine Gleichung so, dass die Lösung doppelt so groß ist.

15
a) Wie verändert sich die Lösung der linearen Gleichung $a \cdot x + 1 = 4$ mit der Variablen x und der Zahl a, wenn a größer wird?

b) Wie verändert sich die Lösung der linearen Gleichung $a \cdot x + b = c$ mit der Variablen x und den drei Zahlen a, b und c, wenn b bzw. c größer wird?

16
Gib drei Lösungspaare der Gleichung $3x - 5 = 4 - 2y$ an.
Gibt es auch eine Lösung der Gleichung, in der x gleich -4 ist?

17
Das Quadrat auf dem Rand soll zu einem magischen Quadrat werden. Dazu müssen für a, b und c Zahlen gefunden werden, für die die Summe in jeder Zeile, jeder Spalte und jeder Diagonalen gleich groß ist. Ermittle a, b und c und die magische Summe.

4a	18	2a
2b+8	5a	14
4c	2a+2b	6a

18
a) Betrachte die Gleichung
$(x-3)\cdot(-2-3x) = 0$.
Wenn du geschickt vorgehst, kannst du die Gleichung relativ leicht lösen.

b) Erstelle eine ähnliche Gleichung, deren Lösungen $x = -2$ und $x = \frac{5}{6}$ sind.

c) Untersuche, ob sich das Vorgehen aus a) auch auf die Gleichung
$(4-3y)\cdot(-2y+5) = 1$
anwenden lässt.

*19
Übertrage die Gleichung mit den leeren Kästchen in dein Heft.

$\square \cdot x + \square = \square \cdot x + \square$

a) Würfle viermal mit einem Würfel und trage die erwürfelten Zahlen nacheinander in die Kästchen in deinem Heft ein. Löse die so entstandene Gleichung.

b) Wie viele unterschiedliche Möglichkeiten gibt es, die vier Kästchen durch das beschriebene Würfeln zu füllen?

c) Finde heraus, ob es eine erwürfelte Eintragung in die Kästchen so gibt, dass die Zahl 3 Lösung der entstandenen Gleichung ist.

d) Welches ist die kleinste Zahl, die unter allen erwürfelbaren Gleichungen Lösung der Gleichung sein kann?

e) Suche nach einer Einsetzung, so dass die Lösung möglichst nahe bei $-1{,}4$ liegt.

f) Wie viele unterschiedliche Lösungen gibt es unter allen wie oben beschrieben erwürfelbaren Gleichungen?

G 20
Wo könnte der Fehler in der Rechnung liegen? Wie lautet das richtige Ergebnis?

$\left(0{,}8 - 2{,}8\cdot\frac{3}{4}\right)\cdot\left[\left(-\frac{1}{2}\right)\cdot(-3)\right] = -2{,}25$

G 21
a) $1\,m^2 - 10\,dm^2 + 100\,cm^2$

b) $1\,m^3 - 1000\,cm^3 + 100\,l$

c) $13\frac{1}{2}\,m^3 - 51{,}6\,dm^3 - 5500\,cm^3$

d) $\frac{1}{4}\,km^2 - 5\,ha - 2520\,m^2$

e) $(78\,hl - 3\,m^3) : 1{,}6$

f) $(3{,}2\,ha - 1480\,m^2)\cdot 0{,}5$

g) $(15{,}9\,l - 950\,cm^3)\cdot 12$

4 Lineare Gleichungen in Anwendungssituationen

1

Zu einer Faschingsparty erscheinen dreimal so viele Mädchen wie Jungen. Nachdem 15 Mädchen gegangen sind, sind es noch doppelt so viele Mädchen wie Jungen.

a) Ermittle die Zahl der zunächst anwesenden Jungen und Mädchen durch systematisches Probieren.

b) Wähle die Zahl der anwesenden Jungen als Variable j. Drücke mit Hilfe von j die Zahl der ursprünglich anwesenden und der am Ende anwesenden Mädchen aus.

c) Wenn man von der ursprünglichen Zahl der Mädchen 15 abzieht, erhält man die Zahl der am Ende anwesenden Mädchen. Beschreibe dies nun als Gleichung, in der als Variable nur j vorkommt.

d) Löse die in c) aufgestellte Gleichung und überprüfe damit dein Ergebnis aus a).

Strategie: *Aufstellen und Lösen einer Gleichung*

Das Aufstellen und anschließende Lösen einer Gleichung ist eine wichtige Strategie, um Probleme mit Hilfe der Mathematik zu lösen. Bei der Bearbeitung sollte man vier Schritte ausführen, die anhand der folgenden konkreten Aufgabenstellung beschrieben werden:

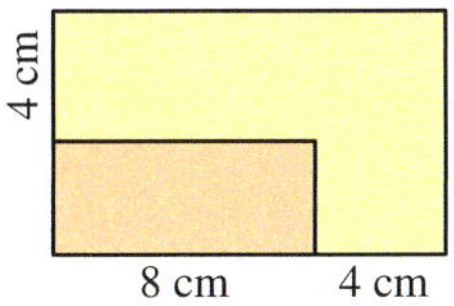

Eine Seite eines Rechtecks ist 8 cm lang. Wenn man beide Rechtecksseiten um 4 cm verlängert, wächst die Rechtecksfläche auf das Vierfache an. Wie groß ist die zweite Seitenlänge des ursprünglichen Rechtecks?

1. Variable einführen
Überlege zunächst, was durch die Variable beschrieben werden soll.

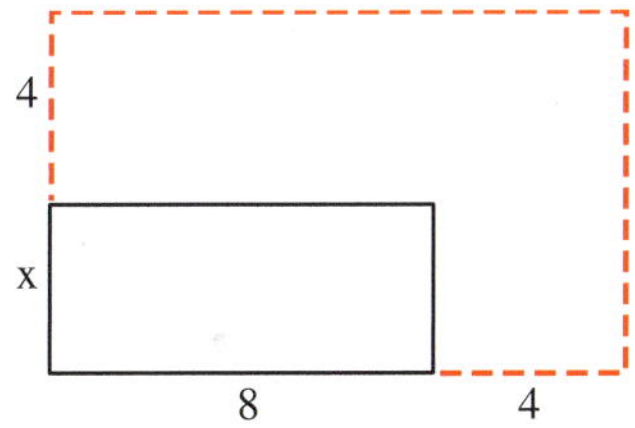

alle Größen in cm
x steht für die Maßzahl der gesuchten Länge

Erinnerung:
Größe: 3 cm
Maßzahl Maßeinheit

2. Gleichung aufstellen
Überlege, welche Größen des Sachverhalts so in Beziehung zueinander gesetzt werden können, dass für sie eine Gleichung formuliert werden kann.

Dazu werden andere Größen der vorliegenden Situation durch die gewählte Variable beschrieben.

Die Fläche des vergrößerten Rechtecks ist viermal so groß wie die des kleinen:
$A_g = 4 \cdot A_k$

Fläche des kleinen Rechtecks:
$A_k = 8 \cdot x$
Fläche des vergrößerten Rechtecks:
$A_g = (8 + 4) \cdot (x + 4)$

Also: $12 \cdot (x + 4) = 4 \cdot (8 \cdot x)$

3. Gleichung lösen
In vielen Situationen ergibt sich eine lineare Gleichung, die sich mit dem bekannten Vorgehen von Seite 106 lösen lässt.

$$\begin{aligned} 12 \cdot (x + 4) &= 4 \cdot 8 \cdot x \\ 12x + 48 &= 32x \quad | -12x \\ 48 &= 20x \quad | :20 \\ x &= 2{,}4 \end{aligned}$$

4. Ergebnis überprüfen und formulieren

Überprüfe das Ergebnis im Sachzusammenhang.

Kleines Rechteck:
$A_k = 2{,}4\,\text{cm} \cdot 8\,\text{cm} = 19{,}2\,\text{cm}^2$
Großes Rechteck:
$A_g = 6{,}4\,\text{cm} \cdot 12\,\text{cm} = 76{,}8\,\text{cm}^2$ ✓

Formuliere abschließend die Antwort auf die ursprüngliche Fragestellung in Worten.

Die zweite Seite des Ausgangsrechtecks ist 2,4 cm lang.

Beispiel 1

Löse das folgende Zahlenrätsel:
Das Doppelte einer um 20 verkleinerten Zahl ist um 84 kleiner als das Vierfache der Zahl.
Lösung:

1. Variable einführen — z: die gesuchte Zahl

Achtung:
15 ist um 5 kleiner als 20
bedeutet
$15 + 5 = 20$
oder auch
$15 = 20 - 5$

2. Gleichung aufstellen — Zum Doppelten von $z - 20$ muss man noch 84 addieren, um $4z$ zu erhalten.

$$2 \cdot (z - 20) + 84 = 4z$$

3. Gleichung lösen

$$\begin{aligned} 2z - 40 + 84 &= 4z \\ 2z + 44 &= 4z \quad |-2z \\ 44 &= 2z \quad |:2 \\ z &= 22 \end{aligned}$$

4. Ergebnis überprüfen und formulieren

Probe: Das Doppelte von 2 ist 4.
4 ist um 84 kleiner als 88. ✓
22 ist also die gesuchte Zahl.

Beispiel 2

Gerald kauft für 10,00 € insgesamt zwölf Tafeln Schokolade der Sorten Alpenglück und Sportfit aus dem Sonderangebot.
Wie viele Tafeln kauft er von jeder Sorte?

Lösung:

1. Variable einführen — Gerald kauft a Tafeln Alpenglück.
2. Gleichung aufstellen — Kosten Alpenglück + Kosten Sportfit = 10 €.

	Anzahl	Kosten in ct
Alpenglück	a	75 a
Sportfit	12 – a	95 (12 – a)

Ist a die Anzahl der Tafeln Alpenglück, so ist 12 – a die Anzahl der Tafeln Sportfit.

$$75a + 95(12 - a) = 1000$$

3. Gleichung lösen

$$\begin{aligned} 75a + 1140 - 95a &= 1000 \\ -20a + 1140 &= 1000 \quad |-1140 \\ -20a &= -140 \quad |:(-20) \\ a &= 7 \end{aligned}$$

4. Ergebnis überprüfen und formulieren

Alpenglück: $7 \cdot 75\,\text{ct} = 525\,\text{ct}$
Sportfit: $5 \cdot 95\,\text{ct} = 475\,\text{ct}$
$525\,\text{ct} + 475\,\text{ct} = 10\,€$ ✓

Gerald kauft 7 Tafeln Alpenglück und 5 Tafeln Sportfit.

Beispiel 3

1,5 Liter reiner Apfelsaft werden mit Traubennektar (40 % Fruchtsaftanteil) vermischt. Die Mischung soll 85 % Fruchtsaftanteil enthalten. Wie viele Liter Traubennektar werden dazu benötigt? Wie viel von der Mischung erhält man?

Lösung:

1. Variable einführen

x: das gesuchte Volumen des Traubennektars

2. Gleichung aufstellen

Das gesamte Volumen des Fruchtsafts (Apfel- und Traubensaft) bleibt beim Mischen gleich groß.
Apfelsaftvolumen + Traubensaftvolumen = Fruchtsaftvolumen der Mischung

Apfelsaftvolumen: $1{,}5\,l$
Traubensaftvolumen: $40\,\% \cdot x$
Fruchtsaftvolumen der Mischung: $85\,\% \cdot (1{,}5\,l + x)$

Also:
$1{,}5\,l + 0{,}4\,x = 0{,}85 \cdot (1{,}5\,l + x)$

3. Gleichung lösen

$$\begin{aligned} 1{,}5\,l + 0{,}4\,x &= 1{,}275\,l + 0{,}85\,x \quad &&|-0{,}4\,x - 1{,}275\,l \\ 0{,}225\,l &= 0{,}45\,x &&|:0{,}45 \\ x &= 0{,}5\,l \end{aligned}$$

4. Ergebnis überprüfen und formulieren

Probe: vorher: $1{,}5\,l + 40\,\% \cdot 0{,}5\,l = 1{,}7\,l$
nachher: $0{,}85 \cdot 2{,}0\,l = 1{,}7\,l$

Man benötigt also $0{,}5\,l$ Traubennektar und erhält daher $2\,l$ von der Mischung.

Aufgaben

2

Ermittle die gesuchten Zahlen.

a) Die Summe von zwei Zahlen ist 720, ihre Differenz 86.

b) Von drei Zahlen ist die zweite Zahl um 7 größer als die erste und halb so groß wie die dritte. Die Summe der drei Zahlen ist 100.

c) Von drei Zahlen ist die zweite Zahl doppelt so groß und die dritte viermal so groß wie die erste. Die Summe der Zahlen ist 84.

3

Stelle ein ähnliches Zahlenrätsel wie in Aufgabe 2 mit drei unbekannten Zahlen auf und gib es deinem Nachbarn oder deiner Nachbarin zum Lösen.

4

Berechne die gesuchten Winkel.

a) Ein Winkel ist um 28° größer als sein zugehöriger Nebenwinkel.

b) In einem rechtwinkligen Dreieck ist einer der beiden spitzen Winkel dreimal so groß wie der andere.

c) In einem Dreieck mit den Winkeln α, β und γ ist β um 20° größer als α und γ doppelt so groß wie β.

5

In einem Terrarium sitzen Käfer und Spinnen. Die insgesamt 18 Tiere haben zusammen 120 Beine. Wie viele Tiere sind es jeweils? Überlege dir verschiedene Strategien zur Lösung des Problems, nicht nur das Aufstellen einer Gleichung.

6
Die Summe von zwei Zahlen beträgt 68, ihre Differenz 14. Um welche Zahlen handelt es sich? Überlege dir eine schnellere Strategie als das Aufstellen einer Gleichung.

7
$57 = 5 \cdot 10 + 7$

Bei einer zweistelligen Zahl ist die Ziffer auf der Einerstelle doppelt so groß wie die Ziffer auf der Zehnerstelle. Vertauscht man die Ziffern, so entsteht eine um 27 größere Zahl. Welches ist die ursprüngliche Zahl? Hinweis: Wähle den Wert der Zehnerstelle als Variable z. Beschreibe den Wert dieser Zahl durch z.

8
Die Einerstelle einer zweistelligen Zahl ist um 3 größer als die Zehnerstelle. Die Zahl ist viermal so groß wie ihre Quersumme.

Regenbogenforelle: rötlich schillerndes Längsband, schwarze Flecken, silberner Bauch

9
In einem Teich leben dreimal so viele Forellen f wie Karpfen k. Toni und Sina haben versucht, die Situation mit einer Gleichung zu beschreiben. Erkläre, wessen Gleichung richtig ist.

Toni: $f = 3 \cdot k$

Sina: $k = 3 \cdot f$

Karpfen: vorstülpbares Rüsselmaul, 4 Bartfäden, hoher Rücken

10
a) Jürgen mixt „Marmor“. Er nimmt 0,2 *l* Bananennektar (25 % Fruchtsaftgehalt) und gießt vorsichtig 0,1 *l* Sauerkirschnektar (50 % Fruchtsaftgehalt) hinzu. Wie hoch ist der Fruchtsaftgehalt von Jürgens „Marmor“-Drink?

b) Wie viel vom Sauerkirschnektar benötigt Jürgen, wenn er mit den 0,2 *l* Bananennektar einen Drink mit 45 % Fruchtsaftgehalt mixen will?

c) Suche nach Rezepten für Mixgetränke ohne Alkohol und stelle deinen Mitschülern Fragen dazu.

11
Die Anzahl der Katzen auf Hubers Bauernhof ist um zwei größer als das Doppelte der Anzahl der Hunde. Stelle eine Gleichung auf. Wie viele Katzen und Hunde gibt es auf dem Hof?

12
In einem Saal befinden sich m Schüler und w Schülerinnen. Beschreibe in Worten, welche Aussage mit der Gleichung a) bis d) jeweils gemacht wird.

a) $m + w = 70$ b) $m = w - 5$

c) $m = \frac{1}{2} w$ d) $m + 10 = 2w$

e) Formuliere zwei unterschiedliche Gleichungen über die Zahl der Jungen m und der Mädchen w in deiner Klasse.

13
Ein Bootsverleih am Brombachsee hat 8 Ruderboote mehr zu verleihen als Tretboote. Beschreibe die Situation als Gleichung und gib anschließend Zahlenpaare an, die die Gleichung lösen.

14
Verkürzt man zwei gegenüberliegende Seiten eines Quadrats um 3 cm und verlängert die beiden anderen um 4 cm, so entsteht ein Rechteck, das den gleichen Flächeninhalt hat wie das Quadrat. Wie lang ist eine Seite des Ausgangsquadrats?

15
Lisa hat die folgende Aufgabe bearbeitet: „25 % Essig-Essenz“ und 3%iger Obstessig sollen gemischt werden. Wie viele Liter von jeder Sorte sind nötig, um zwei Liter 2%igen Essig herzustellen?
Erkläre ihre Gleichung genau und beschreibe die Berechnung in Worten. Hat sie alles richtig gemacht? Wie ist das Ergebnis zu formulieren?

$$0{,}25x + 0{,}03(2\ell - x) = 0{,}02 \cdot 2\ell$$
$$0{,}25x + 0{,}06\ell - 0{,}03x = 0{,}04\ell$$
$$0{,}22x + 0{,}06\ell = 0{,}04\ell \quad |-0{,}06\ell$$
$$0{,}22x = -0{,}02\ell \quad |:0{,}22$$
$$x \approx -0{,}091\ell$$

16
Wie alt ist Karins Mutter? Sie ist heute dreimal so alt wie ihre Tochter. Vor 5 Jahren war sie viermal so alt wie ihre Tochter.

17

Die Torwächter im Apfelgarten (nach Leonardo von Pisa, genannt Fibonacci, um 1200):

> Jemand ging in den Obstgarten, in dem 7 Tore waren; er bekam dort eine bestimmte Anzahl Äpfel. Als er hinausgehen wollte, musste er dem ersten Wächter die Hälfte aller Äpfel geben und einen mehr, dem zweiten die Hälfte der restlichen Äpfel und einen mehr. Als er so auch den anderen 5 Wächtern gegeben hatte, hatte er nur noch einen Apfel.

***Strategie:** Rückwärtsdenken*
Manchmal ist es sinnvoll, eine Aufgabe von hinten her zu beginnen.

a) Stelle eine Gleichung für die unbekannte Zahl der ursprünglich erhaltenen Äpfel auf.
b) Überlege dir, wie man die Aufgabe jedoch mit einer geeigneten „Rückwärtsstrategie" wesentlich schneller lösen kann.

18

In einer Zahlentreppe ergibt sich jeder Eintrag als Summe der beiden darunter stehenden ganzen Zahlen.

a)
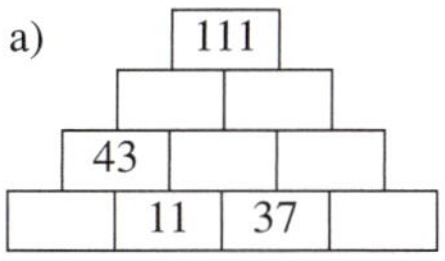

b)
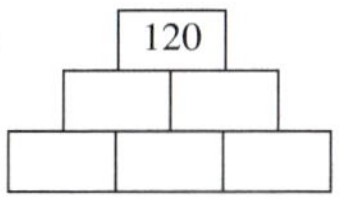

c)
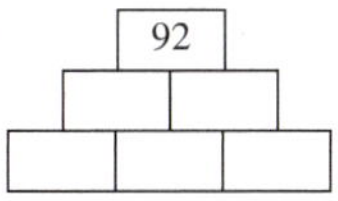

d)
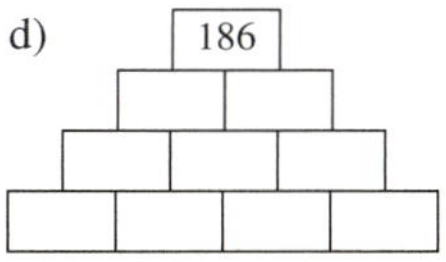

a) Übertrage die oberste Zahlentreppe ins Heft und fülle sie vollständig aus.
b) In dieser Zahlentreppe ist nur die Zahl an der Spitze vorgegeben. Suche nach Möglichkeiten, die Zahlentreppe vollständig auszufüllen.
c) Wie muss die Zahlentreppe ausgefüllt werden, wenn die drei Zahlen in der unteren Reihe aufeinander folgende Zahlen sind?
d) Wie muss die Zahlentreppe ausgefüllt werden, wenn in der unteren Reihe vier aufeinander folgende Zahlen stehen sollen?
e) Welche Zahlen können an der Spitze der Zahlentreppe eingetragen werden, damit die Aufgabenstellung wie in d) eine Lösung (mit natürlichen Zahlen) besitzt?

Vor vielen Jahren stand die Aufgabe 19 auf der Rätselseite einer Zeitung in New York.
Es wird erzählt, dass die ganze Stadt an der Aufgabe geknobelt haben soll. Jeder fragte jeden:
„Wie alt ist Anna?"

19

Maria ist 24 Jahre alt. Sie ist doppelt so alt wie Anna war, als Maria so alt war wie Anna jetzt ist. Wie alt ist Anna?

20

„Ines ist 5 Jahre älter als Tine. In zwei Jahren wird sie doppelt so alt sein wie Tine dann ist."
Jonas, Nadine, Felizitas und Andreas haben Gleichungen aufgestellt und dabei das heutige Alter von Tine als Variable gewählt:

Jonas: $[(t + 5) + 2] \cdot 2 = t + 2$
Nadine: $[(t - 5) + 2] \cdot 2 = t + 2$
Felizitas: $(t + 5) + 2 = (t + 2) \cdot 2$
Andreas: $(t - 5) + 2 = (t + 2) \cdot 2$

Welche Gleichung ist richtig? Erkläre den anderen genau, welche Fehler sie gemacht haben. Wie alt ist Tine?

21

Zu einem Würfel soll ein Quader hergestellt werden, der die gleiche Grundfläche wie der Würfel besitzt und dessen Oberfläche doppelt so groß ist wie diejenige des Würfels.
a) Wie hoch muss der Quader sein? Skizziere die Situation zunächst. Wähle dazu zunächst eine feste Kantenlänge für den Würfel und mache dir hinterher klar, wie man das Ergebnis allgemein formulieren kann.
b) Warum ist das Volumen des Quaders nicht doppelt so groß wie das Würfelvolumen? Um wie viel Prozent ist das Volumen des Quaders größer als dasjenige des Würfels?

G 22

Welche der folgenden Aussagen sind wahr, welche falsch? Begründe.
a) Wenn ein Parallelogramm zwei gleich lange Diagonalen besitzt, dann ist es ein Rechteck.
b) Wenn ein Viereck zwei gleich lange Diagonalen besitzt, dann ist es ein Rechteck.
c) Wenn ein Viereck zwei Symmetrieachsen besitzt, dann ist es ein Rechteck.

G 23

Wie viel Prozent sind das?
a) 800 Mädchen bei 1550 Geburten
b) 100 € Jahreszins bei 400 € Guthaben

Thema:

Verhältnisgleichungen

Die beiden haben ein gutes Verhältnis zueinander.

Für das Getränk werden zunächst Apfelsaft und Wasser im Verhältnis 2:3 gemischt.

Der Apfelbaum trägt in diesem Sommer verhältnismäßig viele Äpfel.

Bei gleichem Torverhältnis entscheidet die größere Anzahl geschossener Tore.

Die ausgewählten Skier hatten das beste Preis-Leistungs-Verhältnis.

Im Verhältnis zu ihrer Größe ist die Ameise stärker als der Mensch.

Der Begriff „Verhältnis“ wird in verschiedenen Situationen recht unterschiedlich verwendet. Oft versteht man darunter jedoch durchaus das, was wir auch in der Mathematik unter einem Verhältnis verstehen, nämlich einen Quotienten.
In vielen Situationen, in denen Verhältnisse gleich sind, lässt sich dies zum geschickten Lösen von Anwendungsproblemen nützen. Dabei ist es oft empfehlenswert, die Situation als Verhältnisgleichung zu beschreiben.

Erinnerung:
Nutzt man beim Problemlösen aus, dass eine Größe konstant ist, so spricht man vom ***Invarianzprinzip.*** *Es führt häufig zu sehr schnellen Problemlösungen.*

Beispiel:
Ein Zug legt bei gleichbleibender Geschwindigkeit in 20 Minuten 62 km zurück.
Wie weit kommt er in 55 Minuten? Wie lange braucht er für 217 km?
Lösung:
Das Verhältnis (der Quotient) zweier zurückgelegter Wege ist ebenso groß wie das Verhältnis (der Quotient) der dafür benötigten Zeiten. So wird in der doppelten Zeit der doppelte Weg zurückgelegt, in der fünffachen Zeit der fünffache Weg etc.

Das Verhältnis kann auch als Bruch geschrieben werden:
$\frac{x}{62\,km} = \frac{55\,min}{20\,min}$

1. x: Die Strecke, die er in 55 Minuten zurücklegt.
2. Das Verhältnis zwischen der gesuchten Strecke und 62 Kilometern ist gleich groß wie das Verhältnis zwischen 55 Minuten und 20 Minuten.
   $x : 62\,km = 55\,min : 20\,min$
3. Lösung: $x : 62\,km = 2{,}75 \quad | \cdot 62\,km$
   $x = 2{,}75 \cdot 62\,km$
   $x = 170{,}5\,km$
4. Probe: $170{,}5\,km : 62\,km = 2{,}75$ ✓
   Er fährt in 55 Minuten 170,5 Kilometer.

1. t: Zeit, die er für 217 Kilometer benötigt.
2. Das Verhältnis zwischen 217 Kilometern und 62 Kilometern ist gleich groß wie das Verhältnis zwischen der gesuchten Zeit und 20 Minuten.
   $217\,km : 62\,km = t : 20\,min$
3. Lösung: $3{,}5 = t : 20\,min \quad | \cdot 20\,min$
   $t = 3{,}5 \cdot 20\,min$
   $t = 70\,min$
4. Probe: $70\,min : 20\,min = 3{,}5$ ✓
   Er braucht also für 217 km 70 Minuten.

Aufgaben

1
Der Emmentaler ist bei ADEKE heute mit 0,89 € für 100 g im Angebot.
Wie viel Euro kosten 340 g? Wie viel Emmentaler bekommt man für 6 Euro?
Schätze jeweils zuerst. Stelle dann eine Verhältnisgleichung auf und rechne.
Stelle die Zuordnung „Masse des Emmentalers ⟶ Preis des Emmentalers“ in einem Koordinatensystem dar und vergleiche mit deinen Rechenergebnissen.

2
a) Eine Messingplatte, die 30 cm breit, 50 cm lang und 5 mm dick ist, hat eine Masse von 6,3 kg. Wie groß ist das Volumen einer 2,3 g schweren Schraube der gleichen Messingsorte?
b) Eine kleine Packung Grassamen zu 0,95 € reicht zum Ansäen von etwa 6 m^2 Rasen aus. Wie viel müsste Platzwart Karl ausgeben, wenn er einen 80 m langen und 45 m breiten Fußballplatz mit diesen Grassamen ansäen möchte? Würdest du ihm etwas anderes raten?

Thema:

Gleichungen lösen mit einer Tabellenkalkulation

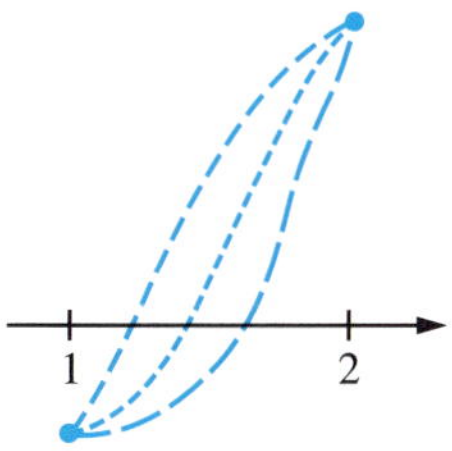

Der genaue Verlauf des Graphen der Zuordnung T(x) ist unklar, aber irgendwo zwischen $x = 1$ und $x = 2$ muss er die x-Achse kreuzen (vergleiche Seite 63).

Jede Gleichung mit einer Variablen lässt sich durch Äquivalenzumformungen in die Form $T(x) = 0$ bringen.

So folgt aus $2x - 8 = 2x(1 - 2x) - 3x^3$

$$2x - 8 = 2x - 4x^2 - 3x^3 \quad | -2x + 4x^2 + 3x^3$$

$$3x^3 + 4x^2 - 8 = 0$$

Sebastian hat die Zahlen 1 und 2 in diesen Term eingesetzt:

$T(x) = 3x^3 + 4x^2 - 8$: $x = 1$: $T(1) = -1$

$x = 2$: $T(2) = 32$

Da der Termwert T (1) negativ und der Termwert T (2) positiv ist, muss es zwischen 1 und 2 eine Zahl geben, für die der Term den Wert 0 annimmt.
Zwischen 1 und 2 muss also eine Lösung der Gleichung $3x^3 + 4x^2 - 8 = 0$ liegen.

Ein einfaches Verfahren, sich der exakten Lösung weiter anzunähern besteht nun darin, diejenige Zahl, die genau in der Mitte zwischen den beiden Ausgangszahlen liegt, für die Variable einzusetzen und zu untersuchen, ob der Termwert negativ oder positiv ist.
Sebastian erhält für $x = 1{,}5$:

$$T(1{,}5) = 3 \cdot 1{,}5^3 + 4 \cdot 1{,}5^2 - 8 = 3 \cdot 3{,}375 + 9 - 8 = 10{,}125 + 1 = 11{,}125$$

Da dieses Ergebnis positiv und T (1) negativ ist, liegt eine Lösung zwischen 1 und 1,5.
Wäre es negativ gewesen, so hätte sich eine Lösung zwischen 1,5 und 2 befunden.

Nun kann Sebastian so weitermachen, indem er nun den Termwert in der Mitte zwischen 1 und 1,5 ermittelt, also 1,25 für die Variable einsetzt.
Wegen der aufwändiger werdenden und immer gleichartigen Berechnungen eignet sich dabei der Einsatz eines Computers.

Wenn der Termwert in der Mitte aus der Zeile darüber kleiner oder gleich 0 ist, dann nimm die Mitte, sonst den linken Rand aus der Zeile darüber.

Termwertberechnungen

	A	B	C	D	E	F
1	linker Rand	Termwert	Mitte	Termwert	rechter Rand	Termwert
2	1	-1	1,5	11,125	2	32
3	1	-1	1,25	4,1094	1,5	11,125
4	1	-1	1,125	1,3340	1,25	4,1094
5	1	-1	1,0625	0,1140	1,125	1,3340
6	1	-1	1,03125	-0,4560	1,0625	0,1140
7	1,0313	-0,4560	1,0469	-0,1743	1,0625	0,1140
8	1,0469	-0,1743	1,0547	-0,0309	1,0625	0,1140
9	1,0547	-0,0309	1,0586	0,0413	1,0625	0,1140
10	1,0547	-0,0309	1,0566	0,0051	1,0586	0,0413
11						

Wenn der Termwert in der Mitte aus der Zeile darüber größer oder gleich 0 ist, dann nimm die Mitte, sonst den rechten Rand aus der Zeile darüber.

Die Differenz zwischen den Rändern des Intervalls wird in jedem Schritt kleiner.

1
Suche nach Lösungen der Gleichung $2x^3 = 3x + 4$. Suche zunächst nach Startwerten.

2
Die Gleichung $\frac{1}{5}x(x^2 + 4x + 5) - 3 = x \cdot (x + 2) - 3{,}5$ hat drei Lösungen. Ermittle sie näherungsweise.

Rückblick

Gleichungen
Eine Gleichung besteht aus zwei Termen, die durch ein Gleichheitszeichen miteinander verbunden sind. Dabei muss wenigstens in einem der beiden Terme eine Variable vorkommen. Ergeben sich aus dem Einsetzen einer Zahl (oder einer Größe) für die Variable die gleichen Termwerte auf beiden Seiten der Gleichung, so nennt man die Zahl (oder Größe) eine Lösung der Gleichung.

$6x - 12 = -15$ ist eine Gleichung.

Gleichung: $4 - x^3 = 2x + 16$
$x = -2$: l. S.: $4 - (-8) = 4 + 8 = 12$
r. S.: $2 \cdot (-2) + 16 = -4 + 16 = 12$
-2 ist eine Lösung der Gleichung.

Äquivalenzumformungen von Gleichungen
Eine Äquivalenzumformung ist eine Umformung einer Gleichung, nach der sie die gleichen Lösungen besitzt wie vorher.
Wichtige Äquivalenzumformungen:
- Termumformungen
- Addition oder Subtraktion einer Zahl oder eines Terms auf beiden Seiten der Gleichung
- Multiplikation der beiden Seiten der Gleichung mit einer Zahl ($\neq 0$) oder Division beider Seiten durch eine Zahl ($\neq 0$)

$$\begin{aligned} 4x(x-2) &= 2x \cdot 2x \\ 4x^2 - 8x &= 4x^2 \end{aligned}$$

$$\begin{aligned} 3 - x &= -5x + 2 \quad | +5x \\ 3 + 4x &= 2 \end{aligned}$$

$$\begin{aligned} 12x &= 13 \quad | :12 \\ x &= \tfrac{13}{12} \end{aligned}$$

Lineare Gleichungen (mit einer Variablen)
Eine Gleichung (mit der Variablen x), in der x nach dem Ausmultiplizieren von Klammern nur in der Form $a \cdot x$ vorkommt, heißt lineare Gleichung.

$2x - 8 = 4x - 5 - 8x$ ist eine lineare Gleichung, $x \cdot (x + 2) = 5$ ist keine lineare Gleichung.

Lösungsverfahren für lineare Gleichungen
Eine lineare Gleichung mit der Variablen x kann man immer in den folgenden Schritten lösen:
1. Termumformungen bis zur Gestalt $ax + b = cx + d$
2. Addition bzw. Subtraktion und Zusammenfassen so, dass nur noch die Variable oder ein Vielfaches von ihr auf nur einer Seite steht.
3. Division durch den Faktor des x-Terms

Führe abschließend die Probe durch Einsetzen durch.

$$\begin{aligned} 7(-x + 1) &= 12(2 - x) \\ -7x + 7 &= 24 - 12x \quad | +12x - 7 \\ 5x &= 17 \quad | :5 \\ x &= 3{,}4 \end{aligned}$$

l. S.: $7(-3{,}4 + 1) = 7 \cdot (-2{,}4) = -16{,}8$
r. S.: $12(2 - 3{,}4) = 12 \cdot (-1{,}4) = -16{,}8$

Gleichungen in Anwendungssituationen
Hilfreich ist die Beachtung der folgenden Schritte:
1. Variable einführen
2. Gleichung aufstellen
3. Gleichung lösen
4. Ergebnis überprüfen und formulieren

Timo ist dreimal so alt wie Caro. In 4 Jahren wird er nur noch doppelt so alt sein wie Caro dann ist.
1. Caros Alter heute: c
2. Timo in 4 Jahren = $2 \cdot$ Caro in 4 J.

	heute	in 4 Jahren
Caro	c	$c + 4$
Timo	$3c$	$3c + 4$

Also: $3c + 4 = 2(c + 4)$

3. $3c + 4 = 2c + 8 \quad | -2c - 4$
$c = 4$

4. heute: Caro: 4 J., Timo: 12 J.
in 4 Jahren: Caro: 8 J., Timo: 16 J.
Timo ist also 12, Caro 4 Jahre alt.

Aufgaben zum Üben und Wiederholen

1
Löse die Gleichung im Kopf.

a) $3x = 21$ b) $4 - x = 14$
c) $3x + 2 = 2$ d) $1 = x^2$
e) $40\,\% \cdot x = 8$ f) $2^x = 16$
g) $-3x + 1 = 10$ h) $x : 5 = 25$

2
Löse durch systematisches Probieren.

a) $6 - x = x^2$
b) $-3x + 2 = 8 - 4{,}5x$

3
a) Das Sechsfache einer Zahl ist um 2 kleiner als -13.
b) Die Hälfte einer Zahl ist um 6 kleiner als das 1,5fache der gleichen Zahl.

4
Schreibe zu der Gleichung ein Zahlenrätsel in Worten auf.

a) $4x - 6 = 3x + 2$
b) $\frac{1}{2}x + 15 = \frac{1}{2}x^2$

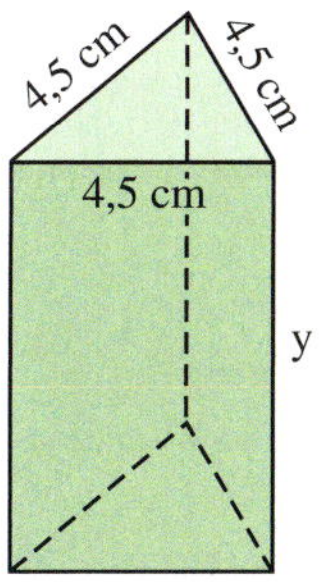

5
a) Die Summe der Kantenlängen des Prismas beträgt 51 cm. Berechne die Kantenlänge y.
b) Bestimme die ungefähre Kantenlänge y, wenn die Oberfläche des Prismas $60\,cm^2$ betragen soll.
c) Bestimme die ungefähre Kantenlänge y, wenn das Volumen des Prismas $50\,cm^3$ betragen soll.

6
Gib jeweils an, durch welche Äquivalenzumformung man die zweite Gleichung aus der ersten erhält, und bestimme die fehlende Zahl.

a) $x + 5 =$ ☺ | ??
$x = 8$
b) $\frac{1}{3}x - 7 =$ ☺ | ??
$\frac{1}{3}x = -2$
c) ☺ $= x : (-0{,}25)$ | ??
$x = 2$
d) $2{,}4x =$ ☺ | ??
$x = -\frac{3}{4}$

Die Lösungen zu den Aufgaben dieser Seite findest du auf Seite 202.

7
Löse die Gleichung.
Überprüfe dein Ergebnis.

a) $19(2 - y) = 5y + 2(y + 7)$
b) $-0{,}28 = (-0{,}1x + 3{,}2) \cdot 5$
c) $(x - 1) : 3 - \frac{x}{3} = (x - 2) : 3 + \frac{7}{6}$
d) $\frac{4}{3}x\left(\frac{1}{2}x - 6\right) + 5 = 3(-2 - 4x) + \frac{2}{3}x^2$

8
Welche ganze Zahl liegt möglichst nahe an einer Lösung der Gleichung
$3 + 0{,}6x^2 = 2 - x(x^2 + 1{,}2)$?

9
Untersuche, ob die beiden Gleichungen die gleichen Lösungen besitzen.

I $x^4 - 2x + 1 = 3x(x - 2) + 4x$
II $2x - 3x^2 - 1 = -(2 + x) - x^4$

10
Stelle eine Gleichung auf, in der die Variable mindestens zweimal vorkommt und deren Lösung die Zahl -2 ist.

11
In einem Dreieck mit den Winkeln α, β und γ ist α um 15° größer als β und γ halb so groß wie β.
Wie groß sind die drei Winkel des Dreiecks?

12
Das Kühlsystem eines Autos fasst 4,5 *l*. Es enthält 25 % Frostschutzmittel. Wie viel von den 4,5 *l* muss man ablassen und durch Frostschutzmittel ersetzen, um eine Konzentration von 40 % Frostschutzmittel im Wasser zu erhalten?

13
In welcher Höhe muss ein Würfel der Kantenlänge 10 cm parallel zu einer Seitenfläche durchgeschnitten werden, damit die Oberfläche eines der beiden entstehenden Quader halb so groß ist wie die Oberfläche des Würfels?
Um wie viel Prozent ist die Oberfläche des zweiten Quaders größer als diejenige des ersten?

1 Analysieren von Daten – Diagramme

1

Untersuche, wie viele Schülerinnen und Schüler deiner Klasse im Frühjahr, im Sommer, im Herbst bzw. im Winter geboren sind.
Stelle das Ergebnis auf zwei verschiedene Weisen graphisch dar.

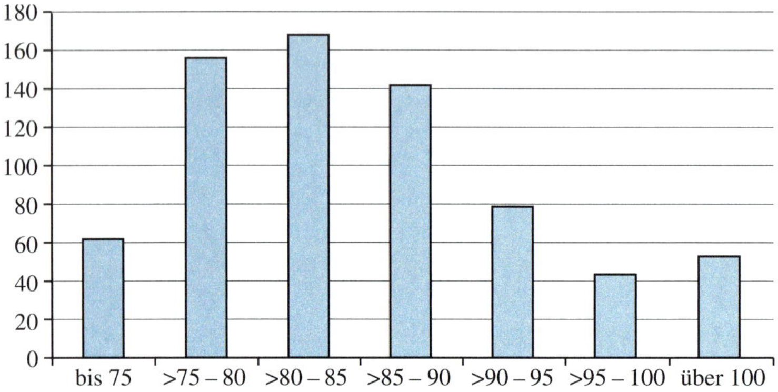

2

In dem Diagramm ist dargestellt, wie schnell bei einer Radarkontrolle im Baustellenbereich (Tempo 80) gefahren wurde.
Lies ab und ermittle:

a) Wie viele Autos fuhren über 75 und höchstens 80 km/h?
b) Wie viele Autos fuhren zu schnell?
c) Wie viel Prozent der Autos waren mit über 100 km/h unterwegs?
d) Wie viel Prozent der Autos fuhren über 80 und höchstens 90 km/h?

An verschiedenen Stellen haben wir Diagramme bereits als wichtiges Mittel zur Darstellung von Daten kennen gelernt. Neben der Notwendigkeit, ein geeignetes Diagramm zu einer bestimmten Situation zu erstellen, ist es auch wichtig, fertige Diagramme, wie sie beispielsweise täglich in der Zeitung zu finden sind, interpretieren zu können.
Im Folgenden findest du wichtige Diagrammtypen mit Hinweisen auf ihren jeweiligen Einsatzbereich.

Man sieht sofort:

Der grüne Bereich hat einen etwas kleineren Anteil am Ganzen als $\frac{1}{4}$.

Der gelbe Bereich hat einen Anteil von etwa $\frac{1}{3}$ am Ganzen.

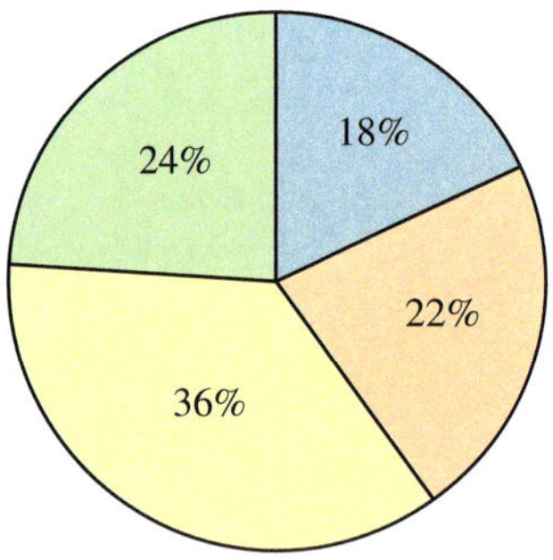

Die Aufteilung eines Ganzen stellt man häufig in einem **Kreisdiagramm** dar.
Der Gesamtkreis steht in einem Kreisdiagramm für das Ganze, also 100 %.
Die Größe der jeweiligen Anteile bzw. Bruchteile entspricht den Winkeln der Kreissektoren.
Ein Kreisdiagramm bietet sich besonders dann an, wenn die Anteile am Ganzen schnell erfasst werden sollen.

Man sieht sofort:

Die Säule A stellt den größten Wert dar, die Säule B den kleinsten.

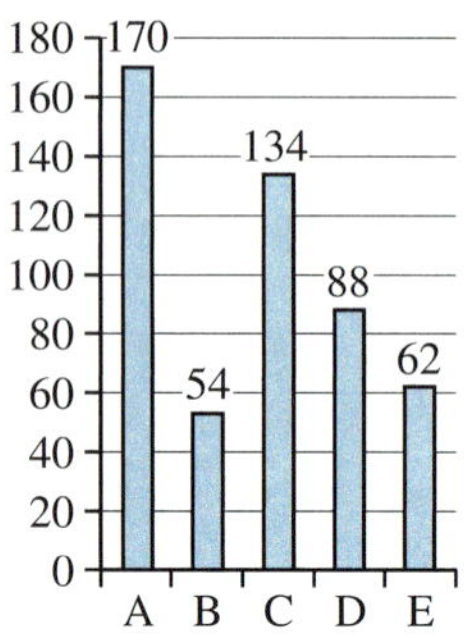

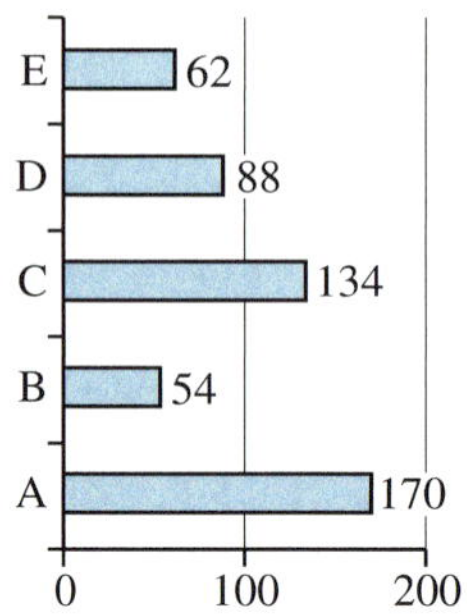

Daten fast aller Art lassen sich in einem **Säulendiagramm** oder in einem **Balkendiagramm** darstellen. Die Länge der Säulen oder Balken entspricht dabei der jeweils dargestellten Größe.
Ein Säulen- oder ein Balkendiagramm bietet sich besonders dann an, wenn man die Werte verschiedener Säulen oder Balken unmittelbar miteinander vergleichen will.

__Vorsicht:__
In Bilderdiagrammen sind die Größenverhältnisse schwerer erkennbar und sie werden oft fehlerhaft verwendet.

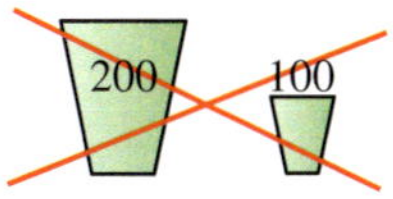

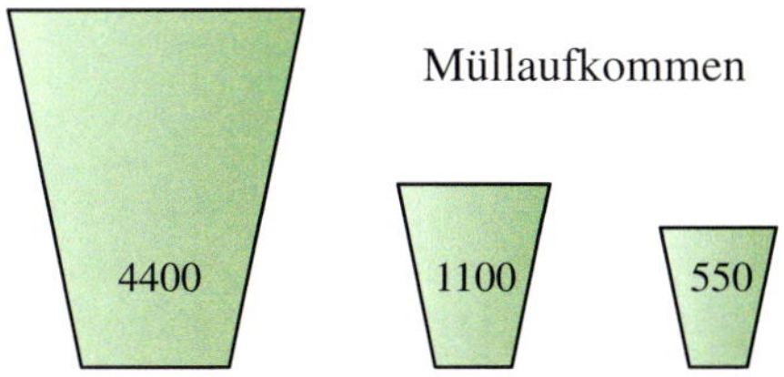

In der Zeitung findet man häufig Darstellungen, in denen die Zahlen durch kleine Bildchen der entsprechenden Größe verdeutlicht werden.
Ein solches Diagramm bietet sich besonders dann an, wenn der Sachzusammenhang im Diagramm sofort in den Blick fallen soll.

Gibt man für ein Rechteck mit dem Flächeninhalt 40 cm² die eine Seite a vor, so ergibt sich die zweite Seite b:

$b = 40\,cm^2 : a$

Die entsprechende Zuordnung ist rechts dargestellt.

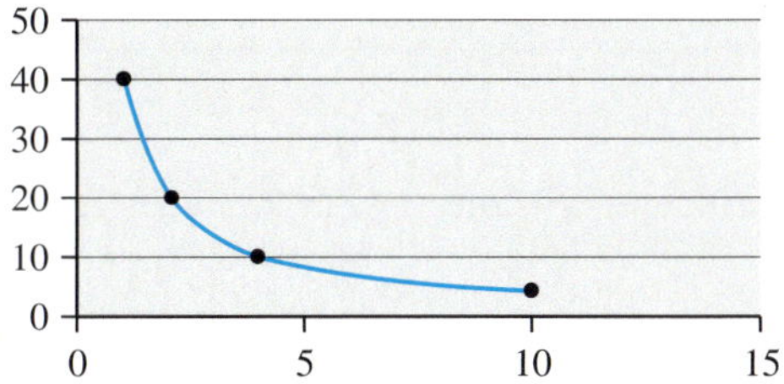

Eine Zuordnung zwischen zwei Größen wird meist als **Punkt-** oder **Liniendiagramm** dargestellt. Zu jedem Punkt des Diagramms gehören ein Wert der Ausgangsgröße und der ihm zugeordnete Wert. Man spricht auch vom **Graph** der Zuordnung.
Ein solches Diagramm bietet sich besonders dann an, wenn man aus dem Kurvenverlauf z. B. Entwicklungen ablesen möchte.

Im Zusammenhang mit der Darstellung einer größeren Zahl von Daten werden verschiedene weitere Darstellungsformen verwendet. Ein Beispiel ist das **Stängel-Blatt-Diagramm**, das eine übersichtliche Anordnung der Daten bietet.

Tina: 153 cm
Anna: 156 cm
Carla: 166 cm
Antonia: 144 cm
Gerlinde: 139 cm
Betti: 162 cm
Tanja: 170 cm
Laura: 148 cm
Emma: 150 cm
Elena: 164 cm
Inge: 159 cm
Claudia: 145 cm
Sara: 151 cm
Ronja: 142 cm
Ursula: 148 cm
Karin: 163 cm
Petra: 153 cm

Die Daten werden entlang des Stängels in Gruppen sortiert, wie hier in die Größengruppe von 130 cm bis 139 cm, die Größengruppe von 140 cm bis 149 cm usw. Innerhalb der Gruppen (Blätter) werden die Einzeldaten wieder der Größe nach geordnet und jeweils nur der Wert angeschrieben, der sie von den anderen Daten der Gruppe unterscheidet – so steht die 9 im Blatt von 130 cm bis 139 cm also für 139 cm.

13	9
14	2 4 5 8 8
15	0 1 3 3 6 9
16	2 3 4 6
17	0

Anna (→ 6) Inge (→ 9)

Der Vorteil des Stängel-Blatt-Diagramms besteht darin, dass man sehr gut sieht, wie sich die Werte verteilen.

Beispiel 1
Lies aus dem Säulendiagramm die Flächen von Oberbayern und von Mittelfranken ab. Wie viel Prozent der Gesamtfläche Bayerns sind das jeweils? Erstelle ein Diagramm, das die beiden Anteile gut darstellt.

Lösung:
Oberbayern (OBB): ca. 17 500 km²
Mittelfranken (MFR): ca. 7 300 km²
Insgesamt: ca. 71 000 km²
OBB: 24,6 % MFR: 10,3 %

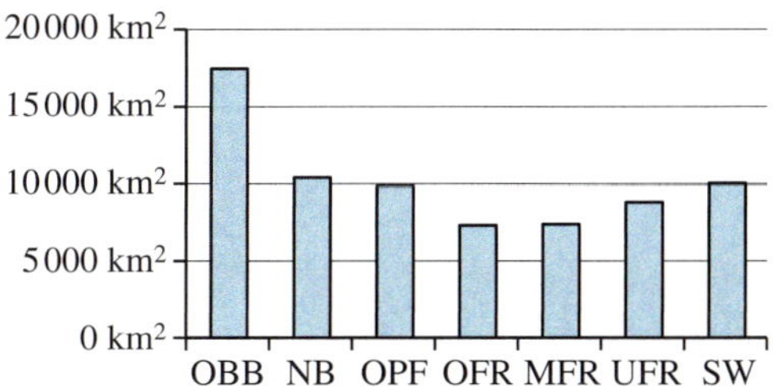

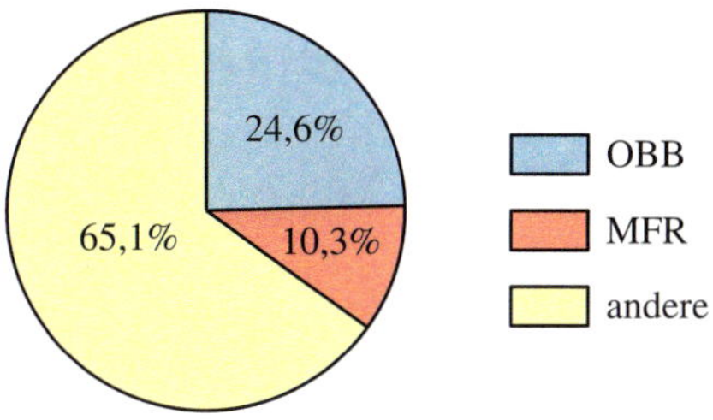

Beispiel 2

Würfle 50-mal mit 2 Spielwürfeln und notiere jeweils die erwürfelte Summe. Zeichne ein geeignetes Diagramm und ermittle die größte relative Häufigkeit.

Lösung:

So könnte ein typisches Ergebnis aussehen:

Summe	2	3	4	5	6	7	8	9	10	11	12
Anzahl	1	3	6	6	8	9	5	6	4	2	0

Relative Häufigkeit der 7: $\frac{9}{50} = \frac{18}{100} = 18\,\%$

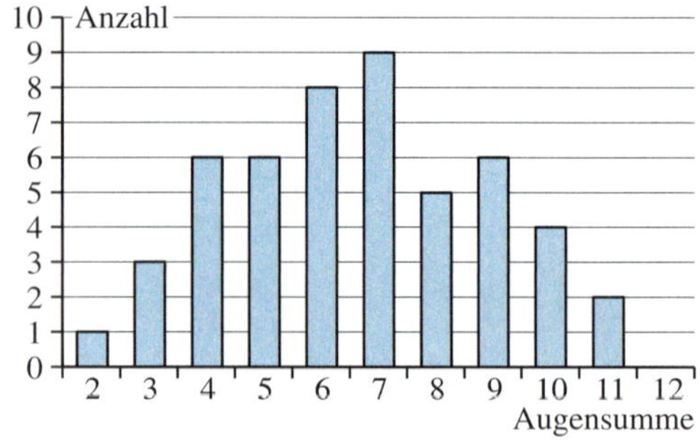

Aufgaben

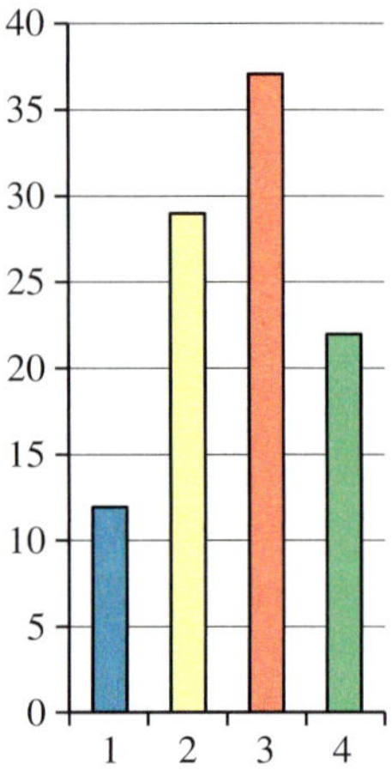

3

a) Wie viel Prozent beschreiben jeweils die blaue, gelbe, grüne bzw. rote Säule des Diagramms?

b) Wie viel Prozent des Kreisdiagramms sind blau, gelb, grün bzw. rot gefärbt?

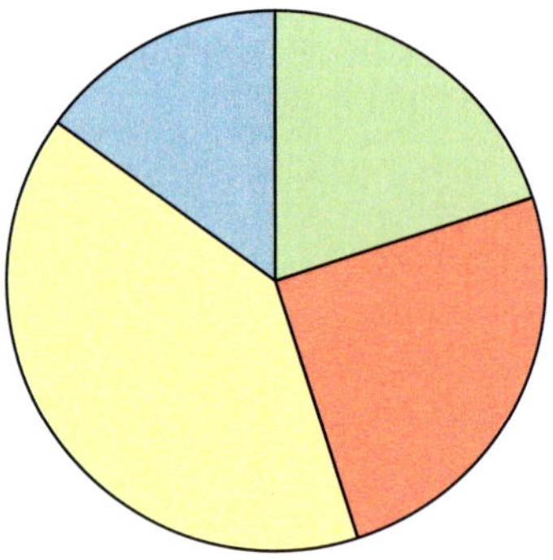

4

Zur Wahl des Präsidenten in den USA wird in jedem Bundesstaat ermittelt, welcher Kandidat die absolute Mehrheit der abgegebenen Stimmen erhalten hat. Alle Wahlmänner müssen dann im eigentlichen Wahlgang für diesen Kandidaten stimmen. Die Zahl der Wahlmänner richtet sich nach der Zahl der Einwohner des jeweiligen Staates.

a) Versuche anhand der Grafik zu ermitteln, welcher der Bundesstaaten die geringste und welcher die größte Einwohnerzahl pro Quadratkilometer besitzt. Wodurch könnte die Abschätzung anhand der Grafik fehlerhaft sein?

b) Vergleiche die Einwohnerzahl pro Quadratkilometer der Staaten Louisiana, Texas und North Carolina.

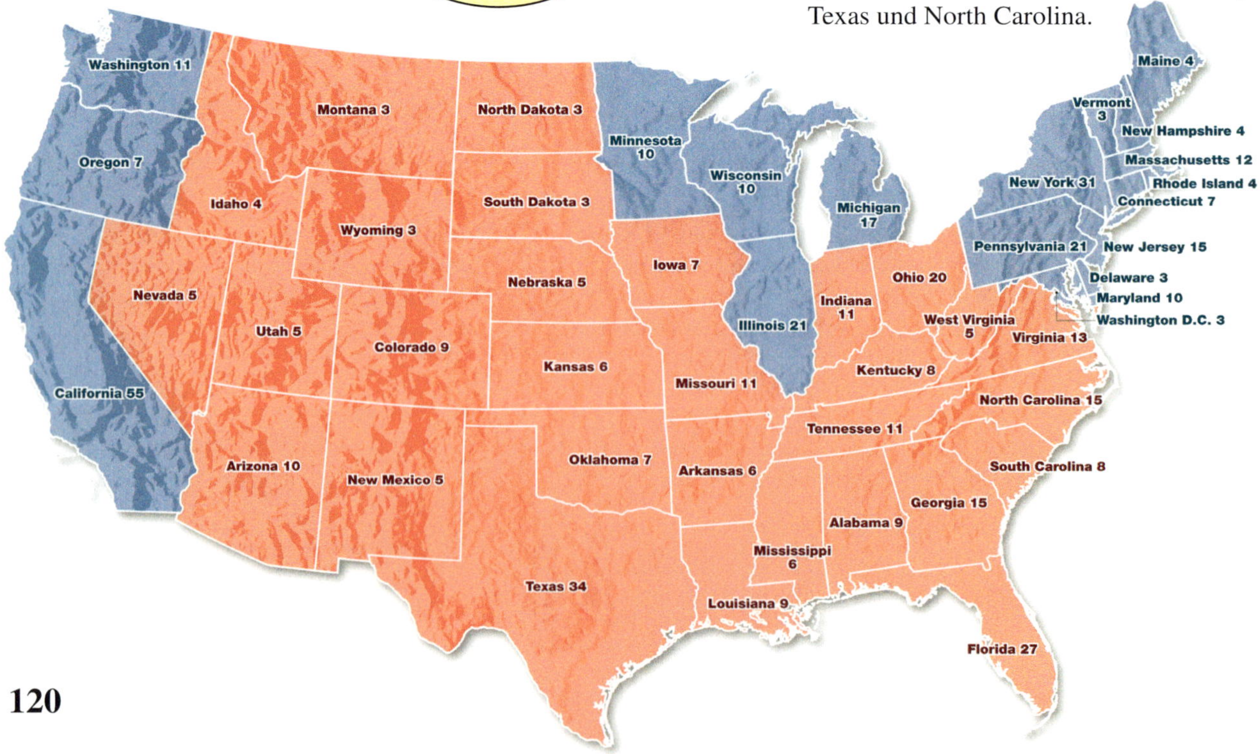

5

Würfle 50-mal mit 3 Spielwürfeln und notiere jeweils die erwürfelte Summe. Zeichne ein Balkendiagramm und ermittle die relativen Häufigkeiten.

6

a) Messt die Größen aller Mädchen und aller Jungen in eurer Klasse. Stellt sie jeweils in einem Stängel-Blatt-Diagramm dar. Hinweis: Um zwei Stängel-Blatt-Diagramme gleicher Größenordnung zu vergleichen, zeichnet man sie häufig auf die beiden Seiten an einen gemeinsamen Stängel.

b) Führt die Messung auch in einer 5. Klasse und in einer 11. Klasse durch und erstellt ebenfalls die Diagramme.

7

Ein mit einem DGS gezeichnetes Dreieck ABC wird so verändert, dass der Winkel γ stets 90° Grad beträgt.
Beschreibe α als Term mit der Variablen β und zeichne den Graph der Zuordnung $\beta \longrightarrow \alpha$.

8

Nach der Aufnahme von 10 neuen Staaten in die Europäische Union im Jahr 2004 wurde die Aufteilung der Sitze im Europa-Parlament auf die einzelnen Länder neu festgelegt. Das unten stehende Diagramm gibt die neue Aufteilung wieder.

a) Warum entsteht der Eindruck, dass auf Großbritannien mehr Sitze entfallen als auf Italien?

b) Wie viel Prozent der Sitze im Europaparlament erhielten Vertreter aus Deutschland, Frankreich, Österreich bzw. Luxemburg?

c) Vergleiche die Ergebnisse aus b) mit den prozentualen Bevölkerungsanteilen, den diese Länder an der EU-Bevölkerung haben. Was fällt dir auf?

d) Wie viele Länder müssen im Parlament mindestens einstimmig abstimmen, um eine absolute Mehrheit der Stimmen $\left(\frac{2}{3}\text{ der Stimmen}\right)$ zu erhalten?
Stelle im Vergleich dazu fest, wie viele und welche Länder zusammen mindestens 50 % $\left(\text{mindestens }\frac{2}{3}\right)$ der EU-Bevölkerung stellen.

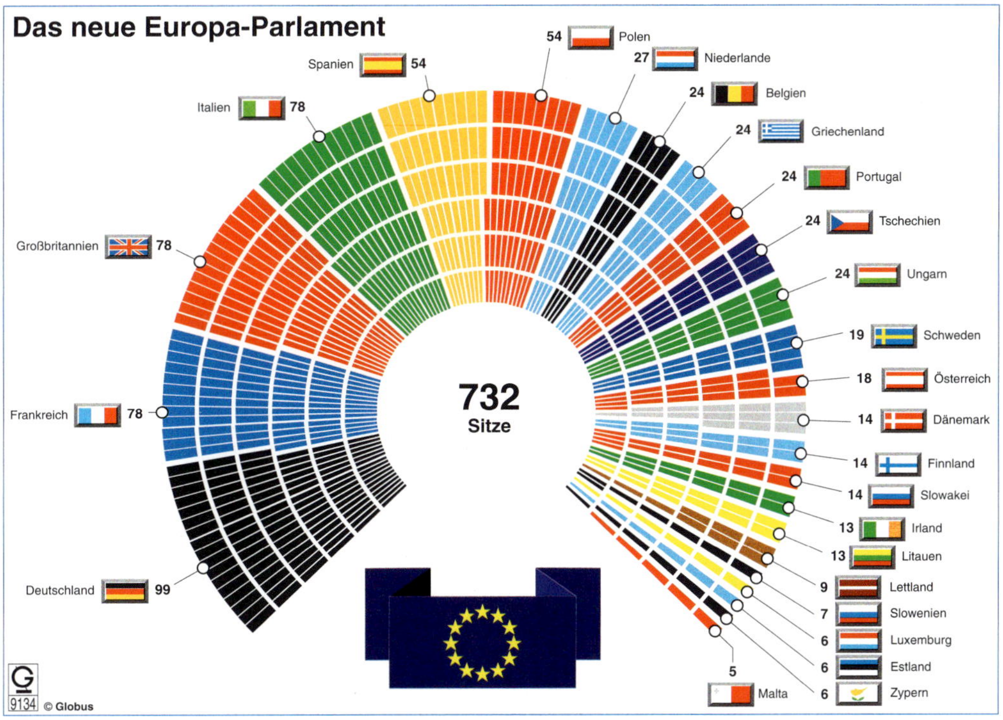

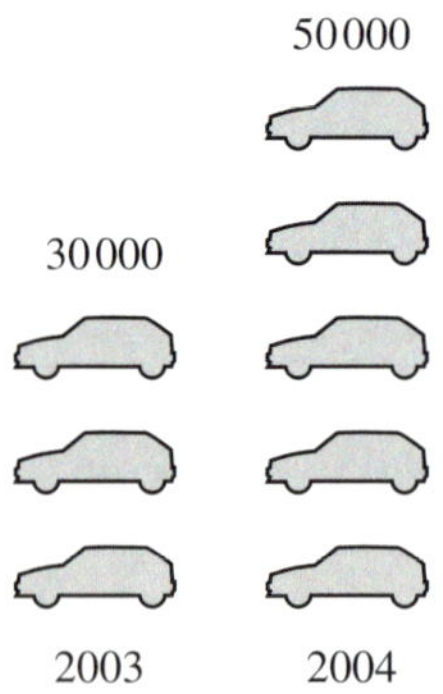

9

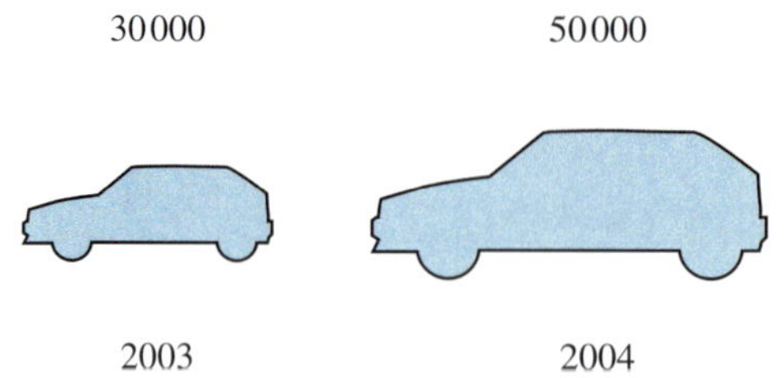

In den beiden Diagrammen wird jeweils die Automobilproduktion für einen Neuwagentyp in den Jahren 2003 und 2004 dargestellt. Vergleiche die beiden Diagramme und nimm insbesondere dazu Stellung, ob sie den Sachverhalt korrekt wiedergeben.

10

In der Tabelle sind die ersten 37 amerikanischen Präsidenten mit ihrem jeweils erreichten Lebensalter aufgeführt. Erstelle ein Stängel-Blatt-Diagramm.

Washington	67				
J. Adams	90				
Jefferson	83				
Madison	85				
Monroe	73				
J. Q. Adams	80				
Jackson	78				
Van Buren	79				
W. H. Harrison	68				
Tyler	71				
Polk	53	Garfield	49	Coolidge	60
Taylor	65	Arthur	56	Hoover	90
Fillmore	74	Cleveland	71	F. D. Roosevelt	63
Pierce	64	B. Harrison	67	Truman	88
Buchanan	77	McKinley	58	Eisenhower	78
Lincoln	56	T. Roosevelt	60	Kennedy	46
A. Johnson	66	Taft	72	L. Johnson	64
Grant	63	Wilson	67	Nixon	81
Hayes	70	Harding	57	Reagan	93

11

Überlege dir, mit welchem Diagrammtyp die jeweilige Situation geeignet dargestellt werden könnte.

a) Besuchte Schule aller 13-jährigen Jugendlichen in einer Stadt
b) Reihenuntersuchung mit 100 Jugendlichen, bei der das Körpergewicht gemessen wird
c) Besucherzahlen der Heimspiele des FC Bayern München
d) Alle 15 Minuten gemessene Temperatur eines Tages

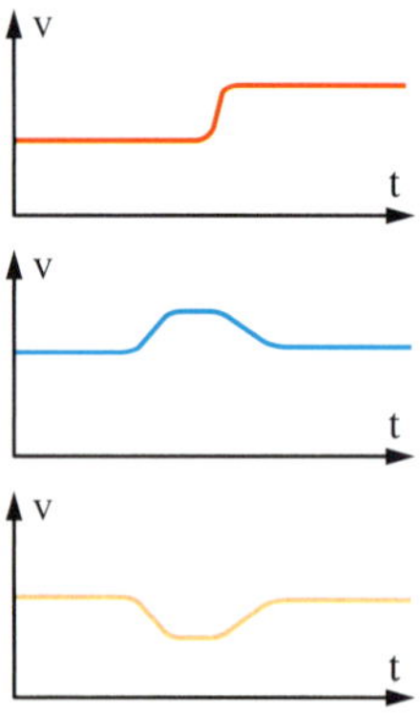

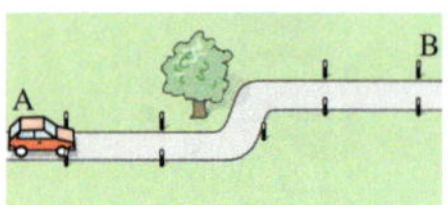

12

Ein Auto fährt auf der links abgebildeten Straße von A nach B. Erkläre, welcher der drei Graphen zu der Zuordnung „Zeit ⟶ Geschwindigkeit“ auf dieser Strecke passt.

13 💻

Die sieben Bezirke Bayerns hatten im Jahr 2003 die folgenden Einwohnerzahlen:

Oberbayern: 4,0 Mio.
Niederbayern: 1,2 Mio.
Oberpfalz: 1,1 Mio.
Oberfranken: 1,1 Mio.
Mittelfranken: 1,7 Mio.
Unterfranken: 1,3 Mio.
Schwaben: 1,7 Mio.

Stelle die Situation (ggf. mit Hilfe eines Tabellenkalkulationsprogramms) in einem Säulendiagramm und in einem Kreisdiagramm dar und nenne Vorteile der jeweiligen Darstellung.

14

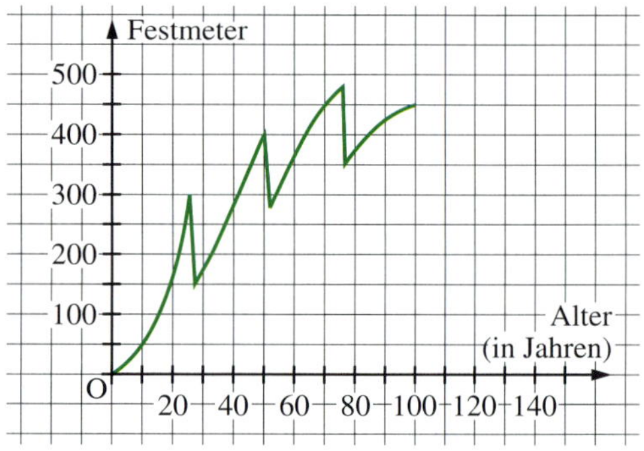

Ein Wald sollte im Laufe seines etwa 100-jährigen Wachstums dreimal durchforstet werden, damit die Bäume nicht zu dicht stehen und kein undurchdringliches Dickicht aus Abfallholz entsteht. Dabei wird also jeweils ein beträchtlicher Teil der Bäume entfernt.
Der Graph zeigt den Holzbestand in einem 1 ha großen Wald.
Stelle mehrere Fragen, die du anhand des Diagramms beantworten kannst.

G 15

Alexander bietet seinem Freund Tim folgendes Würfelspiel mit einem Würfel an: Zeigt der Würfel eine gerade Augenzahl, so gewinnt Alexander einen Punkt, andernfalls gewinnt Tim einen Punkt.
Nach 20 Würfen hat Alexander 13 Punkte. Betrachtest du das Spiel als fair? Begründe deine Antwort.

2 Mittelwert

1
Vergleiche die Angebote der beiden Eisdielen und die ermittelten Massen der Testkugeln.
Wo würdest du dein Eis kaufen, wenn die Qualität bei beiden gleich gut ist?

Masse von jeweils 10 „Testkugeln":

Venezia:	41 g; 36 g; 43 g; 40 g; 37 g
	38 g; 39 g; 36 g; 38 g; 40 g
Dolomiti:	78 g; 83 g; 84 g; 78 g; 79 g
	81 g; 79 g; 85 g; 81 g; 82 g

Das durchschnittliche Einkommen in Bayern beträgt 2004 rund 32 000 €

Die mittlere Tagestemperatur betrug gestern 22°C

Im Mittel war es im Januar wärmer als im Dezember

2
Erkläre genau, was mit den Aussagen der Zeitungsartikel jeweils gemeint sein könnte. Wie wurde in den einzelnen Situationen der genannte Wert bzw. die genannte Aussage wohl ermittelt?

In der Saison 2004/2005 spielten 2 bayerische Mannschaften in der Basketball-Bundesliga:

Bamberg:		
Archibong:	*2,03 m*	*3.*
Beechum:	*1,95 m*	*6.*
Ensminger:	*2,09 m*	*1.*
Hamann:	*1,86 m*	*8.*
Mallet:	*1,85 m*	*9.*
Würzburg:		
Hoff:	*2,02 m*	*4.*
Hollis:	*1,85 m*	*9.*
Mittmann:	*2,01 m*	*5.*
Tribe:	*2,06 m*	*2.*
Valters:	*1,90 m*	*7.*

Um verschiedene Datensätze miteinander vergleichen zu können, wie zum Beispiel die Körpergrößen der Spieler der „ersten Fünf" zweier Basketballmannschaften, gibt es eine ganze Reihe unterschiedlicher Möglichkeiten.
Man könnte beispielsweise
- die beiden kleinsten Spieler miteinander vergleichen.
  Bamberg: 1,85 m   Würzburg: 1,85 m
  Die beiden kleinsten Spieler sind gleich groß.
  Würzburg hat allerdings den größeren der beiden zweitkleinsten Spieler.
- die beiden größten Spieler miteinander vergleichen.
  Bamberg: 2,09 m   Würzburg: 2,06 m
  Bamberg hat den größeren der größten Spieler.
- die mittlere Größe der beiden Teams vergleichen.
  Bamberg: (2,03 m + 1,95 m + 2,09 m + 1,86 m + 1,85 m) : 5 = 9,78 m : 5 = 1,956 m
  Würzburg: (2,02 m + 1,85 m + 2,01 m + 2,06 m + 1,90 m) : 5 = 9,84 m : 5 = 1,968 m
  Die Würzburger Mannschaft hat also die größere mittlere Körpergröße.
- alle Spieler der Reihe nach ordnen und die Plätze zählen.
  Die Bamberger Spieler belegen die Plätze 3, 6, 1, 8 und 9, was zusammen 27 ergibt. Die Würzburger Spieler belegen die Plätze 4, 9, 5, 2 und 7, was zusammen ebenfalls 27 ergibt. Bei diesem Vergleich ergibt sich also kein „Größenunterschied".

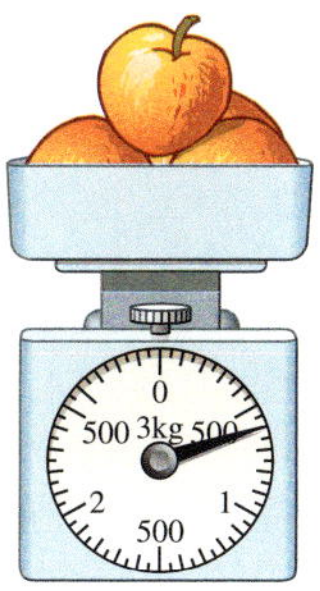

Welche Vergleichsgröße in der jeweiligen Situation die passendste ist, lässt sich oft nicht entscheiden. Unterschiedlich ist auch der Aufwand, der zur Ermittlung der verschiedenen Vergleichsgrößen notwendig ist.
Häufig vergleicht man in konkreten Situationen den (**arithmetischen**) **Mittelwert**. Er bezieht alle Einzeldaten mit ein und ist dennoch relativ einfach zu bestimmen. Es ist derjenige Wert, von dem die Daten insgesamt gleich weit nach oben und unten abweichen.

4 Äpfel wiegen zusammen 600 g. Hätten alle Äpfel die gleiche Masse, so würde 1 Apfel „im Mittel" 600 g : 4 = 150 g wiegen.

> Der (arithmetische) Mittelwert einer Menge von Zahlen oder Größen ergibt sich, indem die Summe der Zahlen oder Größen durch ihre Anzahl dividiert wird.

Einen anderen Mittelwert könnt ihr auf S. 131 kennen lernen.

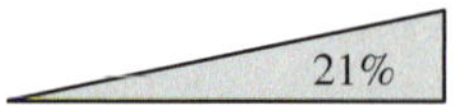

Bemerkungen

1. Wenn es um den Mittelwert von Zahlen oder Größen geht, findet man unterschiedliche Sprechweisen. So ist mit „im Mittel", „durchschnittlich", „im Durchschnitt" in der Regel jeweils der arithmetische Mittelwert gemeint.
2. Mittelwerte werden nicht nur für eine bestimmte Anzahl von Zahlen oder Größen gebildet, sondern auch für Größen, die sich kontinuierlich verändern. So ist mit der mittleren Steigung einer Passstraße diejenige Steigung gemeint, die die Straße haben müsste, wenn die gleiche Höhe bei gleich bleibender Steigung erreicht werden soll. Die Durchschnittsgeschwindigkeit auf einer bestimmten Fahrstrecke ist diejenige Geschwindigkeit, mit der man die Strecke mit konstantem Tempo in der gleichen Zeit zurücklegen würde.

Beispiel 1

An zwei Tagen wurden um 8, 10, 12, 14, 16, 18 Uhr die folgenden Celsius-Temperaturen gemessen:

18.10.: –2°; 9°; 18°; 19°; 17°; 11°
25.10.: 8°; 11°; 13°; 12°; 12°; 10°

Vergleiche die mittleren Tagestemperaturen, die sich aus diesen Messwerten ergeben. Wie war das Wetter an den beiden Tagen?

Lösung:

18.10.: $(-2 + 9 + 18 + 19 + 17 + 11):6 = 72:6 = 12$

25.10.: $(8 + 11 + 13 + 12 + 12 + 10):6 = 66:6 = 11$

Am 18.10., einem Sonnentag bei niedriger Nachttemperatur, betrug die mittlere Tagestemperatur 12 °C, am 25.10., einem bedeckten Tag, war sie 1 °C niedriger.

Beispiel 2

Ermittle den mittleren Umsatz der Eisdiele Venezia (Angaben in €).

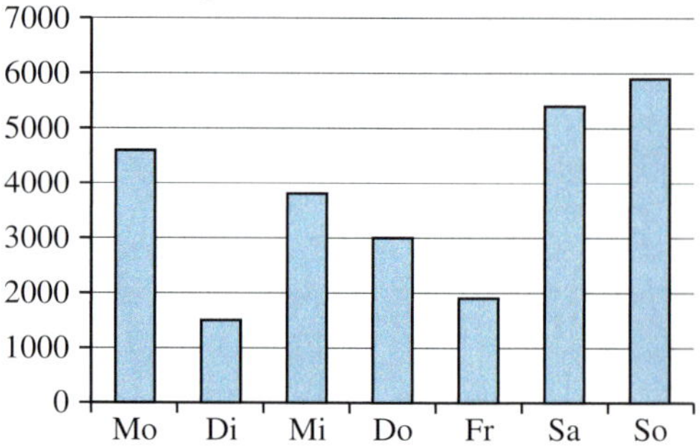

Lösung:

$4600 + 1500 + 3800 + 3000 + 1900 + 5400 + 5800 = 26\,000$; $26\,000:7 \approx 3700$

Der mittlere Tagesumsatz betrug etwa 3700 €.

Aufgaben

3

Zeichne jeweils die Zahlengerade in dein Heft ab, schätze den Mittelwert der Zahlen und trage diesen geschätzten Mittelwert mit ein. Berechne den Mittelwert anschließend und vergleiche.

a)

b)

c)

d)

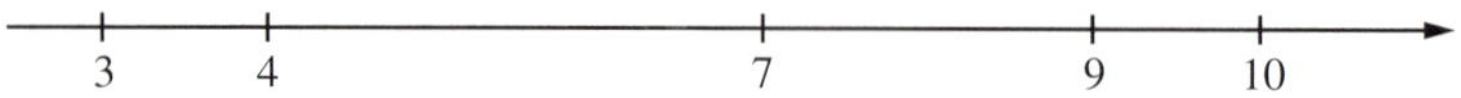

4

Schätze zunächst, wie groß der arithmetische Mittelwert etwa ist. Berechne ihn.

a) 1; 2; 3; 4; 5; 6; 7; 8; 9; 10
b) 1 €; 10 €; 100 €; 1000 €
c) –55; –13; –5; 5; 13; 55
d) –88; –88; –88; –88; –88
e) 48,3 kg; 48,8 kg; 49,3 kg
f) 3; 23; 53; 93; 143; 203
g) Zu welchen der vorangegangenen Aufgaben lässt sich eine allgemeine Aussage über den arithmetischen Mittelwert formulieren? Formuliere diese Aussagen.

5

Welche Zahl muss für x eingesetzt werden, um den Mittelwert 45 zu erhalten?

a) 35; 46; 52; 30; 46; x; 54
b) –2,5; –10; –20; x; –7,5; –15; –12,5

6

a) Beschreibe, warum die „Zahlenwaage“ im Gleichgewicht ist. Was ist der Mittelwert der drei Zahlen?

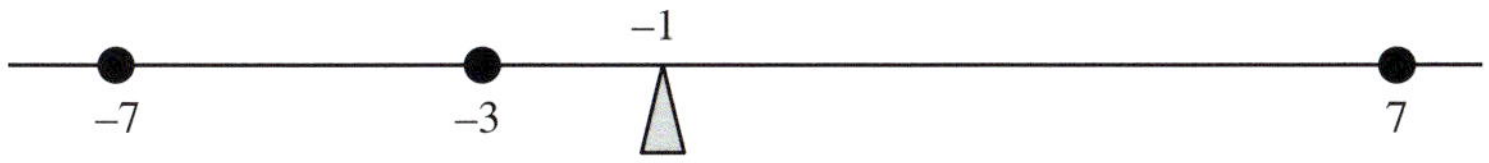

b) Wo muss hier der „Auflagepunkt“ gewählt werden, damit die Zahlenwaage im Gleichgewicht ist? Finde zunächst heraus, welches die beiden Zahlen sind, deren Wert nicht angegeben ist.

c) Zeichne eine „Zahlenwaage“ mit den Zahlen 23, 27, 30 und 40 und bringe sie ins Gleichgewicht.

7

Besucherrückgang beim 1. FC

Bei seinen Heimspielen hatte der FC nur einen Schnitt von 5540 Zuschauern. Eigentlich waren in den neun Heimspielen 9990 Besucher mehr erwartet worden.

a) Mit welchem Zuschauerdurchschnitt hatte man gerechnet?

b) Wie viele Zuschauer müssten durchschnittlich zu den neun Heimspielen der Rückrunde kommen, um den Schnitt noch zu erreichen?

8

Schätze jeweils ab, welche Zahl möglichst nahe am Mittelwert zu den Zahlen im Sack liegt. Durch geeignete Kombination der Buchstaben erhältst du ein Lösungswort.

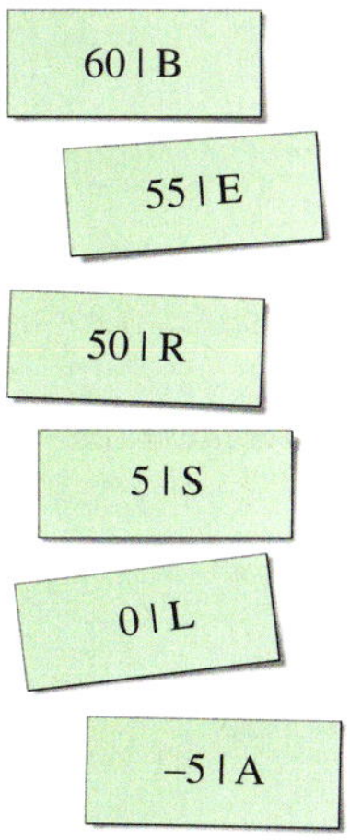

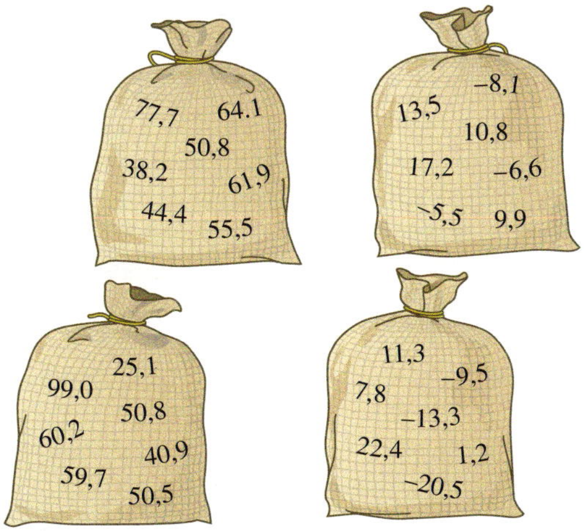

9

a) Wie groß ist der Mittelwert von 5 aufeinander folgenden natürlichen Zahlen? Gib ein Beispiel an und beschreibe allgemein.

b) Wie groß ist der Mittelwert von 6 aufeinander folgenden natürlichen Zahlen? Gib ein Beispiel an und beschreibe allgemein.

10

An drei Tagen wurden um 8, 10, 12, 14, 16 und 18 Uhr die folgenden Temperaturen gemessen:

14.9.: 11°; 16°; 23°; 25°; 25°; 24°
15.9.: 15°; 19°; 26°; 24°; 24°; 18°
16.9.: 12°; 17°; 20°; 20°; 19°; 16°

a) Berechne die drei Tagesmittelwerte.

b) Berechne den Mittelwert über alle 18 Temperaturwerte. Vergleiche das Ergebnis mit dem Mittelwert der drei Tagesmittelwerte. Was fällt dir auf? Überlege dir, ob deine Beobachtung allgemein gültig ist und begründe deine Meinung.

c) Wie viele Werte liegen an den drei Tagen jeweils unter bzw. über dem Tagesmittelwert?

d) Berechne für jeden Tag die Differenzen zwischen den Einzelwerten und dem Tagesmittelwert. Addiere die Differenzen eines Tages. Erkläre das Resultat.

11

Toni, Carla, Christiane und Martin erhalten je 18 € Taschengeld im Monat. Carl-Gustav bekommt pro Monat 98 €.
Anna sagt: Durchschnittlich beträgt euer Taschengeld 34 € im Monat.
Lässt sich diese Aussage rechnerisch begründen? Wie beurteilst du die Aussage?

G 12

a) Kürze vollständig: $\frac{58 \cdot 84 \cdot 105}{145 \cdot 63 \cdot 32}$

b) Berechne vorteilhaft: $6{,}35 : 0{,}018 - 95 : 1{,}8$

c) Überschlage und berechne:
$0{,}002\,345 \cdot 63\,000 - 234{,}5 \cdot 0{,}59$

d) Zeige:
$16{,}16 : \frac{1}{0{,}625} - \frac{1}{2} \cdot \left[6\tfrac{3}{8} : \left(\tfrac{7}{8} - 0{,}25\right)\right] = 5$

3 Die Grundgleichung der Prozentrechnung

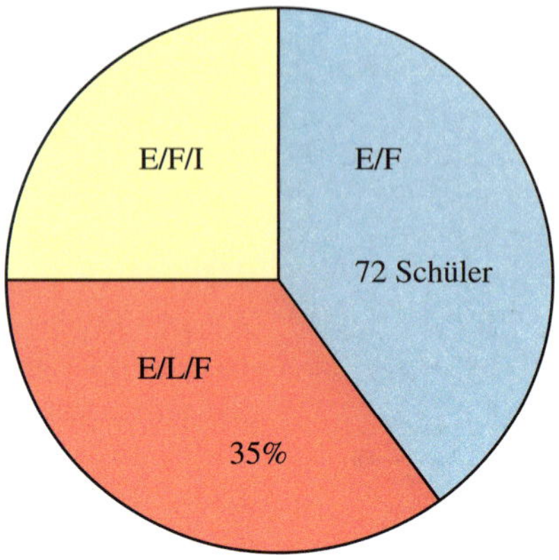

1
In dem Kreisdiagramm ist dargestellt, welcher Anteil bzw. Bruchteil der Schülerinnen und Schüler in der 9. Klasse am Bernoulli-Gymnasium die unterschiedlichen Fremdsprachenfolgen gewählt hat. Wie viele Schülerinnen und Schüler sind dabei insgesamt erfasst?

2
108 % von x sind 35 000.
Erfinde eine originelle Zeitungsmeldung, die zu dieser Gleichung passt.

Erinnerung:
30 % von 700 € sind 210 €
Prozentsatz — Grundwert — Prozentwert

Prozentangaben werden verwendet, um Angaben besser miteinander vergleichen zu können. Dabei bedeutet 30 % nichts anderes als $\frac{30}{100}$. Prozentzahlen begegnen uns sehr häufig im Alltag, z. B. täglich in der Zeitung. Auch im Zusammenhang mit Diagrammen muss man mit Prozentzahlen umgehen können.

Bevor du losrechnest: Beachte, was die entsprechenden Größen im Sachzusammenhang bedeuten. Dabei ist es meist entscheidend, richtig festzustellen, welches der Grundwert ist, auf den sich die Prozentangaben beziehen.

Prozentsatz vom Grundwert ist Prozentwert

Alle Fragen der Prozentrechnung lassen sich mit der Grundgleichung der Prozentrechnung

Prozentsatz · Grundwert = Prozentwert

beantworten, indem man die Gleichung nach der gesuchten Größe auflöst.

Die Grundgleichung der Prozentrechnung ist eine lineare Gleichung, unabhängig davon, welche der drei Größen gesucht wird.
Ist beispielsweise bekannt, dass 21 % eines gesuchten Grundwertes 48,3 ergeben, kann dieser Grundwert leicht berechnet werden:

$$0{,}21 \cdot x = 48{,}3 \quad |:0{,}21$$
$$x = 230$$

Will man wissen, wie viel Prozent 13,8 von 115 sind, so rechnet man

$$x \cdot 115 = 13{,}8 \quad |:115$$
$$x = 0{,}12 = 12\,\%$$

Nach wie vor eignet sich insbesondere für das Rechnen im Kopf auch das Verwenden der Dreisatzrechnung:

	21 % entsprechen 48,3	
:21		:21
	1 % entspricht 2,3	
· 100		· 100
	100 % entsprechen 230	

	115 entsprechen 100 %	
:100		:100
	1,15 entsprechen 1 %	
· 12		· 12
	13,8 entsprechen 12 %	

Beispiel 1
Frisch geerntete Kartoffeln enthalten 78 % Wasser, 18 % Stärke und 2 % Protein.
a) Stelle die Angaben in einem Kreisdiagramm dar.
b) Wie viel Stärke befindet sich in 2,5 kg Kartoffeln?
c) Wie viel Kilogramm Kartoffeln enthalten etwa einen Liter Wasser?
Lösung:
a)
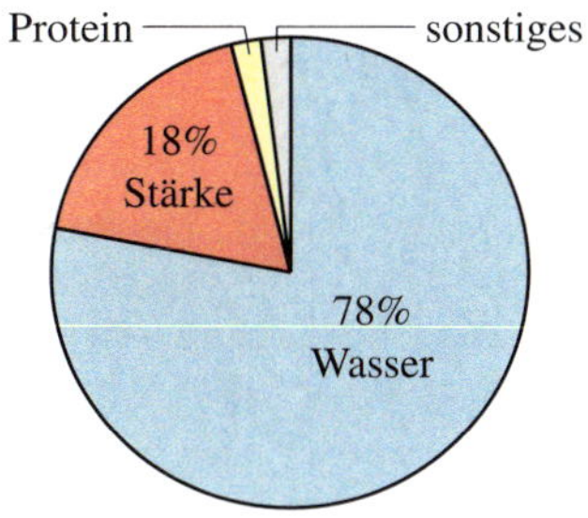

b) 18 % von 2,5 kg = 0,18 · 2,5 kg = 0,45 kg
In 2,5 kg Kartoffeln sind also etwa 0,45 kg oder 450 g Stärke enthalten.
c) x steht für den gesuchten Grundwert
78 % · x = 1 kg (Masse eines Liters Wasser)
0,78 · x = 1 kg | : 0,78
x = 1 kg : 0,78
x ≈ 1,28 kg
Etwa 1,28 kg Kartoffeln enthalten also einen Liter Wasser.

Beispiel 2
Wie viel sind 35 % von 520 €?
Rechne im Kopf. Notiere anschließend deine Vorgehensweise.
Lösung:
100 % entsprechen 520 €
: 20 ↓ ↓ : 20
5 % entsprechen 26 €
· 7 ↓ ↓ · 7
35 % entsprechen 182 €

Beispiel 3
Laura sagt: „Ich denke mir eine Zahl und erhöhe sie um 20 %. Anschließend verkleinere ich die so erhaltene Zahl um 60 % und erhalte die Zahl 144. Welche Zahl habe ich mir ausgedacht?“
Lösung:
1. Lauras zweiter Rechenschritt:
144 sind 40 % der Zahl y, die Laura als Zwischenergebnis erhält.
40 % · y = 144 | : 40 %
y = 144 : 0,4
y = 360
2. Lauras erster Rechenschritt:
360 sind 120 % der Zahl x, die sich Laura ausgedacht hat.
120 % · x = 360 | : 120 %
x = 360 : 1,2
x = 300
Lauras Zahl war also 300.

Strategie: *Rückwärtsdenken Bei der Lösung von Beispiel 3 sieht man, dass es geschickt sein kann, eine Problemstellung von hinten her zu bearbeiten.*

Aufgaben

Lösungssalat zu 3:

3
Berechne im Kopf.
a) 14 % von 300 € b) 29 von 50
c) 20 % von wie viel Metern sind 80 m?
d) 4 g von 2 kg e) 110 % von 270 m^3
f) 5 ‰ von wie viel Euro sind 25 €?
g) 80 % von welcher Zahl sind 3,2?
h) 50 % von 40 % von 60 dm
i) 75 % von 880 k) 27 von 180

4
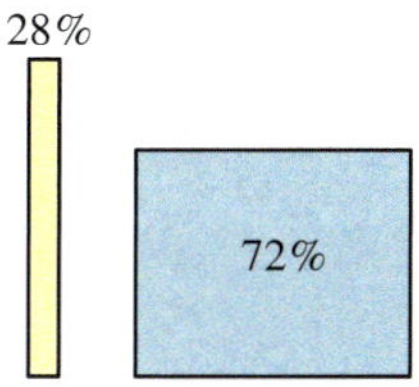

a) Wie lang müsste der zu dem gelben Streifen zugehörige Grundwert gezeichnet werden?
b) Wie groß müsste die Fläche des zu dem blauen Rechteck zugehörigen Grundwerts sein?

5
Übertrage die Tabelle in dein Heft und vervollständige sie durch Berechnung der jeweils fehlenden Größe.

	Prozentsatz	Grundwert	Prozentwert
a)	3 %	86	
b)		48 €	55 €
c)	18 %		189 kg
d)		2400	4,8
e)	91 %		155
f)	115 %	86,50 €	
g)	3,50 %		77
h)		68 kg	345 kg
i)	125 %		78,5

6 Angaben aus dem Lexikon verwerten

Aus einem Lexikon:

Der Pazifische Ozean bedeckt etwa 35 % der Erdoberfläche und enthält über die Hälfte des nicht als Eis gebundenen Wassers des Planeten. Die Oberfläche des Pazifischen Ozeans ist erheblich größer als die der gesamten Landmasse der Erde. Die größte Länge beträgt von der Beringstraße bis zur Antarktis etwa 15 500 Kilometer, die größte Breite von Panama bis zur Malaiischen Halbinsel etwa 17 700 Kilometer. Die mittlere Tiefe des Pazifiks beträgt 4282 Meter; die tiefste Stelle, die überhaupt in einem der Weltmeere bekannt ist, liegt im Marianengraben vor Guam und beträgt 11 034 Meter (die so genannte Challenger Deep). Im Pazifischen Ozean gibt es insgesamt mehr als 30 000 solcher Inseln wie im Bild oben, deren Oberfläche zusammengenommen jedoch nur 2,5 Promille der Gesamtoberfläche des Pazifiks ausmacht.

a) Die Erdoberfläche beträgt 510 Millionen km². Welche Oberfläche nehmen die 30 000 kleinen Pazifikinseln etwa ein?
b) Der Erdumfang beträgt 40 000 km. Wie viel Prozent des Erdumfangs beträgt die größte Länge im Pazifik?
c) Wie viel Prozent der mittleren Tiefe des Pazifiks beträgt die Challenger Deep?
d) Wie viel Wasser enthält der Pazifik?
e) Stelle dir vor, das gesamte Wasser des Pazifiks würde einen überall gleich tiefen See von der Größe Deutschlands bilden. Wie tief wäre der See? Die Oberfläche Deutschlands kannst du in einem Lexikon oder im Internet recherchieren.

In Situationen, wo man mit „krummen" Zahlen rechnen muss, ist es sinnvoll, den Taschenrechner einzusetzen.

7

a) Ich denke mir eine Zahl. Wenn ich sie um 40 % vergrößere, erhalte ich 1022. Wie lautet meine Zahl?
b) Ich denke mir eine Zahl. 85 % meiner Zahl sind 357. Wie lautet meine Zahl?
c) Ich denke mir eine Zahl und verkleinere sie um 20 %. Anschließend vergrößere ich die so erhaltene Zahl um 35 % und erhalte 162. Welche Zahl habe ich mir ausgedacht?
Was hätte ich erhalten, wenn ich meine ursprüngliche Zahl um 15 % vergrößert hätte?
d) Denke dir selbst ein solches Zahlenrätsel aus und gib es deinem Nachbarn auf.

8

Der Preis für ein Kleid wird um 20 % erhöht. Wie viel Prozent des neuen Preises hätte man sich beim rechtzeitigen Kauf erspart?

9

Im Herbst 2004 veröffentlichte die Süddeutsche Zeitung die folgende dpa-Meldung zum Einsatz von Kunstschnee:

die Vegetation wieder. Bayerische Skipistenbetreiber fordern eine Lockerung der Vorschriften für Beschneiungsanlagen, um die Abwanderungen der Skifahrer nach Österreich, in die Schweiz und nach Norditalien einzudämmen. Acht Prozent der Skigebiete in Bayern werden künstlich beschneit – insgesamt drei von 27 Quadratkilometern Piste. In Österreich werden 87 Quadratkilometer Piste beschneit, was 38 Prozent der Gesamtfläche aller österreichischen Skigebiete entspricht. *dpa*

a) Wie groß ist die Gesamtfläche der Skipisten in Bayern und in Österreich?
b) Wie viel Prozent der Pisten in Bayern werden künstlich beschneit?
Wie bewertest du das Ergebnis im Zusammenhang mit der ersten Zahlenangabe im Text?
c) Versuche herauszufinden, wie viel Prozent der Pisten in der Schweiz und in Norditalien künstlich beschneit werden. Vergleiche mit Bayern und Österreich.

10

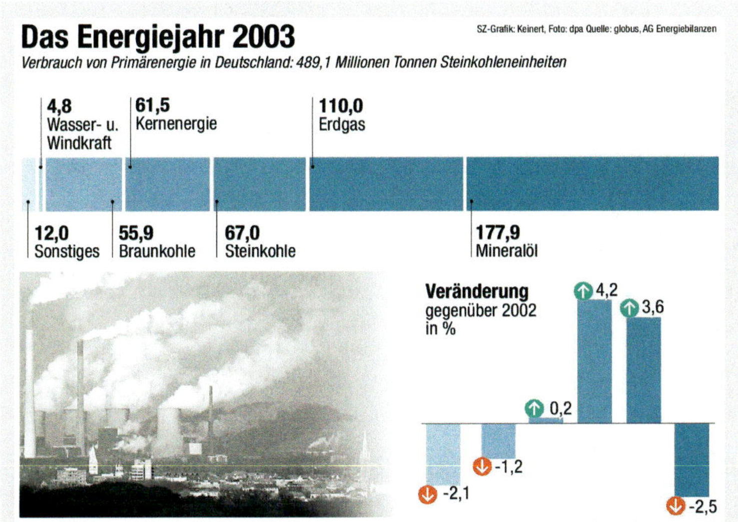

Der Energieverbrauch ist im vergangenen Jahr – trotz Konjunkturflaute – nicht gesunken. 2003 wurden in Deutschland 489,1 Millionen Tonnen Steinkohleneinheiten (SKE) verstromt, das waren 0,4 Millionen Tonnen SKE mehr als 2002. Wichtigster Energieträger ist nach wie vor das Mineralöl. 2003 hatte es nur noch einen Anteil am Primärenergieverbrauch von 36,4 Prozent, im Jahr davor waren es noch 37,3 Prozent. Erdgas dagegen gewinnt weiter an Bedeutung. Es lieferte 2003 bereits 22,5 Prozent der Primärenergie (110 Millionen Tonnen SKE).

Der Begriff der „Steinkohleneinheiten" gibt als Vergleichsgröße wieder, wie viel Energie die unterschiedlichen Energieträger liefern.

a) Was ist mit dem „Verbrauch von Primärenergie" im Zusammenhang mit dem Begriff „verstromt" gemeint?
b) Berechne die prozentualen Anteile der einzelnen Energieträger im Jahr 2003 und stelle sie in einem geeigneten Diagramm dar.
c) Um wie viel Prozent hat der Verbrauch von Primärenergie von 2002 auf 2003 zugenommen?
d) Über die Abnahme des Anteils an Mineralöl steht eine Information im Text und eine im Diagramm. Die beiden Angaben scheinen sich zu widersprechen. Kläre den scheinbaren Widerspruch auf.
e) Wie groß war der Anteil von Erdgas am Verbrauch von Primärenergie im Jahr 2002?
Wie vielen Tonnen Steinkohleneinheiten entspricht dieser Anteil?
f) Schätze ab, wie lange es bei gleich bleibenden Veränderungsraten etwa dauern würde, bis der Erdgasanteil ebenso groß ist wie der Mineralölanteil.

Bei welchen Teilaufgaben benutzt du sinnvollerweise einen Taschenrechner?

11

Der Preis für eine teure Uhr wird zunächst um p % erhöht und später um p % reduziert. Wie viel Prozent des ursprünglichen Preises kostet die Uhr nun? Arbeite zunächst mit Zahlenbeispielen und stelle anschließend einen allgemeinen Term auf.

12

Bei der Wahl des amerikanischen Präsidenten kommt den „knappen" Bundesstaaten stets eine große Bedeutung zu. Im Jahr 2004 konzentrierte sich das Interesse auf Ohio.

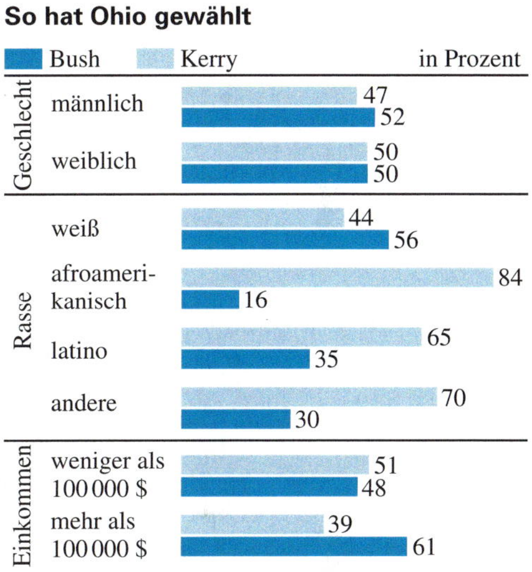

a) 85 % der Wahlberechtigten Ohios sind Weiße, 11,5 % Schwarze, 2 % Lateinamerikaner und 1,5 % andere.
Wer hat die Mehrheit der Stimmen in Ohio erhalten, wenn man davon ausgehen kann, dass die Wahlbeteiligung in allen Volksgruppen gleich groß war?
b) Haben etwa gleich viele Männer und Frauen gewählt? Erkläre die Zahlenangaben bei den Männern.
c) Wie viel Prozent der Wähler Ohios verdienen mehr als 100 000 $ im Jahr?

G 13

Zeichne $P(0|-4)$, $Q(3|-1)$, $P'(6|-1)$, $Q'(3|-4)$. Konstruiere, wenn möglich, einen Punkt Z so, dass bei Spiegelung an Z die Strecken $[PQ]$ und $[P'Q']$ zueinander punktsymmetrisch sind.

Projekt:

Eine heiße Debatte mit Daten und Diagrammen

Benjamins Eltern haben sich eine photovoltaische Solaranlage auf das Dach ihres Hauses gebaut. Sein Freund Florian meint, dass sich der Aufwand für die wenige elektrische Energie, die dabei gewonnen wird, auf keinen Fall lohnt.
Uneinig sind sich die beiden auch, was den Einsatz von Energiesparlampen im Haushalt angeht. „Das dauert immer so lange, bis die richtig hell werden", meint Florian, „und außerdem sind sie viel zu teuer."

Sucht in eurer Klasse nach Argumenten, die für oder gegen den Einsatz einer photovoltaischen Solaranlage sprechen. Bildet Gruppen, die zunächst Informationen zu verschiedenen Aspekten dieser Fragestellung sammeln sollen:

Wie viel elektrische Energie erzeugt eine typische photovoltaische Solaranlage (wie auf dem Foto abgebildet)?	**(Prospekte von Anbietern besorgen)**
Wie teuer ist eine solche Anlage?	**(-II-)**
Wo wird im Haushalt elektrische Energie benötigt und wie viel elektrische Energie benötigt ein 4-Personen-Haushalt in einem Reihenhaus typischerweise?	**(Stromrechnung zu Hause/Energieversorger fragen)**
Wie wird elektrische Energie sonst erzeugt und wie hoch sind die Kosten zur Erzeugung davon?	**(Energieversorgungsunternehmen)**

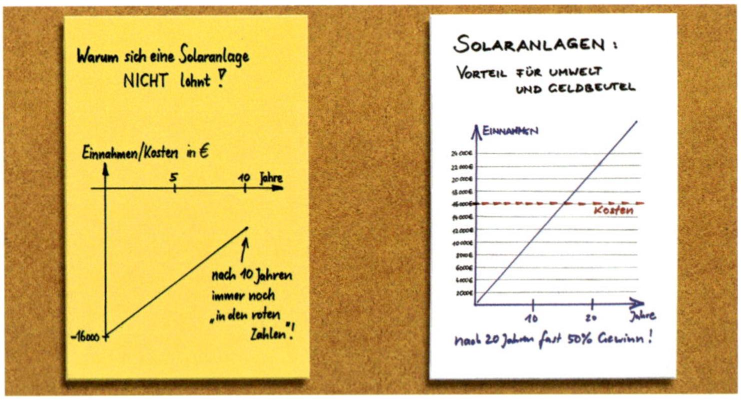

Bei der Diskussion könnt ihr euren Standpunkt durch geschickt gewählte Diagrammdarstellungen unterstützen.

Ihr werdet sicher feststellen, dass man auf die einzelnen Fragen gar keine eindeutigen Antworten geben kann, sondern dass das Ergebnis mit davon abhängt, welche zusätzlichen Vorgaben oder Annahmen man macht und wohl auch davon, was man letztlich „beweisen" will.
Bildet nun Gruppen, die die gefundenen Informationen so darstellen, dass sie für oder gegen den Einsatz von Photovoltaikanlagen sprechen. Verwendet dabei auch verschiedene Darstellungsformen.
Diskutiert dann gemeinsam in der Klasse.

Auch bei der Frage, ob der Einsatz von Energiesparlampen sinnvoll und wirtschaftlich ist, können verschiedene Aspekte beleuchtet werden:

- Wie lang ist die durchschnittliche Lebensdauer normaler Glühlampen bzw. von Energiesparlampen?
- Wie viel elektrische Energie wird bei gleicher Lichtausbeute jeweils benötigt?
- Wie teuer ist die Anschaffung der verschiedenen Lampentypen?
- Gibt es noch andere Vor- oder Nachteile von Energiesparlampen?

Thema:

Median und Box-Plot

Bei der Untersuchung größerer Zahlenmengen interessiert man sich häufig auch dafür, welcher Wert die Eigenschaft hat, dass oberhalb und unterhalb von ihm jeweils etwa gleich viele der Daten liegen. Diesen Wert bezeichnet man als den **Median**. Die beiden **Quartile** sind die Werte, oberhalb derer $\frac{1}{4}$ bzw. $\frac{3}{4}$ der Daten liegen.

Alter der Spieler:

Bayern München:	*1. FC Nürnberg:*
Kahn: 35	*Schäfer: 24*
Kuffour: 28	*Wolf: 22*
Lucio: 26	*Hajto: 32*
Demichelis: 23	*Nikl: 28*
Salihamidzic: 27	*Wiblishauer: 27*
Hargreaves: 23	*Chantaluppi: 30*
Ballack: 28	*Larsen: 31*
Scholl: 34	*L. Müller: 28*
Ze Roberto: 30	*Mintal: 27*
Makaay: 29	*S. Müller: 24*
Pizarro: 26	*Schroth: 29*
Deisler: 24	*Reinhardt: 19*
Linke: 34	*Aidoo: 22*

So kann man die Altersstruktur der beiden Fußballmannschaften vergleichen, die Bayern München und der 1. FC Nürnberg am 15. Spieltag der Bundesligasaison 2004/05 eingesetzt haben.
Median und Quartile lassen sich aus dem Stängel-Blatt-Diagramm leicht ablesen.
So wird als Median der siebte der 13 Werte genommen, auch wenn es wie hier jeweils einen weiteren gleich großen Wert gibt. Entsprechend sind die Quartile der vierte bzw. der zehnte Wert.

Bayern München	1. FC Nürnberg
3 0 4 4 5	**3** 0 1 2
2 3 3 4 6 6 7 8 8 9	**2** 2 2 4 4 7 7 8 8 9
1	**1** 9
Median: 28	Median: 27
Unteres Quartil: 26	Unteres Quartil: 24
Oberes Quartil: 30	Oberes Quartil: 29

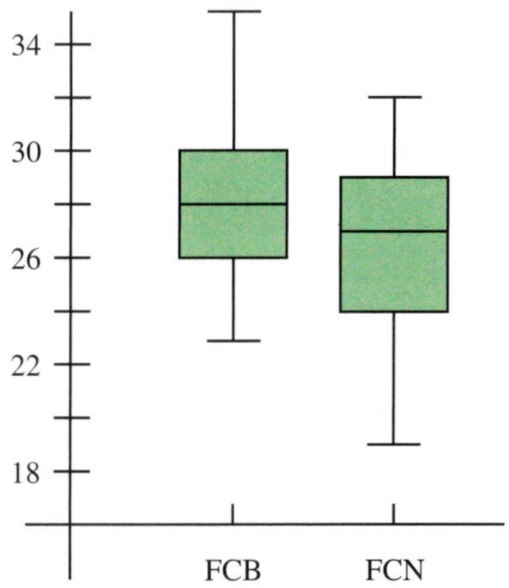

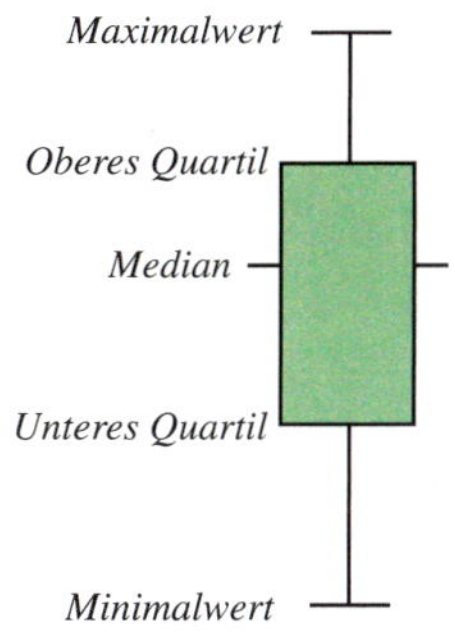

Der Median und die beiden Quartile können zusammen mit dem kleinsten und dem größten Wert in einem Diagramm dargestellt werden, das man **Box-Plot** nennt.
Die „Box" kennzeichnet dabei denjenigen Bereich, in dem etwa die Hälfte der Daten liegt. Die Lage des Medians innerhalb dieser Box ist erkennbar. Die „Antennen" kennzeichnen die beiden Bereiche, in denen das jeweils äußere Viertel der Daten liegt.

Bemerkung: Wenn die Zahl der Daten gerade ist, werden als Median bzw. als Quartile geeignete Mittelwerte gebildet. So ist der Median der Werte 9; 14; 16; 18 gleich $(14 + 16):2 = 15$, das obere Quartil 17, das untere 11,5.

1

Berechne den Median und die beiden Quartile für Dortmund und Leverkusen und zeichne jeweils den Box-Plot. Was fällt dir im Vergleich mit dem FC Bayern und dem 1. FCN auf?

Alter der Spieler:

Dortmund:	*Leverkusen:*
Weidenfeller: 24	*Butt: 30*
Brzenska: 20	*Roque Junior: 28*
Jensen: 30	*Schneider: 31*
Kehl: 24	*Babic: 23*
Rosicky: 24	*Woronin: 25*
Koller: 31	*Krzynowek: 28*
Kruska: 17	*Freier: 25*
Madouni: 24	*Nowotny: 30*
Wörns: 32	*Juan: 25*
Kringe: 22	*Ramelow: 30*
Dede: 26	*Placente: 27*
Senesie: 19	*Berbatow: 23*
Ricken: 28	*Balitsch: 23*

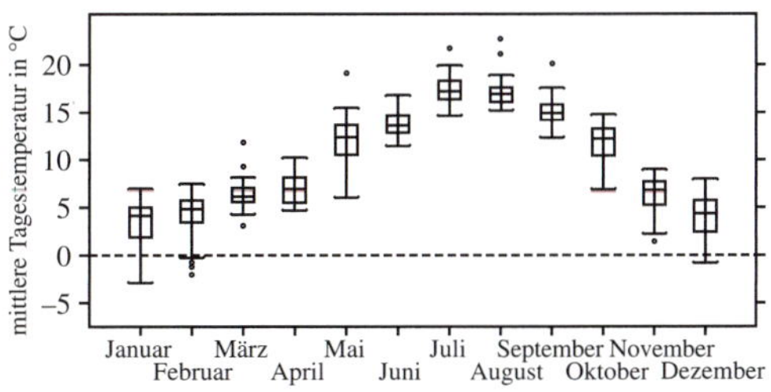

2

In der nebenstehenden Grafik wurden die Tagestemperaturen auf der Insel Norderney im Jahr 1967 monatlich in einem leicht modifizierten Box-Plot dargestellt, bei dem extreme Einzelpunkte separat eingezeichnet werden. Beschreibe die Unterschiede zwischen den Monaten.

Rückblick

Diagramme
Ein Kreisdiagramm bietet sich besonders dann an, wenn die Anteile am Ganzen schnell erfasst werden sollen.

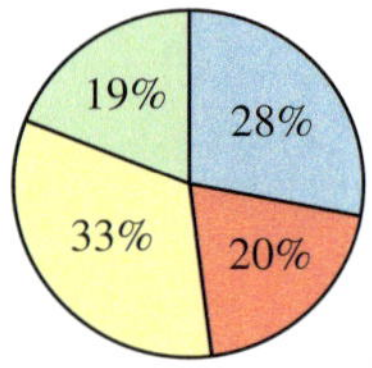

Ein Säulen- oder Balkendiagramm bietet sich besonders dann an, wenn man die Werte verschiedener Säulen oder Balken unmittelbar miteinander vergleichen will.

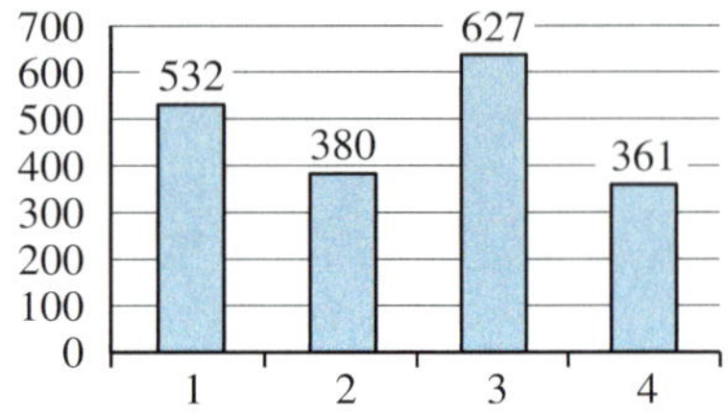

Ein Bilddiagramm bietet sich besonders dann an, wenn der Sachzusammenhang im Diagramm sofort in den Blick fallen soll.

Ein Punkt- oder Liniendiagramm bietet sich besonders dann an, wenn man aus dem Kurvenverlauf z. B. Entwicklungen ablesen möchte.

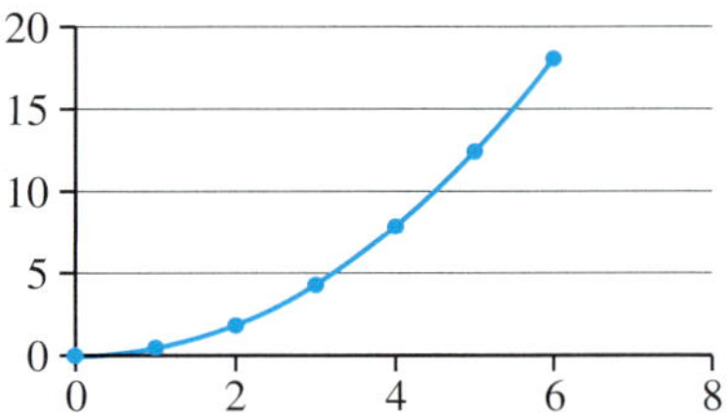

Arithmetischer Mittelwert
Der (arithmetische) Mittelwert einer Menge von Zahlen oder Größen ergibt sich, indem die Summe der Zahlen oder Größen durch ihre Anzahl dividiert wird.

In der Schulaufgabe hatte es folgende Ergebnisse gegeben:

Note	*1*	*2*	*3*	*4*	*5*	*6*
Anzahl	*4*	*5*	*8*	*7*	*4*	*2*

Mittelwert (Notendurchschnitt):
$(4\cdot 1 + 5\cdot 2 + 8\cdot 3 + 7\cdot 4 + 4\cdot 5 + 2\cdot 6) : 30$
$= 98 : 30 \approx 3{,}27$

Grundgleichung der Prozentrechnung
Alle Fragen der Prozentrechnung lassen sich mit der Grundgleichung der Prozentrechnung

Prozentsatz · Grundwert = Prozentwert

beantworten,
indem man die Gleichung nach der gesuchten Größe auflöst.

Der Preis für ein Paar Fußballschuhe wurde um 15 % auf 63,75 € reduziert. Was kosteten sie vorher?
Sie kosten nun 85 % des Grundwertes:
$0{,}85 \cdot x = 63{,}75\,€ \quad | : 0{,}85$
$x = 63{,}75\,€ : 0{,}85$
$x = 75\,€$
Vorher kosteten sie 75 €.

Aufgaben zum Üben und Wiederholen

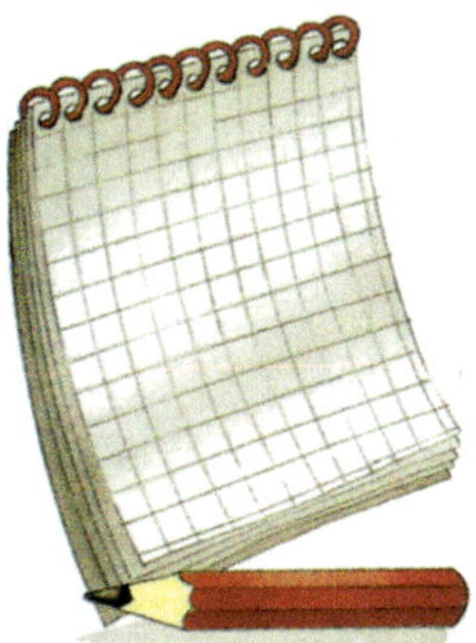

Die Lösungen zu den Aufgaben dieser Seite findest du auf den Seiten 202 und 203.

1

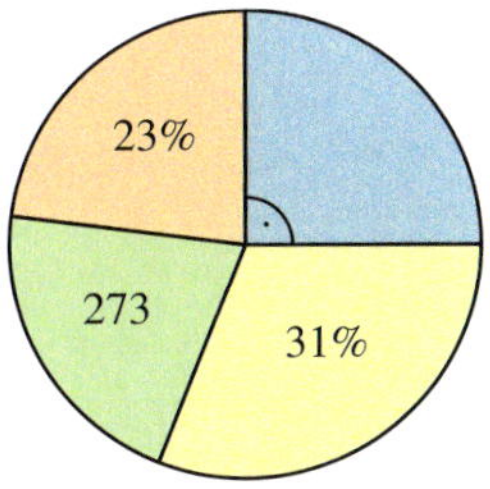

a) Bestimme den Grundwert, auf den sich das Diagramm bezieht.

b) Zeichne ein zweites Kreisdiagramm, in dem die Aufteilung ohne den blauen Sektor dargestellt wird.

2

a) Schätze den Mittelwert zunächst. Berechne ihn anschließend.
2,3; 19,8; –7,9; –1,3; 22,1; 11,5; 9,8

b) Bestimme x jeweils so, dass man den angegebenen Mittelwert erhält.
83; 86; 89; 85; 92; x; Mittelwert: 88
83; 86; 89; 85; 92; x; Mittelwert: 100

3

Berechne im Kopf.

a) 11 % von 880 b) 11 von 25

c) 40 % von welcher Zahl sind 72?

d) 8 % von 30 m² e) 25 cm von 10 m

f) 130 % von wie viel Euro sind 3250 €?

4

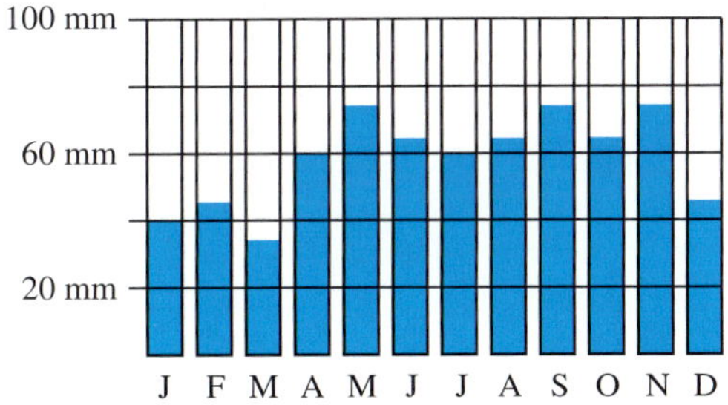

In dem Diagramm sind die monatlichen Niederschläge an einem mittelfränkischen Ort dargestellt. Warum werden sie bezogen auf eine Längeneinheit angegeben?

a) Berechne die mittleren monatlichen Niederschläge in den vier Vierteljahren.

b) Berechne die mittleren monatlichen Niederschläge für das Jahr.

5

Übertrage die Tabelle in dein Heft und vervollständige sie durch Berechnung der jeweils fehlenden Größe.

	Prozentsatz	Grundwert	Prozentwert
a)	34 %	17 €	
b)		48 kg	5,5 kg
c)	42 %		82
d)		111	11
e)	18 %		76
f)	1,5 %	4,3 km	

6

Eine Zeitungsgrafik aus dem Jahr 2004:

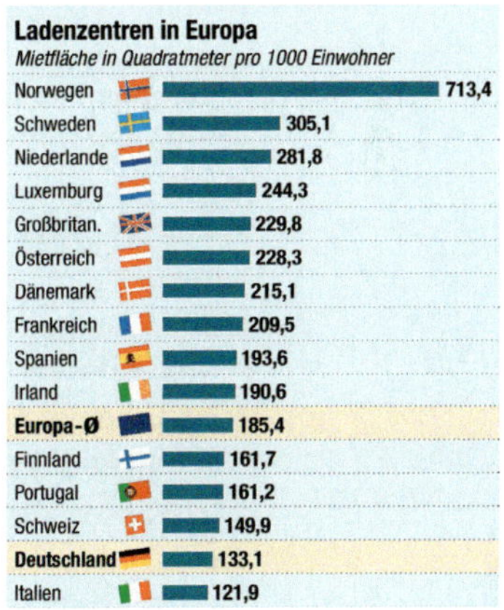

Auf den ersten Blick scheint der angegebene Mittelwert falsch zu sein. Erkläre, warum der Wert dennoch stimmen kann. Berechne den Mittelwert näherungsweise, indem du geeignete Daten verwendest.

7

a) Ich denke mir eine Zahl. Wenn ich sie um 32 % verkleinere, erhalte ich 1122. Wie lautet meine Zahl?

b) Ich denke mir eine Zahl und vergrößere sie um 40 %. Anschließend verkleinere ich die so erhaltene Zahl um 20 % und erhalte 392. Welche Zahl habe ich mir ausgedacht?

c) Aus wie vielen natürlichen Zahlen zwischen 1 und 999 erhält man nach Anwendung der beiden Operationen aus b) wieder eine natürliche Zahl?

VII Kongruenz und Dreiecke

1 Kongruente Figuren

1
Erzeuge auf verschiedene Arten, z. B. wie links gezeigt, deckungsgleiche Figuren.

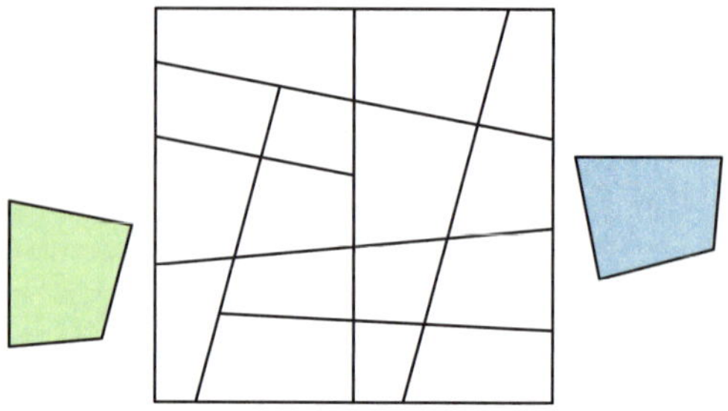

2
Wie kannst du überprüfen, ob das grüne Viereck in das Liniennetz eingepasst werden kann? Ist es für das blaue Viereck möglich?

Figuren, die man ausgeschnitten so aufeinander legen kann, dass sie zur Deckung kommen, nennt man deckungsgleich.
Die nebenstehende Abbildung zeigt zwei deckungsgleiche Figuren, von denen eine gewendet werden muss, damit man die beiden Figuren zur Deckung bringen kann.

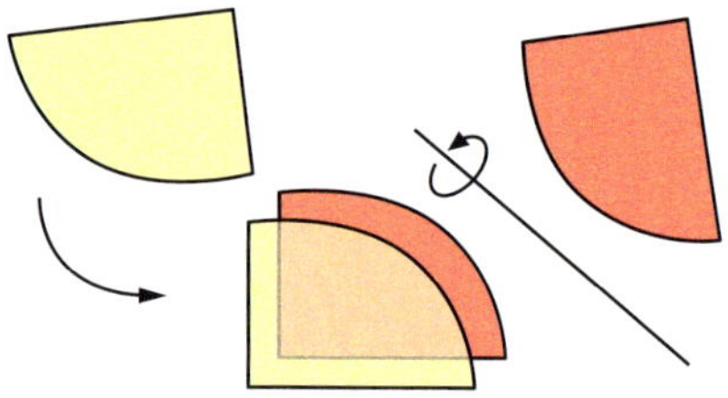

__congruere__ (lat.): übereinstimmen

In dem Zeichen ≅ lässt sich „=“ als flächeninhaltsgleich und „~“ als gestaltgleich deuten.

> Zwei deckungsgleiche Figuren F und G nennt man auch **zueinander kongruent**.
> Man schreibt: **F ≅ G** (lies: F ist kongruent zu G).
> Zwei zueinander kongruente Figuren haben gleiche Gestalt und Größe. Sie stimmen in allen einander entsprechenden Stücken, wie z. B. Seiten und Winkeln, überein.

Bemerkung
Da Achsen- bzw. Punktspiegelungen Streckenlängen und Winkelgrößen nicht ändern, sind zwei Figuren zueinander kongruent, wenn die eine durch eine oder mehrere Spiegelungen aus der anderen hervorgegangen ist. Diese Tatsache kann man nutzen, um die Kongruenz zweier Figuren nachzuweisen.

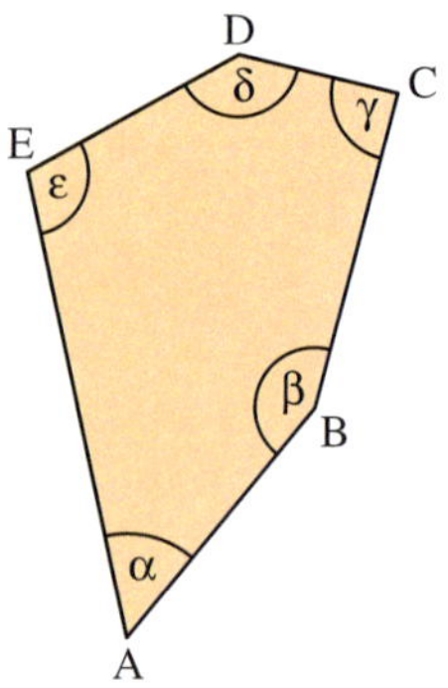

__Erinnerung:__
Unter Konstruieren verstehen wir das Konstruieren nur mit Zirkel und Lineal.

Soll zu dem links gegebenen Fünfeck ABCDE ein kongruentes Fünfeck gezeichnet werden, kann man folgendermaßen vorgehen.
Man überträgt zunächst eine beliebige Seite des Fünfecks und anschließend einen der anliegenden Winkel. Dann überträgt man die Seite, die auf dem freien Schenkel des schon gezeichneten Winkels liegt, und den an dieser Seite anliegenden Winkel. Dies wiederholt man, bis das Fünfeck vollständig ist. Am einfachsten führt man dies mit dem Geodreieck durch, indem man jeweils die Seiten und Winkel misst und überträgt.

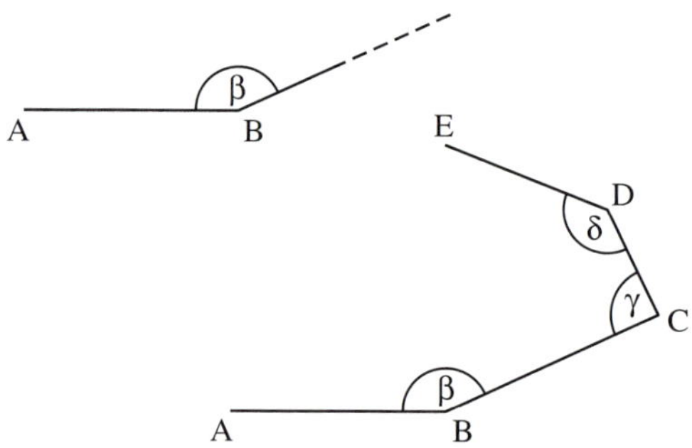

Soll das kongruente Fünfeck jedoch konstruiert werden, so muss man vollständig auf das Abmessen von Strecken und Winkeln verzichten. Die Strecken und Winkel können dann, wie im Folgenden gezeigt, ausschließlich mit Zirkel und Lineal übertragen werden.

Streckenübertragung
Zeichne eine Halbgerade. Nimm die gegebene Strecke $[P_1Q_1]$ in den Zirkel und trage sie an dieser Halbgeraden als $[P_2Q_2]$ an.

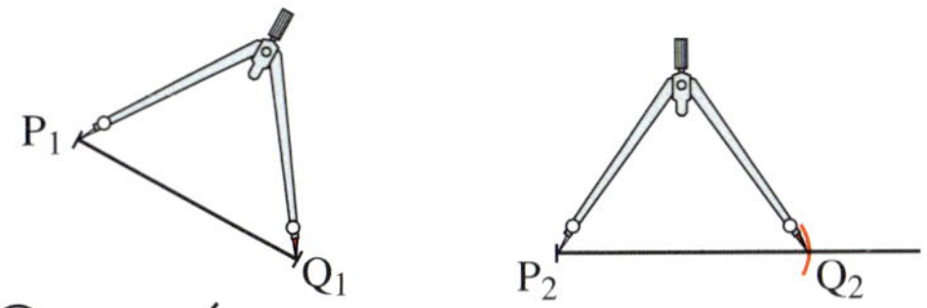

Winkelübertragung
Zeichne um den Scheitel S_1 des gegebenen Winkels α und um den neuen Scheitel S_2 je einen Kreisbogen mit demselben, aber beliebigen Radius. Übertrage anschließend mit dem Zirkel die Länge der Sehne $[A_1B_1]$ vom Bogen um S_1 in den Kreisbogen um S_2 zur Sehne $[A_2B_2]$. Verbinde nun noch S_2 mit B_2.

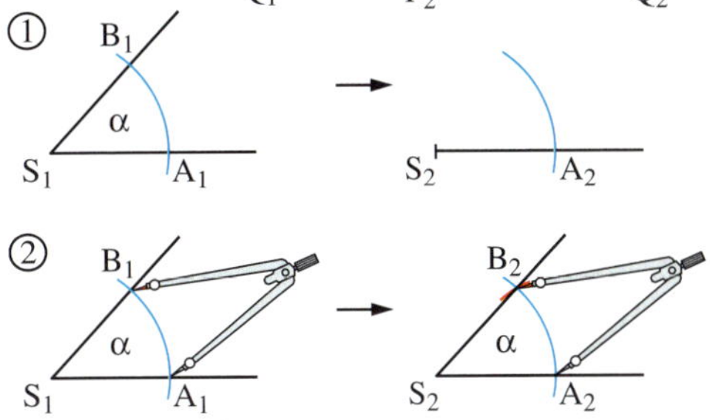

Eine Strecke, deren Endpunkte auf einer Kreislinie liegen, heißt ***Sehne*** *dieses Kreises.*

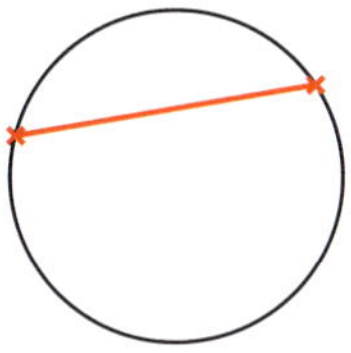

Beispiel 1
Untersuche, welche der unten gezeichneten Fünfecke zueinander kongruent sind, und begründe dein Ergebnis.

Lösung:
1. Möglichkeit: Legt man eine Folie über eines der drei Fünfecke, z. B. über das rote, und zeichnet dessen Umriss nach, so erkennt man, dass sich der gezeichnete Umriss nur mit dem blauen Fünfeck zur Deckung bringen lässt, und zwar wenn man die Folie wendet.
2. Möglichkeit: Man stellt fest, dass nur das rote und das blaue Fünfeck in allen sich entsprechenden Seitenlängen und Winkelgrößen übereinstimmen.
Also sind nur das blaue und das rote Fünfeck zueinander kongruent.

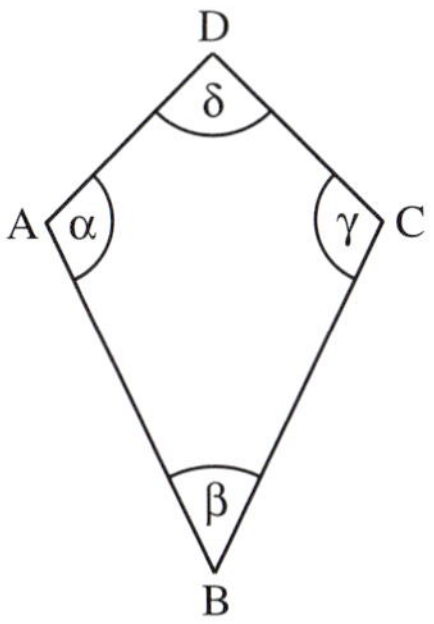

Beispiel 2
Konstruiere zu dem links gegebenen Drachenviereck ABCD ein kongruentes Viereck und beschreibe dein Vorgehen.
Lösung:
Zunächst wird z. B. die Seite [AB], anschließend der Winkel α und dann die Seite [AD] mit Zirkel und Lineal übertragen. Den Punkt C erhält man z. B. durch Spiegeln des Punktes A an der Diagonalen BD.

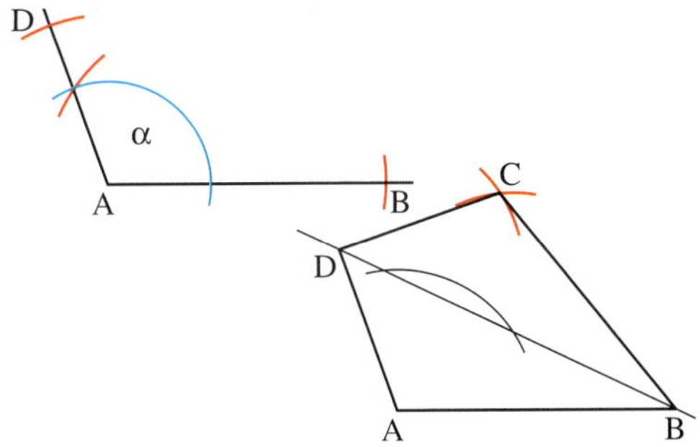

Aufgaben

3
Welcher der nummerierten „Seemänner" ist kongruent zu dem Seemann auf der Randspalte?

4
Sind die beiden „Fs" kongruent zueinander? Erläutere deine Antwort.

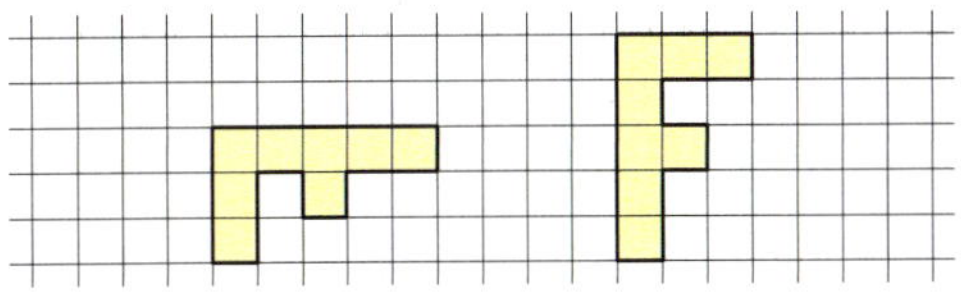

5

a) Beschreibe die zueinander kongruenten Figuren, die du in den Zeichen entdeckst.

b) Finde weitere Symbole, die zueinander kongruente Figuren enthalten.

c) Erstellt gemeinsam in einer Gruppe ein Zeichen oder Logo, das sich aus zueinander kongruenten Figuren zusammensetzt.

6

Wie viele unterschiedliche Dreiecke findest du hier? Entscheide nach Augenmaß und überprüfe anschließend mit einer Folie.

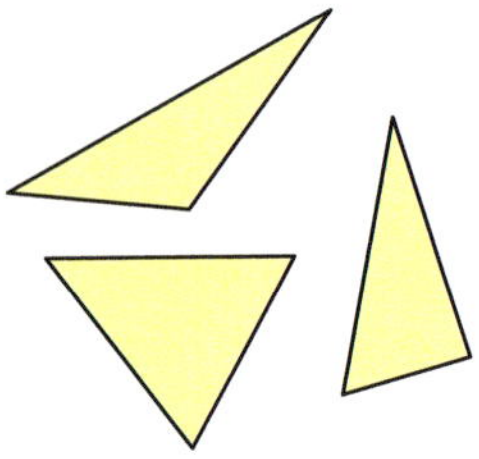

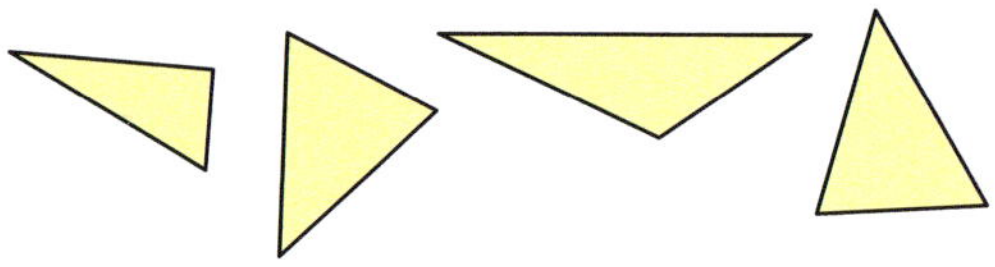

7

Zeichne die Vielecke in dein Heft und weise ihre Kongruenz mit Hilfe einer oder mehrerer Achsen- bzw. Punktspiegelungen nach.

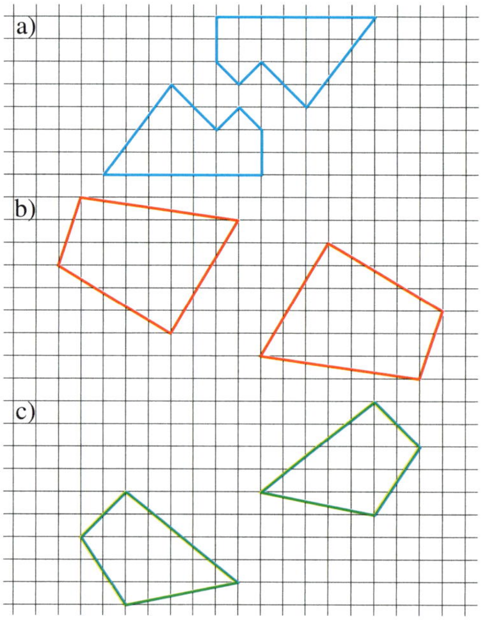

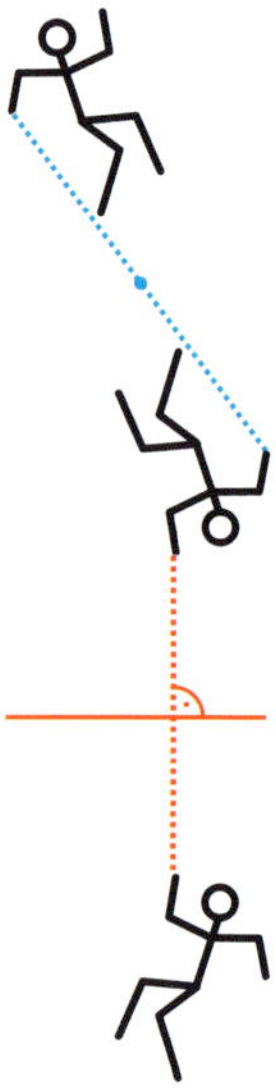

Das untere Männchen ist zum oberen kongruent, da es durch eine Punkt- und eine Achsenspiegelung aus diesem hervorgegangen ist.

8

Skizziere im Gitternetz ein Fünfeck und tausche es mit dem Nachbarn aus. Dieser soll nun möglichst schnell ein dazu kongruentes Fünfeck zeichnen. Wer von euch ist schneller?

9

Übertrage mit einem Geodreieck das Viereck in dein Heft. Überprüfe anschließend mit einer Folie, ob dein Viereck richtig ist.

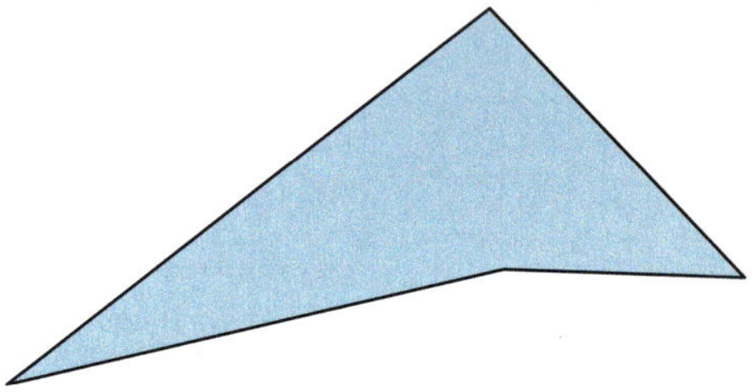

10

a) Zeichne das Fünfeck ABCDE mit $A(2|-2)$, $B(5|-2)$, $C(6|1)$, $D(3|4)$ und $E(1|2)$ in dein Heft und konstruiere nur mit Zirkel und Lineal ein dazu kongruentes Fünfeck.

b) Zeichne das Viereck ABCD mit $A(-5|3)$, $B(1|0)$, $C(2|3)$ und $D(-1|6)$ in dein Heft und konstruiere nur mit Zirkel und Lineal ein dazu kongruentes Viereck, bei dem die Seite [AB] auf der x-Achse zu liegen kommt.

c) Erstelle selbst ein Viereck, das dein Nachbar dann mit Zirkel und Lineal in sein Heft übertragen soll.

11

a) Zeichne ein Parallelogramm und zerlege es durch einen Schnitt in zwei zueinander kongruente Teilfiguren. Wie viele Möglichkeiten hierfür findest du?

b) Wie kann man ein Parallelogramm durch zwei Schnitte zerlegen, so dass vier Teilfiguren entstehen, die alle zueinander kongruent sind?

c) Entstehen auch kongruente Figuren, wenn man das Parallelogramm durch zwei Schnitte entlang der Diagonalen zerlegt? Gibt es besondere Parallelogramme, bei denen man auf diese Weise vier zueinander kongruente Figuren erhält?

Neueste Ausrede vor dem Verkehrsgericht: „Wieso falsch abgebogen? Die beiden Verkehrszeichen sind doch kongruent zueinander?“

12
Erzeuge auf mindestens drei verschiedene Arten zwei kongruente Figuren.

13
Warum kann man bei Kreisen besonders leicht feststellen, ob sie kongruent sind?

14
Zeichne ein beliebiges Dreieck ABC. Überprüfe an diesem den Satz von der Winkelsumme im Dreieck durch Winkelübertragung nur mit Zirkel und Lineal.

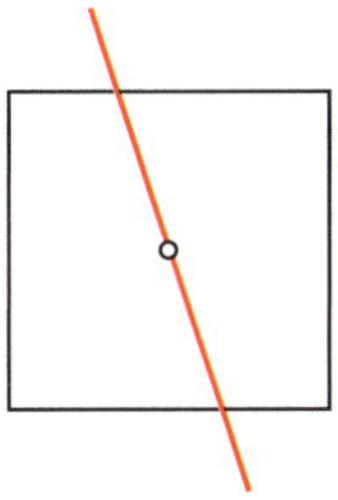

15
Bei Quadraten zerlegt jede Gerade durch den Diagonalenschnittpunkt das Quadrat in zwei kongruente Vielecke. Ist dies bei Rechtecken, Rauten, Parallelogrammen, Drachenvierecken und Trapezen ebenso? Zeichne jeweils die Situation.

16
Parkettierungen sind lückenlose Überdeckungen der Zeichenebene mit zueinander kongruenten Figuren.

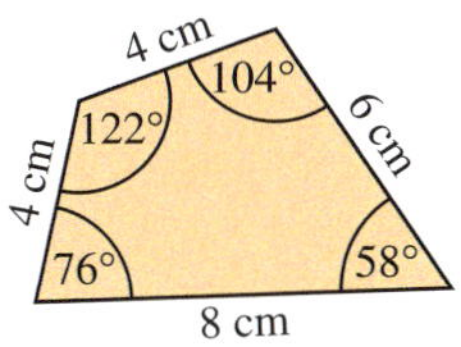

a) Zeichne drei verschiedene Parkette, die man mit einem Rechteck als Grundfigur legen kann.
b) Finde mindestens drei andere Grundfiguren, mit denen man die Ebene parkettieren kann.
c) Bienenwaben haben die Form von regelmäßigen Sechsecken. Könnte man auch Waben, die die Form von regelmäßigen Fünfecken haben, so exakt zusammenfügen?
d) Kannst du nur mit dem links abgebildeten Viereck die Ebene parkettieren? Gelingt es dir mit einem beliebigen Dreieck als Grundfigur? Probiere jeweils aus.

17
Zeichne einen spitzen und einen stumpfen Winkel.
a) Konstruiere mit Zirkel und Lineal einen Winkel, der genauso groß ist wie die Summe der Größen beider gezeichneter Winkel.
b) Konstruiere mit Zirkel und Lineal einen Winkel, der so groß ist wie die Differenz der beiden gegebenen Winkelgrößen.

18
Zeichne ein regelmäßiges Sechseck und zerlege es in kongruente Teilfiguren. Finde verschiedene Möglichkeiten.

19 Dreiecke versenken
Wie beim „Schiffe versenken“ zeichnen dein Tischnachbar und du verdeckt voneinander zwei jeweils zueinander kongruente Dreiecke in ein Koordinatensystem. Dann gebt ihr euch gegenseitig die Lage eines eurer Dreiecke vollständig an und zusätzlich noch die Koordinaten von zwei Eckpunkten des dazu kongruenten Dreiecks.

Die Angabe des Nachbarn:

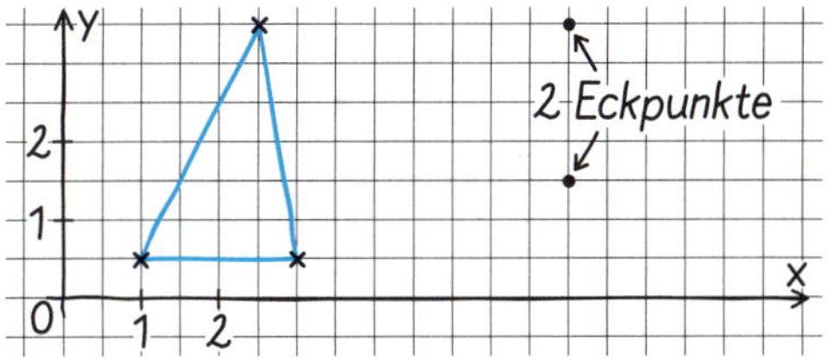

Nun tippt ihr beide abwechselnd die Koordinaten für den noch fehlenden Eckpunkt des anderen. Sieger ist, wer zuerst beide Dreiecke des Nachbarn vollständig zeichnen kann.

G 20
Wie groß sind die Winkel α und β in dem unten gezeichneten Dreieck, wenn
a) $\alpha = 2 \cdot \beta$,
b) $\beta = 5 \cdot \alpha$?

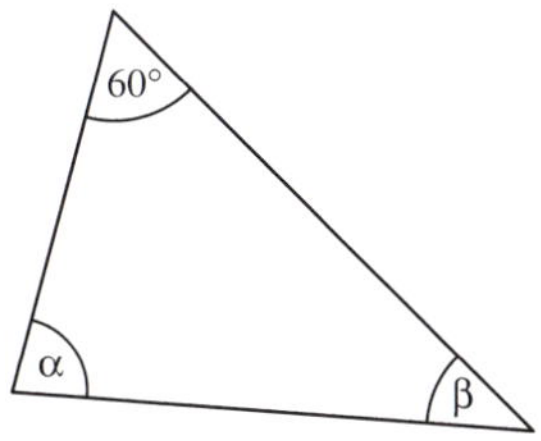

2 Kongruenz von Dreiecken

Für Dreiecke sind die folgenden Bezeichnungen üblich:

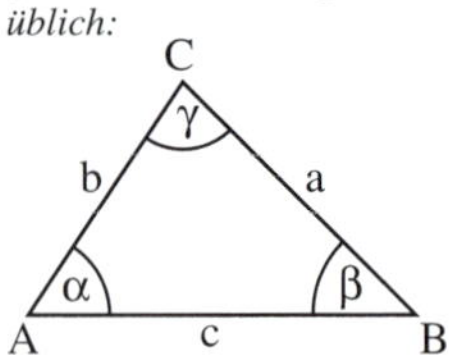

1

Führt in eurer Klasse ein „Geometriediktat“ durch, d. h., ein Schüler diktiert drei Maße (Seitenlängen oder Winkelgrößen) eines Dreiecks und die restlichen Schüler zeichnen jeweils ein entsprechendes Dreieck. Vergleicht anschließend eure Dreiecke.

2

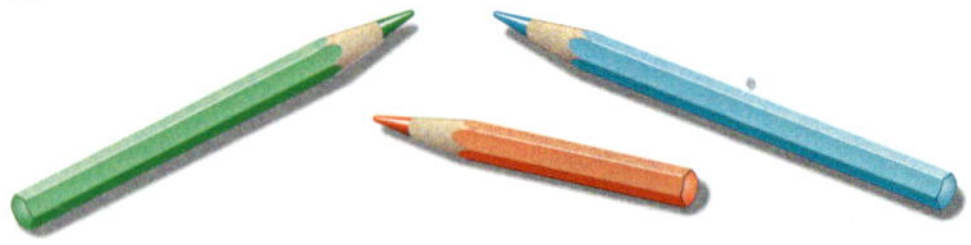

Nimm drei Buntstifte und überlege, wie viele Dreiecke du aus diesen legen kannst.

Wir wollen im Folgenden zunächst untersuchen, wie viele und welche Stücke eines Dreiecks gegeben sein müssen, um dieses eindeutig konstruieren zu können.

Erinnerung:
k (A; b) steht für: Kreis um den Mittelpunkt A mit dem Radius b.

Sind die drei Seitenlängen eines Dreiecks gegeben, so lässt sich das Dreieck eindeutig konstruieren.
Beispiel: a = 4 cm, b = 3 cm, c = 5 cm
Konstruktionsschritte:
1. Zeichne die Strecke c = [AB].
2. Zeichne den Kreis k (A; b).
3. Zeichne den Kreis k (B; a).

Der Schnittpunkt der beiden Kreise ist der Eckpunkt C.

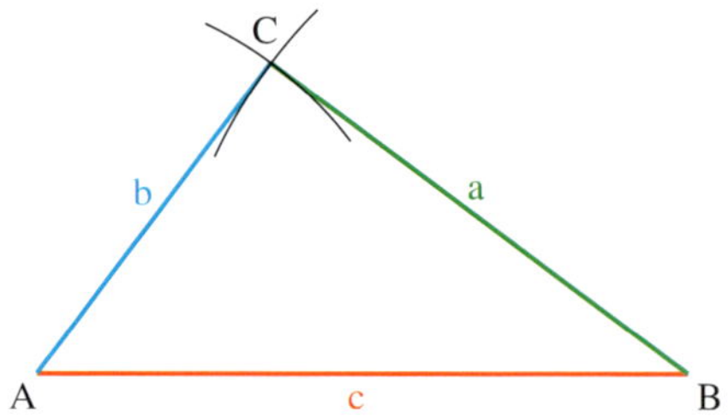

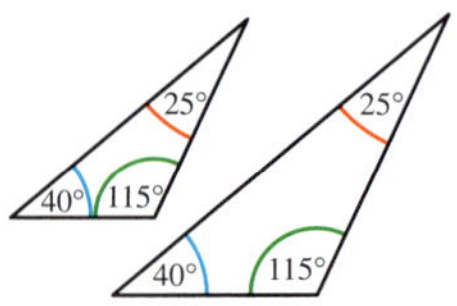

Im Gegensatz zu den Seitenlängen genügt die Angabe der drei Winkelgrößen eines Dreiecks nicht, um dieses eindeutig konstruieren zu können, wie die Abbildung links zeigt.

Sind eine Seitenlänge und die Größen der beiden anliegenden Winkel gegeben, so lässt sich das Dreieck eindeutig konstruieren.
Beispiel: c = 4 cm, $\alpha = 25°$, $\beta = 105°$
Konstruktionsschritte:
1. Zeichne die Strecke c = [AB].
2. Trage den Winkel α in A an c an.
3. Trage den Winkel β in B an c an.

Der Schnittpunkt der beiden freien Schenkel ist der Eckpunkt C.

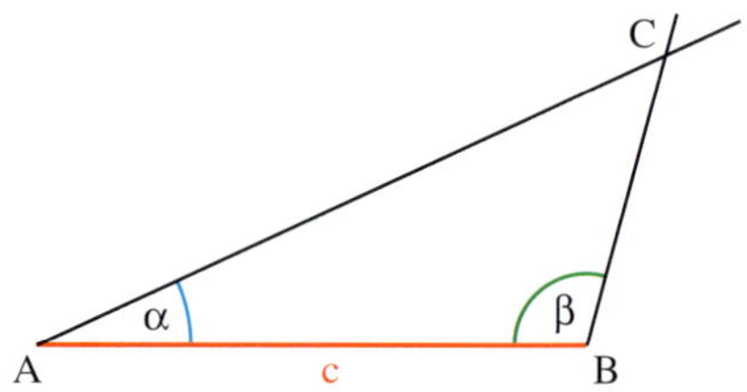

Da man aus zwei Innenwinkeln mit dem Satz von der Winkelsumme im Dreieck auf den dritten schließen kann, lässt sich das Dreieck auch dann eindeutig konstruieren, wenn eine Seitenlänge und die Größen zweier beliebiger Winkel gegeben sind.

Sind zwei Seitenlängen und die Größe des eingeschlossenen Winkels gegeben, so lässt sich das Dreieck eindeutig konstruieren.
Beispiel: b = 3 cm, c = 5 cm, $\alpha = 35°$
Konstruktionsschritte:
1. Zeichne die Strecke c = [AB].
2. Trage den Winkel α in A an c an.
3. Zeichne den Kreis k (A; b).

Der Schnittpunkt des freien Schenkels von α mit dem Kreis ist der Eckpunkt C.

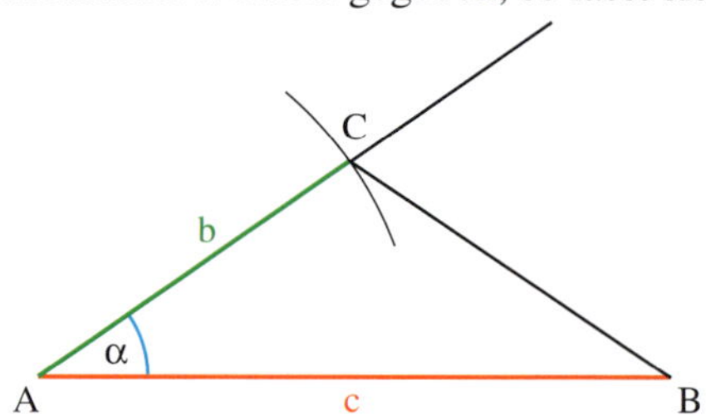

Will man jedoch aus zwei Seiten und dem nicht eingeschlossenen Winkel ein Dreieck konstruieren, ist dies nicht immer eindeutig möglich:

Hier kannst du ein DGS gut nutzen: Zeichne die nebenstehende Situation mit deinem DGS. Variiere den Kreisradius und beobachte.

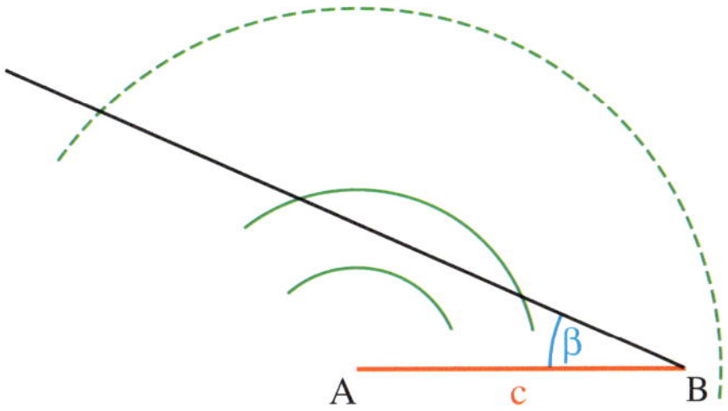

Wenn neben der Länge der Seiten b und c noch die Größe des Winkels β gegeben ist, der der kleineren Seite b gegenüberliegt, schneidet der Kreis k (A; b) den freien Schenkel von β zweimal oder auch gar nicht, weil b kleiner als c ist. Wäre b größer als c, so ergäbe sich genau ein Schnittpunkt.

Also folgt, dass sich ein Dreieck auch dann eindeutig konstruieren lässt, wenn zwei Seitenlängen und die Größe des Winkels, der der längeren Seite gegenüberliegt, gegeben sind.
Beispiel: $c = 2{,}5\,\text{cm}$, $a = 3{,}5\,\text{cm}$, $\alpha = 20°$
Konstruktionsschritte:
1. Zeichne die Strecke $c = [AB]$.
2. Trage den Winkel α in A an c an.
3. Zeichne den Kreis k (B; a).

Der Schnittpunkt des freien Schenkels von α mit dem Kreis ist der Eckpunkt C.

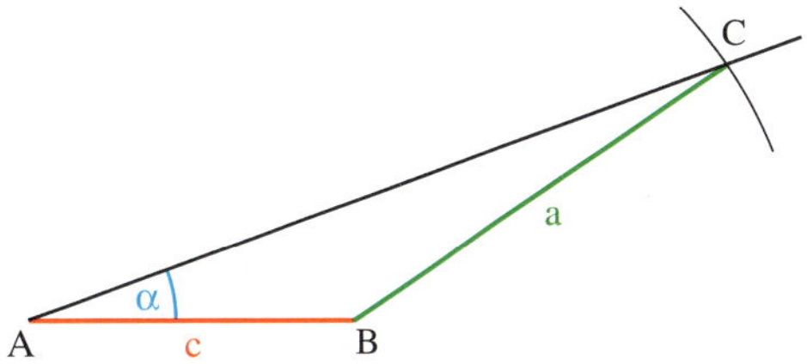

Wenn der Zusammenhang klar ist, spricht man häufig statt von der Seitenlänge nur kurz von Seite und entsprechend statt von der Größe eines Winkels nur kurz von Winkel.

Ein Dreieck aus bestimmten Seiten oder Winkeln **eindeutig konstruieren** zu können bedeutet auch, dass verschiedene Personen beim Konstruieren eines Dreiecks aus diesen Stücken stets zueinander kongruente Dreiecke erhalten. Will man also zwei Figuren auf Kongruenz überprüfen, muss man nur jeweils die Seiten und Winkel der Figur vergleichen, die für ihre eindeutige Konstruktion benötigt werden.

Beachte:
WWW gilt nicht!

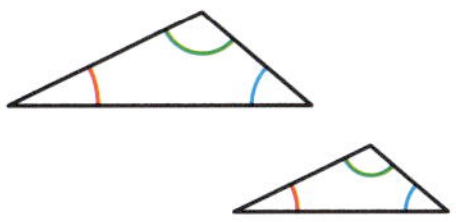

Beachte:
SSW gilt nicht allgemein!

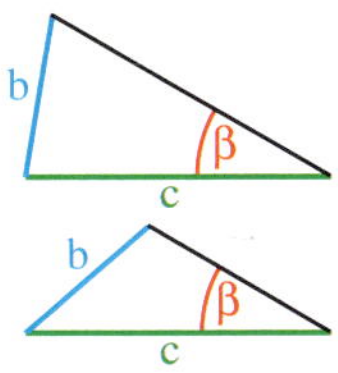

Die **Kongruenzsätze** (für Dreiecke):
Zwei Dreiecke sind zueinander kongruent, wenn sie:

– in allen drei Seiten übereinstimmen **(SSS)**,

– in einer Seite und zwei gleichliegenden Winkeln übereinstimmen **(WSW** bzw. **SWW)**,

– in zwei Seiten und dem eingeschlossenen Winkel übereinstimmen **(SWS)**,

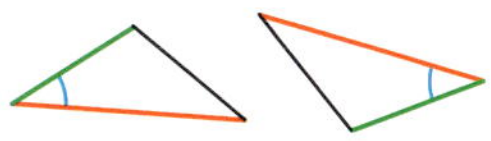

– in zwei Seiten und dem Gegenwinkel der längeren Seite übereinstimmen **(SsW)**.

Beachte:
Die Kongruenzsätze lassen sich nicht direkt auf Vielecke übertragen, wie z. B. die rechts abgebildeten Vierecke zeigen, bei denen alle einander entsprechenden Seiten gleich lang sind.

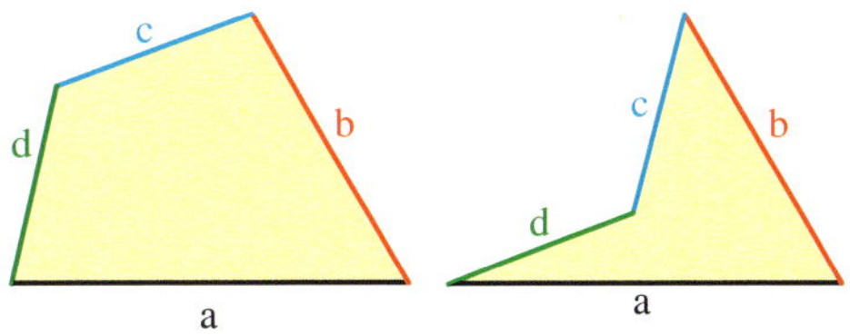

Die Erklärungen der Begriffe Axiom und Satz findest du auf Seite 43.

Bemerkung

Bei den Kongruenzsätzen spricht man von Sätzen und nicht von Axiomen, da sich die Kongruenz zweier Figuren mit Hilfe von Achsen- oder Punktspiegelungen begründen lässt. Dies soll im Folgenden am SSS-Kongruenzsatz gezeigt werden.

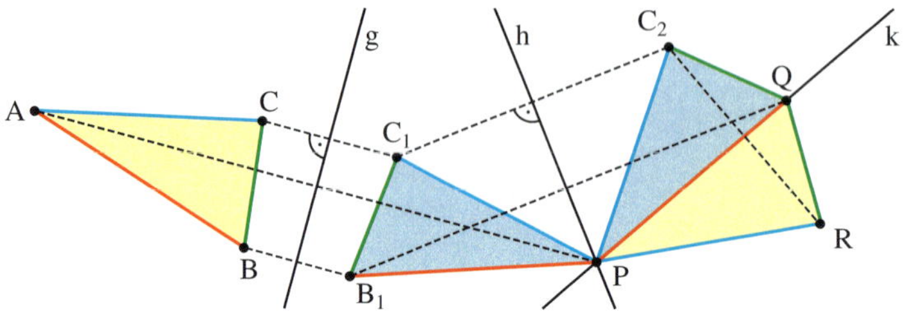

Die Abbildung zeigt, dass man zwei Dreiecke ABC und PQR, deren Seiten gleich lang sind, durch drei Achsenspiegelungen aufeinander abbilden kann. Die Achsen wurden dabei so gewählt, dass bei jeder Spiegelung jeweils ein Eckpunkt des ersten Dreiecks auf den entsprechenden Punkt des zweiten Dreiecks gespiegelt wird.

Beispiel 1

a) Konstruiere das Dreieck ABC mit den folgenden Maßen: $\overline{BC} = 4\,\text{cm}$, $\alpha = 95°$, $\beta = 40°$. Beschreibe, wie du bei der Konstruktion vorgehst.

b) Kannst du das Dreieck ABC mit den Maßen $a = 6\,\text{cm}$, $b = 2\,\text{cm}$, $c = 3{,}5\,\text{cm}$ konstruieren? Begründe deine Antwort.

Lösung:

a) 1. Man zeichnet die Strecke $a = [BC]$.
2. Man trägt den Winkel β in B an a an.
3. Man trägt den Winkel $\gamma = 180° - (\alpha + \beta)$ in C an a an.

Beim Antragen der Winkel ergeben sich jeweils zwei Möglichkeiten. Die Schnittpunkte der freien Schenkel werden mit A und A′ bezeichnet. Die beiden Dreiecke, die sich so ergeben, sind zueinander kongruent. Da jedoch im Dreieck A′BC die Eckpunkte nicht entgegen dem Uhrzeigersinn durchlaufen werden, betrachten wir es nicht als Lösung.

Der Winkel γ lässt sich auch mit Zirkel und Lineal konstruieren:

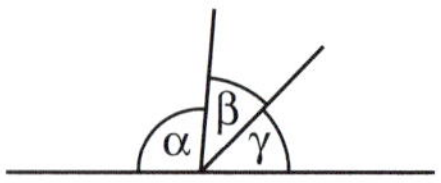

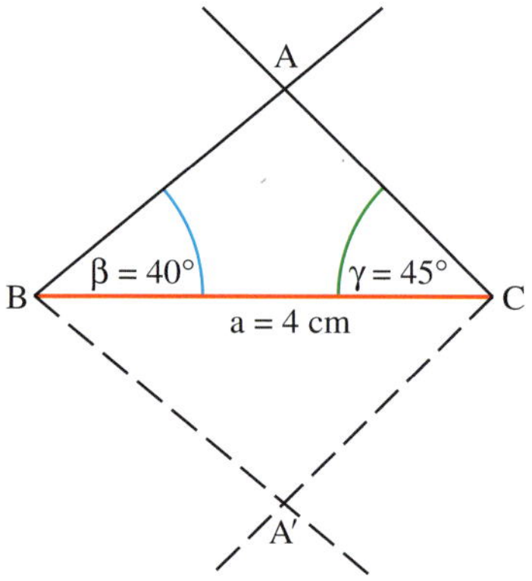

b) Wie die Skizzen zeigen, lässt sich ein Dreieck mit diesen Maßen nicht konstruieren. Mit welcher Seite man auch beginnt, man erhält keinen Schnittpunkt, denn die Seiten b und c müssten zusammen länger sein als die Seite a.

Dreiecksungleichung: *In einem Dreieck ist die Summe zweier Seitenlängen stets größer als die Länge der dritten Seite.*

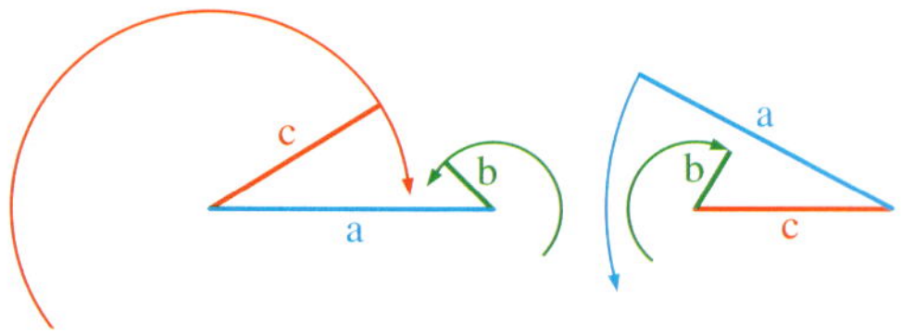

Beispiel 2

*Statt Dreieck ABC schreibt man auch kurz: **ΔABC***

Untersuche, ob ΔABM und ΔCDM in untenstehender Figur zueinander kongruent sind.

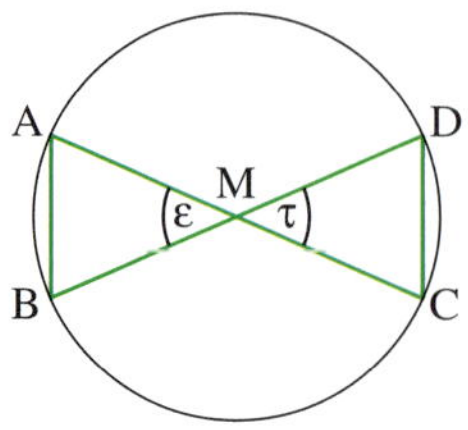

$\Delta ABM \cong \Delta CDM$ bedeutet: $\overline{AB} = \overline{CD}$, $\overline{AM} = \overline{CM}$ und $\overline{BM} = \overline{DM}$. Entsprechend sind die Innenwinkel an den Ecken A und C, die an B und D und die an M gleich groß.

Lösung:

Die Dreiecksseiten [AM] und [BM] sowie [CM] und [DM] sind jeweils so lang wie der Radius des Kreises, also gleich lang. Außerdem sind die beiden Innenwinkel der Dreiecke am Eckpunkt M Scheitelwinkel, also gleich groß. Somit stimmen die Dreiecke in zwei Seiten und dem eingeschlossenen Winkel überein und sind nach dem Kongruenzsatz SWS kongruent. ($\Delta ABM \cong \Delta CDM$)

Aufgaben

Will man beim Konstruieren vollständig auf das Abmessen von Strecken und Winkeln verzichten, muss man vor der Konstruktion die gegebenen Stücke mit dem Geodreieck zeichnen und anschließend mit Zirkel und Lineal übertragen.

3
Konstruiere ein Dreieck ABC aus den angegebenen Seiten und Winkeln und entnimm deiner Zeichnung die Größe der restlichen Seiten und Winkel. Welcher Kongruenzsatz garantiert eine eindeutige Lösung?

a) $a = 3\,cm$; $\beta = 45°$; $\gamma = 90°$
b) $b = 5{,}5\,cm$; $c = 3{,}5\,cm$; $\alpha = 60°$
c) $a = 6{,}6\,cm$; $b = 4{,}9\,cm$; $c = 10{,}7\,cm$
d) $c = 7{,}5\,cm$; $\alpha = 75°$; $\gamma = 60°$
e) $b = 4{,}7\,cm$; $c = 5{,}5\,cm$; $\gamma = 40°$

4
Begründe anhand der angegebenen Maße, welche der Dreiecke sicher zueinander kongruent sind.

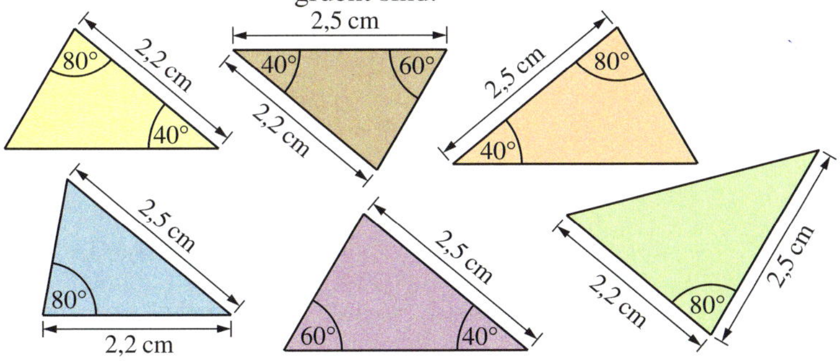

5
Kann man mit den folgenden Angaben entscheiden, ob die Dreiecke ABC und DEF zueinander kongruent sind? Begründe.

ΔABC

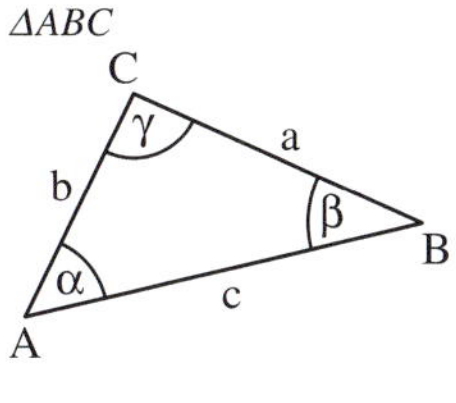

ΔDEF

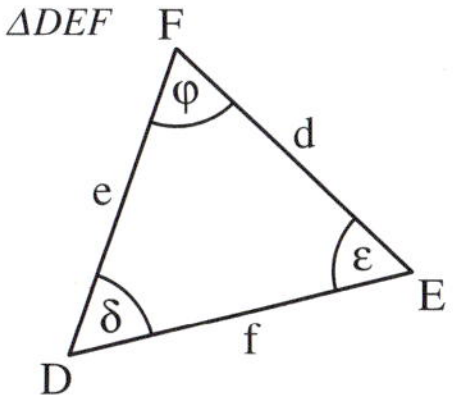

	a)	b)	c)	d)	e)	f)
a	4 cm	4 cm				6 cm
b	5 cm				7 cm	
c	7 cm	7 cm		4 cm	5 cm	
α		40°	35°	40°		40°
β			45°	65°	110°	
γ			100°			70°
d	7 cm				5 cm	
e	5 cm	4 cm			7 cm	
f	4 cm	7 cm		4 cm		6 cm
δ			45°	40°		40°
ε		40°	100°		110°	
φ			35°	75°		70°

g) Überlege dir selbst eine solche Aufgabe und gib sie deinem Nachbarn zur Lösung.

6
Konstruiere die folgenden Figuren mit den angegebenen Maßen in dein Heft.

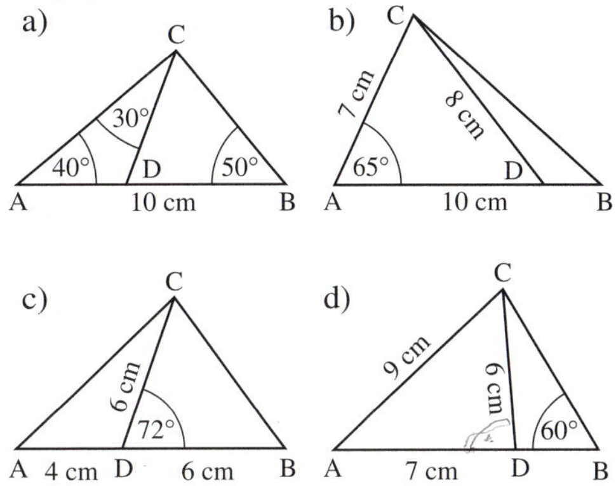

e) Zeichne ein ähnliches Bild und lass deinen Nachbarn konstruieren.

7
Wie viele nicht zueinander kongruente Dreiecke mit ganzzahligen Seitenlängen (in cm) gibt es, deren Umfang 12 cm beträgt? Probiere zunächst mit Streichhölzern.

8
Konstruiere mit einem DGS ein Dreieck ABC mit

a) $b = 5{,}5\,cm$; $\alpha = 60°$; $\beta = 70°$
b) $a = 5{,}5\,cm$; $b = 8{,}5\,cm$; $c = 4{,}7\,cm$
c) $a = 3\,cm$; $b = 4\,cm$; $\gamma = 90°$
d) $a = 5{,}3\,cm$; $c = 3{,}9\,cm$; $\gamma = 40°$

9
Kannst du ein Dreieck ABC aus $a = 4\,cm$, $b = 6\,cm$ und $\alpha = 80°$ konstruieren? Begründe deine Antwort.

10
Wie weit sind die zwei Orte voneinander entfernt? Überlege, wie genau dein Ergebnis sein kann.

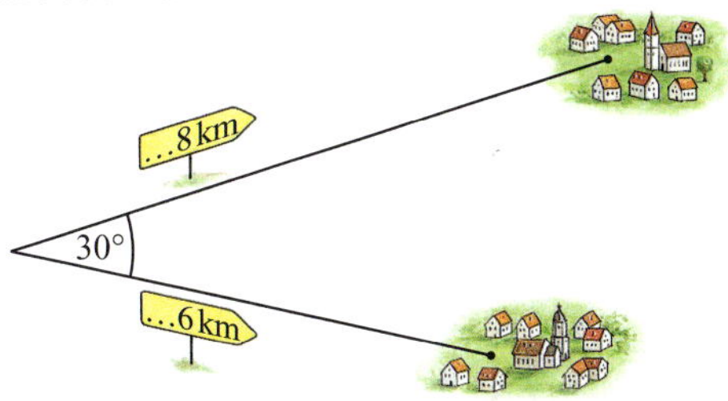

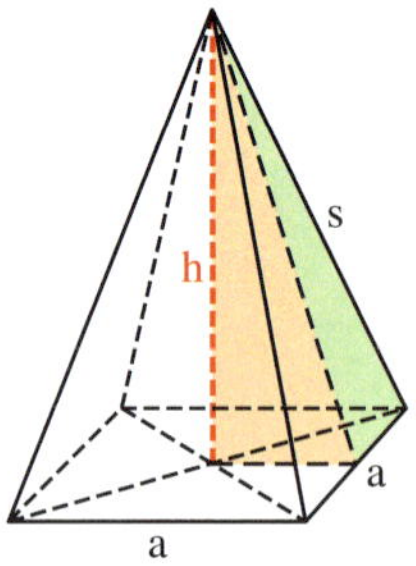

11

Konstruiere ein Rechteck, dessen eine Seite dreimal so lang ist wie die andere und dessen Umfang insgesamt 20 cm beträgt.

12

Die links gezeichnete Pyramide hat eine quadratische Grundfläche mit der Seitenlänge $a = 4\,\text{cm}$ und einer Höhe von $h = 6\,\text{cm}$. Sind die beiden gefärbten Dreiecke kongruent zueinander?

13

Bauer Herbst möchte seinen Hof mit dem dazugehörigen Feld an seine beiden Töchter weitergeben. Um möglichst gerecht zu sein, will er das viereckige Feld durch eine Diagonale in zwei dreieckige Felder teilen. Er bestimmt die Längenmaße des Feldes und trägt sie in eine Skizze ein.

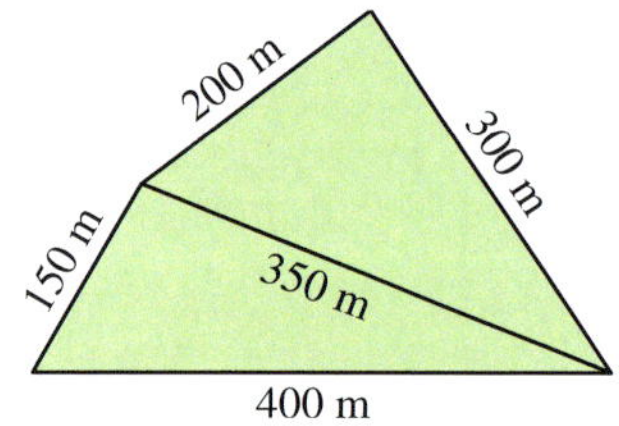

Ist seine Idee tatsächlich gerecht?

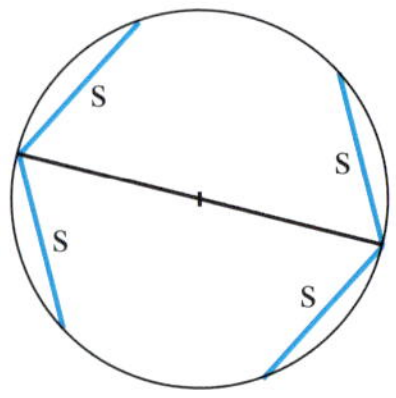

14

Begründe: Zeichnet man von den Endpunkten eines Kreisdurchmessers aus vier gleich lange Sehnen, so sind die sich gegenüberliegenden Sehnen zueinander parallel.

15

Konstruiere ein Dreieck mit

a) $a = 4{,}9\,\text{cm};\ c = 4{,}5\,\text{cm};\ \alpha + \gamma = 115°$

b) $b = 3\,\text{cm};\ \alpha = 2 \cdot \beta;\ \gamma = \alpha + 20°$

c) $c = 5\,\text{cm};\ \alpha = \beta + 50°;\ \beta = \gamma + 20°$

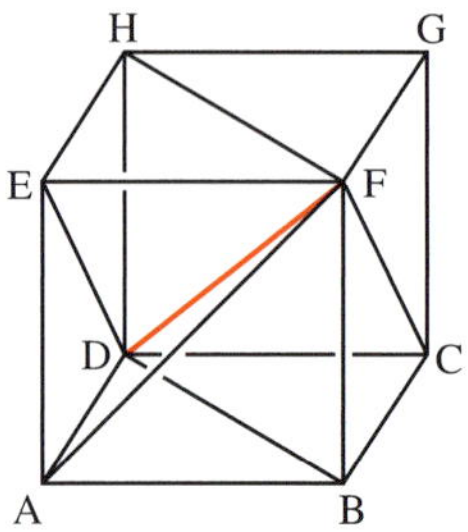

16

Betrachte das nebenstehende Würfelgerüst.

a) Sind die folgenden Behauptungen wahr?
$\Delta ABD \cong \Delta HED$
$\Delta GFC \cong \Delta BFD$
Begründe jeweils deine Antwort.

b) Konstruiere alle auftretenden Dreiecke, wenn der Würfel eine Kantenlänge von 4 cm besitzt.

17

Ist die folgende Aussage wahr?
Wenn zwei Dreiecke in drei Winkeln übereinstimmen, dann sind sie nicht kongruent.

18

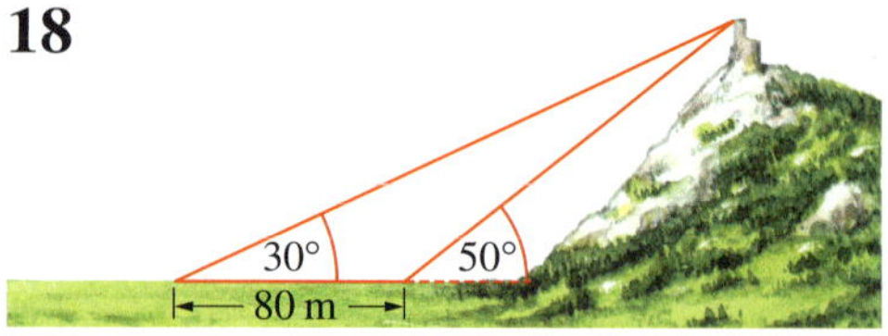

Die Zeichnung veranschaulicht, wie man die Höhe eines unzugänglichen Felsens bestimmen kann.

a) Erkläre das Vorgehen. Wie könnte man die in der Zeichnung angegebenen Winkel messen?

b) Wie hoch ist der Felsen? Lege eine Zeichnung in geeignetem Maßstab an.

c) Sucht euch einen hohen Punkt an eurem Schulhaus und versucht auf diesem Weg, dessen Höhe ungefähr zu bestimmen.

19

Begründe: In einem Kreis haben alle Sehnen, die gleich lang sind, vom Mittelpunkt den gleichen Abstand.
Fertige zuerst eine entsprechende Skizze an.

20

Suche jeweils in den gegebenen symmetrischen Vierecken alle Paare kongruenter Dreiecke. Begründe jeweils mit einem passenden Kongruenzsatz.

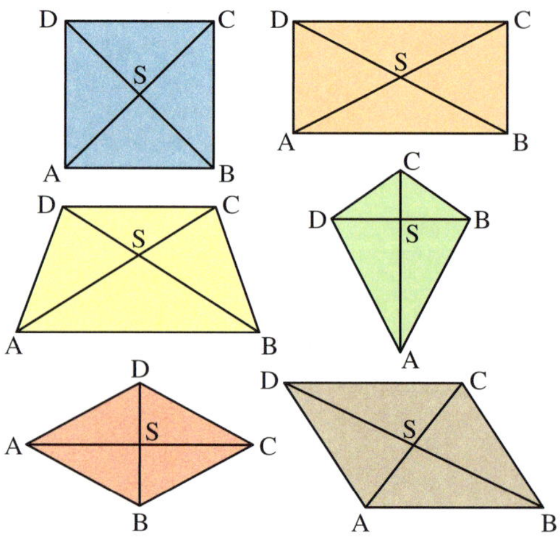

21
Zeichne ein Quadrat mit 4 cm langen Seiten. Trage auf allen Seiten jeweils gleich lange Strecken ab.
Begründe: Das entstehende Innenviereck ist ein Quadrat.

22
a) Bayreuth liegt 200 km nördlich von München; Nürnberg ist von München 150 km und von Bayreuth 70 km entfernt (Luftlinie). Zeichne einen Plan im Maßstab 1 : 2 000 000. In welcher Himmelsrichtung liegt Bayreuth von Nürnberg aus?
b) Coburg liegt genau nordwestlich von Bayreuth und ist von München 240 km entfernt. Bestimme die Entfernung Coburg – Bayreuth (Coburg – Nürnberg).

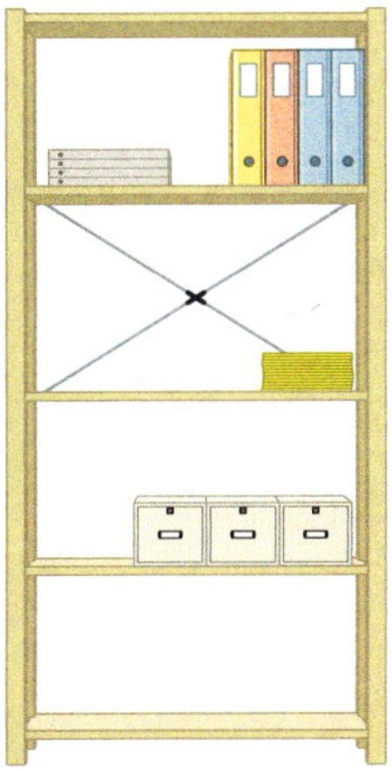

23
Wie erreicht man, dass das Holzregal „Ivar“ möglichst stabil wird?
Begründe das Verfahren.

24
Die Zeichnung zeigt die Winkelübertragung mit Zirkel und Lineal.

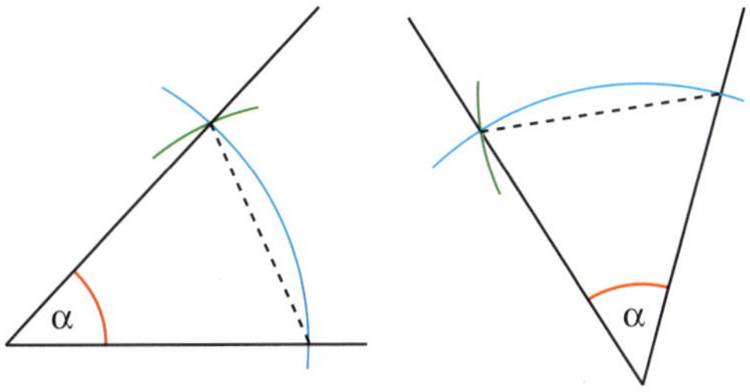

a) Beschreibe das Vorgehen.
b) Wie lässt sich dieses Verfahren mit Hilfe eines Kongruenzsatzes begründen?

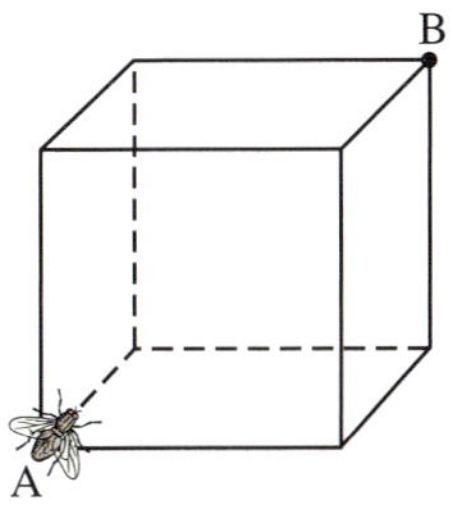

25
Eine Fliege kann in einer würfelförmigen Schachtel der Kantenlänge 50 cm vom Punkt A zum Punkt B entweder krabbeln oder fliegen. Ermittle durch Konstruktion in geeignetem Maßstab die Länge der beiden Strecken, wenn man davon ausgeht, dass die Fliege auf direktem Weg fliegt bzw. krabbelt.

26

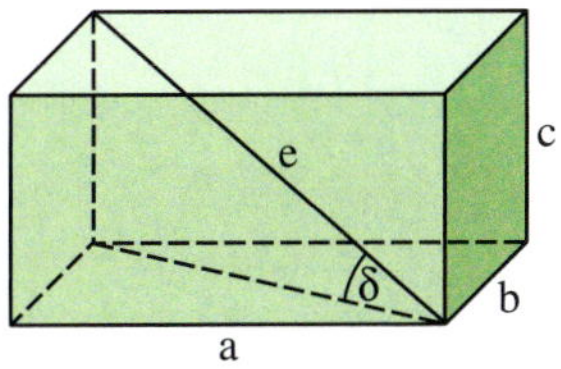

a) Ein Quader hat die Kantenlängen $a = 6\,cm$; $b = 2{,}5\,cm$ und $c = 4\,cm$. Bestimme die Längen der Diagonalen aller Begrenzungsflächen und die Länge der Raumdiagonalen e.
b) Ein Quader hat die Kantenlängen $a = 6\,cm$ und $b = 4\,cm$; die Länge der Raumdiagonalen beträgt $e = 13\,cm$. Bestimme die Länge der Kante c und die Größe des Winkels δ.

27

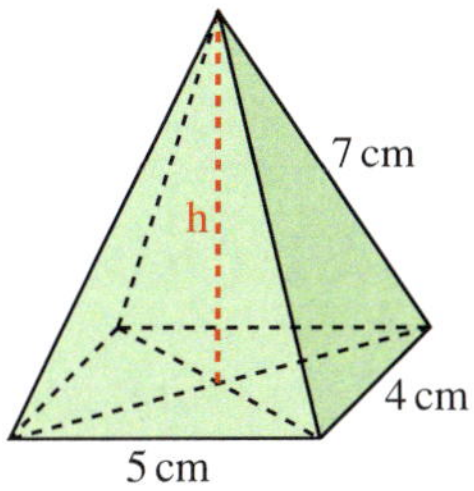

Die Grundfläche der rechts gezeichneten Pyramide ist ein Rechteck.
a) Ermittle mit Hilfe geeigneter Zeichnungen die Höhe der Pyramide.
b) Bestimme den Oberflächeninhalt der gesamten Pyramide in cm^2 und in dm^2.

28
Begründe, dass die Gerade w, die sich bei der bekannten Konstruktion der Winkelhalbierenden ergibt, tatsächlich den gegebenen Winkel halbiert.

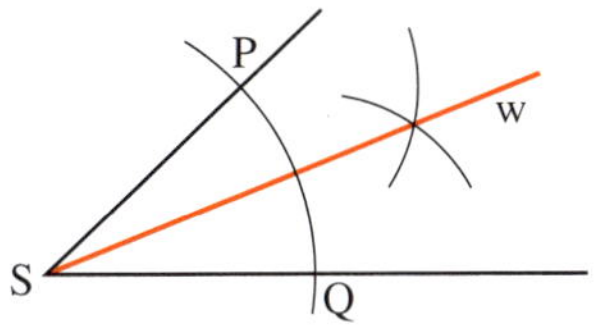

G 29
Zeichne einen 10 cm langen Balken und einen Kreis.
Veranschauliche nun $\frac{1}{4}$, $\frac{1}{3}$ bzw. 30 % eines Ganzen. Welche Vor- und Nachteile der beiden Diagrammtypen fallen dir hierbei auf? Begründe.

3 Das gleichschenklige Dreieck

1
Eine Brücke wird von mehreren Stahlseilen gehalten, die oben an einer zweibeinigen Stütze befestigt sind. Die Stütze befindet sich in der Flussmitte zwischen den beiden Fahrbahnen.
Beschreibe die besondere Anordnung der Halteseile.
Was soll mit dieser Anordnung wohl erreicht werden?

2
Wie kann man aus einem Blatt Papier ein Dreieck mit zwei gleich langen Seiten ausschneiden, wenn nur eine Schere zur Verfügung steht?

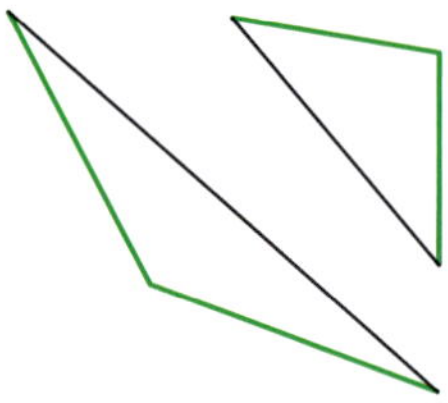

Gleichschenklige Dreiecke

Ein Dreieck mit zwei gleich langen Seiten heißt **gleichschenkliges** Dreieck.
Die beiden gleich langen Seiten nennt man Schenkel, die dritte Seite heißt **Grundseite** oder **Basis**. Der gemeinsame Punkt der Schenkel wird als Spitze bezeichnet, die beiden an der Basis anliegenden Winkel heißen **Basiswinkel**.

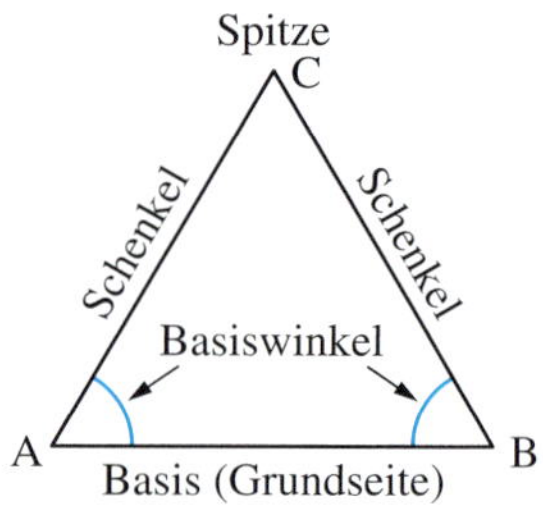

$\overline{AC} = \overline{BC}$

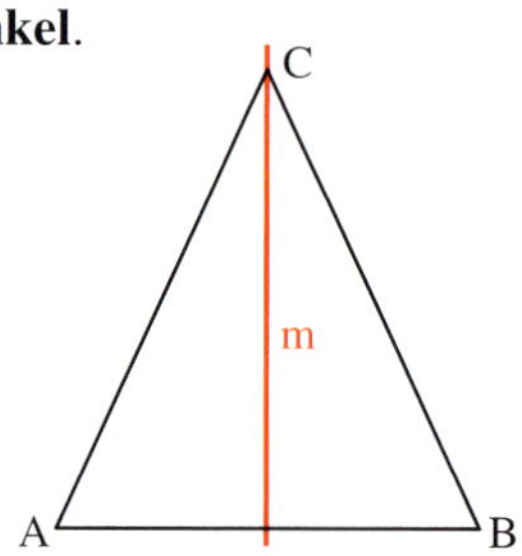

Erinnere dich an den Satz von den Achsenpunkten.

Jedes gleichschenklige Dreieck ist auch achsensymmetrisch, denn:
Da die Spitze C von den Punkten A und B gleich weit entfernt ist, liegt sie auf der Symmetrieachse m zu A und B. Das Dreieck ABC ist also symmetrisch zu m.
Daraus folgt: In jedem gleichschenkligen Dreieck sind die Basiswinkel gleich groß.
Umgekehrt ergibt sich aus der Achsensymmetrie eines Dreiecks, dass es gleichschenklig ist und seine Basiswinkel gleich groß sind.

Hat nun ein Dreieck zwei gleich große Winkel so folgt, dass es achsensymmetrisch ist und somit gleichschenklig. Dies lässt sich so begründen:
In der nebenstehenden Figur sind die Winkel bei A und B gleich groß. Die Symmetrieachse zu A und B ist daher zugleich Symmetrieachse für die Schenkel dieser beiden Winkel. Diese müssen sich also in einem Punkt C auf der Achse schneiden.
Das bedeutet: Das Dreieck ABC ist achsensymmetrisch, also auch gleichschenklig.

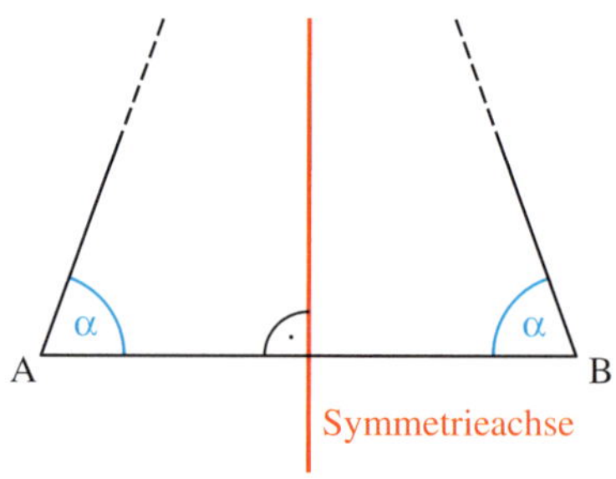

Wir fassen die Ergebnisse zusammen:

Satz vom gleichschenkligen Dreieck:
Trifft für ein Dreieck eine der folgenden Aussagen zu, so gelten auch die beiden anderen:
a) Das Dreieck ist gleichschenklig.
b) Das Dreieck ist achsensymmetrisch.
c) Das Dreieck besitzt zwei gleich große Winkel.

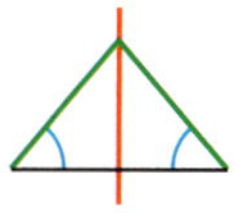

Mit diesem Satz kann man aus der Gleichheit von Streckenlängen auf die Gleichheit von Winkelgrößen schließen und umgekehrt.
Aus dem Satz folgt auch: Wenn in einem Dreieck alle Seiten (Winkel) verschieden groß sind, dann sind auch die Winkel (Seiten) verschieden groß.

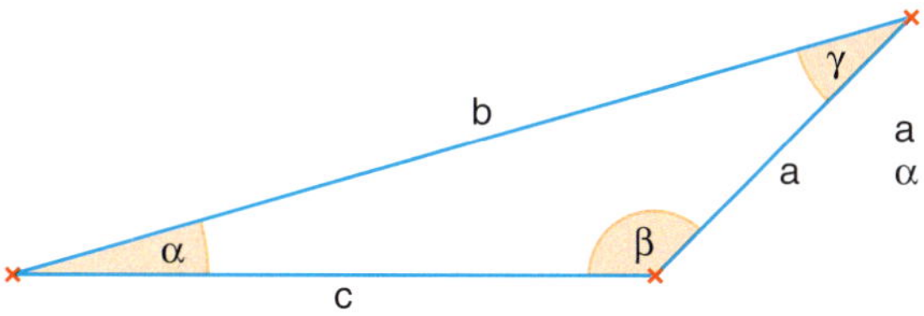

$a < b \quad a < c \quad b > c$
$\alpha < \beta \quad \alpha < \gamma \quad \beta > \gamma$

Betrachtet man z. B. mit einem DGS verschiedene beliebige Dreiecke und misst jeweils die Seitenlängen und Winkelgrößen, so lässt sich noch Genaueres sagen. Dies wird mit der so genannten **Seiten-Winkel-Beziehung** beschrieben: In jedem Dreieck liegt der größeren Seite der größere Winkel gegenüber und dem größeren Winkel die größere Seite.

Ein Dreieck mit drei gleich langen Seiten heißt **gleichseitig**.
Gleichseitige Dreiecke besitzen drei Symmetrieachsen.
Deshalb sind in einem gleichseitigen Dreieck alle Winkel gleich groß und jeder beträgt wegen der Winkelsumme im Dreieck $180° : 3 = 60°$.

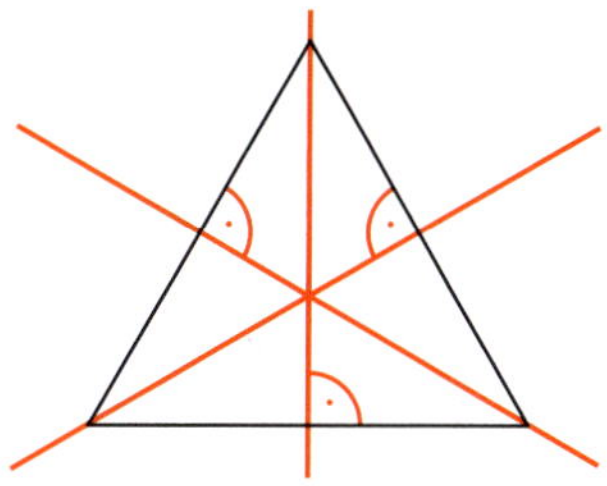

Diese Eigenschaft ermöglicht die **Konstruktion eines 60°-Winkels**:
Man konstruiert wie in nebenstehender Figur ein gleichseitiges Dreieck mit beliebiger Seitenlänge a und erhält als Innenwinkel den gesuchten 60°-Winkel. (Gestrichelte Linien werden meist nicht gezeichnet.)

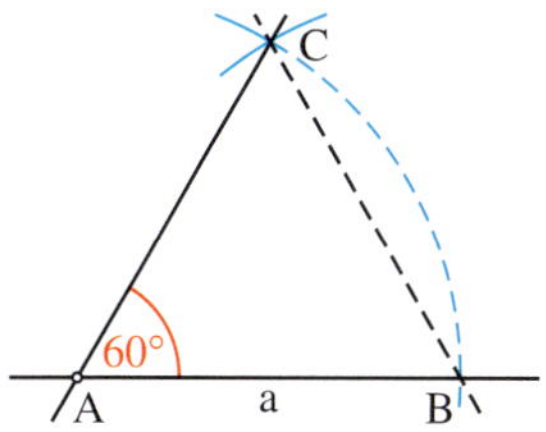

Erinnerung:
k (M; r) bedeutet Kreis um den Mittelpunkt M mit dem Radius r.

Beispiel 1
Konstruiere ein gleichschenkliges Dreieck ABC mit der Schenkellänge $\overline{AC} = \overline{BC} = 3{,}5\,\text{cm}$ und der Höhe $h_c = 2{,}5\,\text{cm}$.
Lösung:
In einem (beliebigen) Punkt $M \in g$ wird das Lot zu g errichtet; Punkt C ergibt sich aus $\overline{MC} = h_c = 2{,}5\,\text{cm}$.
Die Punkte A und B sind Schnittpunkte des Kreises $k(C; 3{,}5\,\text{cm})$ mit g.

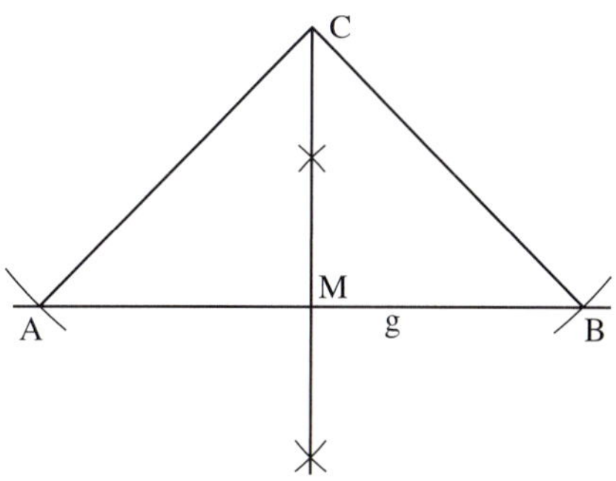

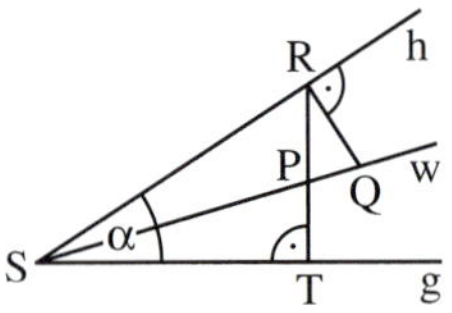

Beispiel 2
In der linken Figur ist w die Winkelhalbierende von α und es gilt $RT \perp g$ und $RQ \perp h$.
Begründe: ΔPQR ist gleichschenklig.
Lösung:
(Siehe Hilfsfigur) Es ist $\varepsilon = \varepsilon_1 = 90° - \frac{\alpha}{2}$ (Scheitelwinkel und Winkelsumme im Dreieck STP) und $\delta = 90° - \frac{\alpha}{2}$ (Winkelsumme im Dreieck SQR)
Also ist $\varepsilon = \delta$ und $\overline{PR} = \overline{QR}$ (Satz vom gleichschenkligen Dreieck)

Hilfsfigur:

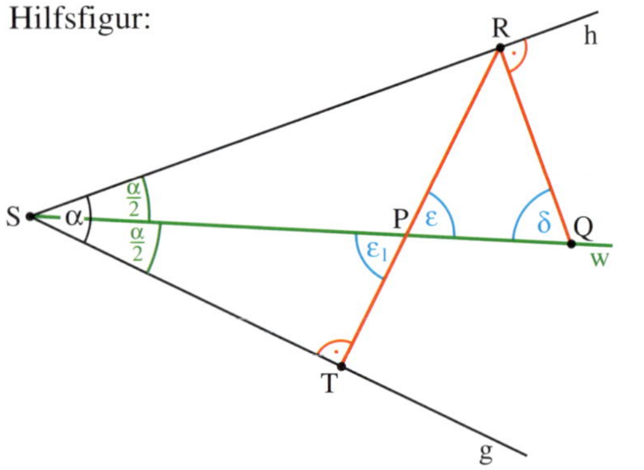

Aufgaben

3
Die geometrische Form des gleichschenkligen Dreiecks ist bei Bauwerken, in Kunst und Technik sowie bei Gegenständen des Alltags anzutreffen. Beschreibe, wo du diese Form gefunden hast.
Hat sie dabei eine besondere Bedeutung?

4
Konstruiere ein gleichseitiges Dreieck mit der Seitenlänge
a) 3,5 cm, b) 7,2 cm, c) 5,3 cm.
Konstruiere jeweils die Symmetrieachsen.

5
Konstruiere ein gleichschenkliges Dreieck ABC mit
a) Basis c = 8,3 cm; a = 7,2 cm
b) Basis c = 6,5 cm; α = 45°
c) Basis a = 5,9 cm; β = 35°; α = 110°
d) Basis b = 4,2 cm; c = 5,4 cm
e) c = 7,2 cm; α = γ = 68°
f) a = b = 5,5 cm

6
Konstruiere einen Winkel der Größe
a) 30°, b) 45°, c) 75°.

7
a) Wie viele Symmetrieachsen besitzt das Verkehrszeichen?
b) Wie müsste das schwarze Kreuz verändert oder ergänzt werden, damit das neue Zeichen drei Symmetrieachsen hat? (Unter welchem Winkel schneiden sich im neuen Zeichen die Balken?)

8
Gibt es Dreiecke, die sowohl gleichschenklig als auch rechtwinklig sind? Begründe.

9
Das Dreieck ABC ist gleichschenklig mit der Basis [AB].
a) Wie groß ist ein Basiswinkel für γ = 24° (40°; 57°; 116,4°)?
b) Berechne γ für α = 24° (40°; 57°; 68,7°).
c) Gib einen Term an, mit dem man für jedes γ den Winkel α unmittelbar berechnen kann.
d) Mit welchem Term lässt sich für jedes α der Winkel γ berechnen?

10 💻
Zeichne mit einem DGS verschiedene (auch stumpfwinklige) Dreiecke ABC; beschrifte jeweils Seiten und Winkel.
Prüfe in jedem Dreieck, welches die größte (kleinste) Seite und welches der größte (kleinste) Winkel ist. Trage das Ergebnis in eine Tabelle ein. Was ist bei allen Dreiecken gleich?

	größte Seite	kleinste Seite	größter Winkel	kleinster Winkel
1. Dreieck				
2. Dreieck				
3. Dreieck				
4. Dreieck				
⋮				

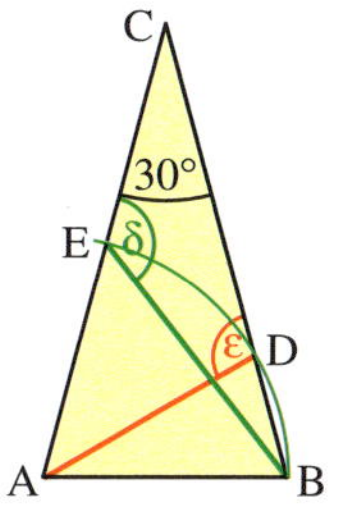

11
Das Dreieck ABC in der nebenstehenden Figur ist gleichschenklig, [AB] ist die Grundseite. Berechne δ und ε.

12
a) Unter welchem Winkel schneiden sich zwei Symmetrieachsen eines gleichseitigen Dreiecks?
b) Anna behauptet, dass sich die drei Symmetrieachsen eines gleichseitigen Dreiecks in einem Punkt schneiden. Hat sie Recht? Begründe.

13
Zeichne mit einem DGS mehrere verschiedene Dreiecke, für die jeweils ein Innenwinkel doppelt so groß ist wie ein anderer (z.B. $\beta = 2\alpha$).
Miss jeweils die Seitenlängen. Was beobachtest du? Fasse in Worte.

14
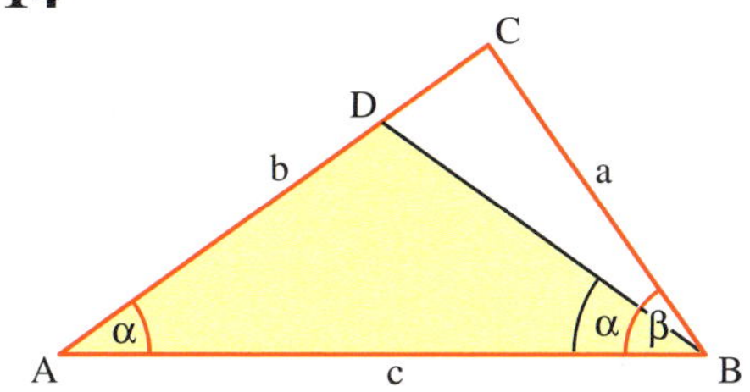

In der Figur wurden zuerst ∢ BAD und ∢ DBA gleich groß gezeichnet, dann wurde ∢ DBA vergrößert; daher ist $\alpha < \beta$.
Begründe: Im Dreieck ABC ist $a < b$.

15
In einem Dreieck ist $\alpha = 57°$ und $\beta = 66°$ ($\beta = 72{,}5°$, $\gamma = 53{,}75°$). Um was für ein besonderes Dreieck handelt es sich?

16

Leitungsmast in Namibia

Der abgebildete Mast ist aus 5 gleich langen Hölzern gebaut.
a) In der Konstruktion treten gleichschenklige Dreiecke auf. Warum?
b) Ermittle näherungsweise die Höhe des Mastes, wenn die unteren Balkenverbindungen etwa 2 m über dem Boden sind. Beschreibe dein Vorgehen.

17
In jedem Dreieck liegt der kürzesten Seite stets ein spitzer Winkel gegenüber. Ist diese Aussage wahr? Begründe deine Antwort.

18
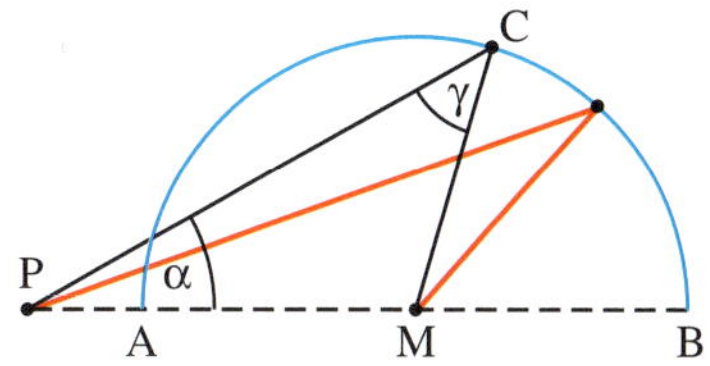

a) Zeige: Wenn in der Figur der Punkt C auf dem Halbkreis wandert, so ist stets $\gamma \geqq \alpha$. Wo liegt C, wenn $\gamma = \alpha$ ist?
b) Wie ändert sich γ, wenn C auf dem Halbkreis von A nach B wandert?

19
In der Figur sind gleich lange Strecken mit gleicher Farbe gezeichnet.

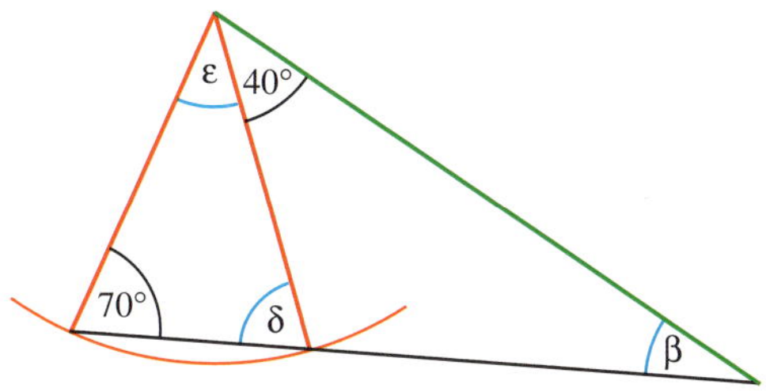

a) Wie groß ist der Winkel δ?
b) Berechne die Winkel ε und β. Begründe jeweils dein Vorgehen.

20
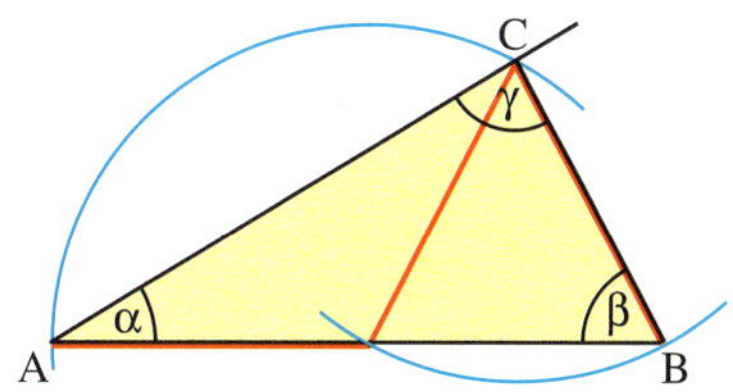

a) Konstruiere ein Dreieck ABC mit $\alpha = 25°$ und Eigenschaften, wie sie die Figur zeigt. Berechne die Winkel β und γ in diesem Dreieck.
b) Bestimme α so, dass $\gamma = 90°$ wird.
c) Für welche Winkelgröße α wird das entstehende Dreieck gleichschenklig?

21
In der linken Figur ist $\overline{AB} = \overline{AC}$ und $g \parallel h$. Berechne den Winkel γ.

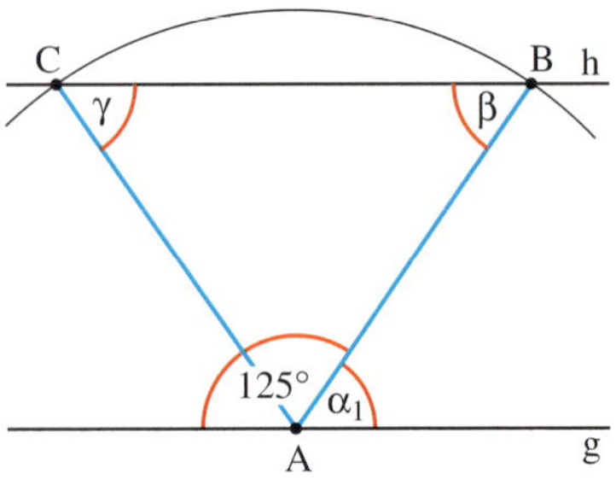

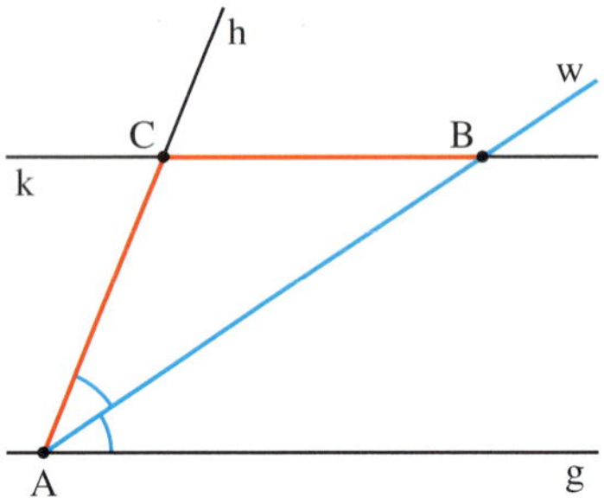

22
In der rechten Figur ist w die Winkelhalbierende von $\sphericalangle$ (g, h); außerdem ist $k \parallel g$. Untersuche (ohne zu messen), ob das Dreieck ABC gleichschenklig ist.

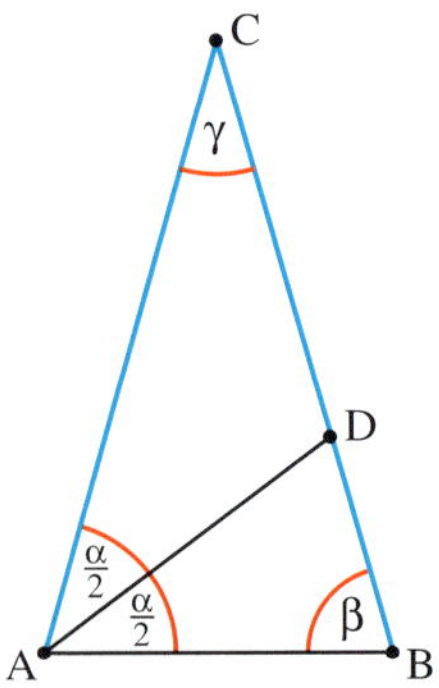

23
Im Dreieck ABC der nebenstehenden Figur ist $\overline{AC} = \overline{BC}$ und $\overline{AB} = \overline{AD}$; außerdem halbiert AD den Innenwinkel bei A. Wie groß sind die Winkel α, β und γ in diesem Dreieck? Was folgt aus dem Ergebnis für die Strecken [AD] und [DC]?

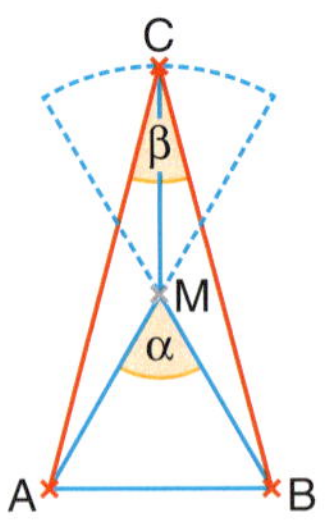

24
In der nebenstehenden Figur ist $\overline{AB} = \overline{AM} = \overline{BM} = \overline{MC}$.

a) Zeige: $\alpha + \beta = 90°$.

b) Gilt $\alpha + \beta = 90°$ auch, wenn das Dreieck ABC nicht gleichschenklig ist, aber M noch im Inneren des Dreiecks liegt?
Was folgt daraus für β, wenn C auf dem angedeuteten Kreisbogen wandert?
Die Fragestellung lässt sich leichter mit Hilfe eines DGS lösen.

25
Zeichne eine Gerade g und einen Punkt $P \notin g$.

a) Konstruiere ein gleichschenkliges (gleichseitiges) Dreieck, das P als Spitze hat und dessen Basis auf g liegt.

b) Konstruiere ein gleichseitiges Dreieck, bei dem P eine Ecke und g eine Symmetrieachse ist.

26
Zwischen den Schenkeln eines Winkels befindet sich ein Punkt P. Konstruiere eine Gerade, die durch P verläuft und auf den Schenkeln gleich lange Strecken abschneidet.

27
Ein gleichschenkliges Dreieck hat den Umfang 18 cm. Berechne die Seitenlänge eines solchen Dreiecks, wenn

a) ein Schenkel doppelt so lang ist wie die Grundseite,

b) die Grundseite um 3 cm länger ist als ein Schenkel.

Löse jeweils mit Hilfe einer Gleichung.

28
Zeichne die Strecke [AB] mit A(3|1) und B(8|3) sowie die Gerade g durch die Punkte P(1|3) und Q(10|9). Konstruiere ein gleichschenkliges Dreieck mit Seite [AB] und Spitze B, so dass C auf g liegt. Wie viele solche Dreiecke gibt es?

*29
Eine 12 m hohe Fichte wurde durch einen Sturm abgeknickt.

Die Spitze der Fichte berührt den Boden 4,50 m vom Stamm entfernt. In welcher Höhe befindet sich die Bruchstelle? Konstruiere im Maßstab 1:200.

G 30
a) Gib einen Term zur Berechnung aller Zahlen an, die bei Division durch 5 den Rest 3 ergeben.

b) Welche Werte muss die Variable annehmen, damit die Zahlen aus Teilaufgabe a) gerade (ungerade) sind?

G 31
a) $[(-0{,}07)\cdot\frac{7}{10}:0{,}1^2+0{,}3\cdot(-2)^4]:(-0{,}01)$

b) $2{,}5-0{,}5\cdot\left[-\left(\frac{1}{2}\right)^3\cdot(-4)-\left(-\frac{1}{3}\right)\right]:1\frac{1}{4}-0{,}25$

4 Satz und Kehrsatz

1
Was möchte diese Werbung dem Betrachter mitteilen? Durch welche Aussage könnte man den Werbetext eher ersetzen: „Wenn ein Sportler erfolgreich ist, dann trinkt er Eiso-Sun.“
„Wenn ein Sportler Eiso-Sun trinkt, dann ist er erfolgreich.“
Was müsste man nachprüfen, um festzustellen, ob eine oder beide Aussagen wahr sind?

Viele Aussagen können in die Wenn-Dann-Form gebracht werden:

Sonntags ist schulfrei.	**Wenn** es Sonntag ist, **dann** ist schulfrei.
Bei Regen wird die Straße nass.	**Wenn** es regnet, **dann** wird die Straße nass.
Eine durch 9 teilbare natürliche Zahl ist auch durch 3 teilbar.	**Wenn** eine natürliche Zahl durch 9 teilbar ist, **dann** ist diese Zahl auch durch 3 teilbar.

*In der Mathematik heißt eine wahre Aussage auch **Satz**.*

Mathematische Sätze kann man auf die Form **„Wenn ..., dann ...“** bringen.
Der Wenn-Teil heißt **Voraussetzung**, der Dann-Teil **Behauptung**.
Vertauscht man Voraussetzung und Behauptung eines Satzes, so erhält man den **Kehrsatz**.

*Der Kehrsatz wird auch als **Umkehrung** des Satzes bezeichnet.*

„Wenn es regnet, ist die Straße nass.“
Kehrsatz:
„Wenn die Straße nass ist, regnet es.“

Zum Satz „Wenn eine natürliche Zahl durch 6 teilbar ist, dann ist sie auch durch 3 teilbar.“ lautet der Kehrsatz: „Wenn eine natürliche Zahl durch 3 teilbar ist, dann ist sie auch durch 6 teilbar.“ Die Aussage des Kehrsatzes ist falsch, wie am Beispiel der Zahlen 9 oder 21 zu erkennen ist. Es gibt aber auch Sätze, deren Kehrsatz richtig ist, wie das Beispiel 2 zeigt.

Beachte: Der Kehrsatz zu einem Satz **kann** falsch sein.

Um zu **begründen**, dass eine Aussage wahr ist, zeigt man: Die Behauptung trifft in **allen denkbaren** Beispielen zu, bei denen die Voraussetzung zutrifft.
Um eine Aussage zu **widerlegen**, also als falsch nachzuweisen, genügt es, ein **einziges Gegenbeispiel** anzugeben, bei dem die Voraussetzung erfüllt ist, aber die Behauptung nicht zutrifft.

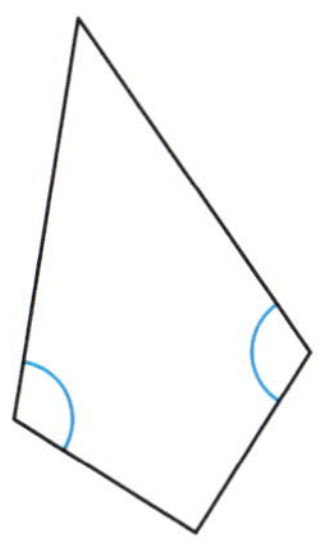

Beispiel 1
Gib die Aussagen in der Wenn-Dann-Form an.
a) Im Drachenviereck sind zwei Gegenwinkel gleich groß.
b) Symmetrische Punkte sind von einem Achsenpunkt gleich weit entfernt.
Lösung:
a) Wenn ein Viereck ein Drachenviereck ist, dann sind zwei Gegenwinkel gleich groß.
b) Wenn zwei Punkte bezüglich einer Achse symmetrisch sind, dann sind sie von einem Achsenpunkt gleich weit entfernt.

Beispiel 2

Schreibe zu den Aussagen jeweils den Kehrsatz auf und prüfe, ob dieser wahr ist.

a) Wenn jemand in Deutschland 18 Jahre alt ist, dann ist er volljährig.

b) Wenn eine natürliche Zahl durch 2 und 5 teilbar ist, dann ist sie durch 10 teilbar.

Lösung:

a) Wenn jemand in Deutschland volljährig ist, dann ist er 18 Jahre alt.

Der Kehrsatz ist falsch, denn **nicht jeder** Volljährige ist 18 Jahre alt.

b) Wenn eine natürliche Zahl durch 10 teilbar ist, dann ist sie durch 2 und 5 teilbar.

Der Kehrsatz ist wahr: **Alle** Vielfachen von 10 sind durch 2 und 5 teilbar.

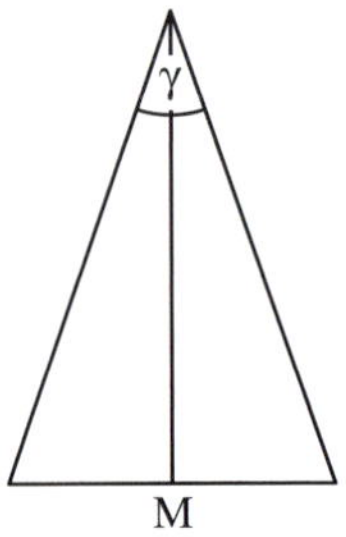

Hier wird der Winkel γ halbiert.
Warum ist die Vermutung von Beispiel 3 trotzdem falsch?

Beispiel 3

Stimmt die folgende Vermutung?

„Wenn man in einem Dreieck eine Ecke mit der Mitte der gegenüberliegenden Seite verbindet, dann wird der Winkel an der Ecke halbiert."

Lösung:

Die Vermutung ist falsch, weil sie durch das abgebildete Gegenbeispiel widerlegt wird.

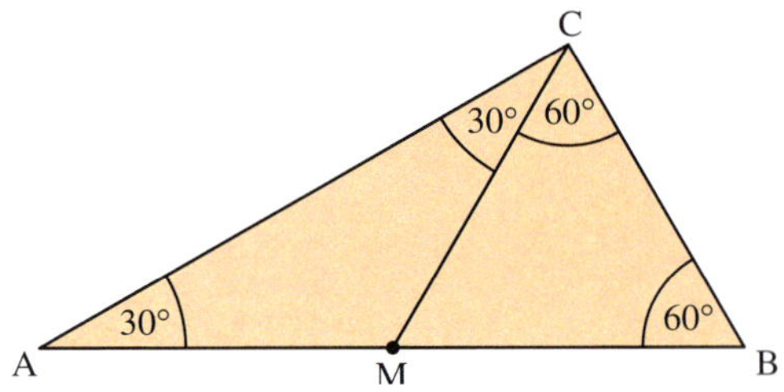

Aufgaben

2

Bringe die Aussagen in die Wenn-Dann-Form und schreibe die Kehrsätze auf. Prüfe jeweils, ob der Kehrsatz wahr ist.

a) In einem gleichschenkligen Dreieck sind die Basiswinkel gleich groß.
b) Ein Dreieck mit drei gleich großen Winkeln ist gleichseitig.
c) Die Quadratzahl einer geraden Zahl ist ebenfalls gerade.
d) Stufenwinkel an zueinander parallelen Geraden sind gleich groß.
e) Wechselwinkel an zueinander parallelen Geraden sind gleich groß.
f) Ein Quadrat hat gleich lange Seiten.
g) Kongruente Dreiecke haben den gleichen Umfang.

3

Formuliere vier Aussagen aus dem Alltag, die sich auf die Wenn-Dann-Form bringen lassen.

Tausche sie mit deiner Nachbarin oder deinem Nachbarn aus, bringe sie auf die Wenn-Dann-Form und bilde jeweils den Kehrsatz. Prüft anschließend gemeinsam: Sind die Kehrsätze jeweils richtig gebildet? Trifft ihre Aussage zu?

4

Welche der folgenden Aussagen sind wahr, welche sind falsch?

Begründe deine Antwort.

a) Wenn ein Dreieck zwei spitze Winkel hat, dann ist der dritte Winkel stumpf.
b) Wenn ein Viereck drei spitze Winkel hat, dann ist der vierte Winkel stumpf.
c) Wenn in einem Produkt von drei natürlichen Zahlen mindestens ein Faktor ungerade ist, dann ist auch der Produktwert ungerade.
d) Wenn eine Zahl größer als 2 und Primzahl ist, dann ist diese Zahl ungerade.

5

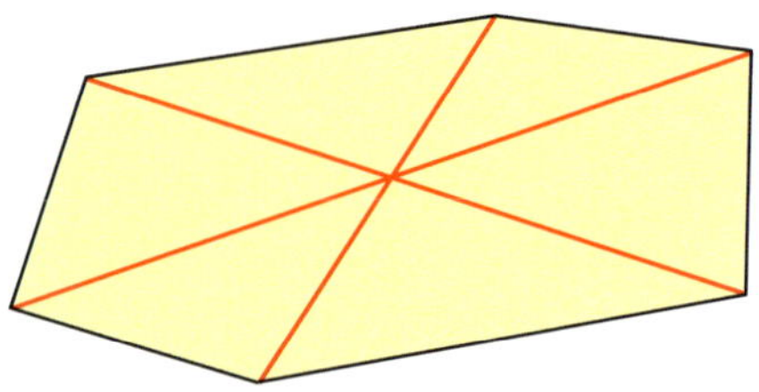

Widerlege: Wenn man bei einem Sechseck die Eckpunkte wie in der Figur verbindet, dann schneiden sich die drei Diagonalen in einem Punkt.

6
Prüfe, ob die folgenden Aussagen wahr sind. Bilde jeweils den Kehrsatz und begründe, ob dieser wahr oder falsch ist.
a) Wenn ein Viereck punktsymmetrisch ist, dann ist es ein Parallelogramm.
b) Wenn ein Viereck gleichseitig ist, dann ist es achsensymmetrisch.

7
Bringe in die Wenn-Dann-Form und begründe.
a) Die Summe zweier gerader Zahlen ist wieder eine gerade Zahl.
b) Ein gleichseitiges Dreieck ist nicht rechtwinklig.
c) Ein rechtwinkliges Dreieck ist nicht gleichseitig.
d) Ein Rechteck mit drei gleich großen Seiten ist ein Quadrat.

Zu Aufgabe 11:
$1^2 + 2^2 = 5$
$2^2 + 3^2 = 13$
$3^2 + 4^2 = 25$
$4^2 + 5^2 = 41$

8
Widerlege:
a) Jedes Dreieck mit einem 60°-Winkel ist gleichseitig.
b) Jedes Rechteck mit zwei gleich großen Seiten ist ein Quadrat.
c) Zwei Dreiecke, die in drei Winkeln übereinstimmen, sind kongruent.
d) Zwei Dreiecke, die in zwei Seiten und einem Winkel übereinstimmen, sind kongruent.

9
Bilde aus je einer Voraussetzung und einer Behauptung einen wahren Wenn-Dann-Satz.

Voraussetzung
Die Diagonalen des Vierecks halbieren sich.
Das Viereck ist achsensymmetrisch zu einer Diagonalen.
Ein Viereck hat keine stumpfen Winkel.

Behauptung
Das Viereck ist ein Rechteck.
Das Viereck besitzt mindestens zwei gleich lange Seiten.
Die Diagonalen sind orthogonal.

Erinnerung:
senkrecht = orthogonal

10
Moritz behauptet, die drei von ihm angeschriebenen Terme sind äquivalent zueinander.

$$T_1(x) = 4 \cdot (x+1) - 3x$$
$$T_2(x) = x + 4$$
$$T_3(x) = \frac{x^2 + x - 12}{x + 3}$$

Bestätige oder widerlege ihn.

11
Begründe oder widerlege:
Wenn man die Quadrate zweier aufeinander folgender Zahlen addiert, dann erhält man eine Quadratzahl oder eine Primzahl (vgl. Randspalte).

12
Wähle drei Punkte A, B, C auf einem Kreis und zeichne das Dreieck ABC.
Konstruiere die Mittelsenkrechte zu [AB] und die Winkelhalbierende w_γ.
Wo schneiden sich die Mittelsenkrechte und die Winkelhalbierende?
Formuliere in einer Wenn-Dann-Aussage deine Vermutung und überprüfe sie an zwei weiteren Beispielen.

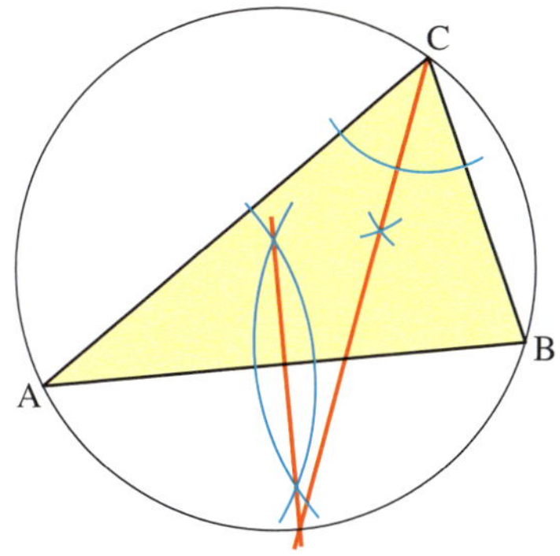

G 13
Zwei parallele Geraden g und h haben den Abstand 4 cm. Welche Lage kann ein Kreis mit Radius 2 cm haben, dessen Mittelpunkt von g (von h; von g und h) den Abstand 2 cm hat?
Zeichne.

5 Das rechtwinklige Dreieck – der Satz des Thales

1 💻

Der Kapitän eines Segelboots sieht zwei Leuchttürme unter einem Winkel von 90°. Welche Positionen könnte das Schiff haben? Verwende dazu ein DGS, lege zwei Punkte A und B als Standorte der Leuchttürme fest. Verändere den Punkt, der die Position des Schiffs markiert.

Sucht man z. B. mit Hilfe eines DGS (oder eines Geodreiecks) zu einer Strecke [AB] einen Punkt C, so dass im Dreieck ABC der Winkel bei C ein rechter wird, ergibt sich in etwa die nebenstehende Figur. Sie lässt vermuten, dass die gesuchten Punkte C auf einem Halbkreis liegen, dessen Mittelpunkt die Mitte der Strecke [AB] ist.

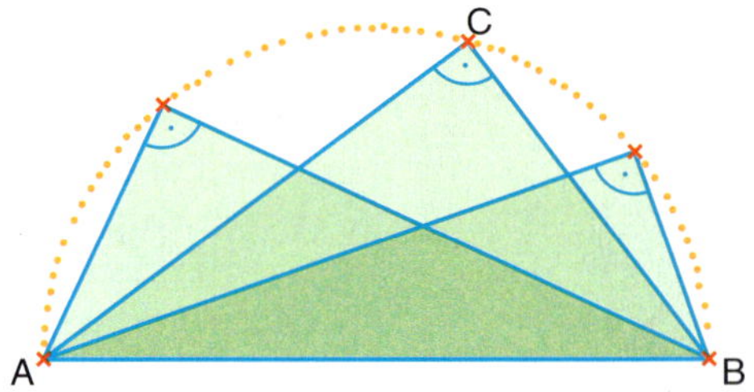

Wenn ΔABC rechtwinklig, dann …?

Wir wollen dies nun untersuchen. Dazu gehen wir davon aus, dass ein Dreieck wie das gezeichnete rechtwinklig ist.

Es gilt $\alpha + \beta = 90°$.

Durch die Ecke C lässt sich daher eine Halbgerade g so legen, dass

$\gamma_1 = \alpha$ und $\gamma_2 = \beta$.

Erinnere dich an den Satz vom gleichschenkligen Dreieck.

Die beiden Teildreiecke besitzen dadurch jeweils zwei gleich große Winkel, sind also gleichschenklig. Es gilt:

$\overline{AD} = \overline{DC}$ und $\overline{DC} = \overline{DB}$.

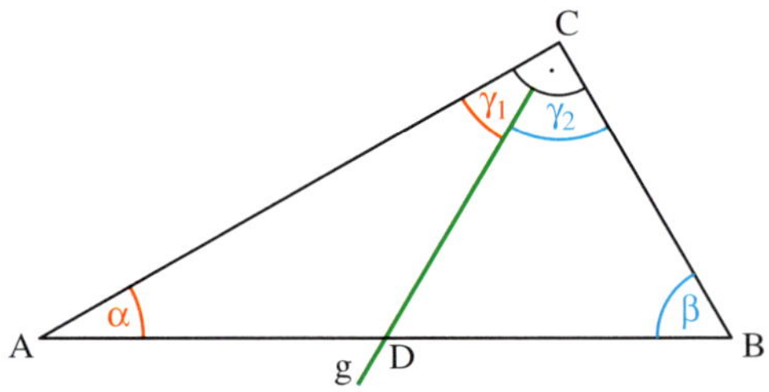

Also sind die Punkte A, B und C gleich weit von D entfernt, liegen somit auf dem Kreis um D, der zugleich Mittelpunkt von [AB] ist.

Das heißt: Wenn das Dreieck ABC bei C rechtwinklig ist, dann liegt C auf dem Halbkreis über [AB].

Wenn C auf dem Halbkreis, dann …?

💻 *Überprüfung der Rechtwinkligkeit auch mit DGS gut möglich.*

Umgekehrt fragen wir jetzt, ob jedes Dreieck ABC rechtwinklig ist, dessen Ecke C auf dem Halbkreis mit Durchmesser [AB] liegt.

Im Dreieck ABC der nebenstehenden Figur sind die Strecken [MA], [MB] und [MC] gleich lang, also $\overline{MA} = \overline{MB} = \overline{MC}$.

Die Dreiecke AMC und MBC sind gleichschenklig. Daher ist $\gamma_1 = \alpha$ und $\gamma_2 = \beta$.

Wegen der Winkelsumme im Dreieck ABC

gilt $\alpha + \gamma_1 + \gamma_2 + \beta = 180°$.

Daraus folgt: $2 \cdot (\gamma_1 + \gamma_2) = 180°$,

also $\gamma_1 + \gamma_2 = 90°$.

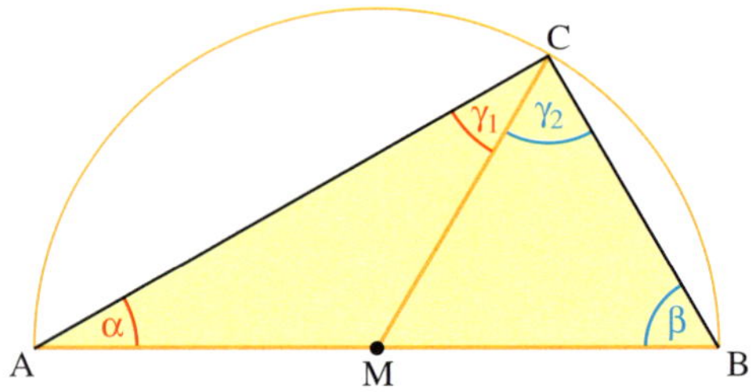

Das heißt: Wenn C auf dem Halbkreis über [AB] liegt, dann ist das Dreieck ABC rechtwinklig bei C.

In der Mathematik kommt es häufig vor, dass Satz und Kehrsatz richtig sind. Es ist dann einfacher, statt zwei Sätze in Wenn-Dann-Form aufzuschreiben, einen einzigen Satz zu formulieren.
So werden auch die beiden eben gefundenen Ergebnisse
„Wenn das Dreieck ABC bei C rechtwinklig ist, so liegt C auf dem Halbkreis über [AB]"
und die Umkehrung
„Wenn C auf dem Halbkreis über [AB] liegt, so ist das Dreieck ABC rechtwinklig bei C"
durch die Formulierung **„… genau dann, wenn …"** in einem Satz zusammengefasst.

Thales von Milet (um 600 v. Chr.): griech. Kaufmann, Philosoph und Mathematiker

Satz des Thales:
Ein Dreieck ABC hat genau dann bei C einen rechten Winkel, wenn die Ecke C auf dem Halbkreis über [AB] liegt.

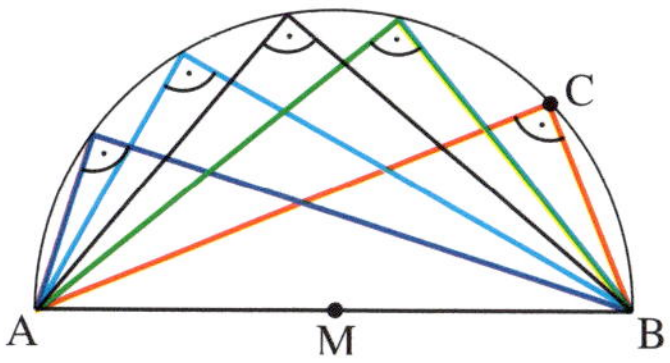

Die Formulierung „… genau dann, wenn …" bringt zum Ausdruck, dass sowohl Satz als auch Kehrsatz wahr sind.
Aus der Lage des Punktes C kann auf den Winkel geschlossen werden und umgekehrt aus dem rechten Winkel bei Punkt C auf die Lage des Punktes C.

Der Kreis mit dem Durchmesser [AB] heißt auch der **Thaleskreis** über [AB].

Erinnerung:

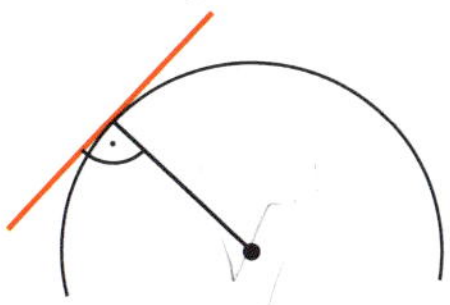

Die Tangente steht senkrecht auf dem Radius zum Berührpunkt.

Der Satz des Thales ermöglicht auch die **Konstruktion der Tangente** an einen Kreis von einem Punkt P außerhalb des Kreises: Man konstruiert über [PM] den Thaleskreis, weil die Tangenten im Berührpunkt auf dem entsprechenden Radius senkrecht stehen, also die Berührpunkte auf dem Thaleskreis über [PM] liegen müssen.
Er schneidet den Kreis um M in den Punkten B_1 und B_2. Die Geraden PB_1 und PB_2 sind die beiden gesuchten Tangenten.

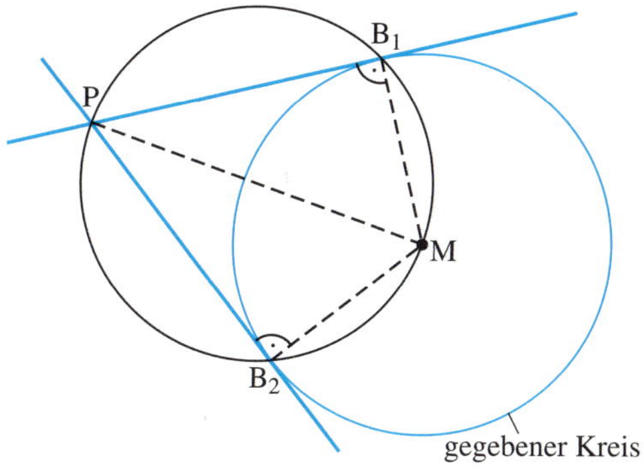

Zur einfacheren Bezeichnung heißen in **rechtwinkligen** Dreiecken die beiden Seiten, die den rechten Winkel einschließen, **Katheten**, die dem rechten Winkel gegenüberliegende Seite **Hypotenuse**.

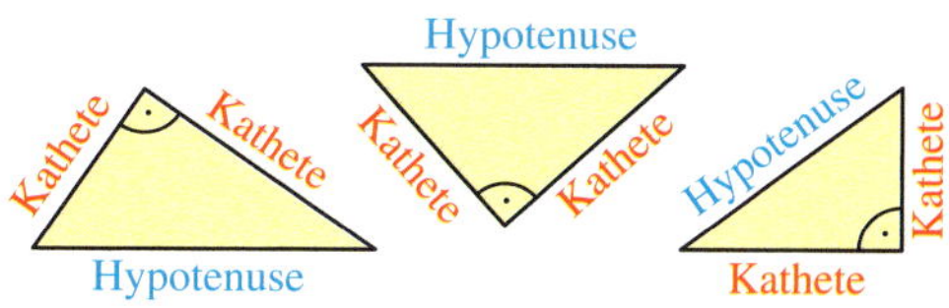

Beispiel 1
In der Figur ist $g \parallel h$ und $\alpha = 37°$. Berechne den Winkel δ, begründe deine Schritte.

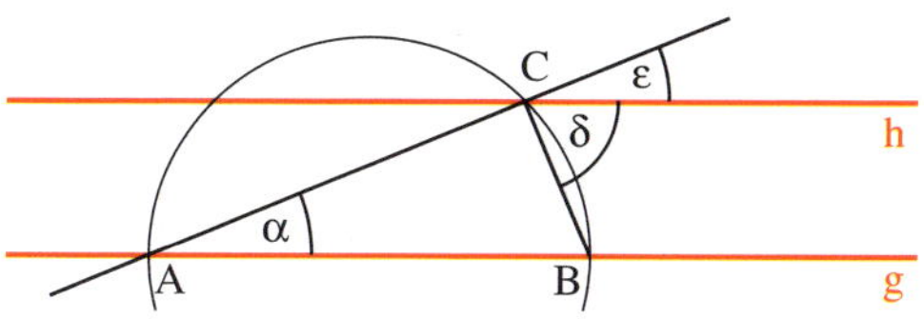

Lösung:
C liegt auf dem Thaleskreis über [AB], daher ist das Dreieck ABC rechtwinklig bei C und somit $\delta + \varepsilon = 90°$.
Weil $g \parallel h$, gilt $\alpha = \varepsilon$ (Stufenwinkel), also ist $\delta = 90° - \alpha = 53°$.

Erinnerung:
Die Bezeichnung „Dreieck ABC“ besagt: Beim Durchlaufen gegen den Uhrzeigersinn folgen die Ecken in der Reihenfolge A, B, C.

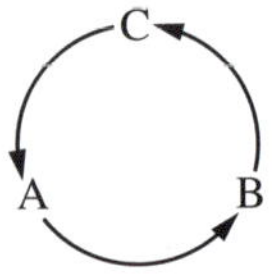

Beispiel
Konstruiere ein rechtwinkliges Dreieck ABC mit Hypotenuse $\overline{AB} = 4\,\text{cm}$; $\alpha = 40°$.
Lösung:
Man zeichnet [AB], konstruiert den Mittelpunkt M von [AB], zeichnet den Thaleskreis über [AB] und trägt bei A den Winkel α an [AB] an. Der Schnittpunkt des Thaleskreises mit dem zweiten Schenkel von α ist C.
(Bei Antragen von α nach „unten“ ergibt sich C′. ΔABC′ hat einen Umlaufsinn im Uhrzeigersinn, ist also nicht Lösung.)

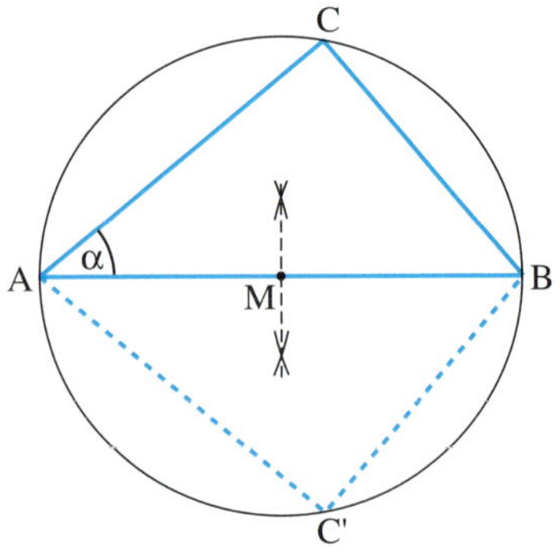

Andere Lösungsmöglichkeit:
Konstruktion mittels $\beta = 50°$ und WSW

Aufgaben

2
Wie kann man einen rechten Winkel nur mit einem Lineal mit cm-Teilung zeichnen?

3
a) Wie groß sind die Basiswinkel eines gleichschenklig-rechtwinkligen Dreiecks?
b) Konstruiere ein gleichschenklig-rechtwinkliges Dreieck mit einer 7 cm langen Hypotenuse. Wie lang sind die Katheten?

4
Konstruiere ein rechtwinkliges Dreieck ABC.
a) $c = 6\,\text{cm}$; $\alpha = 50°$; $\gamma = 90°$
b) $a = 5\,\text{cm}$; $b = 4\,\text{cm}$; $\alpha = 90°$
c) $\alpha = 40°$; $\gamma = 50°$; $b = 5\,\text{cm}$
d) $c = 8\,\text{cm}$; $\alpha = \beta$
e) $a = 4\,\text{cm}$; $b = 5\,\text{cm}$; $\alpha = 90°$
f) $\alpha = 35°$; $c = 6{,}5\,\text{cm}$; $\beta = 55°$; $\gamma = 90°$
g) $b = 7\,\text{cm}$; $\alpha = 90°$

5 💻
Zeichne ein beliebiges Dreieck ABC und den Thaleskreis über [AB].
Bewege den Punkt C (vgl. Figur am Rand) und achte darauf, wie sich die Größe des Winkels γ verändert.
Schreibe deine Beobachtungen auf.

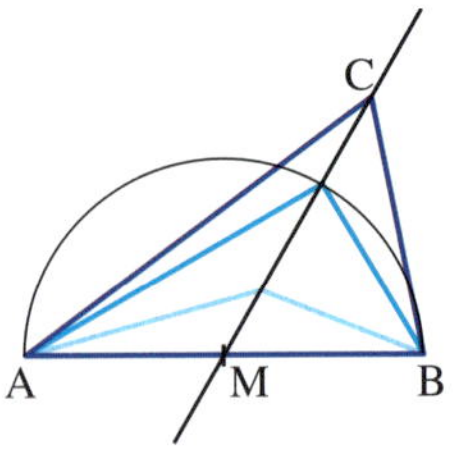

6
Die nebenstehende Figur gibt einen Hinweis, wie man auf eine neue Weise das Lot zu g durch P konstruieren kann. Führe die Konstruktion durch und erkläre sie.

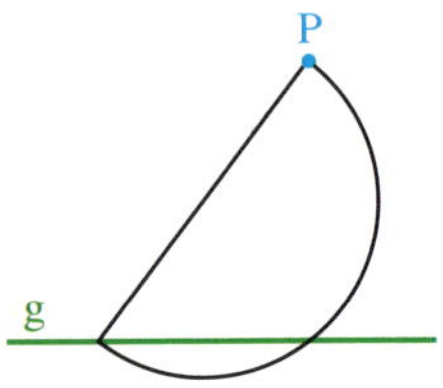

7
Konstruiere ein Rechteck, das eine 5 cm lange Seite und eine 6 cm lange Diagonale hat.
Beschreibe dein Vorgehen.

8
Konstruiere mit Hilfe des Satzes von Thales (ohne zu messen!) einen Winkel der Größe
a) 45°, b) 30°.
Begründe dein Vorgehen.

9 💻
Die nachstehende Figur zeigt vier gleich lange Stäbe, die im Punkt D drehbar angebracht sind. Ihre Enden sind durch Gummischnüre verbunden. Sie bilden ein Viereck.

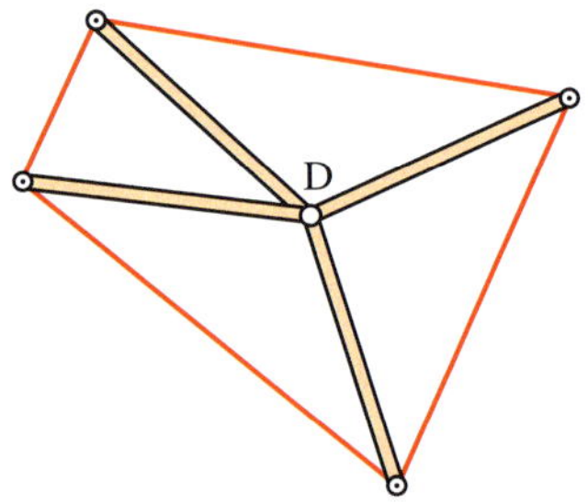

Kann man die Stäbe so anordnen, dass das Viereck genau einen, genau zwei, genau drei oder vier rechte Winkel hat?
Beantworte die Fragen mit einer Zeichnung und einer Begründung.
Du kannst hier die Anordnung nachbauen oder auch mit einem Geometrieprogramm experimentieren.

10
a) Welche geometrischen Sätze kennst du, die sich auf die Form „... genau dann, wenn ...“ bringen lassen?
Formuliere Satz und Kehrsatz, die darin beinhaltet sind.
b) Formuliere selbst entsprechende Sätze mit mathematischem Inhalt und aus dem Alltag und lass sie von deinem Nachbarn in Satz und Kehrsatz zerlegen.

11
Zeichne eine Strecke [AB] und eine Halbgerade von A aus. Fälle das Lot von B auf diese Halbgerade und bezeichne den Lotfußpunkt mit C.
Variiere die Lage der Halbgeraden. Auf welcher Linie bewegt sich der Punkt C?

12
Konstruiere an den Kreis um M mit dem Radius r die Tangenten vom Punkt P aus. Lies die Koordinaten der Berührpunkte ab.
a) $M(0|3)$; $r = 5\,cm$; $P(-1|-4)$
b) $M(3|4)$; $r = 2{,}5\,cm$; $P(-1|-2)$

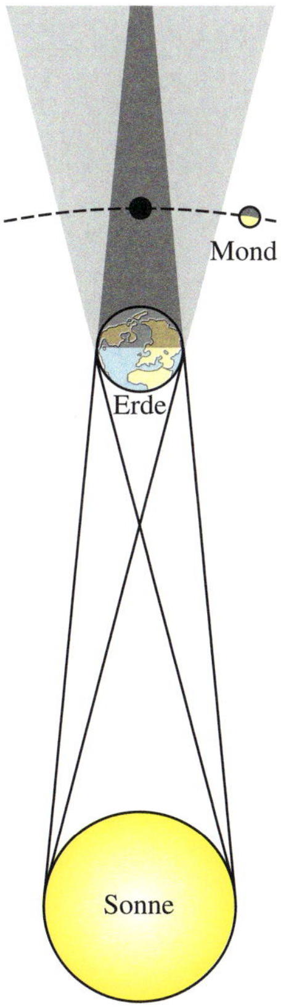

Mondfinsternis

13
Zeichne zwei Punkte $A(9|8)$ und $B(3|4)$. Konstruiere eine Gerade durch A, die von B den Abstand 2 cm hat. Wie viele solche Geraden gibt es?

*14
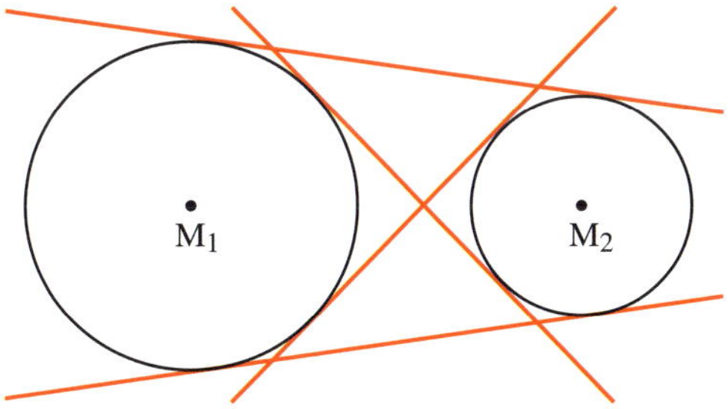

Zeichne (wie in der Figur) zwei Kreise mit den Radien 3 cm und 2 cm. Konstruiere alle Geraden, die beide Kreise berühren.
(Anleitung: Verwende den Kreis um M_1 mit dem Radius $3\,cm - 2\,cm$ bzw. den Kreis um M_1 mit dem Radius $3\,cm + 2\,cm$ und die Tangenten von M_2 an diesen Hilfskreis.)

15
Kai geht durch eine Fußgängerzone. Er bewegt sich parallel zur Häuserfront. Da ihm eine Litfaßsäule die Sicht nimmt, kann er seine Freundin Johanna, die vor einem Schaufenster steht, nicht sehen.

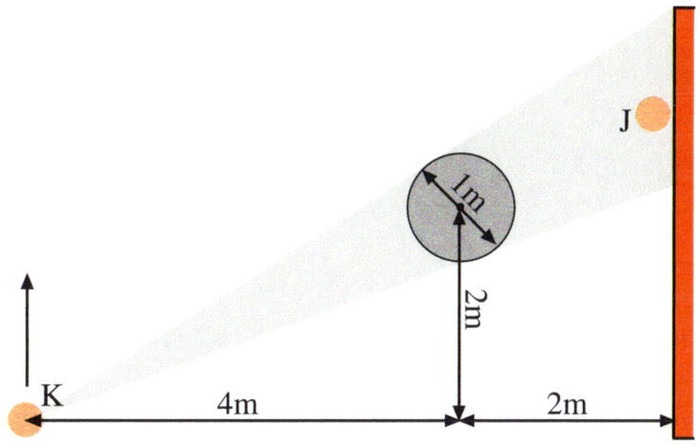

Fertige in deinem Heft eine Zeichnung im Maßstab 1:50 an. Konstruiere die Stelle, von der aus Kai seine Freundin zum ersten Mal sehen kann.

16
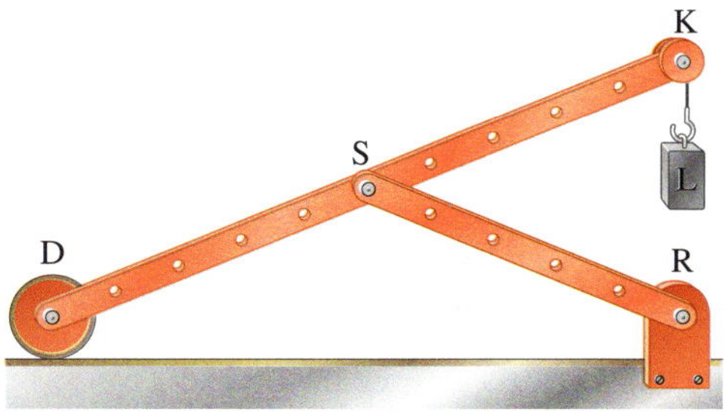

Der Schwenkarm [DK] des Krans ist in D drehbar gelagert. Die Rolle D kann hin und her geführt werden; dabei ändert sich die Neigung des Arms.
Es ist $\overline{DS} = \overline{SK} = \overline{RS}$. In der Figur hängt die Last L genau über R. Bleibt dies so, wenn sich der Schwenkarm aufrichtet oder senkt? Begründe deine Antwort.
Zeichne die Figur für eine andere Neigung.

17
Wie kannst du den Mittelpunkt eines (z. B. mit einer Konservendose gezeichneten) Kreises mit Hilfe des Geodreiecks finden, ohne dabei zu messen?
Beschreibe dein Vorgehen.

18

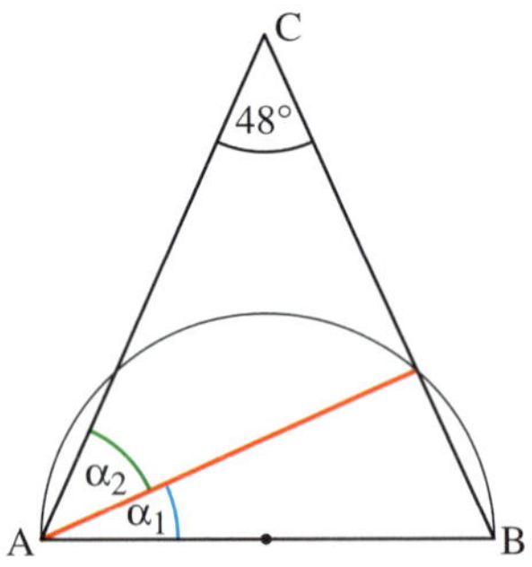

Das Dreieck ABC in der Figur ist gleichschenklig mit der Grundseite [AB]. Berechne die Winkel α_1 und α_2. Schreibe deine Schritte auf und begründe sie.

19

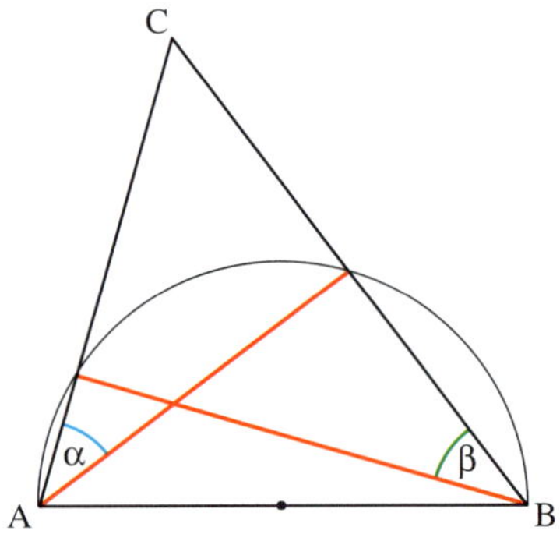

Beobachte mit Hilfe eines DGS die Winkelgrößen α und β, wenn die Lage des Punktes C verändert wird. Welche Vermutung hast du? Begründe sie.

20

Berechne den Winkel β in der Figur für $\alpha = 20°$. Begründe kurz deine Schritte.

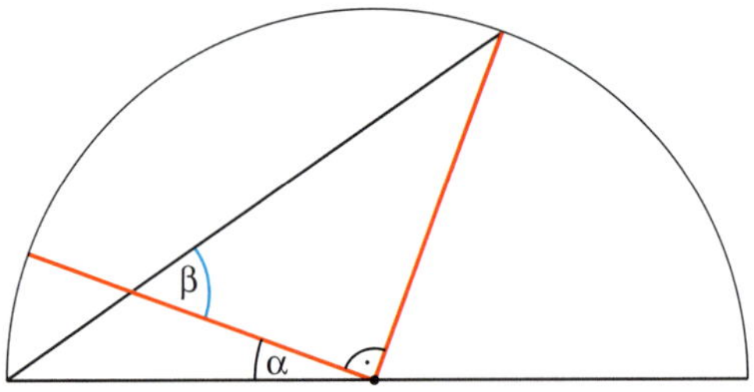

Welcher Zusammenhang besteht allgemein zwischen den Winkeln α und β?
Gib für β einen Term mit der Variablen α an. Stelle den Zusammenhang im Koordinatensystem dar.

21

In der Figur wurde in den gegebenen Halbkreis β beliebig eingezeichnet und danach das Lot zu BQ durch M konstruiert. Bei welcher Winkelgröße β wird PQ ∥ AB?

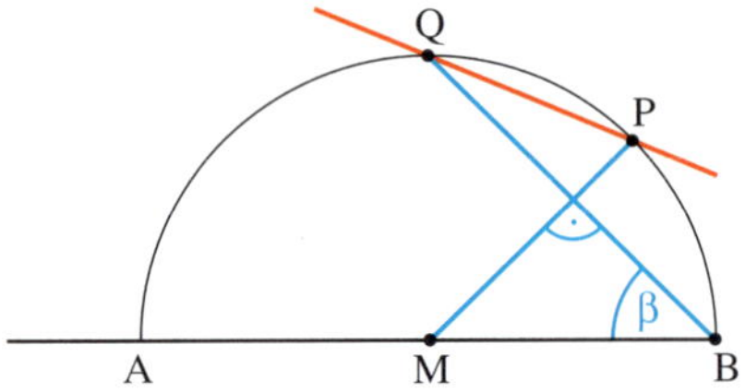

Untersuche mit Hilfe eines DGS. Begründe den gefundenen Zusammenhang.

22

a) In der Figur ist ABC ein beliebiges Dreieck; M ist die Mitte von [AB]. Zeige: Δ MDE ist gleichschenklig.
b) Wie groß sind ∢ DEC und ∢ CDE für $\alpha = 62°$ und $\beta = 40°$?
Vergleiche mit α und β.
c) Untersuche z. B. mit einem DGS, ob das Ergebnis in b) zufällig war oder ob Entsprechendes für alle (spitzen) Winkel α und β gilt.

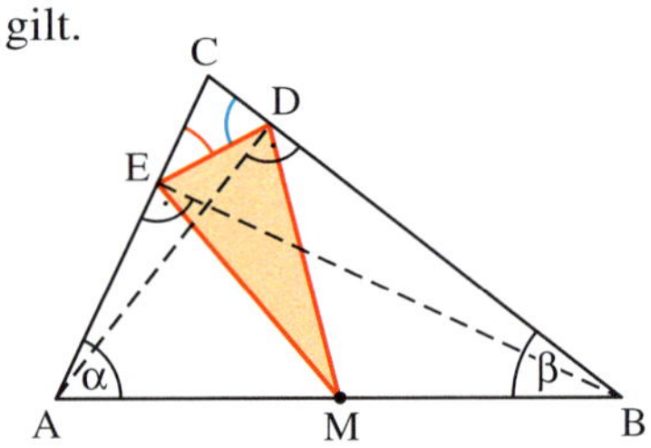

G 23

Berechne aus dem Diagramm die Zeitanteile aus dem Alltag eines Schülers als Brüche und in Prozent.

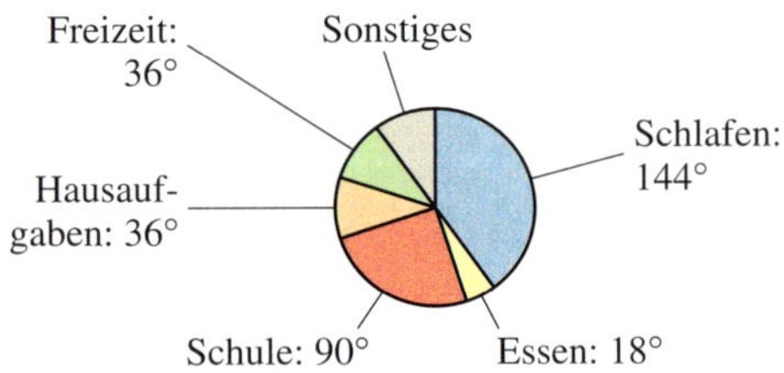

G 24

Addiere zum doppelten Produkt aus $\left(-\frac{2}{3}\right)$ und 2,25 die halbe Differenz aus 2,2 und $\left(-2\frac{4}{5}\right)$.

6 Dreieckskonstruktionen

1
Die Oberkante des Bildes soll einen Abstand von 100 cm von der Zimmerdecke haben. Die beiden Ösen, an denen die 80 cm lange Schnur am Bild befestigt ist, sind 40 cm voneinander entfernt. In welchem Abstand von der Zimmerdecke muss Oliver den Nagel in die Wand schlagen?

2
Konstruiere ein Dreieck ABC aus $a = 4\,cm$; $b = 6\,cm$; $c = 8\,cm$. Untersuche mit Hilfe eines DGS, für welche Werte von a es kein Dreieck gibt.

Im Folgenden wird an einem Beispiel gezeigt, wie man üblicherweise bei einer Konstruktion vorgeht.
Vom Dreieck ABC sind die Maße $b = 3{,}8\,cm$, $c = 2{,}7\,cm$ und $\beta = 50°$ bekannt. Durch eine Konstruktion soll die Länge der Seite [BC] bestimmt werden.

Strategie: *Veranschaulichen mit einer Skizze*

Zunächst zeichnet man als **Planfigur** ein beliebiges Dreieck, in dem die gegebenen Stücke farbig gekennzeichnet werden.

Du merkst z. B. durch eine Skizze: Mit b zu beginnen führt nicht weiter.

Anhand der Planfigur überlegt man, wie man schrittweise vorgeht (ggf. mit einigen Skizzen), und entwirft dann den **Konstruktionsplan**. In ihm schreibt man auf, wie man nacheinander die Eckpunkte der gesuchten Figur, eventuell auch wichtige Hilfspunkte, als Schnitt zweier Konstruktionslinien erhält.
Auf die Beschreibung grundlegender Konstruktionen, wie z. B. das Halbieren einer Strecke bzw. eines Winkels oder das Errichten eines Lotes, wird beim Konstruktionsplan verzichtet.

Beim Arbeiten mit einem DGS ist ein Konstruktionsplan unverzichtbar.

Der Konstruktionsplan ist besonders bei umfangreichen Konstruktionen wichtig, da die Reihenfolge der einzelnen Konstruktionsschritte aus der fertigen Konstruktionsfigur nicht mehr hervorgeht.

Die durchgeführte **Konstruktion** ergibt im Rahmen der Zeichengenauigkeit für [BC] eine Länge von 4,9 cm.

Planfigur:

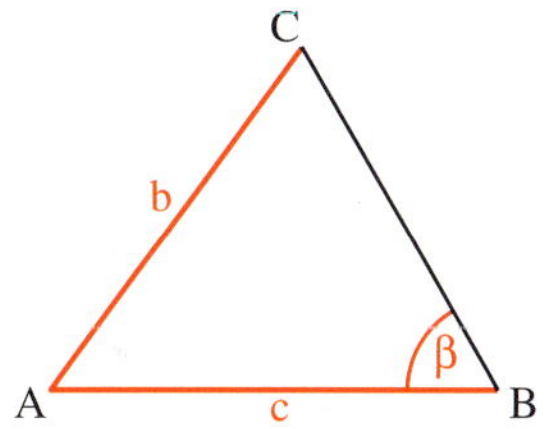

Konstruktionsplan:
(1) A und B sind durch $\overline{AB} = c$ gegeben.
(2) C liegt: 1. auf dem Kreis k(A; b),
2. auf dem freien Schenkel des Winkels β, angetragen in B an AB.

Konstruktion:

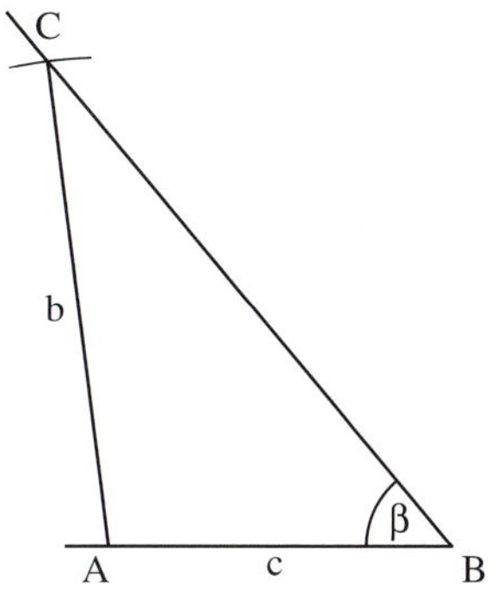

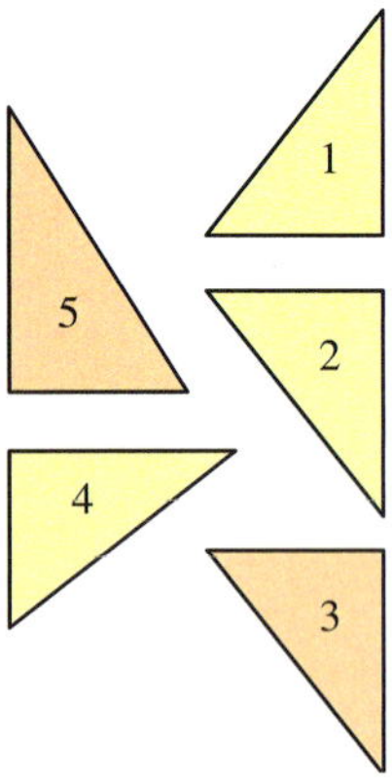

Wenn z. B. die Aufgabe gestellt ist, ein Dreieck mit den Seitenlängen 5 cm; 4 cm und 6 cm zu konstruieren, so kann man unendlich viele Dreiecke zeichnen, deren Seiten die vorgeschriebenen Längen haben. **Alle** diese Dreiecke sind jedoch nach dem SSS-Satz **kongruent**, stimmen also in Gestalt, Größe und allen Maßen überein.
Da es im Allgemeinen hierauf und nicht etwa auf die Lage des konstruierten Dreiecks auf dem Zeichenblatt ankommt, sagt man: Die Aufgabe ist **eindeutig** lösbar bzw. hat nur **eine** Lösung.
Von **verschiedenen** Lösungen spricht man nur, wenn es auch Lösungsdreiecke gibt, die **nicht kongruent** sind. Die Aufgabe hat dann so viele Lösungen, wie es verschiedene Sorten von Dreiecken gibt.

Beispiel 1
Konstruiere ΔABC aus: $c = 8\,cm$; $h_c = 3\,cm$ und $\gamma = 90°$. Ist die Lösung eindeutig?
Lösung:

Planfigur:

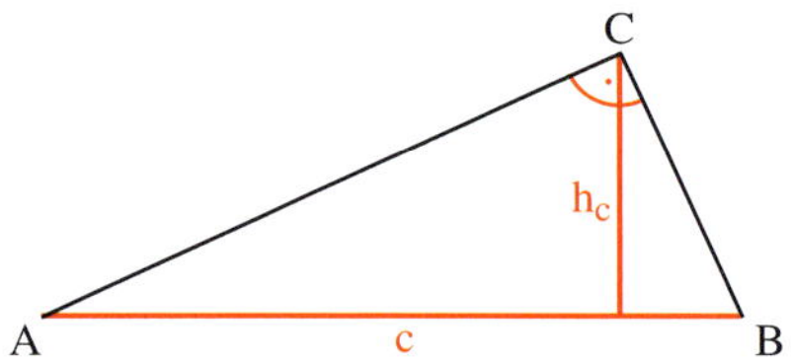

Konstruktion:

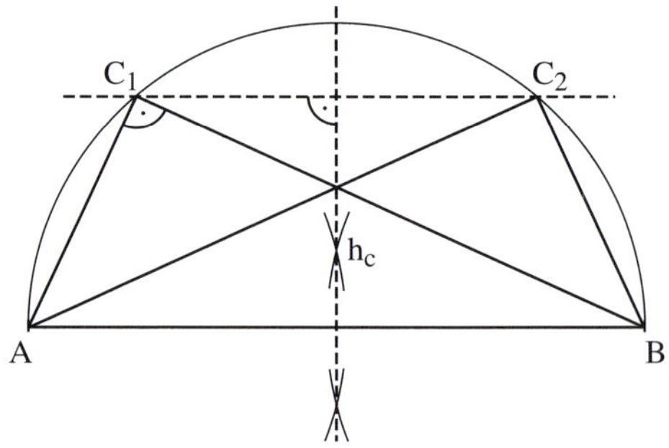

Konstruktionsplan:
(1) A und B sind durch $\overline{AB} = c$ gegeben.
(2) C liegt: 1. auf dem Thaleskreis über [AB],
2. auf der Parallelen zu AB im Abstand h_c.

Die Dreiecke ABC_1 und ABC_2 sind bezüglich der Mittelsenkrechten von [AB] zueinander symmetrisch, sind also kongruent. Die Aufgabe hat daher genau eine Lösung.

Beispiel 2
Ist die Aufgabe, ein Dreieck ABC aus $b = 3\,cm$; $c = 4\,cm$ und $\beta = 35°$ zu konstruieren, eindeutig lösbar?
Lösung:
Man verfolgt die Konstruktion anhand des Konstruktionsplans:
(1) A und B sind durch $\overline{AB} = c$ gegeben.
(2) C liegt: 1. auf dem freien Schenkel des Winkels β,
2. auf dem Kreis $k(A; b)$.

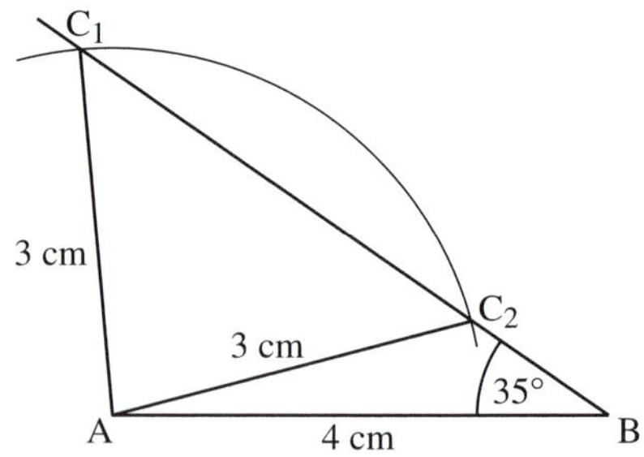

Halbgerade und Kreis schneiden sich in den Punkten C_1 und C_2. Die Dreiecke ABC_1 und ABC_2 sind nicht kongruent. Es gibt also zwei Lösungen.

Erinnere dich an die Seiten-Winkel-Beziehung!

Beachte: Nicht immer kann aus drei Maßangaben ein Dreieck konstruiert werden.
Zum Beispiel folgt aus $a = 4\,cm$; $b = 3\,cm$; $\beta = 120°$ wegen $a > b$, dass $\alpha > \beta$, also $\alpha > 120°$ sein müsste, d. h. zwei Winkel stumpf sein müssten. Dies stünde im Widerspruch zur Winkelsumme im Dreieck.
Auch aus der Angabe $a = 1\,cm$; $b = 2{,}5\,cm$; $c = 4\,cm$ lässt sich kein Dreieck konstruieren; sie widerspricht wegen $a + b < c$ der Dreiecksungleichung.

Aufgaben

3

Konstruiere ein Dreieck ABC aus:

a) $a = 5{,}2\,cm$; $\beta = 30°$; $\gamma = 110°$

b) $a = 6{,}7\,cm$; $b = 5{,}3\,cm$; $\gamma = 57°$

c) $b = 4{,}6\,cm$; $c = 8{,}3\,cm$; $\gamma = 115°$

d) $a = 7{,}2\,cm$; $\gamma = 53°$; $h_c = 4\,cm$

e) $b = 5{,}1\,cm$; $\alpha = 120°$; $h_c = 4{,}2\,cm$

Fertige Planfigur und Konstruktionsplan an. Entnimm deiner Zeichnung die Größe der restlichen Seiten und Winkel. Ist die Lösung eindeutig?

4

Konstruiere ein gleichschenkliges Dreieck ABC mit a = b. Wie viele Lösungen gibt es jeweils?

a) $b = 4{,}0\,cm$; $\gamma = 105°$

b) $a = 6{,}3\,cm$; $h_a = 5{,}1\,cm$

c) $c = 4{,}2\,cm$; $h_c = 6{,}7\,cm$

d) $b = 7{,}1\,cm$; $h_b = 4{,}2\,cm$

e) $c = 5{,}2\,cm$; $\beta = 57°$

5

Konstruiere ein rechtwinkliges Dreieck ABC aus:

a) $a = 4{,}0\,cm$; $c = 7{,}0\,cm$; $\gamma = 90°$

b) $b = 8{,}5\,cm$; $h_b = 3{,}3\,cm$; $\beta = 90°$

c) $b = 6{,}3\,cm$; $a = 4{,}0\,cm$; $\beta = 90°$

d) $c = 7{,}8\,cm$; $h_a = 3{,}9\,cm$; $\alpha = 90°$

e) $c = 5{,}7\,cm$; $h_c = 4{,}3\,cm$; $\alpha = 90°$

Aufgabe 6 lässt sich auch gut mit einem DGS lösen.

6

a) Eine 4,5 m lange Leiter wird so gegen eine Hauswand gelehnt, dass sie unten 1,8 m von der Mauer absteht. Zeichne eine Seitenansicht im Maßstab 1 : 100. Wie hoch reicht die Leiter?

b) Aus Sicherheitsgründen soll die angelehnte Leiter mit dem Boden einen Winkel zwischen 55° und 75° bilden. Welche Höhen sind demnach mit der 4,5 m langen Leiter zu erreichen? War die Leiter von Aufgabe a) richtig aufgestellt?

7

Bestimme durch Konstruktion die Breite eines 6,4 cm langen Rechtecks, dessen Diagonale 7,6 cm misst.
Konstruiere auf zwei Arten und schreibe jeweils einen Konstruktionsplan.

8

Von der Abfahrt A der neuen Umgehungsstraße u sind es noch 3 km bis zum Krankenhaus. Die geradlinige Umgehungsstraße wurde so geplant, dass sie dem Krankenhaus K an keiner Stelle näher als 1 km kommt.

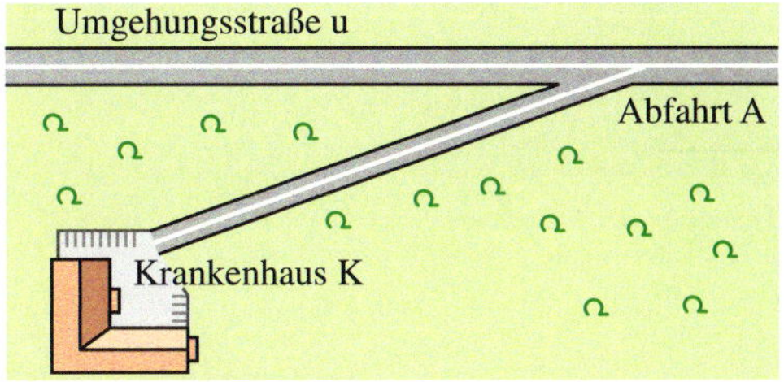

In welchem Winkel zweigt die Zufahrt von der Umgehungsstraße ab? Konstruiere in einem geeigneten Maßstab.

9

Wie viele Lösungen hat die Aufgabe, ein Dreieck aus den gegebenen Maßen zu konstruieren? Begründe deine Antwort. Prüfe jeweils, ob sich die Zahl der Lösungen durch Änderung einer gegebenen Größe ändert. Du kannst dazu auch ein DGS verwenden.

a) $a = 6\,cm$; $b = 4\,cm$; $\alpha = 40°$

b) $a = 2\,cm$; $b = 4\,cm$; $\alpha = 40°$

c) $a = 5{,}3\,cm$; $c = 6{,}6\,cm$; $\alpha = 50°$

d) $\alpha = 70°$; $\beta = 45°$; $\gamma = 65°$

e) $a = 6\,cm$; $b = 4\,cm$; $\beta = 40°$

f) $c = 5\,cm$; $\alpha = 90°$; $\beta = 30°$

g) $b = 6{,}5\,cm$; $\beta = 70°$; $\gamma = 45°$

h) $a = 9{,}3\,cm$; $b = 3{,}4\,cm$; $c = 5{,}7\,cm$

10

a) Welcher Art ist das Dreieck, das anhand des folgenden Plans konstruiert wird?

(1) B und C sind durch $\overline{BC} = a$ gegeben
(2) A liegt 1. auf dem Kreis $k(B; c)$
2. auf dem Kreis $k(C; c)$

b) Fertige selbst einen Konstruktionsplan für ein Dreieck und stelle deinem Nachbarn oder deiner Nachbarin die entsprechende Aufgabe.

Theodolit für Horizontal- und Höhenmessung (um 1840)

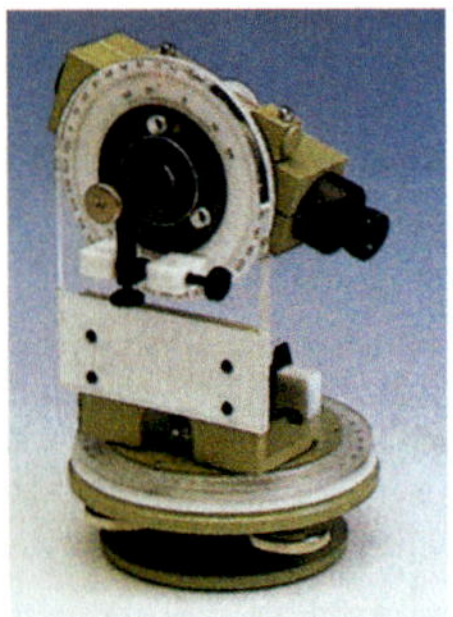

Theodolit aus der heutigen Zeit

11

Von einer 40 m langen Standlinie [AB], die auf den Fabrikschornstein zuläuft, wird seine Spitze mit einem Theodoliten angepeilt. Die Höhenwinkel α und β sind 38° und 56° groß. Wie hoch ist der Schornstein?

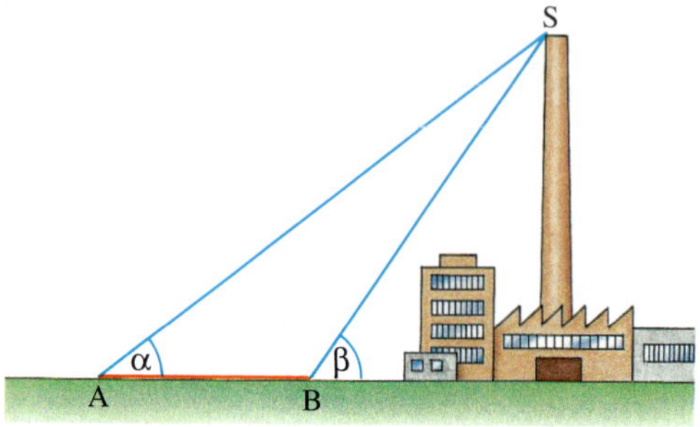

12

Prüfe, ohne zu zeichnen, ob durch die folgenden Angaben alle Seitenlängen und Winkelgrößen eines Dreiecks eindeutig bestimmt sind. Begründe die Antwort.

a) $a = 4\,\text{cm}$; $b = 3\,\text{cm}$; $c = 5\,\text{cm}$
b) $a = 7\,\text{cm}$; $c = 4\,\text{cm}$; $\gamma = 50°$
c) $a = 7\,\text{cm}$; $\alpha = 35°$; $\gamma = 70°$
d) $a = 6\,\text{cm}$; $b = 3\,\text{cm}$; $\gamma = 60°$
e) $a = 8\,\text{cm}$; $b = 5\,\text{cm}$; $c = 2\,\text{cm}$
f) $\alpha = 30°$; $\gamma = 90°$

13

a) Konstruiere ein rechtwinkliges Dreieck ABC mit der Hypotenuse $\overline{AB} = 8\,\text{cm}$, dessen Fläche $12\,\text{cm}^2$ beträgt.
b) Gibt es ein rechtwinkliges Dreieck mit Hypotenuse 8 cm, dessen Fläche $20\,\text{cm}^2$ beträgt? Begründe deine Antwort.
c) Welches rechtwinklige Dreieck ABC mit Hypotenuse $\overline{AB} = 8\,\text{cm}$ hat den größten Flächeninhalt? Begründe.

14

Von der Luisenburg (L) peilt man den Ochsenkopf (O) in Richtung $\alpha = 81°$ und den Schneeberg (S) in Richtung $\beta = 65°$ jeweils gegen die Nordrichtung gemessen an. Man weiß: Der Ochsenkopf ist vom Schneeberg $a = 3{,}9\,\text{km}$ entfernt in Richtung $\gamma = 51°$ gegen die Nordrichtung. Wie weit ist die Luisenburg vom Ochsenkopf und vom Schneeberg entfernt?

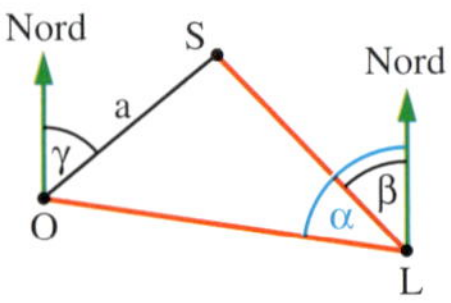

15

Fertige aus selbst gewählten Größen die Konstruktion eines Dreiecks an. Gib sie deinem Nachbarn und lasse ihn herausfinden, welche Größen du dir vorgegeben hast.

16

Wähle aus den Größen $a = 5\,\text{cm}$; $c = 7\,\text{cm}$; $\alpha = 55°$; $\beta = 40°$; $\gamma = 85°$ jeweils drei aus und prüfe, ob daraus eindeutig ein Dreieck ABC konstruierbar ist.
(Du kannst dazu auch ein DGS nutzen.)

17

Von der Spitze eines 26 m hohen Turms aus werden für die Ufer eines vorbeifließenden Flusses die Tiefenwinkel $\alpha = 65°$ und $\beta = 28°$ gemessen. Wie breit ist der Fluss?

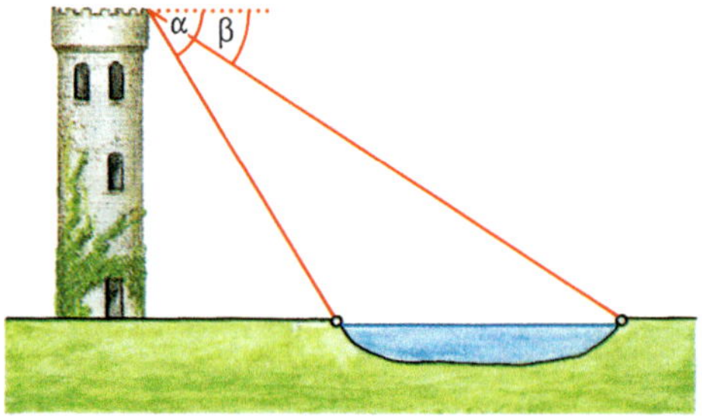

18

Beim Vergleich ihrer Geometriehausaufgabe stellen Martina und Steffi fest, dass bei einer Konstruktionsaufgabe ihre Lösungsdreiecke unterschiedliche Gestalt haben und nur in zwei Seitenlängen übereinstimmen, nämlich $\overline{AB} = 7\,\text{cm}$ und $\overline{BC} = 5{,}5\,\text{cm}$. Für die Seite [AC] jedoch misst Martina 5,7 cm, während Steffi 3,3 cm ermittelt. Wie hat die Aufgabenstellung gelautet, wenn beide die Konstruktion fehlerfrei durchgeführt haben?

G 19

Berechne für einen Quader mit den Kantenlängen a, b, c und dem Volumen V die fehlende Kantenlänge und den Oberflächeninhalt.

a) $a = 20\,\text{cm}$; $b = 0{,}3\,\text{m}$; $V = 600\,\text{dm}^3$
b) $a = 36\,\text{cm}$; $c = 0{,}63\,\text{m}$; $V = 5{,}67\,l$
c) $a = 4{,}35\,\text{dm}$; $b = 0{,}05\,\text{m}$; $V = 0{,}87\,l$
d) $b = 50{,}8\,\text{dm}$; $c = 2{,}4\,\text{m}$; $V = 121{,}92\,\text{hl}$

Thema:

Thales war ein Sonderfall

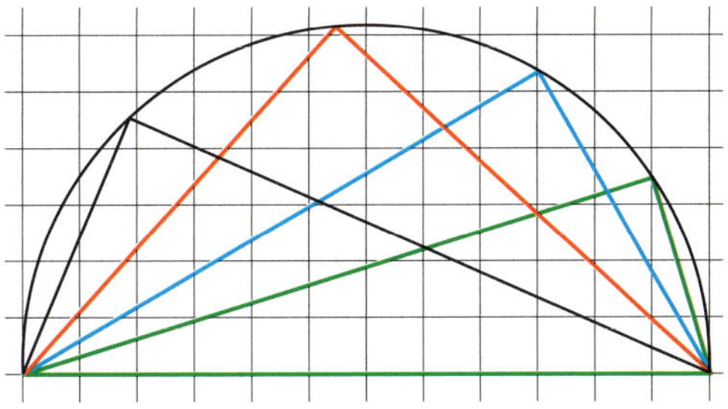

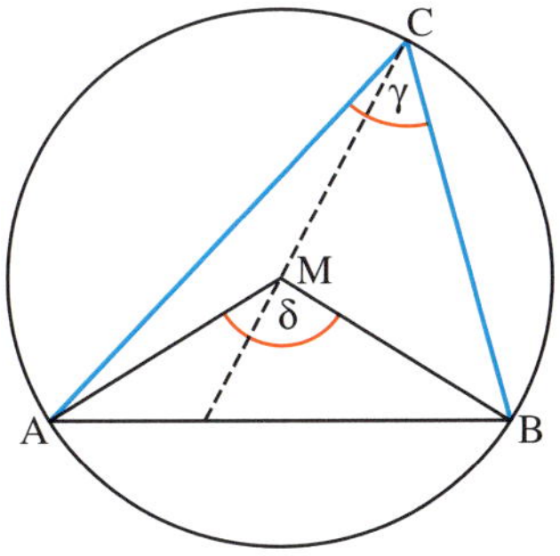

Deine Vermutung kannst du auch sehr gut mit einem DGS überprüfen.

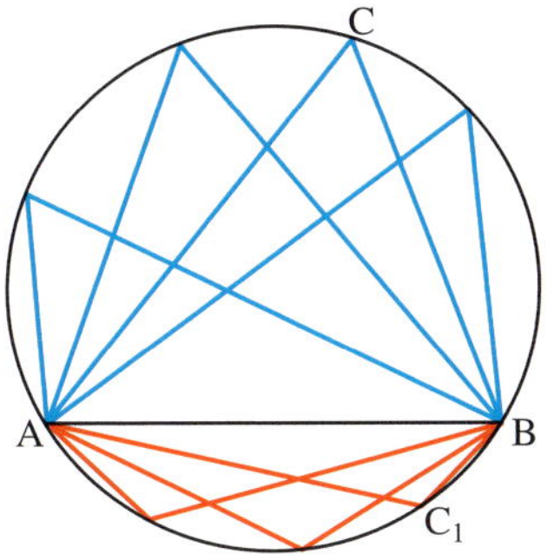

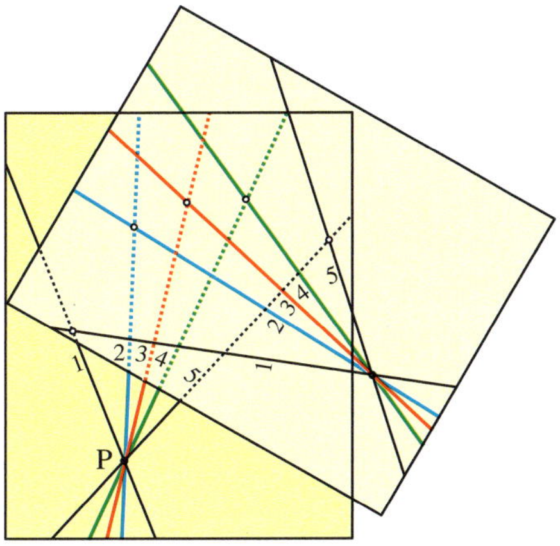

Die Zeichnung stammt von Tina. Sie wollte an einer eigenen Zeichnung den Satz des Thales verfolgen. Nun kommen ihr Zweifel. Uwe vermutet, dass Tina ungenau gezeichnet hat. Aber Tina beteuert: „Ich habe den Kreisbogen sorgfältig gezeichnet und C genau auf den Kreis gesetzt.“

1
Wenn du die fraglichen Winkel in Tinas Zeichnung misst, wirst du feststellen, dass keiner 90° beträgt. Was fällt auf, wenn du die Messergebnisse vergleichst? Was könnte man danach vermuten? Überprüfe deine Vermutung anhand einer eigenen Zeichnung. Verstehst du nun die Überschrift dieser Seite?

2
Zu jeder Sehne in einem Kreis gehört ein so genannter Mittelpunktswinkel δ. Welcher Zusammenhang besteht zwischen den Winkeln γ und δ? (Tipp: Die gestrichelte Linie teilt γ und δ. Betrachte geeignete Teildreiecke.)
Inwiefern bestätigt dies deine Vermutung?

3
Eine gegebene Sehne [AB] zerlegt den Kreis in zwei Teilbögen. Wählt man auf jedem der Bögen einen Punkt C bzw. C_1 und verbindet ihn mit A und B, so entstehen zwei so genannte Umfangswinkel. Welche Beziehung besteht zwischen ihnen?

4
Zeichne durch einen Punkt P mehrere Geraden und nummeriere sie. Lege eine durchsichtige Folie (oder durchsichtiges Papier) auf die Zeichnung und übertrage die Geraden samt Nummern auf die Folie. Verrücke nun beide Zeichnungen beliebig gegeneinander; markiere in der neuen Lage die Schnittpunkte entsprechender Geraden. Vermutung? Wie lässt sich diese merkwürdige Erscheinung erklären?

Thema:

Experimentieren mit einem dynamischen Geometriesystem

Viele geometrische Fragestellungen lassen sich mit dem Computer elegant lösen. Denn mit einem DGS lässt sich gut experimentieren, da man Figuren, die mit dem DGS gezeichnet bzw. konstruiert wurden, im Nachhinein verändern kann.

Wir sprechen im Zusammenhang mit dem DGS auch dann vom Konstruieren, wenn wir Konstruktionsbefehle benutzen, anstatt nur mit Zirkel und Lineal zu konstruieren.

1

a) Führe mit deinem DGS einige der dir bekannten Grundkonstruktionen, wie z. B. die im nebenstehenden Bild gezeigten, aus. Dein DGS stellt dir für viele davon Konstruktionsbefehle zur Verfügung. Konstruiere jedoch zunächst mit „Zirkel und Lineal“, d. h. mit Hilfe von Kreisen und Geraden, und benutze anschließend für dieselben Konstruktionen die Konstruktionsbefehle, die dein DGS anbietet.

b) Versuche verschiedene Punkte oder ganze Figuren deiner Zeichnung zu bewegen. Was fällt dir auf?

c) Konstruiere ein Quadrat, dessen Seitenlänge verändert werden kann.

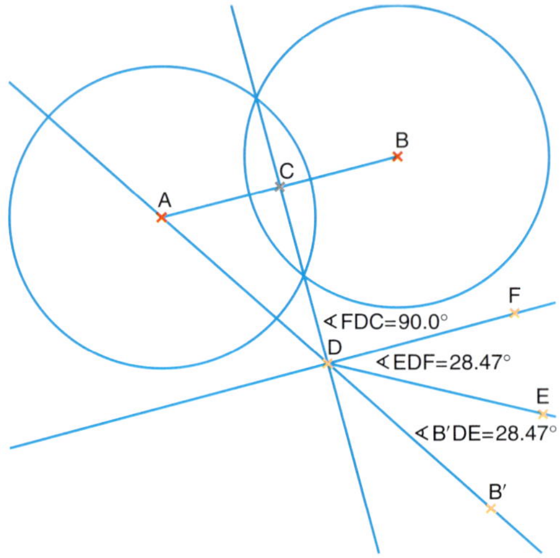

Um die einzelnen Schritte nachzuvollziehen, kann man sich ein Konstruktionsprotokoll anzeigen lassen.

Konstruierte Punkte lassen sich nicht direkt bewegen.

Variiert man eine Figur, die durch Konstruktion mit einem DGS entstanden ist, so geht der Konstruktionszusammenhang dabei nicht verloren. Das bedeutet: Es können nur frei in die Zeichenfläche gesetzte Punkte verschoben werden bzw. Punkte, die auf eine Linie gesetzt wurden, können nur entlang dieser Linie gleiten. Dagegen lassen sich konstruierte Punkte nur bei Änderung der Figur entsprechend ihrer Konstruktion mitbewegen.

Beispiel

Welche Eigenschaft hat ein Dreieck, bei dem die Winkelhalbierende eines Innenwinkels mit der Mittelsenkrechten der gegenüberliegenden Dreiecksseite zusammenfällt?

Lösung:

Wir zeichnen ein beliebiges Dreieck ABC und lassen die Länge aller Seiten und die Größe aller Innenwinkel anzeigen. Anschließend konstruieren wir z. B. die Mittelsenkrechte von [AB] und die Winkelhalbierende des Winkels γ.

Wenn wir nun einen Eckpunkt so lange verschieben, bis die beiden Geraden zusammenfallen, erkennen wir, dass das entstandene Dreieck gleichschenklig ist.

Dies gilt auch, wenn wir ebenso die beiden anderen Eckpunkte bewegen.

Diese experimentell gefundene Eigenschaft lässt sich auch mit Hilfe der Kongruenzsätze begründen.

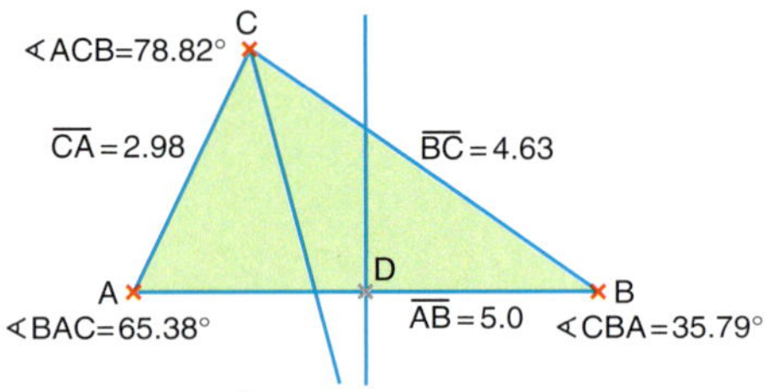

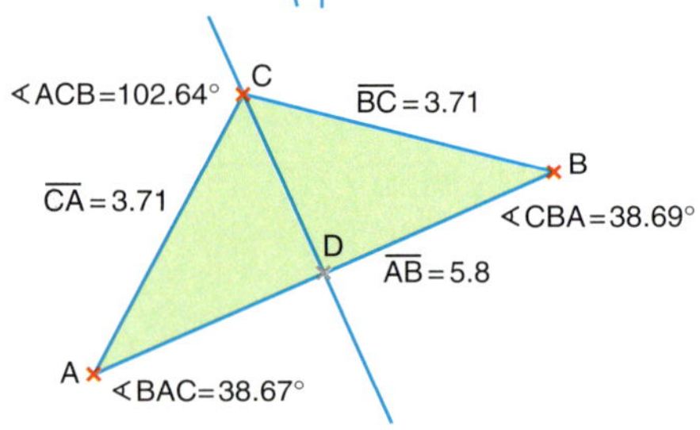

So sehen einige der benutzten Buttons bei deinem DGS ungefähr aus:

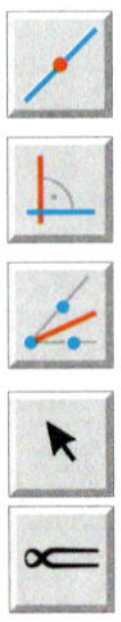

Mittelpunkt

Senkrechte

Winkelhalbierende

Punkte bewegen

Tipps zum DGS:

In den folgenden Aufgaben können geometrische Probleme durch Probieren und Experimentieren mit dem DGS gelöst werden.

Für die Übersichtlichkeit der Zeichnung kannst du nicht mehr nötige Linien nachträglich unsichtbar machen, so dass z. B. hier nur noch das Parallelogramm ABCD zu sehen ist.

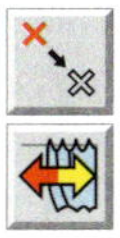

Objekte verstecken

2

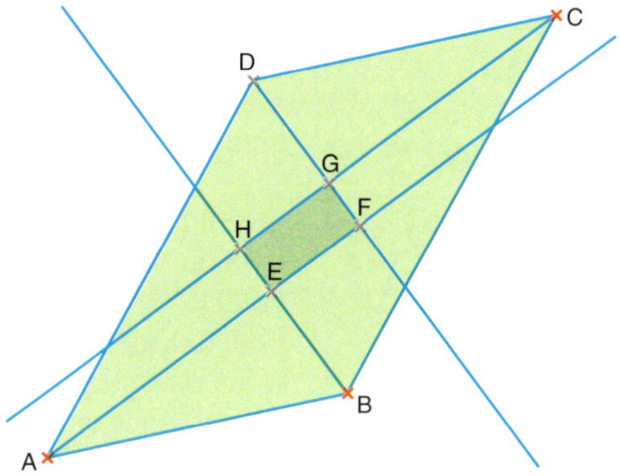

Setze drei Punkte A, B und C in die Zeichenfläche und konstruiere aus diesen ein Parallelogramm ABCD.
Konstruiere zu jedem Innenwinkel des Parallelogramms die Winkelhalbierende. Die vier Winkelhalbierenden schneiden sich im Allgemeinen in vier verschiedenen Punkten (E, F, G und H) und bilden somit ein Viereck. Variiere das Parallelogramm ABCD und beobachte das Viereck EFGH. Welche besondere Eigenschaft hat es?
Überprüfe deine Vermutung durch Messen seiner Seiten und Winkel und begründe diese Eigenschaft auch mit deinem Wissen über Winkelbeziehungen.
Welche Sonderfälle entdeckst du beim Experimentieren?

Lass die Länge der Strecken anzeigen und probiere besondere Punkte bzw. Geraden aus.

3

Zeichne ein beliebiges Dreieck ABC. Setze einen Punkt P auf [BC] und ziehe durch P die Parallelen zu den beiden anderen Seiten. Der Schnittpunkt mit [AC] sei Q, der mit [AB] sei R. Wo muss P liegen, damit [PQ] und [BR] gleich lang sind?
Experimentiere zunächst an der Figur und begründe anschließend deine Vermutung.

Errichte ein Lot, dessen Fußpunkt auf der Ebene gleitet.

4

Ein Baum wirft einen Schatten von 7,10 m (8,25 m; 9,75 m; 13,70 m; 15,30 m; 18,20 m), wenn die Sonnenstrahlen unter dem Winkel $\alpha = 25°$ einfallen. Wie hoch ist der Baum?

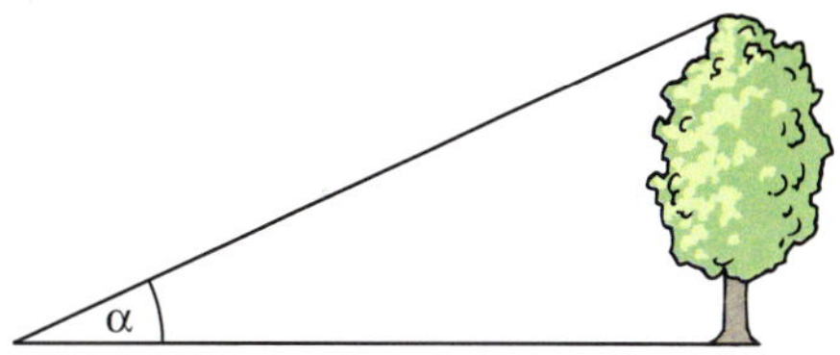

Nicht nur ein einzelner Punkt, sondern eine ganze Figur, ein Dreieck mit festen Maßen, ist zu verschieben.

5

Max hat kreisrunde Spiegelplatten mit dem Radius 2,8 cm (2,4 cm; 2 cm). Er will darauf dreieckig zugeschnittene Klebefolie mit den Kantenlängen 3,8 cm; 4 cm und 4,5 cm kleben, ohne dass etwas übersteht. Geht das?

6

Ein Waldbrand ist in Kalifornien ausgebrochen. Ein Löschflugzeug will auf kürzestem Weg zum Brandherd fliegen, aber unterwegs an der Küste Löschwasser aufnehmen.
a) Übertrage die Daten aus der Zeichnung in dein DGS und finde den kürzesten Weg.
b) Findest du auch einen Lösungsweg, ohne ein DGS zu benutzen?

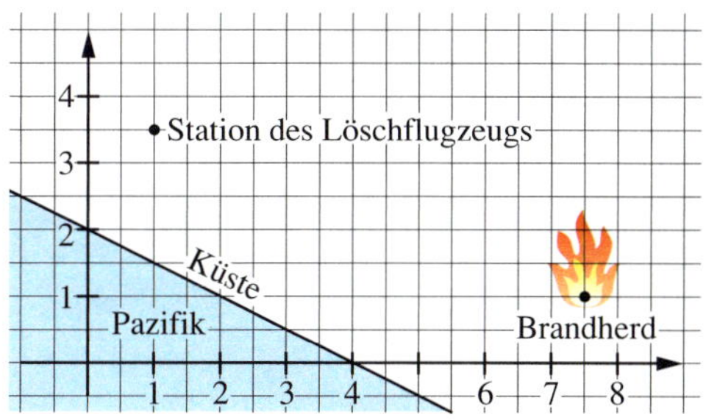

Mit dem DGS können auch Terme gebildet und berechnet werden, z. B. können Längen addiert und Flächeninhalte berechnet werden.

7

Zeichne einen Kreis mit dem Radius 5 cm. Finde ein Dreieck, dessen Eckpunkte auf der Kreislinie liegen und dessen Flächeninhalt möglichst groß ist. Welche Eigenschaften hat es?

Lesetext:

Bilder von M. C. Escher

Zueinander kongruente Figuren und Parkettierungen

Die unten gezeigten Bilder von M. C. Escher sind lückenlose Überdeckungen der Zeichenebene mit zueinander kongruenten Figuren. Solche Überdeckungen nennt man auch Parkettierungen (der Ebene).

Der niederländische Künstler Maurits Cornelis Escher lebte von 1898 bis 1972. Dieses Selbstporträt stammt aus dem Jahr 1942.

Im Bild links unten erkennt man, dass die Ebene ausschließlich mit immer derselben Grundfigur überdeckt ist, denn alle Echsen – egal welcher Farbe – sind zueinander kongruent.
Eine Echse kann mit einer anderen Echse der gleichen Farbe zur Deckung gebracht werden, wenn man sie in eine geeignete Richtung verschiebt.
Eine Echse kann mit einer Echse anderer Farbe zur Deckung gebracht werden, indem man sie um einen geeigneten Punkt dreht. Es gibt verschiedene Punkte, um die man dabei drehen kann. Der eingezeichnete Punkt P, an dem sich die Füße der drei Echsen berühren, ist ein mögliches Drehzentrum.
Findest du noch weitere Drehzentren?

Beim Bild rechts unten ist die Ebene mit zwei verschiedenen Grundfiguren überdeckt. Alle Engel sind zueinander kongruent und alle Teufel sind zueinander kongruent.
In dem Bildausschnitt lassen sich auch besondere Symmetrien entdecken.
Jede Symmetrieachse von Engeln und Teufeln, wie z. B. die eingezeichnete Gerade, ist Symmetrieachse für das Muster der gesamten Ebene. Durch Spiegelung an dieser Achse werden einige Engel bzw. Teufel auf sich selbst abgebildet, die meisten jedoch werden auf andere Engel bzw. Teufel gespiegelt.
Gibt es noch weitere Symmetrieachsen? Du könntest mit einer Folie ausprobieren, ob du an der von dir gefundenen Achse die Engel bzw. Teufel durch Spiegelung zur Deckung bringen kannst.
Zusätzlich ist das Muster der gesamten Ebene punktsymmetrisch zu den Punkten, an denen sich die Beine von Engeln und Teufeln treffen, d. h. wo zwei Symmetrieachsen sich schneiden, wie z. B. im eingezeichneten Punkt P.
Aber es gibt noch weitere Symmetriezentren. Findest du sie?

Eines der bekanntesten Werke Eschers ist der Holzschnitt *Tag und Nacht*. In der rechts abgebildeten Vorstudie dazu sind alle weißen Vögel zueinander kongruent und ebenso alle schwarzen Vögel zueinander kongruent. Jedoch ist kein weißer Vogel zu einem schwarzen Vogel kongruent.
Was siehst du, wenn du die linke oder rechte Hälfte des Originalbildes abdeckst?
Ist das Bild symmetrisch?

Tag und Nacht

Die Männchen in dem Bild *Kreislauf* steigen eine Treppe herab und verwandeln sich in geometrische Figuren. Diese zueinander kongruenten Figuren bilden eine regelmäßige Parkettierung der Ebene.
Die Punkte, in denen drei Köpfe, drei Knie oder drei Füße zusammentreffen, sind besondere Punkte. Dreht man ein Männchen um einen solchen Punkt, dann kommt es mit einem Männchen anderer Farbe zur Deckung.

Kreislauf

Flächenaufteilung aus Kreislauf

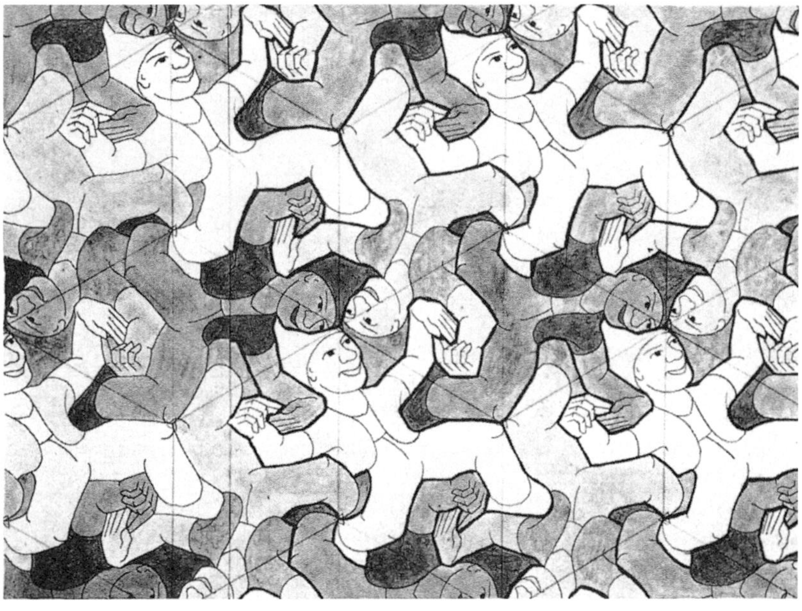

Rückblick

Kongruente Figuren
Zwei deckungsgleiche Figuren F und G nennt man auch zueinander kongruent. Man schreibt: $F \cong G$. Kongruente Figuren stimmen in allen einander entsprechenden Stücken, wie z. B. in der Länge der Seiten und der Größe der Winkel, überein.

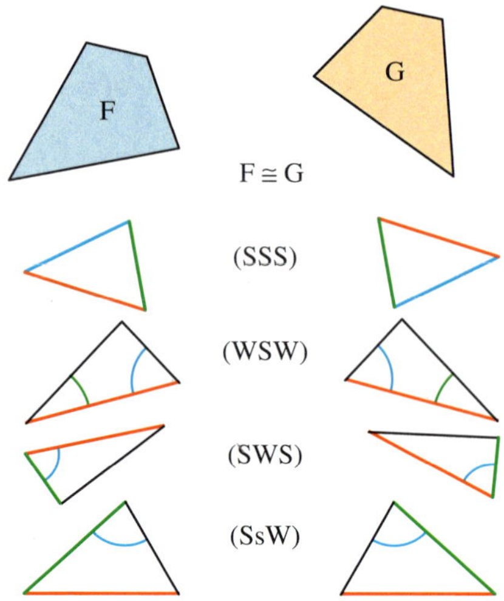

Kongruente Dreiecke (Kongruenzsätze)
Zwei Dreiecke sind kongruent, wenn sie
- in allen drei Seiten (SSS)
- in einer Seite und zwei gleichliegenden Winkeln (WSW bzw. SWW)
- in zwei Seiten und dem eingeschlossenen Winkel (SWS)
- in zwei Seiten und dem Gegenwinkel der größeren Seite (SsW) übereinstimmen.

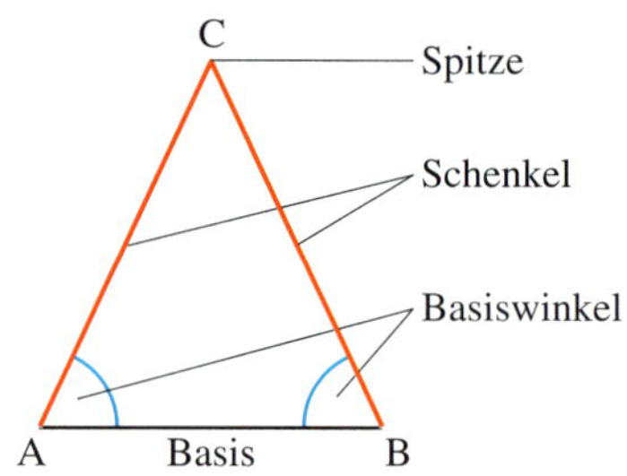

Gleichschenkliges Dreieck
Ein Dreieck mit zwei gleich langen Seiten heißt gleichschenkliges Dreieck.
Sonderfall: Ein Dreieck mit drei gleich langen Seiten heißt gleichseitig.

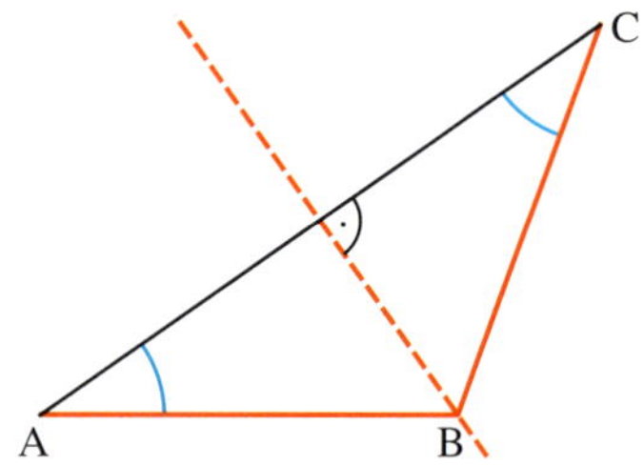

Satz vom gleichschenkligen Dreieck
Trifft für ein Dreieck eine der folgenden Aussagen zu, so gelten auch die beiden anderen:
a) Das Dreieck ist gleichschenklig.
b) Das Dreieck ist achsensymmetrisch.
c) Das Dreieck besitzt zwei gleich große Winkel.

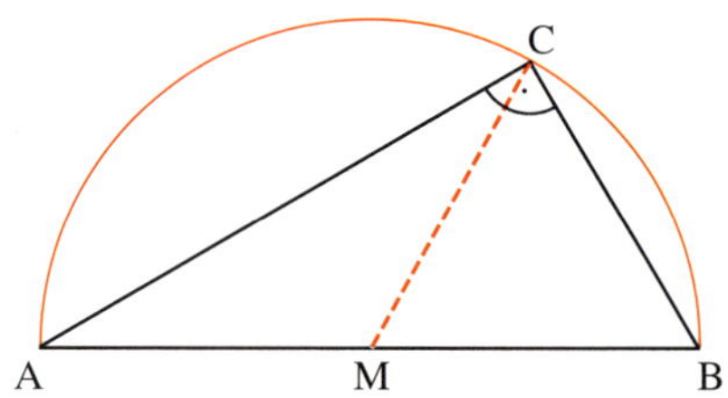

Satz des Thales
Ein Dreieck ABC hat genau dann bei C einen rechten Winkel, wenn die Ecke C auf einem Halbkreis über [AB] liegt.

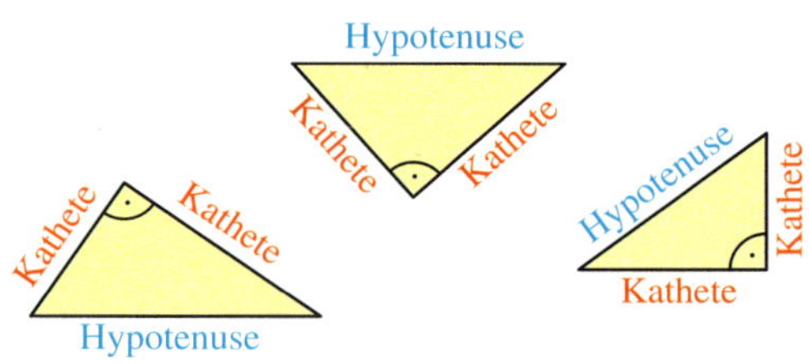

Bezeichnungen im rechtwinkligen Dreieck
In rechtwinkligen Dreiecken heißen die beiden Seiten, die den rechten Winkel einschließen, Katheten, die dem rechten Winkel gegenüberliegende Seite heißt Hypotenuse.

Aufgaben zum Üben und Wiederholen

1
Zeige an einem Gegenbeispiel, dass folgende Aussage falsch ist: Gleichschenklige Dreiecke, die in einer Seite und einem Winkel übereinstimmen, sind kongruent.

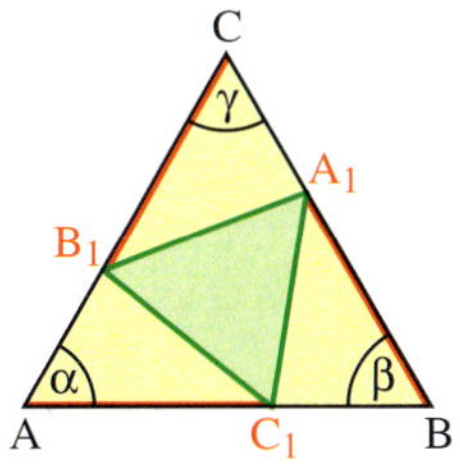

2
Zeichne ein gleichseitiges Dreieck ($a = 6\,cm$). Trage auf den Seiten wie in der nebenstehenden Figur gleich lange Strecken ab. Begründe: Das entstehende Innendreieck ist wieder ein gleichseitiges Dreieck.

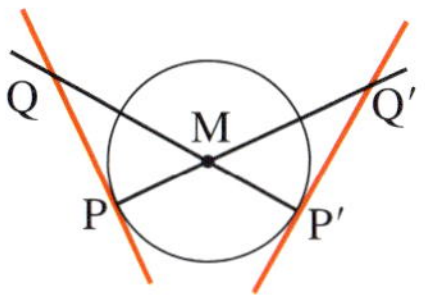

3
An einen Kreis mit Mittelpunkt M sind in zwei beliebigen Punkten P und P′ die Tangenten gezeichnet. Die Halbgeraden PM und P′M schneiden diese in den Punkten Q′ bzw. Q. Fertige eine Skizze an und zeige, dass $\overline{PQ} = \overline{P'Q'}$.

4
Begründe: Wenn in einem Viereck zwei gegenüberliegende Seiten parallel und gleich lang sind, dann sind auch die beiden anderen Seiten parallel und gleich lang.

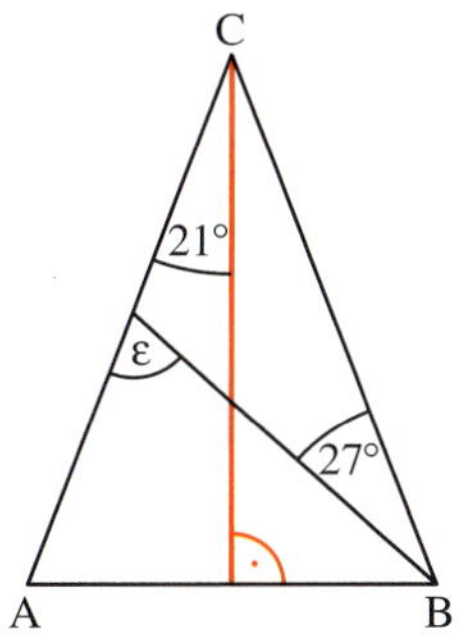

5
Das Dreieck ABC der nebenstehenden Figur ist gleichschenklig mit $\overline{AC} = \overline{BC}$.

a) Wie groß ist der Winkel ε? Fertige eine Skizze an und begründe deine Schritte.
b) Welche weiteren Strecken in der Figur sind gleich lang? Begründe.

6
Konstruiere ein Dreieck ABC. Fertige Planfigur und Konstruktionsplan an.

a) $b = c = 5{,}0\,cm$; $h_a = 3{,}2\,cm$
b) $b = 6{,}0\,cm$; $a = 4{,}5\,cm$; $\beta = 90°$

7
Lässt sich aus den gegebenen Stücken (eindeutig) ein Dreieck ABC konstruieren? Begründe deine Antwort.

a) $a = 3{,}4\,cm$; $b = 6{,}7\,cm$; $c = 10{,}5\,cm$
b) $b = 5{,}2\,cm$; $c = 4{,}6\,cm$; $\beta = 74°$
c) $a = 5{,}6\,cm$; $c = 70\,mm$; $\alpha = 35°$
d) $b = 6{,}3\,cm$; $\gamma = 110°$; $c = 4{,}9\,cm$
e) $a = 72\,mm$; $h_a = 30\,mm$; $\alpha = 90°$

Die Lösungen zu den Aufgaben dieser Seite findest du auf den Seiten 203 und 204.

8
Von einem Freiluftballon aus werden die Orte A und B unter den Tiefenwinkeln $\alpha = 66°$ und $\beta = 24°$ angepeilt. Dabei ist $\overline{AB} = 2700\,m$.

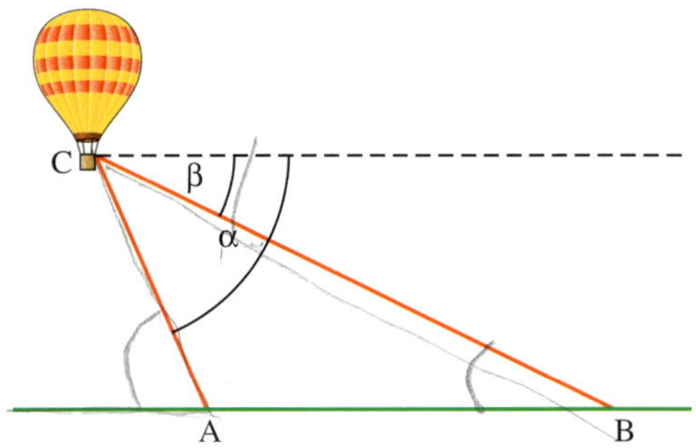

Wie hoch schwebt der Ballon über der Ebene? Berechne dazu die nötigen Winkel und konstruiere im Maßstab 1 : 50 000.

9

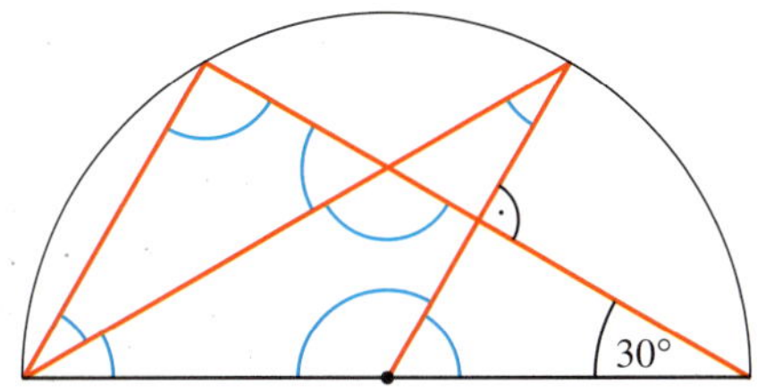

Übertrage die Figur in dein Heft. Bezeichne die angegebenen Winkel und berechne sie. Begründe deine Lösungsschritte.

10

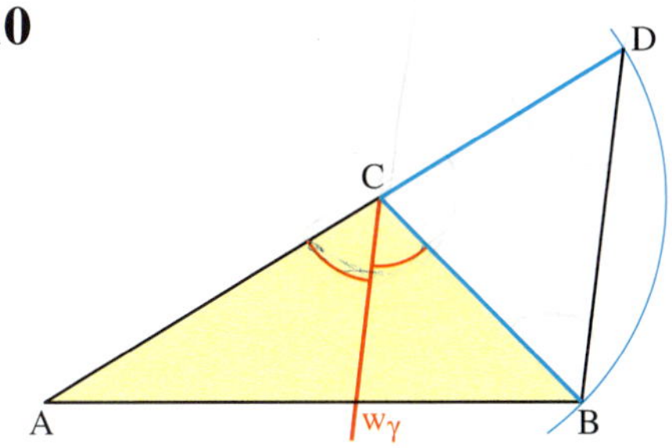

Das Dreieck ABC ist ein beliebiges Dreieck, w_γ halbiert den Winkel bei C.

a) Begründe, dass $BD \parallel w_\gamma$ ist.
b) Was folgt aus der in a) nachgewiesenen Eigenschaft für den Fall, dass das Dreieck ABC gleichschenklig mit $\overline{AC} = \overline{BC}$ ist?

1 Mittelsenkrechten und Umkreis

1
Die Indianer wollen ihr Lagerfeuer so anlegen, dass es von jedem der drei Zelte gleich weit entfernt ist. Die Kreuze geben die jeweilige Stelle an, von der aus die Entfernung eines Zeltes zum Lagerfeuer gemessen wird. Zeichne die Skizze in dein Heft. Ermittle die Stelle des Lagerfeuers.

2 💻
Zeichne mit einem DGS ein rechtwinkliges Dreieck und konstruiere zunächst die Mittelsenkrechten zu zwei Dreiecksseiten. Was fällt auf, wenn du die dritte Mittelsenkrechte zeichnest? Variiere die Ecken so, dass beliebige Dreiecke entstehen. Was beobachtest du?

Erinnerung:
Alle Punkte, die von zwei Punkten P und Q den gleichen Abstand haben, liegen auf der Mittelsenkrechten der Strecke [PQ].

Zu jedem Dreieck ABC gibt es drei **Mittelsenkrechten**. Im Dreieck ABC sind m_a, m_b und m_c die Mittelsenkrechten der Dreiecksseiten. Jeder Punkt von m_c hat von A und B den gleichen Abstand. Entsprechendes gilt für die Mittelsenkrechte m_a und die Punkte B und C.
Für den Schnittpunkt U von m_a und m_c gilt: $\overline{UA} = \overline{UB} = \overline{UC}$. Also liegt U auch auf m_b.
Der Kreis mit dem Mittelpunkt U und dem Radius $\overline{UA}$ geht somit durch A, B und C.
Er heißt **Umkreis** des Dreiecks, sein Mittelpunkt U heißt **Umkreismittelpunkt**.

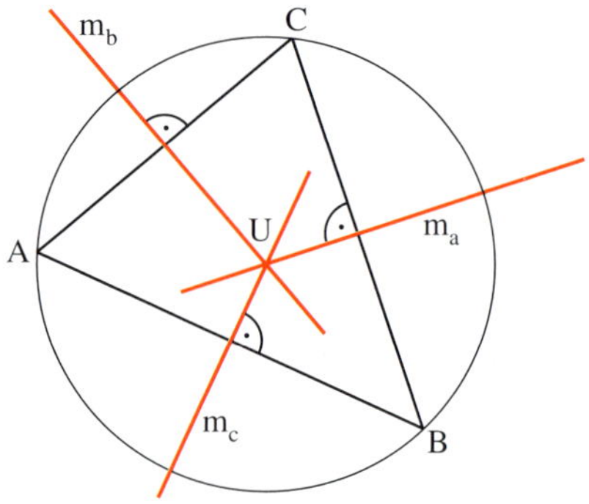

Satz von den Mittelsenkrechten im Dreieck:
In jedem Dreieck schneiden sich die Mittelsenkrechten der drei Dreiecksseiten in einem Punkt U.
Dieser Punkt U hat von den drei Ecken des Dreiecks den gleichen Abstand, er ist der Umkreismittelpunkt des Dreiecks.

Untersucht man z. B. mit einem DGS die Lage des Umkreismittelpunktes verschiedenartiger Dreiecke, so kommt man zu folgendem Ergebnis:

spitzwinkliges Dreieck

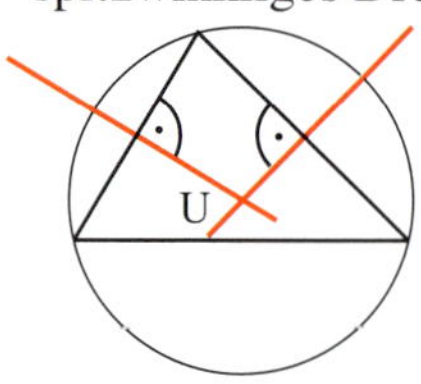

U liegt im Dreieck.

rechtwinkliges Dreieck

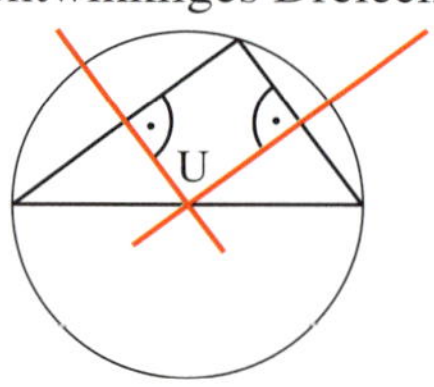

U liegt auf einer Dreiecksseite.

stumpfwinkliges Dreieck

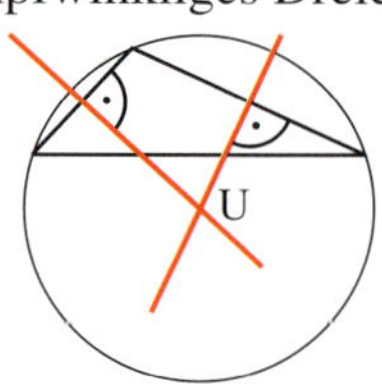

U liegt außerhalb des Dreiecks.

Planfigur:

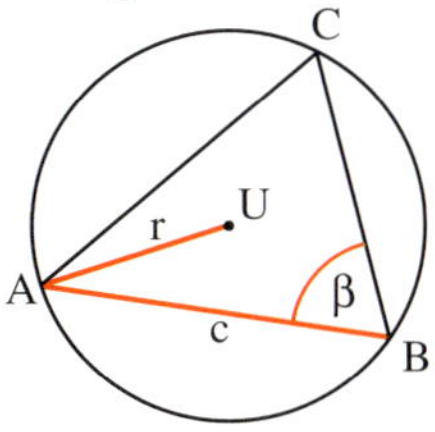

Beispiel

Konstruiere ein Dreieck ABC mit $c = 2{,}4\,\text{cm}$, $\beta = 30°$ und Umkreisradius $r = 2\,\text{cm}$.

Lösung:

Konstruktionsplan:

(1) Wähle U; zeichne Umkreis k (U; r)

(2) Wähle A beliebig auf k (U; r)

(3) B liegt 1. auf dem Umkreis k (U; r)
2. auf dem Kreis k (A; c)

(4) C liegt 1. auf dem Umkreis k (U; r)
2. auf dem freien Schenkel des in B an AB angetragenen Winkels β.

Konstruktion:

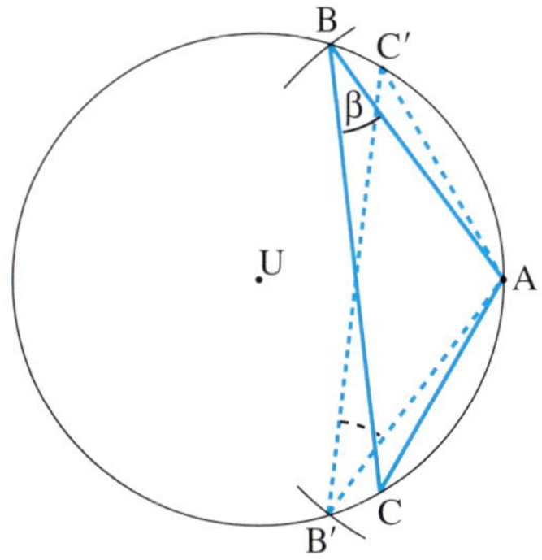

Die Lösung ist eindeutig: Die Dreiecke ABC und AC′B′ sind symmetrisch bezüglich der Geraden AU, also kongruent.

Aufgaben

Aufgabe 8 lässt sich gut mit einem DGS bearbeiten. (Vgl. Thema S. 184)

Ein Rätsel:
Können drei Punkte A, B, C so liegen, dass es keinen Kreis gibt, der durch A, B und C geht?

Euklid von Alexandria, griech. Mathematiker um 300 v. Chr.
Von seinem Lehrbuch „Elemente“ sind noch 13 Bände erhalten.

3

Konstruiere aus den gegebenen Stücken ein Dreieck. Konstruiere den Umkreis und miss seinen Radius.

a) $b = 5{,}8\,\text{cm}$; $c = 5{,}4\,\text{cm}$; $\alpha = 48°$

b) $a = 5{,}8\,\text{cm}$; $b = 3{,}5\,\text{cm}$; $c = 7{,}5\,\text{cm}$

c) $a = 4{,}7\,\text{cm}$; $b = 7{,}7\,\text{cm}$; $c = 6{,}6\,\text{cm}$

d) $b = 6{,}8\,\text{cm}$; $c = 7{,}5\,\text{cm}$; $\gamma = 78°$

4

Konstruiere den Kreis, der durch die Punkte $A(-5|-2)$, $B(3|0)$ und $C(0|5)$ geht.

5

Konstruiere ein Dreieck (r ist der Umkreisradius); fertige einen Konstruktionsplan an.

a) $r = 3\,\text{cm}$; $a = 2{,}5\,\text{cm}$; $b = 4\,\text{cm}$

b) $r = 3{,}5\,\text{cm}$; $a = 5\,\text{cm}$; $b = 5{,}5\,\text{cm}$

c) $r = 4\,\text{cm}$; $c = 7{,}5\,\text{cm}$; $\alpha = 60°$

d) $r = 3{,}5\,\text{cm}$; $a = 5{,}8\,\text{cm}$; $\gamma = 46°$

6

Konstruiere ein Dreieck ABC mit $\gamma = 90°$.

a) $r = 3{,}8\,\text{cm}$; $\alpha = 30°$

b) $r = 4{,}2\,\text{cm}$; $a = 5\,\text{cm}$

7

Begründe bzw. widerlege:

a) Zwei Dreiecke, die in zwei Seitenlängen und dem Umkreisradius übereinstimmen, sind kongruent.

b) Jedes Rechteck hat einen Umkreis.

8

Die Ecken A und B des Dreiecks ABC sind fest. Die Ecke C wandert auf dem Kreis k. Wie ändert sich dabei die Lage des Umkreismittelpunktes U des Dreiecks ABC?

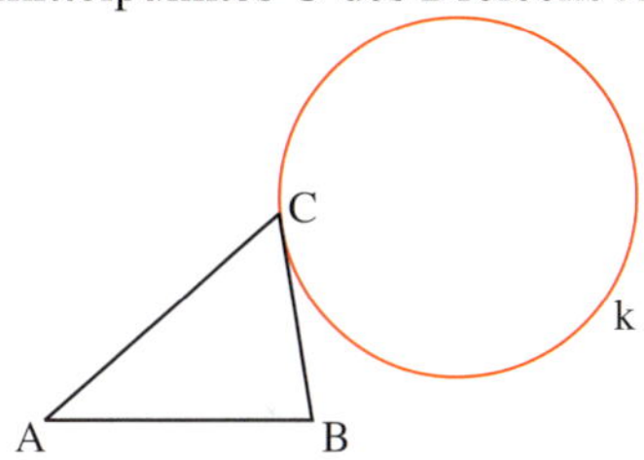

9

Euklid beschreibt die Konstruktion des „verlorengegangenen“ Kreismittelpunktes: Zeichne eine Sehne [AB]. Die Mittelsenkrechte von [AB] schneidet den Kreis in P und Q. Die Mitte von [PQ] ist der gesuchte Mittelpunkt M. Begründe dieses Vorgehen.

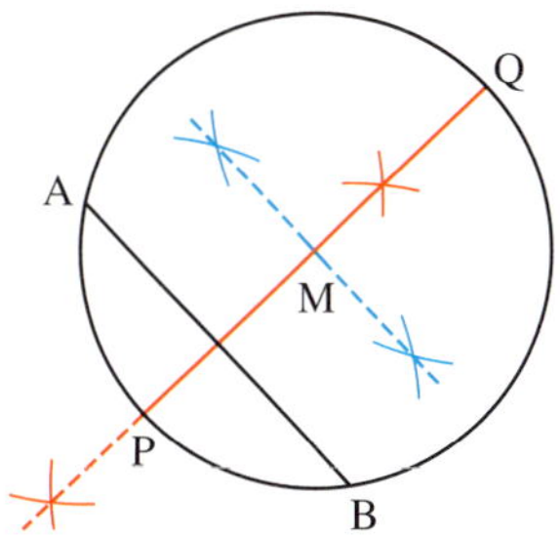

G 10

Klaus ist um 18 % kleiner als sein Vater. Um wie viel Prozent ist sein Vater größer als er?

2 Winkelhalbierende

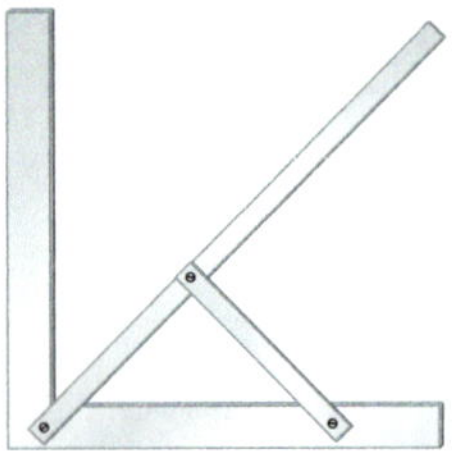

Zentrierwinkel

1

Zentrierwinkel sind Geräte, die man verwendet, um den Mittelpunkt bei kreisförmigen Querschnitten, z. B. bei Walzen und Zylindern, zu bestimmen.
Beschreibe dieses Gerät und erläutere, wie man damit den Mittelpunkt einer kreisförmigen Schnittfläche eines Baumstammes finden kann.

2 💻

Zeichne mit einem DGS ein gleichseitiges Dreieck und die Halbierenden der drei Innenwinkel. Verschiebe dann die Ecken des Dreiecks und beschreibe deine Beobachtungen.

Erinnerung:
Abstand:
Punkt P – Gerade g = Länge des Lotes von P auf g.

In der Figur ist w die Winkelhalbierende des Winkels α. Vom Punkt P auf w sind die Lote auf die Schenkel des Winkels gezeichnet. Da die Dreiecke SPG und SHP nach dem Kongruenzsatz SWW kongruent sind, gilt: $\overline{GP} = \overline{HP}$. Das bedeutet: P hat von den Schenkeln des Winkels gleichen Abstand.

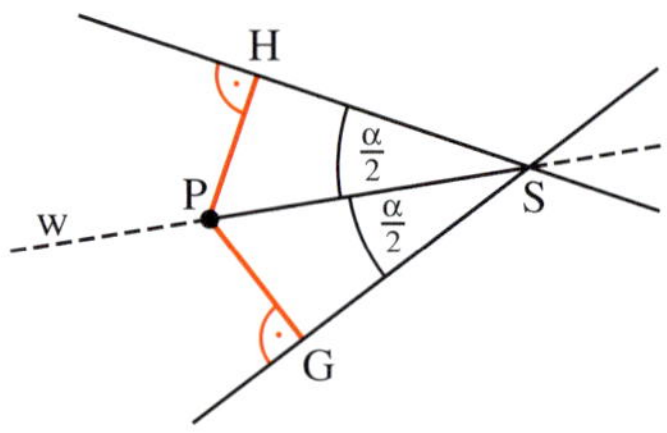

Ist umgekehrt bekannt, dass der Punkt P von den Schenkeln eines Winkels gleichen Abstand hat, so liegt er auf der Winkelhalbierenden dieses Winkels:
In der Figur ist $\overline{PA} = \overline{PB}$. Die Dreiecke SPA und SBP sind dann kongruent (SsW-Satz). Damit ist $∢\, PSA = ∢\, BSP = \frac{\alpha}{2}$.
Somit halbiert [SP den Winkel α.

Es gilt:
$\overline{PA} = \overline{PB}$
$∢ A = ∢ B = 90°$
$\overline{PS} = \overline{PS}$

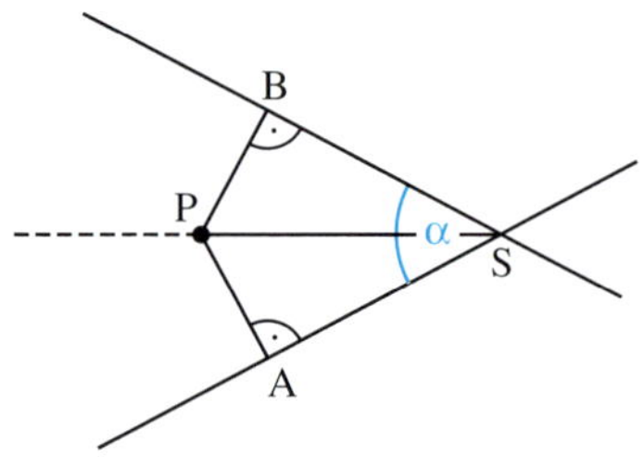

Diese Überlegungen gelten entsprechend für alle Winkel an einer Geradenkreuzung, d. h. für die Punkte jeder der beiden Winkelhalbierenden w_α und w_β in der Figur.
Häufig bezieht sich jedoch die Fragestellung nur auf einen bestimmten Winkel, z. B. einen Innenwinkel eines Dreiecks, so dass der Scheitelwinkel bzw. die Nebenwinkel nicht betrachtet werden müssen.

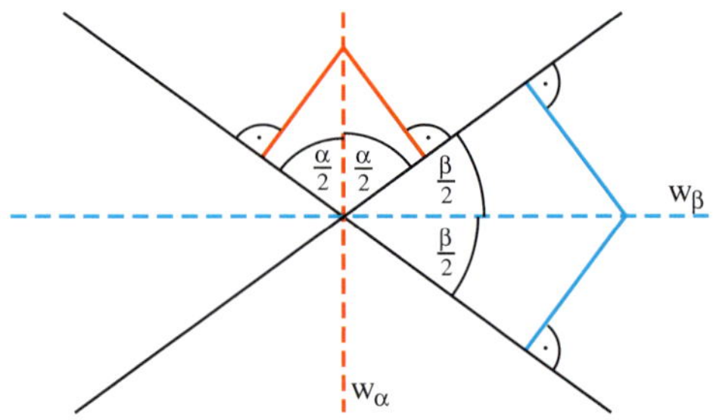

> **Satz von den Winkelhalbierenden:**
> Ein Punkt P liegt genau dann auf einer Winkelhalbierenden zweier sich schneidender Geraden, wenn er von beiden Geraden gleichen Abstand hat.

Erinnerung:
Konstruktion der Winkelhalbierenden

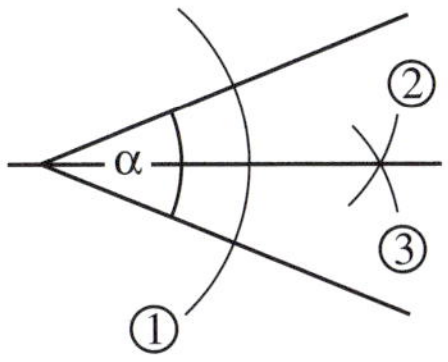

Die Winkelhalbierenden der Winkel α, β, γ bezeichnet man mit w_α, w_β, w_γ.

Die Mittelsenkrechten eines Dreiecks schneiden sich in einem Punkt, dem Umkreismittelpunkt des Dreiecks. Wir wollen nun untersuchen, ob sich die Winkelhalbierenden eines jeden Dreiecks ebenfalls in einem Punkt schneiden.

In jedem Dreieck gibt es drei Winkelhalbierende. In der Figur sind w_α, w_β und w_γ die Winkelhalbierenden der Innenwinkel des Dreiecks ABC.
Jeder Punkt der Winkelhalbierenden w_α hat von [AB] und [AC] den gleichen Abstand.
Entsprechendes gilt für die Winkelhalbierende w_β und die Seiten [AB] und [BC].

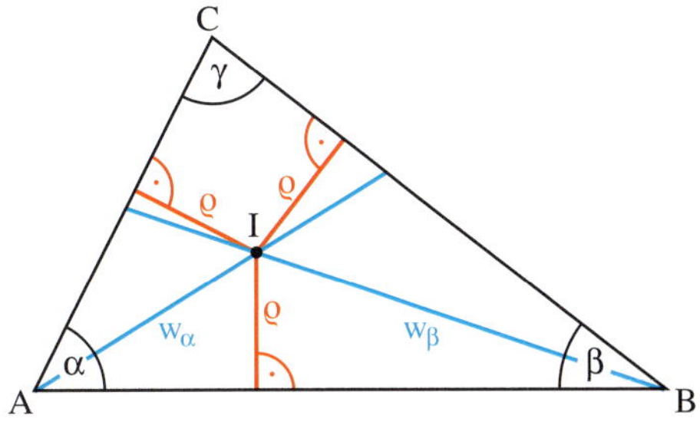

Der Schnittpunkt I von w_α und w_β hat also von den drei Seiten den gleichen Abstand ϱ, deshalb liegt nach dem Satz von den Winkelhalbierenden der Punkt I auch auf w_γ.
Man erkennt: Die Winkelhalbierenden eines Dreiecks schneiden sich in einem Punkt, der von allen drei Seiten des Dreiecks gleichen Abstand hat.

Zeichnet man wie in der nebenstehenden Figur einen Kreis um den Schnittpunkt I der Winkelhalbierenden mit dem Radius ϱ, so berührt dieser Kreis alle Dreiecksseiten von innen.
Dieser Kreis heißt **Inkreis** des Dreiecks.
Jedes Dreieck besitzt damit sowohl einen Umkreis als auch einen Inkreis.
Nur im gleichseitigen Dreieck fallen ihre Mittelpunkte zusammen.

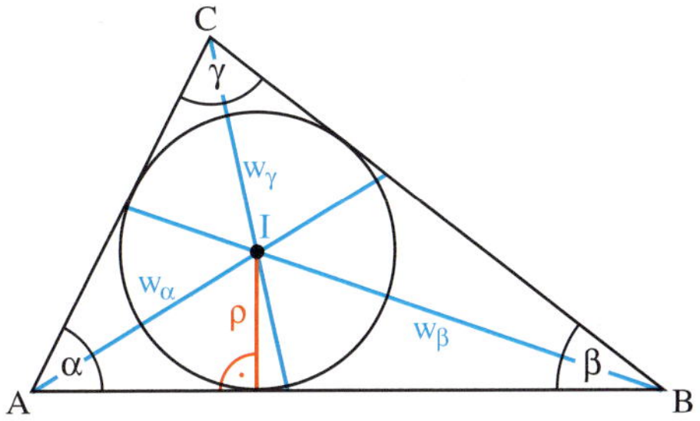

Bemerkung
Die Winkelhalbierende eines Winkels ist eine Halbgerade. Wird jedoch bei einem Dreieck die **Länge einer Winkelhalbierenden** angegeben, so meint man damit die Länge der Strecke von der Ecke bis zum Schnittpunkt mit der gegenüberliegenden Seite.

Beispiel
Konstruiere ein Dreieck ABC mit $c = 4\,\text{cm}$, $w_\alpha = 2{,}5\,\text{cm}$ und $\alpha = 70°$.
Lösung:
Konstruktionsplan:
(1) A und B sind durch $\overline{AB} = c$ gegeben.
(2) D liegt 1. auf dem freien Schenkel des Winkels $\frac{\alpha}{2}$, in A an AB angetragen,
2. auf dem Kreis $k(A; w_\alpha)$.
(3) C liegt 1. auf BD,
2. auf dem freien Schenkel des Winkels α, in A an AB angetragen.
Alternative: Man könnte auch mit A und D wegen $\overline{AD} = w_\alpha$ beginnen.

Planfigur:

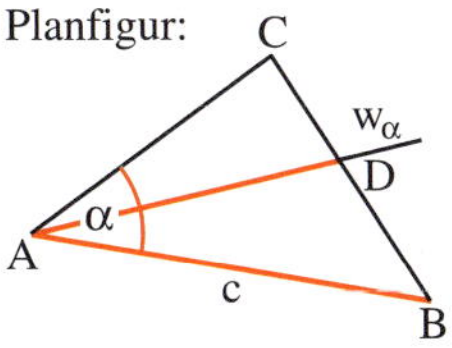

Konstruktion:

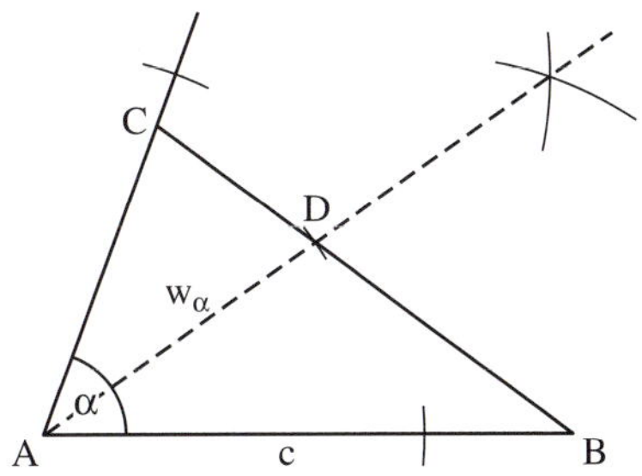

Aufgaben

3
Trage die Punkte A(9|5), B(3|5) und S(1|1) in ein Koordinatensystem ein. Konstruiere einen Punkt P, der 5 LE von S entfernt ist und von den Halbgeraden [SA und [SB gleichen Abstand hat. Gib die Koordinaten von P an.
Ändert sich die Lösung, wenn die Abstände statt zu den Halbgeraden zu den Geraden SA und SB gemessen werden?

4
Konstruiere ein Dreieck ABC mit den folgenden Maßen. Fertige jeweils eine Planfigur und den Konstruktionsplan an.
a) $c = 5{,}8\,\text{cm}$; $\alpha = 48°$; $w_\alpha = 6{,}3\,\text{cm}$
b) $a = 5{,}5\,\text{cm}$; $\beta = 113°$; $w_\beta = 27\,\text{mm}$
c) $c = 4{,}8\,\text{cm}$; $\alpha = 60°$; $w_\alpha = 4{,}6\,\text{cm}$
*d) $\beta = 40°$; $\gamma = 65°$; $w_\beta = 6{,}2\,\text{cm}$

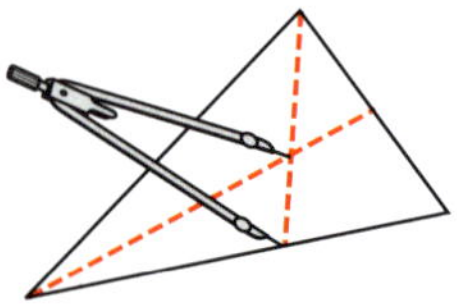
Jens möchte mit dem Zirkel den Radius des Inkreises abgreifen. Was macht er falsch?

5
a) Konstruiere ein Dreieck ABC mit $a = 7{,}5\,\text{cm}$; $b = 10\,\text{cm}$; $c = 8{,}6\,\text{cm}$. Konstruiere den Umkreis und den Inkreis.
b) Konstruiere ein Dreieck aus $\gamma = 90°$; $b = 52\,\text{mm}$; $w_\alpha = 55\,\text{mm}$.

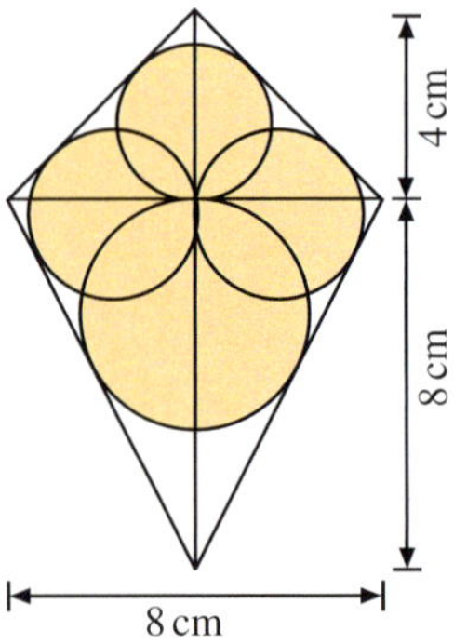

6
Konstruiere die nebenstehende Figur in deinem Heft; nutze dabei die Symmetrie aus.

7
a) Zeichne drei Geraden g, h und k so, dass es keinen Punkt gibt, der von g, h und k den gleichen Abstand hat.
b) Zeichne zwei parallele Geraden g und h und eine Gerade k, die g und h schneidet. Konstruiere alle Punkte, die von g, h und k den gleichen Abstand besitzen. Wie viele solche Punkte gibt es?

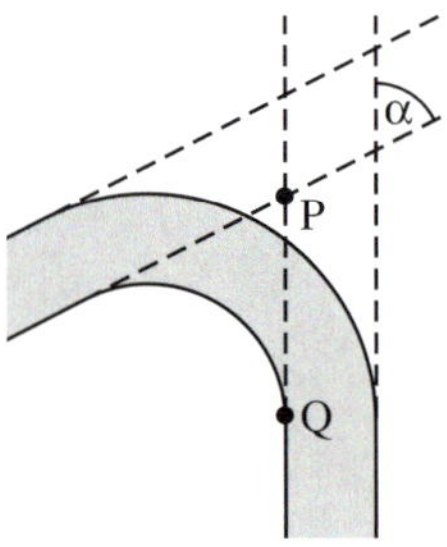

8
Die Straße (vgl. Randspalte) macht eine kreisförmige Kurve; sie ist 22 m breit. Der Winkel α ist 63° groß, die Punkte P und Q sind 70 m voneinander entfernt.
Konstruiere im Maßstab 1:1000 den Kreismittelpunkt.
Wie groß sind die beiden Kreisradien?

9

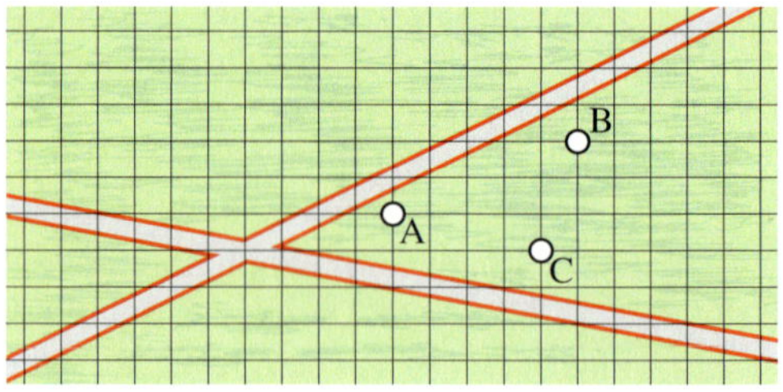

An den Standort eines neu zu errichtenden Auslieferungslagers werden die folgenden Bedingungen gestellt: Er soll von den Orten A, B, C jeweils höchstens 3 km entfernt sein. Der Abstand zu den beiden Straßen soll gleich sein. Ermittle durch Zeichnung mögliche Standorte (2 Kästchen ≙ 1 km).

10
Ein Tischtennisball (Durchmesser 40 mm) liegt in einer symmetrischen Rinne. Die Figur zeigt die Situation im Querschnitt. Ermittle durch eine Konstruktion, wie weit der tiefste Punkt des Balls vom Boden der Rinne entfernt ist.
Beschreibe und erläutere dein Vorgehen.

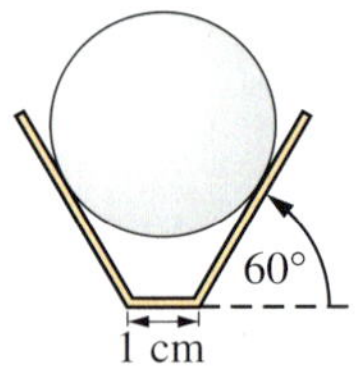

11 💻
Die Seiten des Dreiecks sind Tangenten an seinen Inkreis. Fabian behauptet: Sind der Inkreis und die Ecke B vorgegeben, so gibt es unendlich viele Dreiecke ABC mit diesem Inkreis. Hat er Recht?
Experimentiere mit einem DGS. Welche Punkte auf dem Kreis können nicht Berührpunkte für die Seite [AC] sein?

G 12
Es ist g ∥ h.
$\alpha = 77°$,
$\beta = 118°$.
Berechne ε.
Begründe deine Schritte.
Bestimme den Flächeninhalt der gelben Fläche möglichst genau.

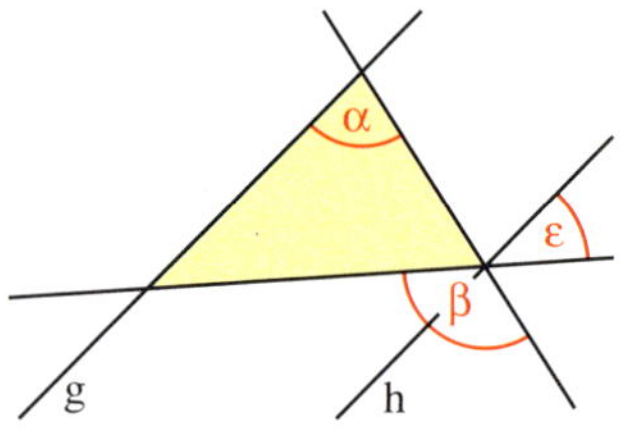

3 Höhen

Claudias Einladungskarte

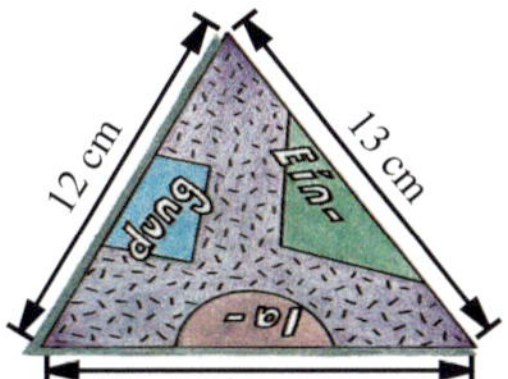

1

Claudia feiert bald Geburtstag. Sie hat für ihre Feier dreieckige Einladungskarten gebastelt. Kann sie normale Briefumschläge im Format C 6 mit den Maßen 162 mm x 114 mm zum Verschicken ihrer Einladungen verwenden?

2 💻

Zeichne mit einem DGS ein beliebiges Dreieck und die Höhen. Verändere die Form des Dreiecks und betrachte wiederum die Höhen. Was beobachtest du?

In jedem Dreieck gibt es drei **Höhen**. Fällt man z. B. vom Eckpunkt A das Lot auf die gegenüberliegende Seite a (oder deren Verlängerung), dann erhält man den Lotfußpunkt L. Die Strecke [AL] nennt man Höhe h_a. Entsprechend erhält man die Höhen h_b und h_c.

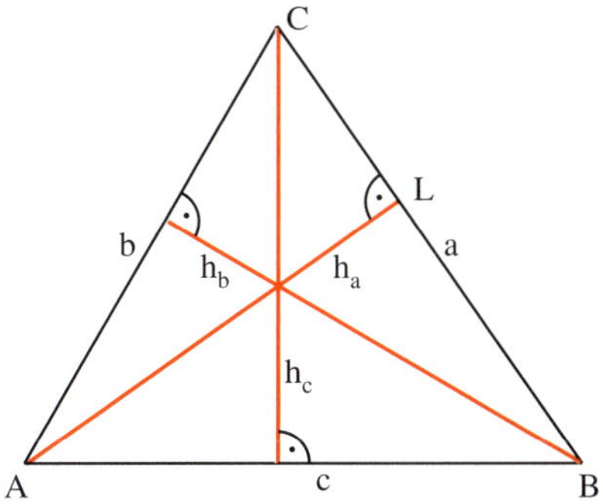

Bei jedem Dreieck schneiden sich die Höhen (oder deren Verlängerungen) in einem Punkt, denn:
Zeichnet man zu einem Dreieck ABC zu jeder Seite eine Parallele durch die gegenüberliegende Ecke, so erhält man ein neues Dreieck A′B′C′.
In diesem Dreieck A′B′C′ sind A, B und C die Seitenmitten (man hat nämlich vier zueinander kongruente Dreiecke).
Die Höhen des Dreiecks ABC liegen deshalb auf den Mittelsenkrechten des Dreiecks A′B′C′. Diese Mittelsenkrechten schneiden sich in einem Punkt (vgl. S. 168).

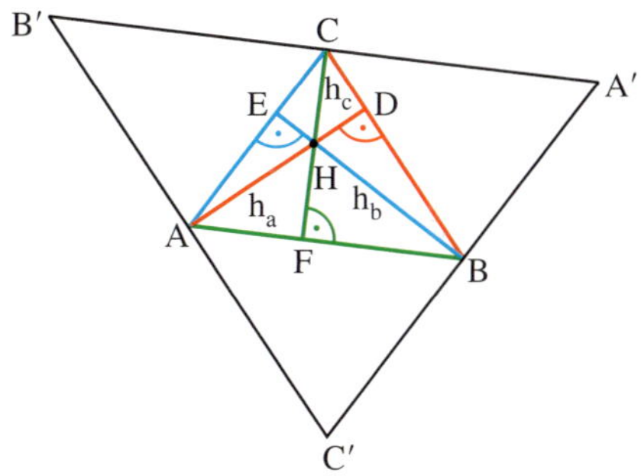

Es ist z. B.
Δ A′CB ≅ Δ ABC (WSW)

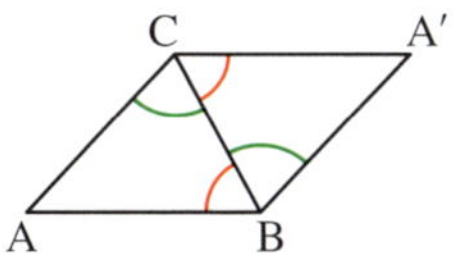

(Wechselwinkel an parallelen Geraden)

Satz von den Höhen im Dreieck:
In jedem Dreieck schneiden sich die drei Höhen (oder deren Verlängerungen) in einem Punkt.

Höhen in einem spitzwinkligen Dreieck: siehe Figur oben rechts

Höhen in einem rechtwinkligen Dreieck:

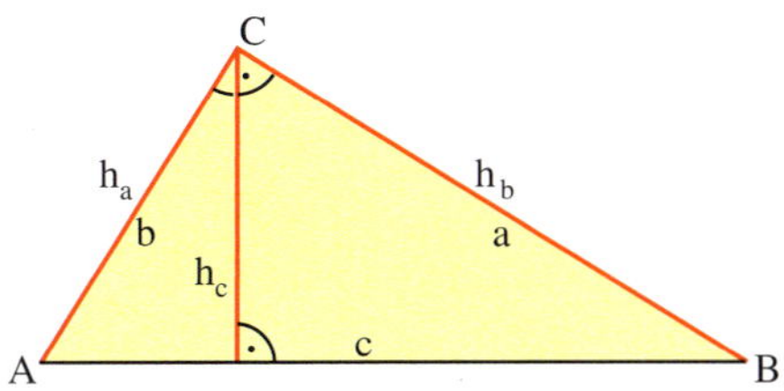

Höhen in einem stumpfwinkligen Dreieck:

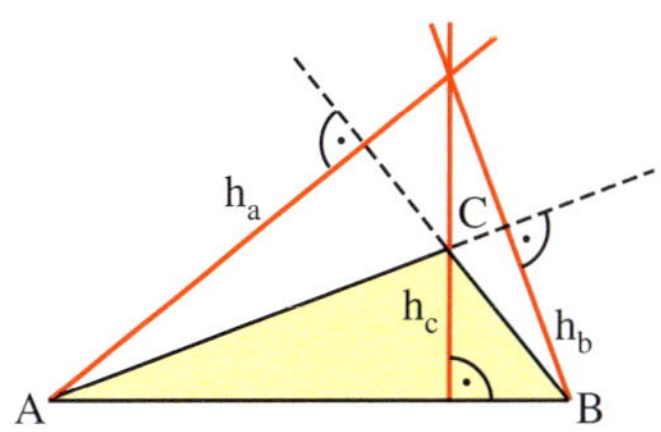

Beispiel

a) Konstruiere das Dreieck ABC mit $c = 3\,\text{cm}$, $\alpha = 25°$, $h_c = 2{,}5\,\text{cm}$.

b) Wie groß ist sein Flächeninhalt?

Lösung:

Planfigur:

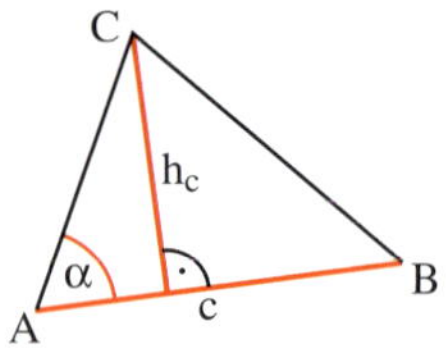

Auch wenn sich die Planfigur von der Konstruktion erheblich unterscheidet, ist sie hilfreich.

a) Konstruktionsplan:

(1) A und B sind durch $\overline{AB} = c$ gegeben.

(2) C liegt 1. auf der Parallelen zu AB im Abstand h_c
2. auf dem freien Schenkel des Winkels α, in A an AB angetragen.

b) Flächeninhalt: $A = \frac{1}{2} \cdot c \cdot h_c$

$= \frac{1}{2} \cdot 3\,\text{cm} \cdot 2{,}5\,\text{cm}$

$= 3{,}75\,\text{cm}^2$

Konstruktion:

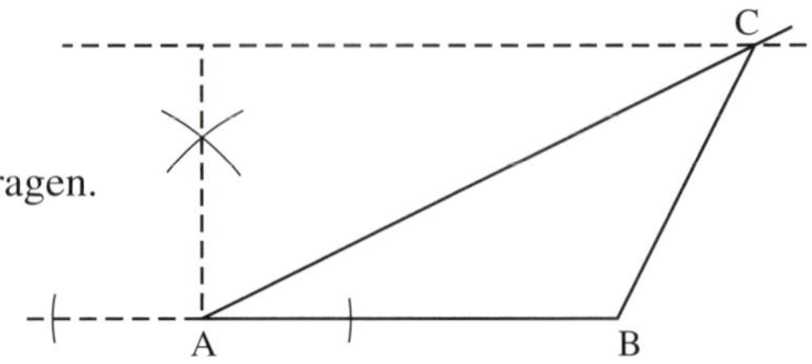

Aufgaben

Lösungssalat zu 3:

3

Konstruiere ein Dreieck ABC und die angegebene Höhe. Miss ihre Länge und berechne den Flächeninhalt des Dreiecks.

a) $a = 45\,\text{mm}$; $b = 5{,}6\,\text{cm}$; $\gamma = 65°$ (h_c)

b) $b = 3{,}8\,\text{cm}$; $\alpha = 25°$; $\gamma = 66°$ (h_b)

c) $c = 7\,\text{cm}$; $a = 5\,\text{cm}$; $\alpha = 35°$ (h_b)

d) $a = 4\,\text{cm}$; $b = 5\,\text{cm}$; $c = 3\,\text{cm}$ (h_a)

4

Trage die Punkte $A(3|1)$, $B(9|4)$ und $C(2|6)$ in ein Koordinatensystem ein. Konstruiere den Höhenschnittpunkt des Dreiecks ABC und lies seine Koordinaten ab.

5

Konstruiere ein Dreieck ABC; fertige Planfigur und Konstruktionsplan an.

a) $a = 4\,\text{cm}$; $c = 4{,}5\,\text{cm}$; $h_c = 3{,}5\,\text{cm}$

b) $h_a = 4\,\text{cm}$; $c = 4{,}2\,\text{cm}$; $a = 3{,}4\,\text{cm}$

c) $b = 3{,}8\,\text{cm}$; $h_c = 3\,\text{cm}$; $\beta = 28°$

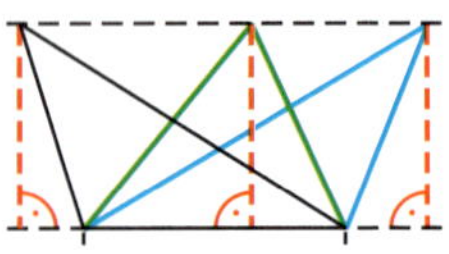

6

Die gezeichneten Dreiecke sind nicht kongruent. Warum ist ihr Flächeninhalt gleich?

7

Zeichne das Dreieck ABC in ein Koordinatensystem (1 LE = 1 cm). Berechne den Flächeninhalt des Dreiecks, indem du jeweils Seite und zugehörige Höhe geschickt wählst.

a) $A(2|0)$, $B(7|0)$, $C(3|4)$

b) $A(0|1)$, $B(6|1)$, $C(8|-3)$

c) $A(-3|-2)$, $B(0|-5)$, $C(-3|-7)$

8

Ein Dreieck ABC hat die Seiten $a = 4\,\text{cm}$; $b = 5\,\text{cm}$; $c = 4{,}5\,\text{cm}$.

a) Konstruiere dazu ein Dreieck A′B′C′ mit $a' = 4{,}8\,\text{cm}$ und $b = b'$, das den gleichen Flächeninhalt hat wie das Dreieck ABC.

b) Konstruiere ein gleichschenkliges Dreieck, das zum Dreieck ABC flächeninhaltsgleich ist.

Erläutere jeweils dein Vorgehen.

9

Zeichne ein Dreieck ABC, in dem die Höhe h_c mit der Seite a zusammenfällt, und vergleiche mit deinem Nachbarn.

10

Im Bild ist M die Mitte von [AC]. Beweise mit Hilfe eines Kongruenzsatzes: Die Höhen h_a und h_c sind gleich lang.

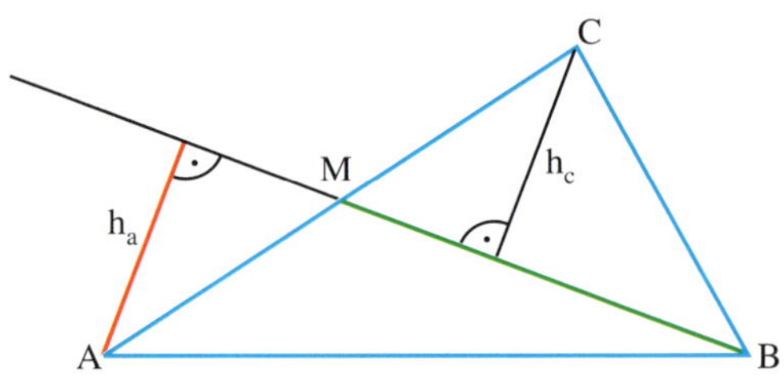

G 11

Fasse so weit wie möglich zusammen.

a) $2a^2 \cdot 3b + 3a^3b + 5bc^2 - a^2b - 2c \cdot 1{,}5bc$

b) $7{,}4 - 5{,}4 \cdot a^2 + a^2 \cdot 60\,\% + 2 \cdot (3a^2 - 4)$

c) $(2k - 3)(2 + k) - (k - 1) \cdot k$

*4 Seitenhalbierende

So kannst du ein Dreieck aus Pappe, Holz usw. im Gleichgewicht halten:

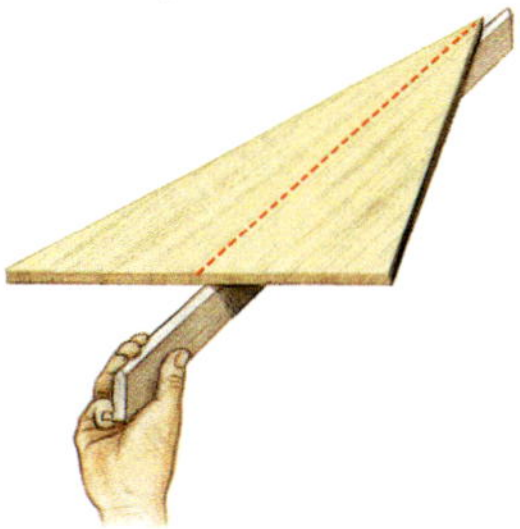

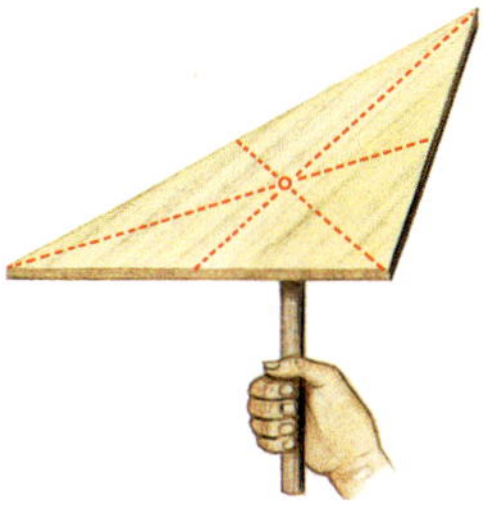

Der Auflagepunkt heißt Schwerpunkt.

1
Schneide aus einem Stück Pappe ein Dreieck aus.
Hänge das Dreieck und ein Lot (Faden mit Gewicht) nacheinander an jeder Ecke drehbar auf.

a) Zeichne jeweils den Verlauf des Fadens in das Dreieck ein.
b) Wo schneiden die eingezeichneten Linien die Dreiecksseiten?
c) Was fällt dir sonst noch auf?

In jedem Dreieck gibt es drei **Seitenhalbierende**. Jede Seitenhalbierende ist die Verbindungsstrecke einer Seitenmitte mit der ihr gegenüberliegenden Ecke.
Die Seitenhalbierenden der Seiten a, b, c bezeichnet man mit s_a, s_b, s_c.
Sie schneiden sich in einem Punkt, der stets innerhalb des Dreiecks liegt. (Auf eine Begründung, die mit Hilfe der Kongruenz von Teildreiecken geführt werden kann, verzichten wir an dieser Stelle.)

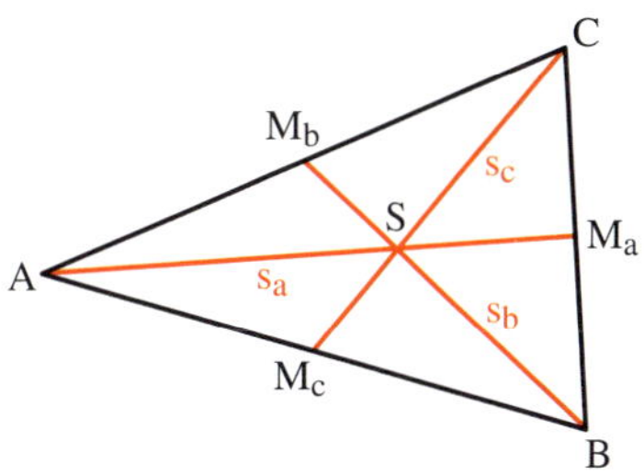

> In jedem Dreieck schneiden sich die **Seitenhalbierenden** in einem Punkt.
> Diesen Punkt nennt man auch **Schwerpunkt** des Dreiecks.

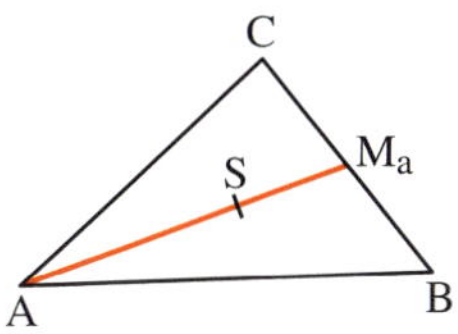

Prüfe die Beziehung an verschiedenen Dreiecken z. B. mit einem DGS nach (Anregungen zum Vorgehen gibt das Thema auf S. 184).

Die oben angesprochene Begründung für den gemeinsamen Schnittpunkt der Seitenhalbierenden liefert auch noch folgende Beziehung: Der Schwerpunkt S des Dreiecks zerlegt jede Seitenhalbierende in zwei Strecken, von denen eine (von S zur Ecke) doppelt so lang ist wie die andere (von S zur Seitenmitte), also z. B. $\overline{AS} = 2 \cdot \overline{SM_a}$ (siehe Randspalte).

Beispiel 1
Zeige: Das Dreieck ABC wird durch die Seitenhalbierende s_c in zwei flächengleiche Teildreiecke zerlegt.
Lösung:
Da der Punkt M Mittelpunkt der Seite [AB] ist, gilt $\overline{AM} = \overline{MB}$.
Das Dreieck AMC und das Dreieck MBC haben bezüglich der Seite [AM] bzw. der Seite [MB] dieselbe Höhe h_c.
Die Dreiecke haben daher den gleichen Flächeninhalt, da $A = \frac{1}{2} \cdot \overline{AM} \cdot h_c = \frac{1}{2} \cdot \overline{MB} \cdot h_c$ gilt.

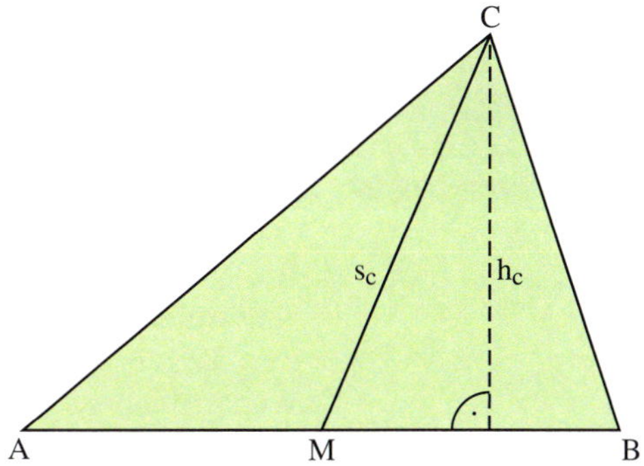

Beispiel 2

Konstruiere ein Dreieck ABC mit
$a = 2{,}4\,\text{cm}$, $b = 2\,\text{cm}$ und $s_a = 2{,}6\,\text{cm}$.

Lösung:

Planfigur:

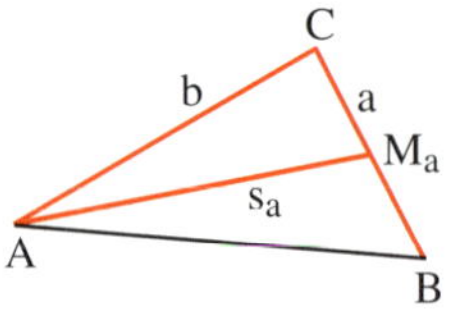

Konstruktionsplan:

(1) A und C sind durch $\overline{AC} = b$ gegeben.

(2) M_a liegt 1. auf dem Kreis $k\left(C; \frac{a}{2}\right)$
2. auf dem Kreis $k(A; s_a)$

(3) B liegt 1. auf CM_a
2. auf dem Kreis $k(C; a)$

Konstruktion:

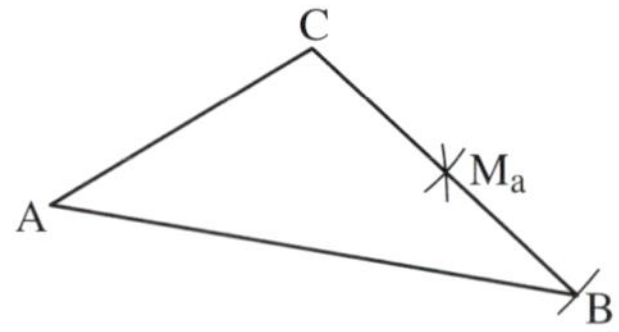

Aufgaben

Im 16. Jahrhundert erklärte der Niederländer Simon Stevin (1548–1620) die Seitenhalbierende eines Dreiecks als Gleichgewichtsachse mit Hilfe der folgenden Figur:

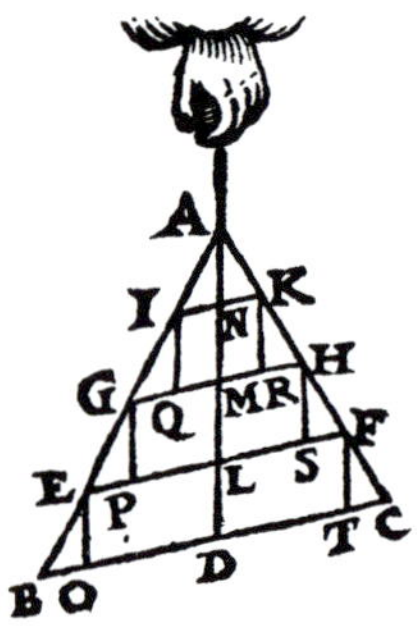

Simon Stevin

2

Konstruiere aus den folgenden Stücken ein Dreieck ABC und alle seine Seitenhalbierenden.

a) $a = 6{,}4\,\text{cm}$; $\overline{AB} = 48\,\text{mm}$; $\beta = 62°$
b) $b = 5{,}9\,\text{cm}$; $\alpha = \gamma = 60°$
c) $c = 7\,\text{cm}$; $\gamma = 82°$; $b = 4{,}5\,\text{cm}$

3

Konstruiere ein Dreieck ABC.

a) $a = 7\,\text{cm}$; $c = 6{,}4\,\text{cm}$; $s_c = 5\,\text{cm}$
b) $a = 4\,\text{cm}$; $b = 5\,\text{cm}$; $s_b = 4{,}3\,\text{cm}$
c) $a = 3\,\text{cm}$; $\gamma = 70°$; $s_b = 3{,}4\,\text{cm}$
d) $c = 6{,}6\,\text{cm}$; $\alpha = 61°$; $s_b = 5{,}8\,\text{cm}$
e) $c = 6\,\text{cm}$; $\alpha = 49°$; $s_c = 5{,}4\,\text{cm}$
f) $b = 7{,}2\,\text{cm}$; $\gamma = 92°$; $s_b = 5{,}8\,\text{cm}$

4

Konstruiere ein gleichschenkliges Dreieck ABC (Basis [AB]) mit:

a) $c = 4{,}2\,\text{cm}$; $s_c = 5{,}0\,\text{cm}$,
b) $s_b = 4{,}7\,\text{cm}$; $a = 7{,}0\,\text{cm}$.

5

Für welche Art Dreieck gilt Folgendes?

a) Genau zwei der Seitenhalbierenden sind gleich lang.
b) Genau eine Seitenhalbierende ist zugleich Winkelhalbierende.
c) Alle Seitenhalbierenden verlaufen senkrecht zu den Dreiecksseiten.

6

Konstruiere eine Dreieck ABC mit
$c = \frac{3}{4}\,\text{dm}$, $b = 9{,}0\,\text{cm}$ und $s_b = 5{,}5\,\text{cm}$.
Wie lang muss s_b mindestens sein, damit das Dreieck konstruierbar ist?

7

In dem Parallelogramm ABCD sind E und F die Mitten der Seiten [BC] und [CD].
Beweise: [AE] und [AF] teilen die Diagonale [BD] in drei gleich lange Teile.

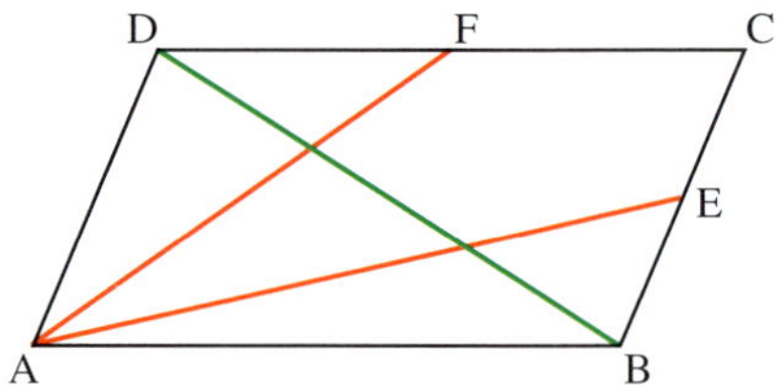

8

Denke dir die Dreiecke aus einer dicken Spanplatte ausgesägt. Wenn man sie auf eine Tischplatte stellt, wird Dreieck (1) stehen bleiben, Dreieck (3) dagegen um die Ecke B nach rechts kippen.
Kippt das Dreieck (2) nach rechts oder nicht? Begründe deine Vorhersage.

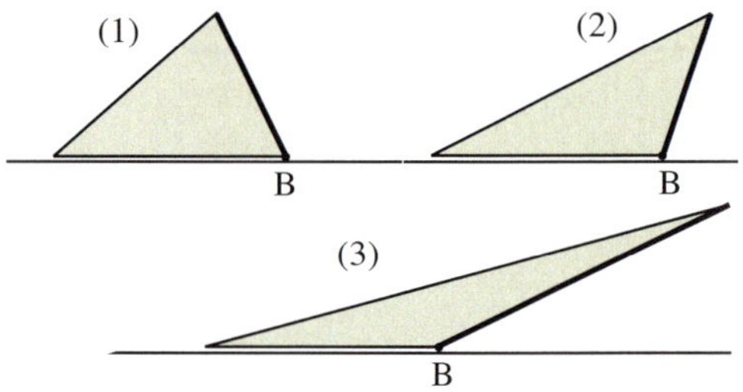

G 9

Ein rechteckiges Grundstück hat einen Umfang von 200 m. Ein anderes rechteckiges Grundstück hat denselben Flächeninhalt, ist aber 20 m kürzer und 30 m breiter. Bestimme die Seitenlängen der Grundstücke.

5 Besondere Dreieckskonstruktionen

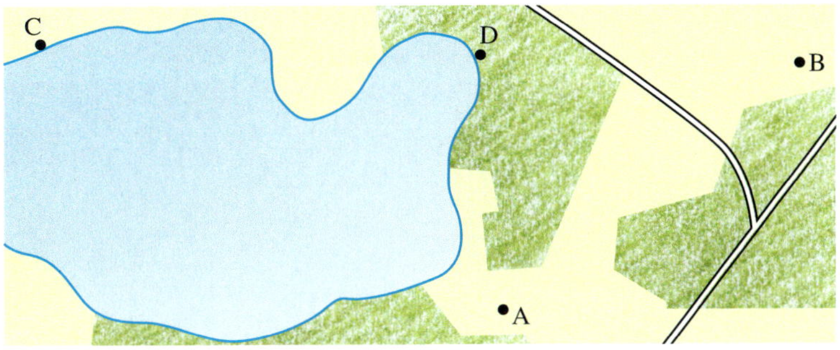

1
Ein Landvermesser muss den Abstand der Seeufer in den Punkten C und D bestimmen. Aus früheren Messungen weiß er: Der Punkt C liegt auf der Verlängerung der Strecke [BD], D ist von A 3 km und B ist von A 4,5 km entfernt. Der Winkel ∢ BAC beträgt 110° und wird von AD halbiert. Wie kann der Landvermesser aus diesen Angaben die Entfernung $\overline{CD}$ ermitteln?

Im Folgenden werden Dreiecke aus verschiedenen Bestimmungsstücken (Seiten, Winkeln, Höhen, Winkelhalbierenden, Umkreisradius r) mit Zirkel und Lineal konstruiert.

Ein Dreieck ABC soll aus den gegebenen Stücken $a = 4{,}0\,cm$; $h_a = 5{,}0\,cm$ und Umkreisradius $r = 3{,}0\,cm$ konstruiert werden.

Tipp:
In der Planfigur ist es hilfreich, die gegebenen Stücke farbig zu kennzeichnen.

Wir beginnen die **Planfigur** geschickterweise mit dem Zeichnen des Umkreises, da dessen Radius gegeben ist. Seinen Mittelpunkt bezeichnen wir mit U; er ist ein Hilfspunkt für die Konstruktion.

Planfigur:

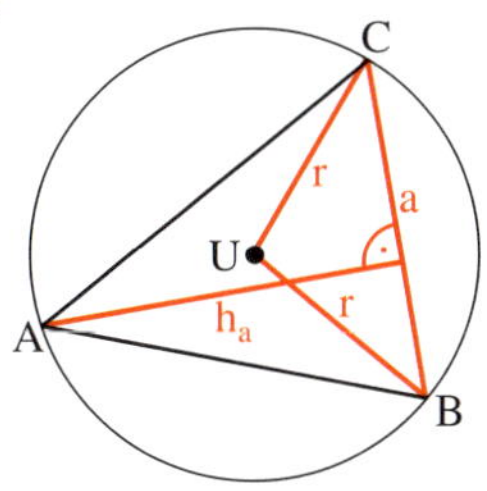

Erinnerung:
Der Konstruktionsplan gibt an, wie die Punkte der Reihe nach gefunden werden.

Konstruktionsplan:
Wir können zunächst das Teildreieck UBC konstruieren, da dessen Seiten bekannt sind.
(1) B und C sind durch $\overline{BC} = a$ gegeben.
(2) U liegt: 1. auf dem Kreis k (B; r)
2. auf dem Kreis k (C; r)
(3) A liegt: 1. auf dem Kreis k (U; r)
2. auf der Parallelen zu BC mit Abstand h_a.

Konstruktion:

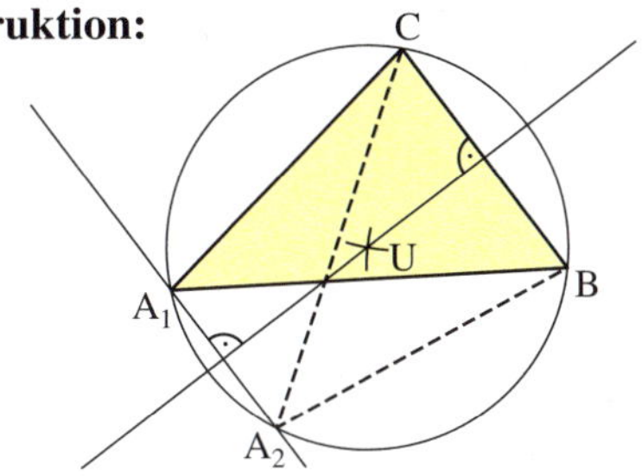

Bemerkung
Die entstandenen Dreiecke A_1BC und A_2BC sind kongruent, da sie bezüglich der Mittelsenkrechten von [BC] spiegelbildlich liegen.

Viele Dreieckskonstruktionen müssen mit der Konstruktion eines Teildreiecks begonnen werden, das dann zum gesuchten Dreieck ergänzt werden kann. Bei diesen Dreieckskonstruktionen besteht die Aufgabe zunächst darin, ein geeignetes, konstruierbares Teildreieck zu finden. Dazu überlegt man, wie mit Hilfe einer „einfachen Dreieckskonstruktion" ein Teildreieck aus den gegebenen Stücken konstruiert werden kann. Unter einer „einfachen Dreieckskonstruktion" versteht man eine Konstruktion aus z. B. drei Seiten, zwei Seiten und einem Winkel, einer Seite und zwei Winkeln oder eine Konstruktion mit Hilfe des Satzes von Thales.

Beispiel 1

Konstruiere ein Dreieck ABC aus $\beta = 30°$, $h_b = 4{,}0\,\text{cm}$, $w_\beta = 4{,}5\,\text{cm}$. Ist die Lösung eindeutig?

Lösung:

Planfigur:

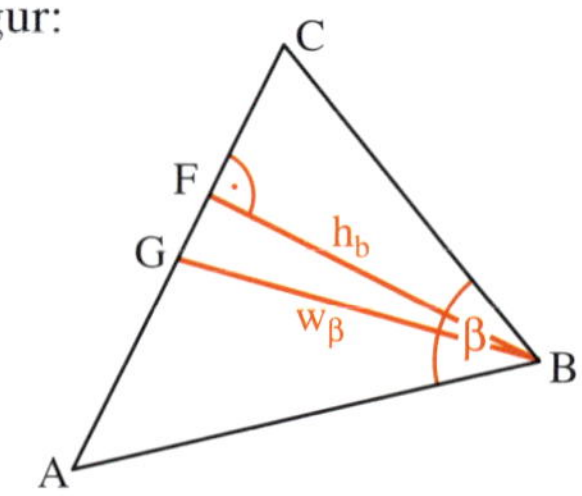

Konstruktion:

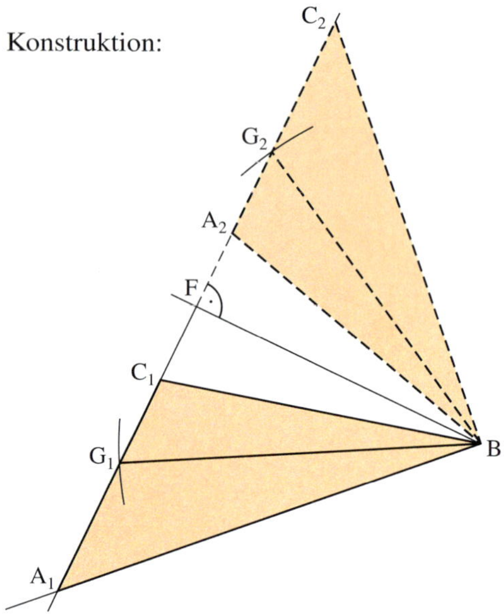

Konstruktionsplan:

Zuerst wird das Teildreieck GBF konstruiert.

(1) F und B sind durch $\overline{BF} = h_b$ gegeben.

(2) G liegt: 1. auf der Senkrechten zu h_b durch F,
2. auf dem Kreis $k(B; w_\beta)$

Der Winkel $\frac{\beta}{2}$ kann aus β mit Zirkel und Lineal konstruiert werden.

(3) A liegt: 1. auf der Geraden GF,
2. auf dem freien Schenkel des in B an BG angetragenen Winkels $\frac{\beta}{2}$.

(4) C liegt: 1. auf der Geraden GF,
2. auf dem freien Schenkel des in B an BA angetragenen Winkels β.

Die Konstruktion ist eindeutig lösbar: Die Dreiecke A_1BC_1 und A_2BC_2 sind symmetrisch bezüglich der Geraden BF, also kongruent.

Beispiel 2

Konstruiere ein Dreieck ABC aus $\alpha = 42°$, $h_b = 3{,}5\,\text{cm}$, Umkreisradius $r = 2{,}8\,\text{cm}$. Ist die Lösung eindeutig?

Lösung:

Planfigur:

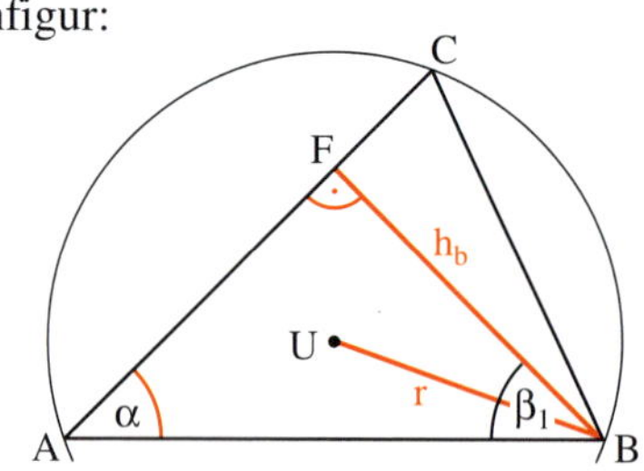

Konstruktion:

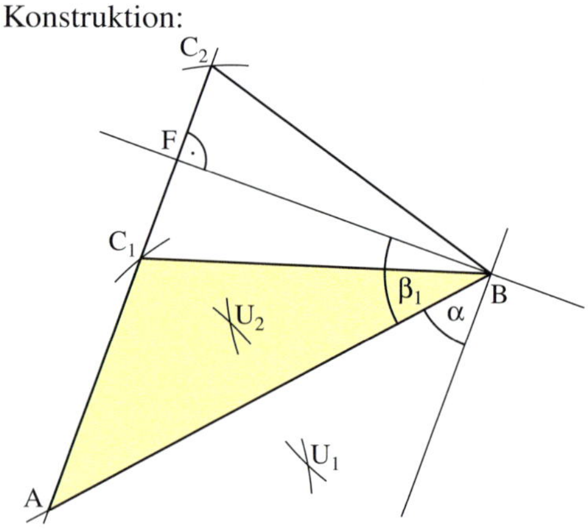

Konstruktionsplan:

Zuerst wird das Teildreieck ABF konstruiert.

(1) B und F sind durch $\overline{BF} = h_b$ gegeben.

(2) A liegt:
1. auf der Senkrechten zu h_b durch F,
2. auf dem freien Schenkel von $\beta_1 = 90° - \alpha$ in B an BF angetragen.

Der Winkel β_1 kann mit Zirkel und Lineal konstruiert werden.

(3) U liegt: 1. auf dem Kreis $k(A; r)$,
2. auf dem Kreis $k(B; r)$.

(4) C liegt: 1. auf der Geraden AF,
2. auf dem Kreis $k(U; r)$.

Aus der Konstruktion geht hervor, dass zwei mögliche Umkreismittelpunkte U_1 und U_2 entstehen. Je nach Wahl von U_1 bzw. U_2 ergeben sich die nicht kongruenten Dreiecke ABC_1 und ABC_2, also zwei Lösungen.

Aufgaben

2

Konstruiere ein Dreieck ABC aus:

a) $c = 6{,}0\,\text{cm}$; $\gamma = 55°$; $h_a = 4{,}5\,\text{cm}$
b) $c = 6{,}3\,\text{cm}$; $\beta = 64°$; $w_\beta = 5{,}1\,\text{cm}$
c) $\beta = 57°$; $h_b = 6{,}3\,\text{cm}$; $h_c = 5{,}7\,\text{cm}$
d) $\gamma = 48°$; $h_a = 6{,}6\,\text{cm}$; $h_c = 8{,}3\,\text{cm}$
e) $\beta = 54°$; $h_c = 46\,\text{mm}$; $w_\gamma = 48\,\text{mm}$
f) $\gamma = 70°$; $h_a = 6{,}7\,\text{cm}$; $r = 4{,}1\,\text{cm}$
g) $b = 6{,}2\,\text{cm}$; $h_b = 4{,}0\,\text{cm}$; $r = 4{,}2\,\text{cm}$
h) $\gamma = 80°$; $h_c = 4{,}7\,\text{cm}$; $w_\gamma = 5{,}0\,\text{cm}$

Fertige jeweils eine Planfigur und den Konstruktionsplan an. Gib die fehlenden Seitenlängen und Winkelgrößen an und erkläre gegebenenfalls, warum die Lösung nicht eindeutig ist.

3

Konstruiere ein rechtwinkliges Dreieck ABC mit

a) $h_c = 4{,}0\,\text{cm}$; $w_\gamma = 4{,}3\,\text{cm}$; $\gamma = 90°$
b) $a = 8{,}4\,\text{cm}$; $h_a = 3{,}2\,\text{cm}$; $\alpha = 90°$.

4

Konstruiere ein gleichschenkliges Dreieck ABC mit

a) $\beta = 65°$; $w_\beta = 6{,}4\,\text{cm}$; $a = b$
b) $b = 5{,}2\,\text{cm}$; $r = 5{,}1\,\text{cm}$; $b = c$
c) $h_b = 7{,}0\,\text{cm}$; $r = 4{,}0\,\text{cm}$; $a = c$.

5

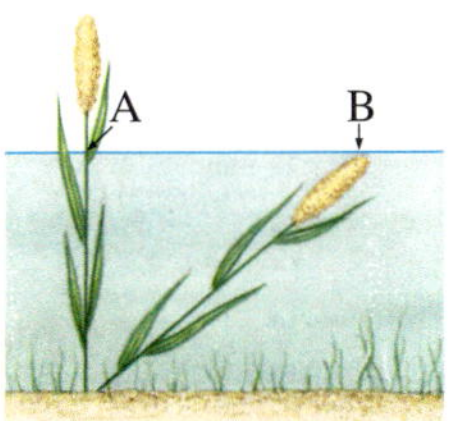

Eine 4000 Jahre alte Aufgabe aus China: In einem See steht ein Schilfrohr; es ragt 40 cm über die Wasseroberfläche hinaus. Bei einem Sturm wird das Schilfrohr so weit zur Seite gebogen, dass sich seine Spitze in der Wasseroberfläche befindet. Die Entfernung zwischen den Punkten A und B (siehe Figur) beträgt 70 cm. Wie tief ist der See an dieser Stelle? Konstruiere im Maßstab 1 : 20.

6

Ein Dreieck ABC soll aus $a = 4\,\text{cm}$, $c = 6\,\text{cm}$ und $h_c = 3\,\text{cm}$ konstruiert werden.

a) Ist die Lösung eindeutig? Begründe.
b) Untersuche, ob sich die Zahl der Lösungen verändert, wenn man die vorgegebene Länge von h_c ändert, die Länge der Seiten a und c aber beibehält.

7

An einem Sommertag wirft der Kamin auf das 28° steile Dach eines Hauses einen 2,10 m langen Schatten.

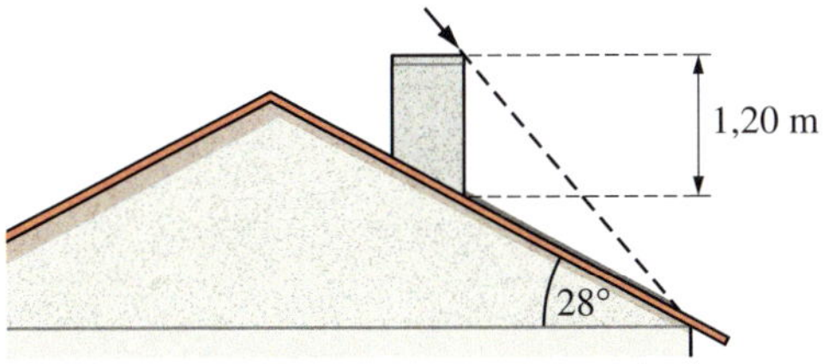

Bestimme durch eine Konstruktion im geeigneten Maßstab den Sonnenstand (Winkel zwischen Sonnenstrahl und Horizontale) zur Zeit der Beobachtung.

*8

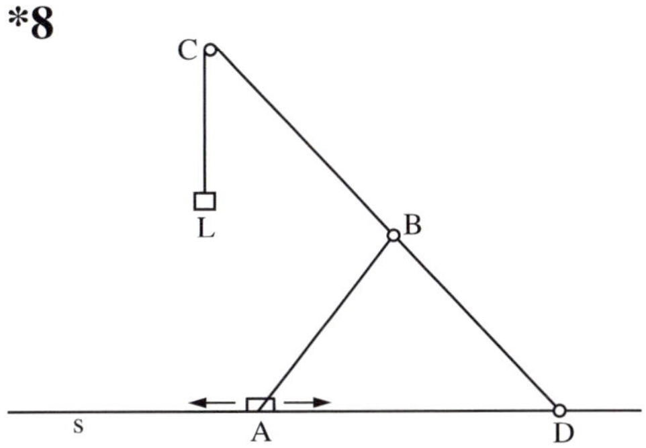

Beim Hebegerüst in der Figur ist die Strebe [DC] in D drehbar gelagert; die Strebe richtet sich auf oder neigt sich, wenn A auf der Schiene s nach rechts oder links geführt wird. Da das von D über C nach L geführte Seil seine Länge nicht ändert, hebt oder senkt sich dabei auch die Last L. Ermittle durch Konstruktion, wo sich A befindet, wenn L die Schiene berührt.

9

Ein Dreieck soll aus $r = 3\,\text{cm}$, $c = 4\,\text{cm}$ und Winkel α konstruiert werden.

a) Konstruiere zunächst für $\alpha = 30°$.
b) Untersuche z. B. mit einem DGS, für welche Winkelgrößen von α es kein oder ein Lösungsdreieck bzw. zwei Lösungsdreiecke gibt.

G 10

Schätze und berechne den Mittelwert: 123 €; 88 €; 210 €; 62 €; 101 €; 77 €.

6 Konstruktion von Vierecken

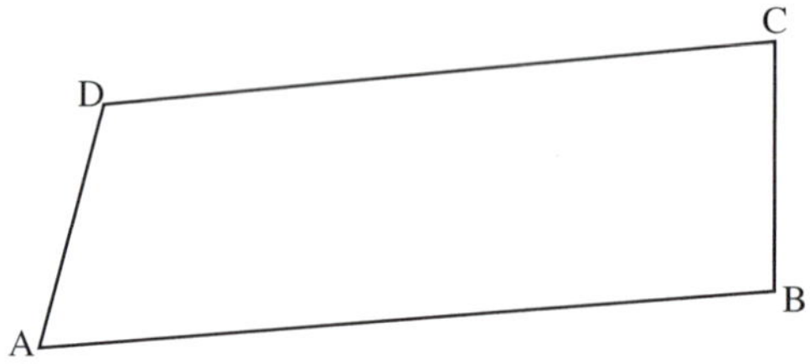

1
Zeichne ein zu dem Viereck ABCD kongruentes Viereck in dein Heft. Versuche diese Aufgabe zu lösen, indem du Seitenlängen, Winkelgrößen bzw. Diagonalenlängen des Vierecks ABCD misst. Wie viele Angaben des Vierecks ABCD brauchst du mindestens?

Ein Viereck kann durch fünf geeignete Stücke eindeutig festgelegt werden:
Eine Diagonale zerlegt das Viereck in zwei Dreiecke. Mit drei Stücken kann nach den Kongruenzsätzen eines dieser Dreiecke eindeutig festgelegt werden (vgl. Figur unten links: Dreieck ABC nach SWS). Für das zweite Dreieck benötigt man dann nur noch zwei geeignete Stücke, weil eine Seite, und zwar eine Diagonale des Vierecks, bereits festliegt. (In der linken Figur ist Dreieck ACD nach WSW eindeutig.)
Wie in der mittleren und rechten Figur erkennbar, müssen jedoch Vierecke, die in fünf oder mehr Stücken übereinstimmen, nicht immer kongruent sein; dazu müssen die fünf Stücke geeignet gewählt werden.

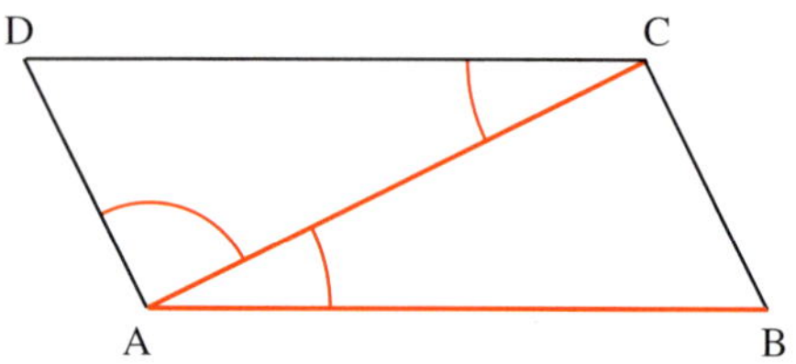

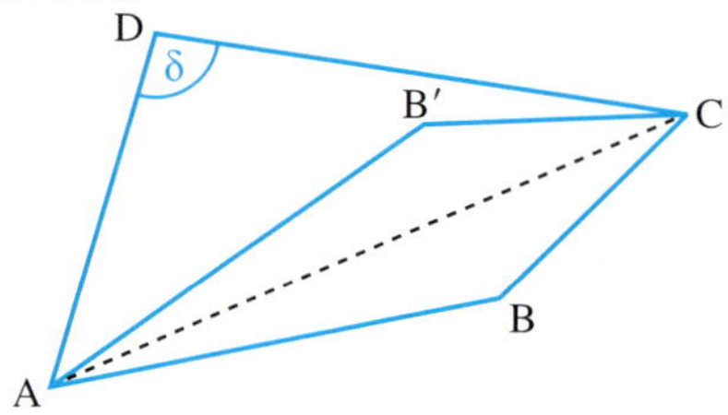

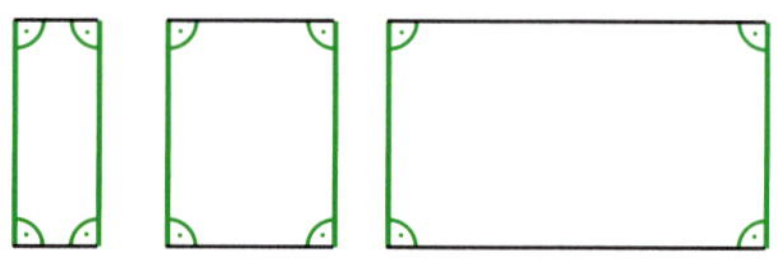

Für die **eindeutige Konstruktion** eines Vierecks müssen **fünf geeignete Stücke** (Seiten, Winkel, Diagonalen) gegeben sein.

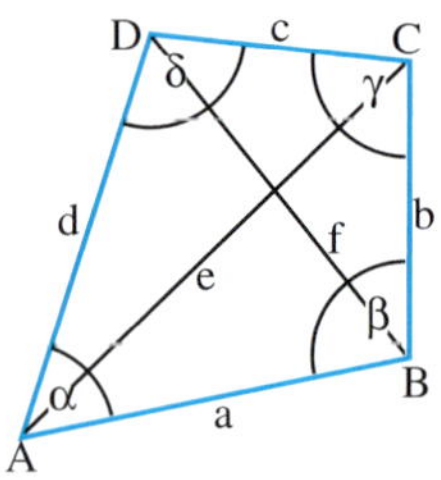

Bezeichnungen am Viereck

Beispiel 1
Konstruiere ein Viereck ABCD aus $a = 4{,}5\,\text{cm}$, $e = 6{,}0\,\text{cm}$, $f = 5{,}0\,\text{cm}$, $\alpha = 55°$, $\beta = 105°$.
Begründe, dass es eindeutig konstruierbar ist.

Lösung:
Begründung:
Das Teildreieck ABC ist aus e, a und β zu konstruieren. Da wegen $e > a$ der Winkel β der größeren Seite [AC] gegenüberliegt, ist nach dem SsW-Satz das Dreieck eindeutig festgelegt.
Durch f, a und α mit $f > a$ ist auch das Teildreieck ABD nach dem SsW-Satz eindeutig bestimmt.
Die Lösung ist also eindeutig.

Konstruktion:

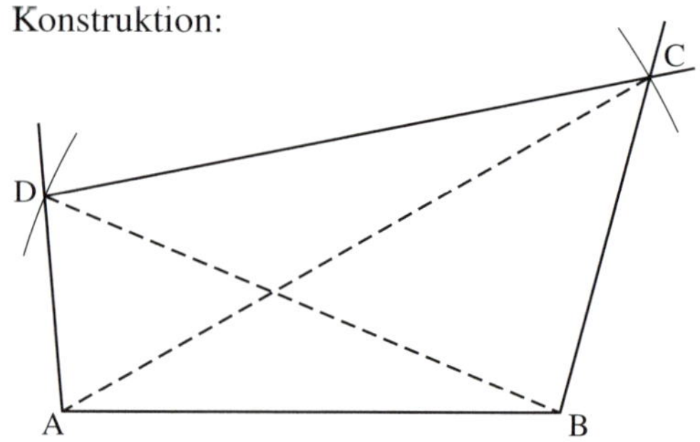

Beispiel 2

Konstruiere ein Viereck ABCD aus $b = 3{,}0\,cm$, $c = 2{,}5\,cm$, $d = 4{,}0\,cm$, $e = 5{,}5\,cm$, $\beta = 90°$.

Gibt es eine eindeutige Lösung?

Lösung:

Planfigur:

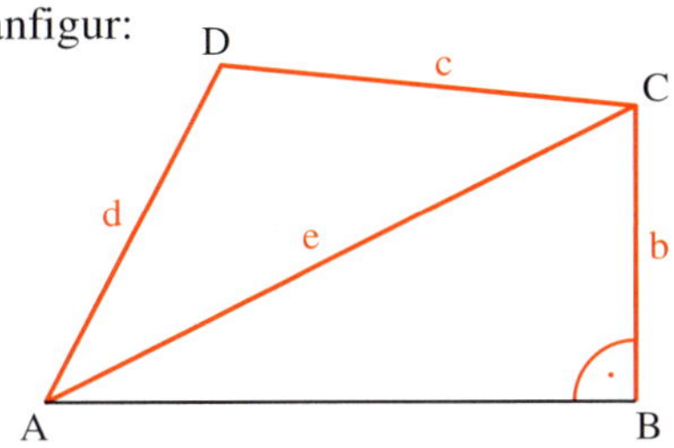

Konstruktion:

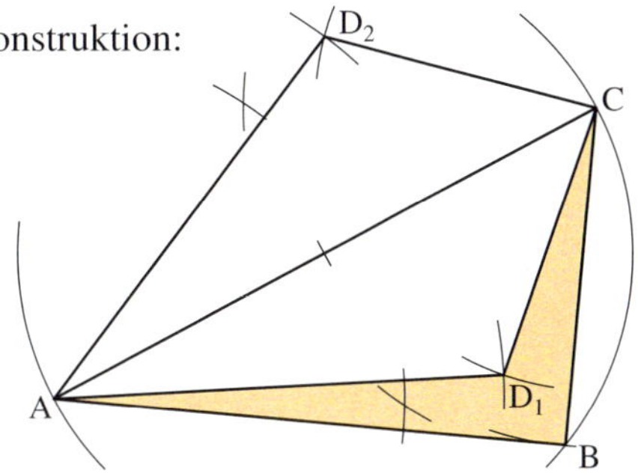

In einem Viereck kann es auch vorkommen, dass eine Diagonale außerhalb verläuft:

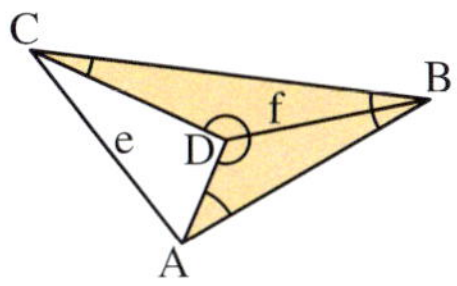

Konstruktionsplan:

Zuerst wird das Teildreieck ABC konstruiert.

(1) A und C sind durch $\overline{AC} = e$ gegeben.

(2) B liegt 1. auf dem Thaleskreis über [AC]
2. auf dem Kreis $k(C; b)$

(3) D liegt 1. auf dem Kreis $k(A; d)$
2. auf dem Kreis $k(C; c)$

Obwohl die Teildreiecke ABC und ACD nach SsW-Satz bzw. SSS-Satz eindeutig festgelegt sind, gibt es zwei nicht kongruente Lösungen.

Aufgaben

2

Konstruiere mit Planfigur und Konstruktionsplan ein Viereck ABCD aus:

a) $a = 5{,}0\,cm$; $b = 4{,}0\,cm$; $c = 3{,}5\,cm$; $e = 5{,}7\,cm$; $f = 4{,}7\,cm$

b) $b = 7{,}9\,cm$; $c = 10{,}7\,cm$; $d = 5{,}0\,cm$; $\gamma = 34°$; $\delta = 15°$

c) $a = 8{,}3\,cm$; $b = 3{,}5\,cm$; $\alpha = 40°$; $\beta = 43°$; $\gamma = 226°$

d) $a = 7\,cm$; $b = 3\,cm$; $e = 65\,mm$; $\alpha = 52°$; $\gamma = 110°$

Miss jeweils die fehlenden Stücke.

3

Konstruiere jeweils alle nicht kongruenten Vierecke ABCD mit den Maßen:

a) $a = 6{,}3\,cm$; $b = 2{,}6\,cm$; $c = 4{,}8\,cm$; $e = 6{,}2\,cm$; $\alpha = 62°$

b) $a = 7{,}8\,cm$; $b = 5{,}2\,cm$; $c = 3{,}0\,cm$; $d = 5{,}0\,cm$; $\beta = 36°$

c) $a = 7{,}2\,cm$; $b = 4{,}2\,cm$; $d = 4{,}6\,cm$; $\beta = 76°$; $\gamma = 100°$

4

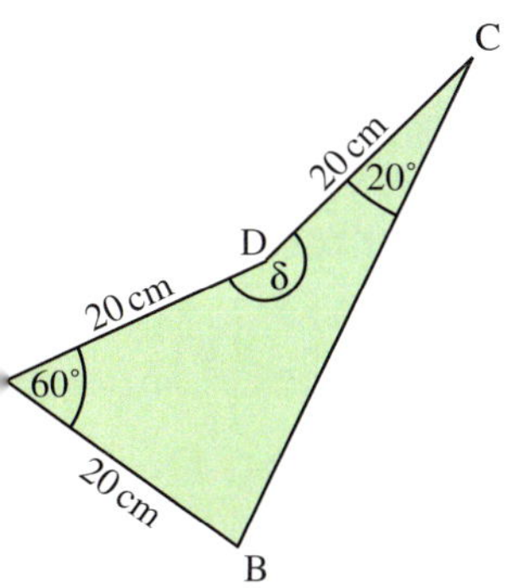

Berechne den Winkel δ des Vierecks in der nebenstehenden Figur.

Beschreibe und begründe dein Vorgehen.

5

An einem Wanderweg soll ein Unterstand gebaut werden. Der Zimmermann erhält die folgende Skizze der Seitenansicht.

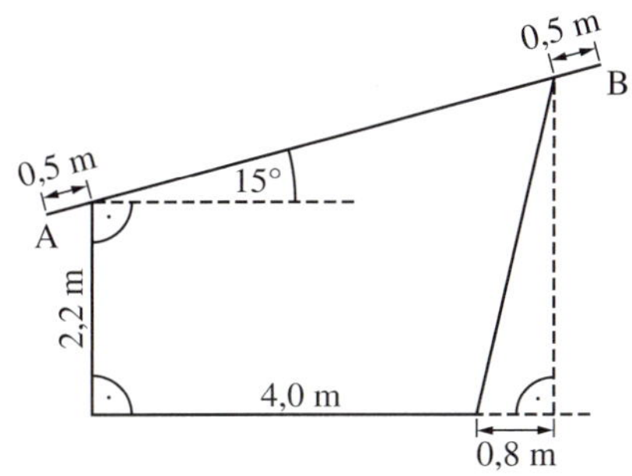

Zeichne diese Ansicht im Maßstab 1:50 und bestimme die Länge $\overline{AB}$ der Dachbalken.

6

Konstruiere ein Parallelogramm ABCD aus

a) $a = 6{,}0\,cm$; $e = 9{,}0\,cm$; $f = 4{,}6\,cm$

b) $c = 3{,}5\,cm$; $e = 4{,}2\,cm$; $\gamma = 75°$.

7

Konstruiere eine Raute ABCD aus

a) $e = 6{,}0\,cm$; $f = 4{,}0\,cm$

b) $a = 4{,}0\,cm$; $\alpha = 60°$.

8

Konstruiere ein Drachenviereck ABCD mit der Symmetrieachse BD aus

a) $a = 5{,}0\,\text{cm}$; $\alpha = 120°$; $f = 9{,}0\,\text{cm}$

b) $e = 6{,}0\,\text{cm}$; $f = 1\,\text{dm}$; $\delta = 90°$.

9

Konstruiere ein Trapez ABCD mit $a \parallel c$.

a) $a = 9{,}0\,\text{cm}$; $b = 4{,}5\,\text{cm}$; $c = 3{,}0\,\text{cm}$; $\beta = 50°$

b) $a = 11{,}0\,\text{cm}$; $b = 6{,}0\,\text{cm}$; $\delta = 75°$; $b = d$

10

Wie groß sind die Winkel in einem Viereck, wenn gilt: $\alpha = 2\beta$; $\gamma = \beta$; $\delta = 3\beta$?
Löse mit einer Gleichung.

11

Welche Stücke würdest du angeben, wenn aus möglichst wenigen gegebenen Stücken

a) ein Parallelogramm, b) eine Raute,
c) ein Drachen, d) ein Trapez

konstruiert werden soll?

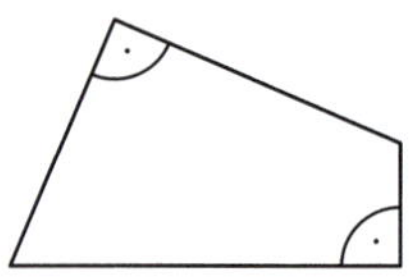

12

Begründe: Wenn in einem Viereck zwei gegenüberliegende Winkel je 90° betragen, dann liegen alle Ecken des Vierecks auf einem Kreis.

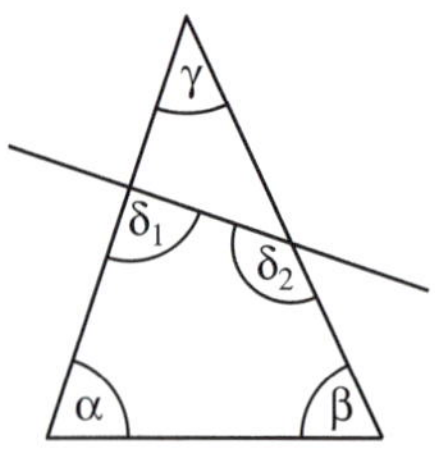

13

Für die nebenstehende Figur gilt $\beta = 65°$ und $\delta_2 = 1{,}5\,\delta_1$.

a) Berechne die übrigen Winkel, wenn $\gamma = 48°$ gegeben ist.

b) Gib einen Term an, mit dem man δ_1 in Abhängigkeit von γ berechnen kann.

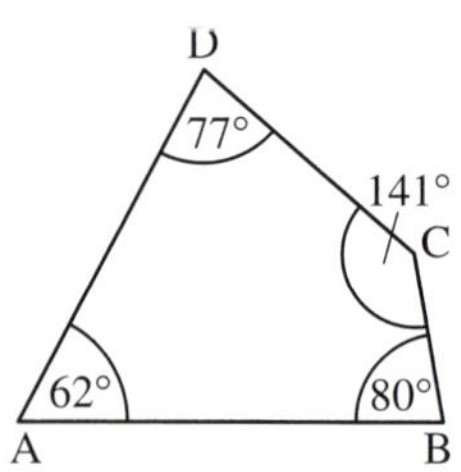

14

Für ein Viereck ABCD sind die Winkel wie in der nebenstehenden Figur sowie $a = 7\,\text{cm}$, $b = 2\,\text{cm}$, $c = 5\,\text{cm}$, $d = 6\,\text{cm}$, $e = 6{,}9\,\text{cm}$ und $f = 6{,}7\,\text{cm}$ gegeben.

a) Suche fünf geeignete Stücke heraus, durch die das Viereck eindeutig bestimmt ist.

b) Suche fünf Stücke heraus, die das Viereck nicht eindeutig bestimmen. Konstruiere für diesen Fall die nicht kongruenten Vierecke.
Vergleiche mit deinem Nachbarn.

15

Wie viele nicht kongruente Vierecke ABCD gibt es mit:

a) $a = 7{,}0\,\text{cm}$; $b = 3{,}6\,\text{cm}$; $c = 1{,}6\,\text{cm}$; $f = 4{,}5\,\text{cm}$; $\alpha = 35°$

b) $a = 7{,}5\,\text{cm}$; $c = 3{,}4\,\text{cm}$; $d = 3{,}5\,\text{cm}$; $e = 4{,}5\,\text{cm}$; $\beta = 36°$

c) $a = 6{,}0\,\text{cm}$; $c = 29\,\text{mm}$; $d = 2{,}5\,\text{cm}$; $e = 4{,}0\,\text{cm}$; $\beta = 50°$?

16

Im Gelenkviereck ABCD der gezeichneten Figur ist die Stange [AB] fest auf die Unterlage montiert; A, B, C, D sind Drehgelenke.

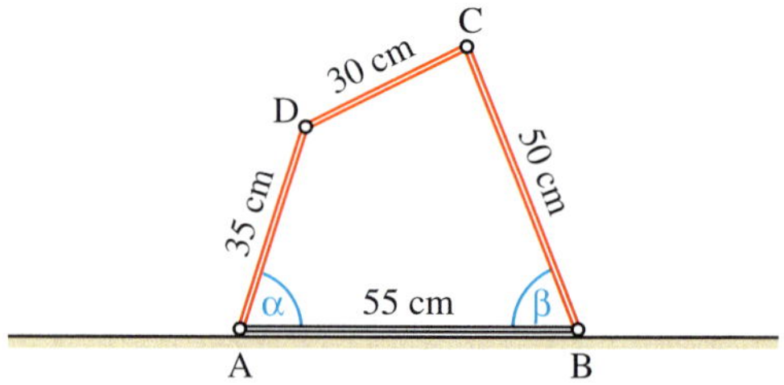

a) Bestimme mit Hilfe einer Konstruktion, wie groß α (β) höchstens werden kann.

b) Bei welcher Größe von α entsteht bei D ein rechter Winkel? Konstruiere das Gelenkviereck in dieser Stellung.

c) Konstruiere die Stellung des Gelenkvierecks, bei der [CD] parallel zu [AB] ist.

Hinweis: Die Aufgabe lässt sich auch gut mit einem DGS bearbeiten.

17

Konstruiere (mit Planfigur und Konstruktionsplan) ein Parallelogramm aus

a) $a = 6{,}0\,\text{cm}$; $e = 5{,}0\,\text{cm}$; $h_a = 4{,}5\,\text{cm}$

b) $e = 4{,}0\,\text{cm}$; $f = 5{,}0\,\text{cm}$; $h_a = 2{,}5\,\text{cm}$.

Untersuche jeweils, wie sich die Zahl der Lösungen ändert, wenn die Länge von h_a verändert wird.

G 18

Wo ist der gelbe Anteil größer?

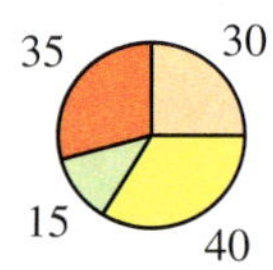

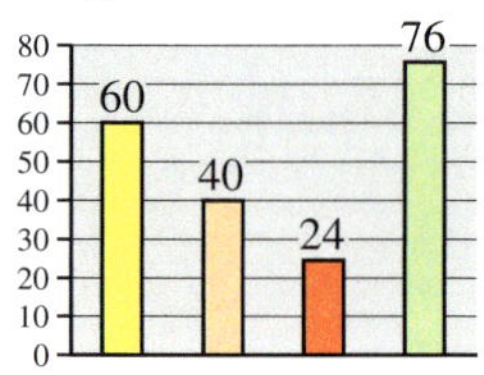

Thema:

Wir „beweisen“: Jedes Dreieck ist gleichschenklig.

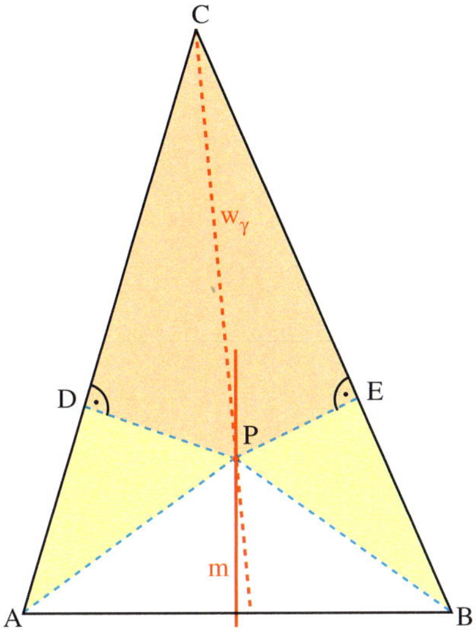

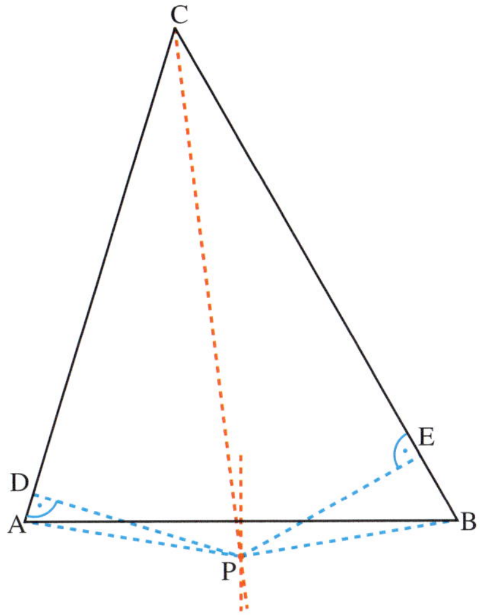

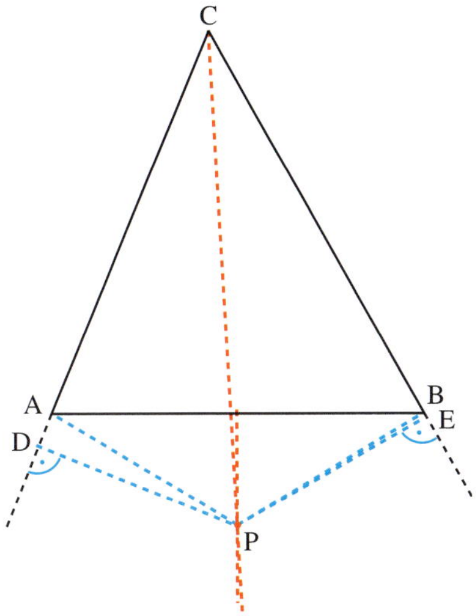

Zum „Beweis“ betrachten wir die linke Figur. In einem beliebigen Dreieck ABC schneiden sich die Winkelhalbierende von γ und die Mittelsenkrechte m von [AB] in P. Die Punkte D und E sind die Fußpunkte der Lote von P auf die Seiten [AC] und [BC].

1

a) In welchen Stücken stimmen die Dreiecke PCD und PEC überein? Was folgt also für diese Dreiecke?
b) Untersuche entsprechend die Dreiecke APD und BEP.
c) Welcher letzte Schritt fehlt noch zum „Beweis“ unserer Behauptung?

Geht man den „Beweis“ noch einmal durch, so entdeckt man keinen Fehler in den Überlegungen zur Kongruenz der Dreiecke. Aber: Schneiden sich überhaupt die Winkelhalbierende und die Mittelsenkrechte? Doch, dies ist der Fall! Denn wenn kein Schnittpunkt P existieren würde, so wären w_γ und m parallel. Dann würde also auch die Winkelhalbierende senkrecht auf AB stehen. Dies ist aber nur bei gleichschenkligen Dreiecken möglich. Der Fehler muss also woanders liegen.

Vielleicht liegt der Schnittpunkt P gar nicht innerhalb des Dreiecks. Richtig! Zeichnen wir verschiedene nicht gleichschenklige Dreiecke, stellen wir fest, dass der Schnittpunkt P der Winkelhalbierenden von γ und der Mittelsenkrechten m von [AB] immer außerhalb des Dreiecks liegt. Wir fertigen also eine neue Zeichnung an, in der P außerhalb des Dreiecks liegt (mittlere Figur).

2

Führe die Gedankengänge aus Aufgabe 1 anhand der mittleren Figur durch. Klappt der „Beweis“ auch jetzt?
Könnte es nicht sein, dass die Lote die Dreiecksseiten nicht innerhalb, sondern außerhalb treffen (rechte Figur)?

3

Führe anhand der rechten Figur erneut den „Beweis“ durch. Wie muss der Gedankengang aus Teilaufgabe 1 c) geändert werden?

4

Zeichne selbst ein nicht gleichschenkliges Dreieck. Konstruiere die Winkelhalbierende von γ und die Mittelsenkrechte m von [AB]. Wo steckt der Fehler?

Besondere Punkte und Linien mit dem DGS entdecken

Durch die Möglichkeit, mit dem DGS eine Figur nachträglich variieren zu können, kann man besondere Eigenschaften von Figuren entdecken. Zusätzlich kann man auch die Bewegung eines bestimmten Punktes – seine Spur – beobachten und aufzeichnen.

Die Verbindungsstrecke einer Seitenmitte mit der gegenüberliegenden Ecke nennt man ***Seitenhalbierende*** *des Dreiecks. Der Schnittpunkt der Seitenhalbierenden ist der* ***Schwerpunkt*** *S.*

Beispiel
Wir konstruieren für ein beliebiges Dreieck ABC die Mittelpunkte der drei Seiten und verbinden diese jeweils mit der gegenüberliegenden Ecke.
Verändern wir das Dreieck, so erkennen wir, dass sich diese drei Strecken immer in einem Punkt schneiden.

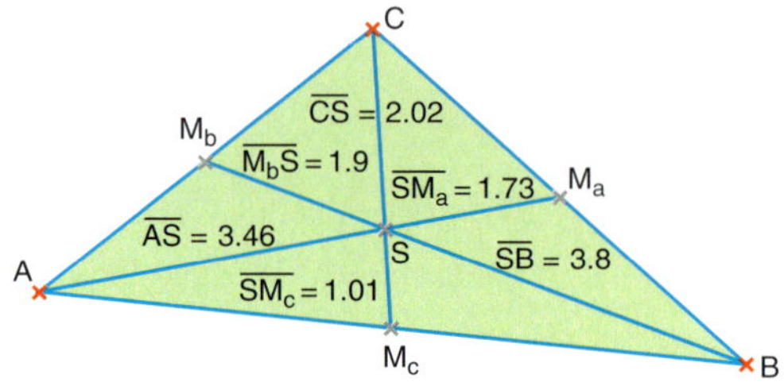

Wir lassen uns nun für alle drei Seitenhalbierenden jeweils die Länge der beiden Teilstrecken vom Schwerpunkt zur Ecke und zur Seitenmitte anzeigen. Verändern wir das Dreieck, so entdecken wir, dass die eine dieser Teilstrecken immer doppelt so lang ist wie die andere.

Vergleiche mit Aufgabe 8 auf Seite 169.

Der Schnittpunkt der Mittelsenkrechten ist der Umkreismittelpunkt U.

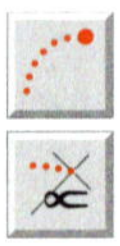

Spur aufzeichnen

1
Zeichne einen Kreis und ein Dreieck ABC. Setze dabei einen Eckpunkt des Dreiecks, z. B. den Punkt C, als Gleiter auf die Kreislinie. Konstruiere anschließend den Umkreismittelpunkt U des Dreiecks ABC. Bewege nun den Punkt C auf dem Kreis und lass dabei die Spur des Umkreismittelpunktes U aufzeichnen.

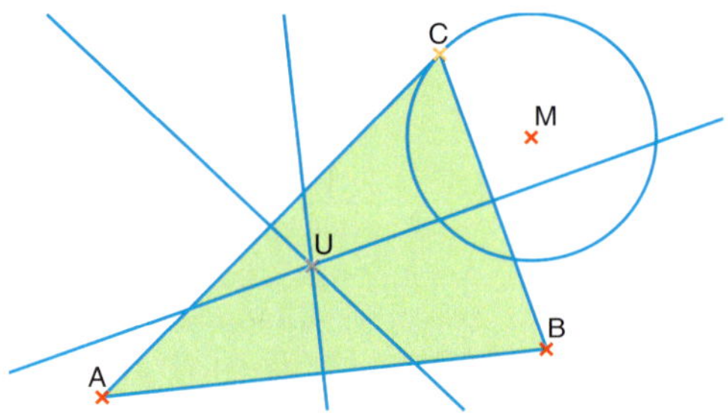

Beschreibe die Linie, die dabei entsteht, und begründe, warum sich diese Linie ergibt.

Der Schnittpunkt der Winkelhalbierenden ist der Inkreismittelpunkt I.

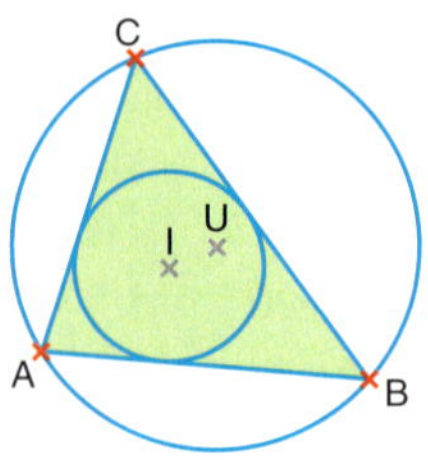

2
Zeichne ein spitzwinkliges Dreieck ABC. Konstruiere von diesem Dreieck jeweils den Umkreismittelpunkt U, den Inkreismittelpunkt I, den Höhenschnittpunkt H und den Schwerpunkt S. Verändere das Dreieck und beobachte die Lage der vier Punkte. Was stellst du fest?

3
a) Welche besondere Eigenschaft haben Dreiecke, bei denen der Umkreis- und der Inkreismittelpunkt zusammenfallen? Experimentiere zunächst und begründe anschließend.
b) Zeichne ein Dreieck mit festgelegtem Umkreis. Wie bewegt sich der Inkreismittelpunkt I des Dreiecks, wenn ein Eckpunkt des Dreiecks auf dem Umkreis läuft?

4
a) Verbinde zwei parallele Geraden g und h durch eine Strecke [PQ]. Welche Ortslinie beschreibt der Mittelpunkt M von [PQ], wenn Q auf h gleitet?
b) Setze die Ecken eines Dreiecks ABC, wie rechts gezeigt, auf zwei parallele Geraden g und h. Wie bewegt sich der Umkreismittelpunkt U, wenn C auf g gleitet?

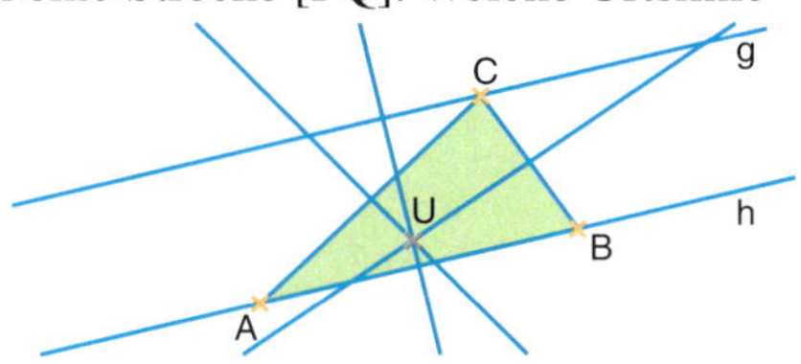

Thema:

Fermat-Punkt und Euler-Gerade

Pierre de Fermat (1601 – 1665) lebte als Jurist in Toulouse. Mathematik betrieb er als Amateur.

In jedem Dreieck lässt sich ein spezieller Punkt finden, dessen Entfernungen zu den drei Eckpunkten insgesamt am geringsten sind. Diesen Punkt hat der französische Mathematiker Pierre de Fermat entdeckt. Er heißt deswegen Fermat-Punkt.

Der **Fermat-Punkt** F eines Dreiecks ist der Punkt, für den die Summe der Entfernungen zu den drei Eckpunkten des Dreiecks minimal ist.

Konstruktion des Fermat-Punktes:

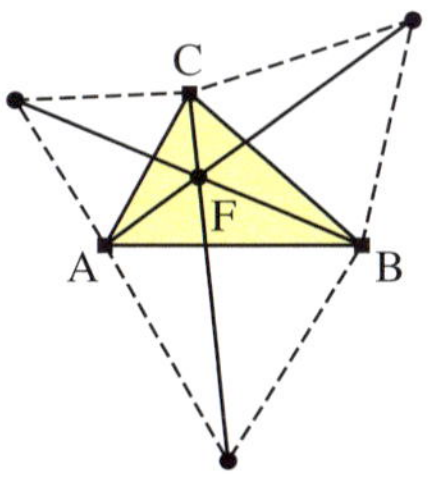

Vorüberlegung zur Konstruktion des Fermat-Punktes:

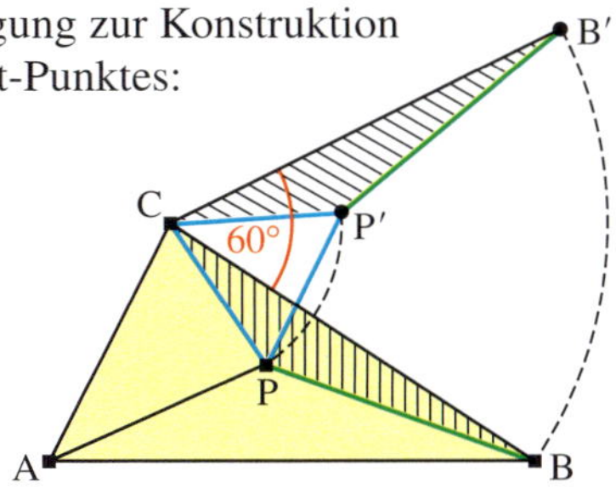

Für einen beliebigen Punkt P im Inneren des Dreiecks ABC wird das Dreieck CPB um 60° gedreht. Dann sind die Dreiecke CPP′ und CBB′ gleichseitig. Es gilt:
$\overline{B'P'} = \overline{BP}$ und $\overline{PP'} = \overline{CP}$.
Also ist der Streckenzug APP′B′ ebenso lang wie die Summe $\overline{AP} + \overline{BP} + \overline{CP}$.
Wenn der Streckenzug minimal werden soll, muss P auf der Geraden AB′ liegen.
Den Fermat-Punkt erhält man also, indem über jeder Seite des Dreiecks ABC ein gleichseitiges Dreieck konstruiert wird. Jeweils die äußere Ecke dieser gleichseitigen Dreiecke wird mit der gegenüberliegenden Ecke des Ausgangsdreiecks verbunden. Der Schnittpunkt dieser Verbindungslinien ist der Fermat-Punkt.

Leonhard Euler (1707 – 1783), geboren in Basel, wirkte als Mathematiker in Berlin und Petersburg.

Bei Aufgabe 2 auf Seite 184 bist du auf das verblüffende Phänomen gestoßen, dass drei Punkte stets auf einer Geraden liegen. Diese Gerade ist nach Leonhard Euler benannt.

Der Höhenschnittpunkt H, der Schwerpunkt S und der Schnittpunkt U der Mittelsenkrechten eines Dreiecks liegen stets auf einer Geraden, der **Euler-Geraden**.

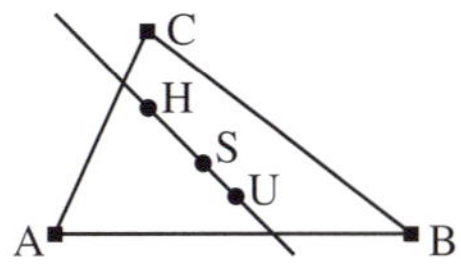

1
Daniel will sein Taschengeld aufbessern. Im Auftrag der Firma XY trägt er regelmäßig Prospekte in den Nachbarorten Kohlhof A(0|0), Ludwigsthal B(6|1) und Limbach C(3|7) aus. Die Prospekte werden von der Firma an einem günstigen Ort deponiert.
a) Welcher Ablageort ist günstig, damit Daniel beim Prospekteholen keine Zeit verschwendet?
b) Am Ende des Jahres hat Daniel überschlagen, dass er insgesamt 563 km zu den drei Orten gelaufen ist. Weißt du, wie oft Daniel ausgetragen hat?

Der Einheit 1 cm im Koordinatensystem soll 1 km in Wirklichkeit entsprechen.

2
Konstruiere jeweils die Euler-Gerade beim gleichschenkligen, gleichseitigen und rechtwinkligen Dreieck und finde Sonderfälle.

3
Miss die Längen $\overline{SU}$, $\overline{SH}$ und $\overline{HU}$ an verschiedenen Dreiecken und vergleiche sie.

Rückblick

Satz von den Mittelsenkrechten im Dreieck
In jedem Dreieck schneiden sich die Mittelsenkrechten der drei Dreiecksseiten in einem Punkt U.

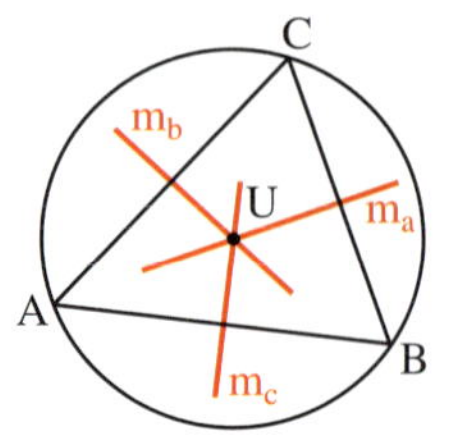

Umkreis im Dreieck
Dieser Punkt U hat von den drei Ecken des Dreiecks den gleichen Abstand.
Er ist der Umkreismittelpunkt des Dreiecks.

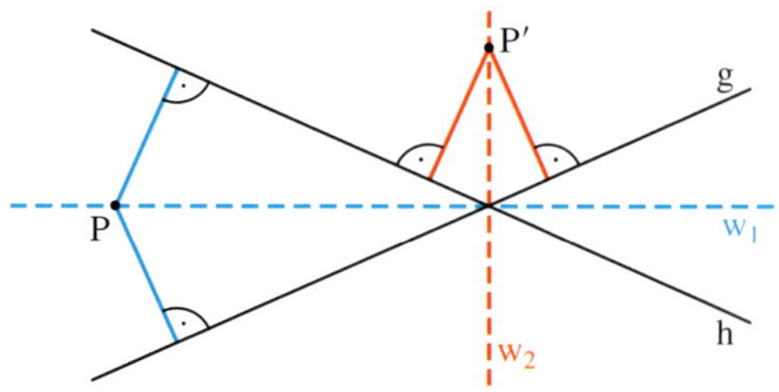

Satz von den Winkelhalbierenden
Ein Punkt P liegt genau dann auf der Winkelhalbierenden zweier sich schneidender Geraden, wenn er von beiden Geraden gleichen Abstand hat.

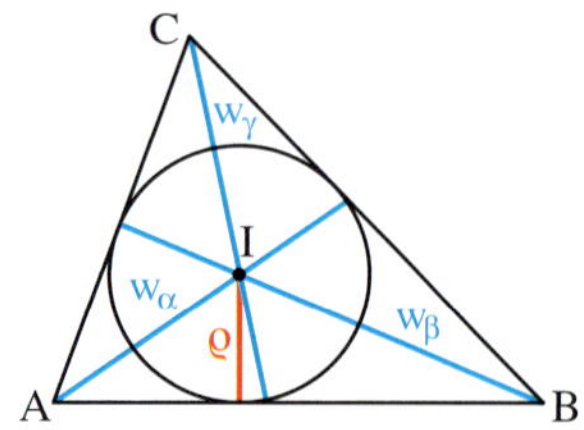

Winkelhalbierende im Dreieck
Die drei Winkelhalbierenden eines Dreiecks schneiden sich in einem Punkt I, der von allen drei Seiten des Dreiecks gleichen Abstand hat.
Der Punkt I ist der Mittelpunkt vom Inkreis des Dreiecks.

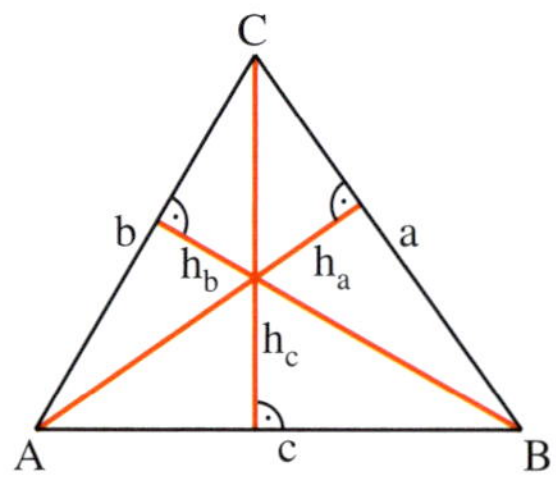

Satz von den Höhen im Dreieck
In jedem Dreieck schneiden sich die drei Höhen (oder deren Verlängerungen) in einem Punkt.

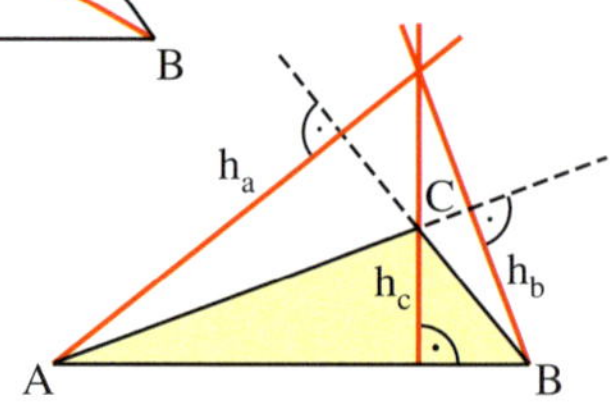

Aufgaben zum Üben und Wiederholen

1
Trage in ein Koordinatensystem die Punkte A(–3|0), B(4|0) und S(3|4) ein. Durch A und S ist die Gerade g, durch B und S die Gerade h festgelegt. Bestimme durch Konstruktion die Punkte P, die von g und h gleichen Abstand haben, und für die
a) $\overline{PA} = \overline{PB}$ ist
b) ∢ APS = 90° ist.

2
Konstruiere ein Dreieck ABC aus
c = 8,0 cm; h_c = 3,5 cm; a = 4,5 cm.
Wie lang darf h_c höchstens sein, damit die Konstruktion noch durchführbar ist?

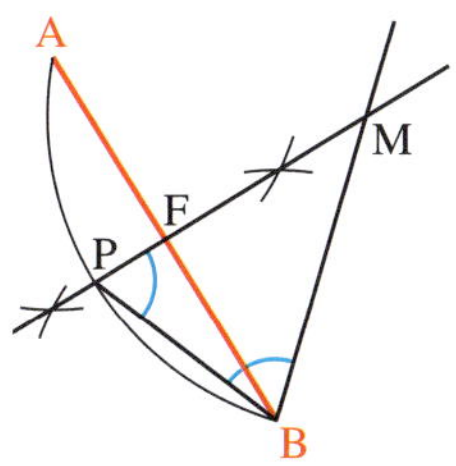

3
Euklid beschreibt in seinem Werk „Elemente" die Konstruktion des „verlorengegangenen" Mittelpunktes auch im Falle, dass nicht der Kreis, sondern nur ein Kreisbogen gegeben ist:
Zeichne die Sehne [AB] ein. Der Schnittpunkt der Mittelsenkrechten von [AB] und des Kreisbogens ist P. Der Winkel ∢ BPF wird an PB in B angetragen. Der freie Schenkel des Winkels schneidet die Mittelsenkrechte im gesuchten Kreismittelpunkt M. Begründe dieses Vorgehen.

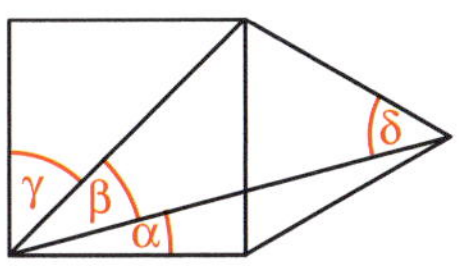

4
In der nebenstehenden Figur wurde über einer Seite eines Quadrats ein gleichseitiges Dreieck konstruiert.
Zeige: β = 2α; γ = 3α; δ = γ.

5
Widerlege durch ein geeignetes Gegenbeispiel:
a) Wenn ein Viereck vier gleich lange Seiten hat, so ist es ein Quadrat.
b) Wenn ein Viereck gleich lange Diagonalen hat, so ist es ein Rechteck.

Die Lösungen zu den Aufgaben dieser Seite findest du auf den Seiten 204 und 205.

6
Die Halbgeraden g und h bilden einen Winkel von 50°.
Konstruiere den Mittelpunkt eines Kreises, der g und h so berührt, dass die Verbindungsstrecke der Berührpunkte 6 cm lang ist.

7
In einem Heft findet sich ohne Planfigur der folgende Konstruktionsplan:

(1) B und C sind durch b = $\overline{BC}$ gegeben
(2) D liegt 1. auf dem Kreis k(B;f)
2. auf dem freien Schenkel des in C angetragenen Winkels 180° – β
(3) A liegt 1. auf dem Kreis k(D;b)
2. auf dem Kreis k(B;$\overline{CD}$)

Welche Stücke sind hier gegeben? Um welche Art von Viereck handelt es sich?

8
Ein Parallelogramm ABCD hat die Maße $\overline{AB}$ = 6 cm, $\overline{AC}$ = 8 cm und ∢ AMB = 90°, wobei M der Diagonalenschnittpunkt ist.
a) Fertige einen Konstruktionsplan an.
b) Welcher Art ist das Viereck? Begründe.

9
Konstruiere ein Parallelogramm ABCD aus a = 5,5 cm; β = 115° und ∢ ADB = 50°.
Ist die Lösung eindeutig?

10
Die Figur zeigt das Schema eines Hafenkrans. In den Punkten A, B, C und D befinden sich Drehgelenke. Der Kran kann zwischen den Positionen I (CB ⊥ GB) und II (DF ∥ GB) bewegt werden.

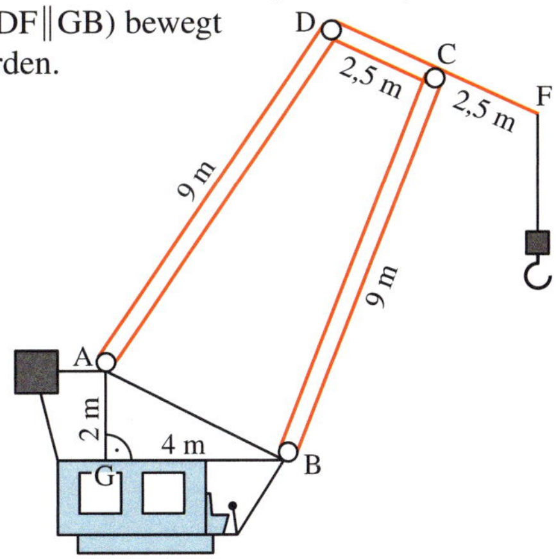

Konstruiere den Kran in beiden Positionen (Maßstab 1 : 100) und bestimme die Differenz der horizontalen Reichweiten des Krans. (Hinweis zu Position II: Ziehe eine Parallele zu BC durch D.)

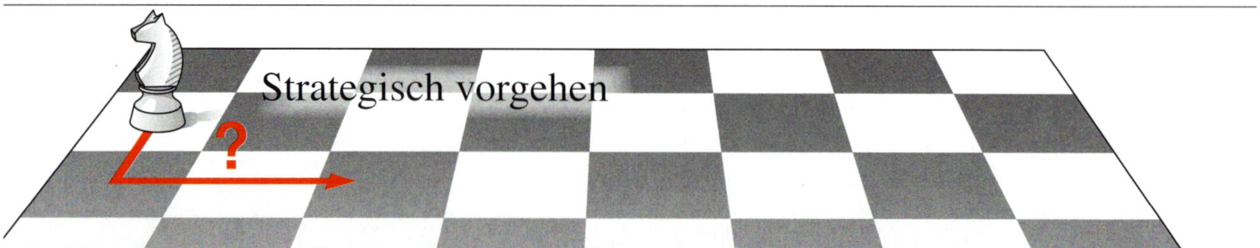

Strategisch vorgehen

Du hast im vergangenen Jahr unterschiedliche Strategien kennen gelernt, die zur Lösung eines Problems führen können. Drei sehr vielfältig verwendbare Vorgehensweisen wurden dort in verschiedenen Situationen eingesetzt und miteinander verglichen. In diesem Buch hast du mit den Gleichungen eine Problemlösestrategie neu kennen gelernt, die sich auf viele Problemstellungen anwenden lässt.

Systematisches Probieren
ist eine sehr wichtige mathematische Vorgehensweise. Dabei solltest du jedoch nicht ziellos vorgehen, sondern auf Grund der jeweiligen Probierergebnisse den geeigneten nächsten Probierschritt wählen. Beim Probieren erkennt man auch immer wieder andere (manchmal elegantere und kürzere) Lösungswege, wie zum Beispiel das Invarianzprinzip.

Die Darstellung von Sachverhalten in Zeichnungen und Diagrammen
kann dir helfen, dir eine Situation besser vorzustellen. Wenn du einen Zusammenhang zwischen Größen im Diagramm darstellen willst, solltest du zunächst überlegen, welche Größen in der jeweiligen Problemsituation dazu gewählt werden sollten. Manchmal ist es ein Nachteil von Diagrammen, dass man die Ergebnisse nur näherungsweise ablesen kann.

Das Invarianzprinzip
ist eine Strategie, die oft sehr schnell und elegant zum Ziel führt. Man muss es jedoch in der konkreten Problemsituation erst erkennen. Mit etwas Übung und oft auch mit ein wenig Probieren ist das Invarianzprinzip jedoch eine sehr große Hilfe beim Lösen schwieriger Probleme.

Gleichungen
beschreiben ein Problem unter Verwendung mindestens einer Variablen. Man muss genau überlegen, welche Größe man als Variable wählt, wo sich in der Situation eine Gleichung ergibt und wie sie sich unter Verwendung der Variablen beschreiben lässt.
Das Lösen der Gleichung führt dann zu einer Lösung des Problems.

Musteraufgabe: Treffen unterwegs
Eine Gruppe des Schwabacher Alpenvereins möchte von Mittenwald (920 m) aus den Wörner (2480 m) besteigen. Leider hatte ein Auto bei der Anfahrt eine Panne. Die anderen starten um 9 Uhr auf die Tour. Wegen des nicht ganz einfachen Wegs rechnen sie beim Aufstieg mit etwa 300 Höhenmetern pro Stunde, beim Abstieg mit 360. Die Nachzügler erreichen erst um 12.30 Uhr den Ausgangsort und steigen noch so lange auf, bis sie die erste Gruppe beim Abstieg treffen. Wann werden sie die erste Gruppe treffen, wenn sie gleich schnell unterwegs sind und die erste Gruppe um 14.35 Uhr mit dem Abstieg beginnt?

Strategie A: **Systematisches Probieren**
Rudi stellt zunächst fest, dass die Nachzügler um 14.35 Uhr eine Höhe von 1545 Metern erreicht haben. Er trägt in eine Tabelle die vergangene Zeit und die erreichte Höhe der beiden Gruppen ein.

Zeit (Minuten)	Nachzügler	erste Gruppe
0	1545	2480
60	1845	2120
120	2145	
90	1995	1940
85	1970	1970

Er beginnt mit einer Stunde.
Bei zwei Stunden stellt er sofort fest, dass die Nachzügler dann schon zu hoch gekommen wären.
Nach 90 Minuten wären die Nachzügler ebenso etwas zu hoch, aber 5 Minuten früher, um 16 Uhr; treffen sich die beiden Gruppen.

Strategie B: **Verwenden einer Zeichnung oder eines Diagramms**

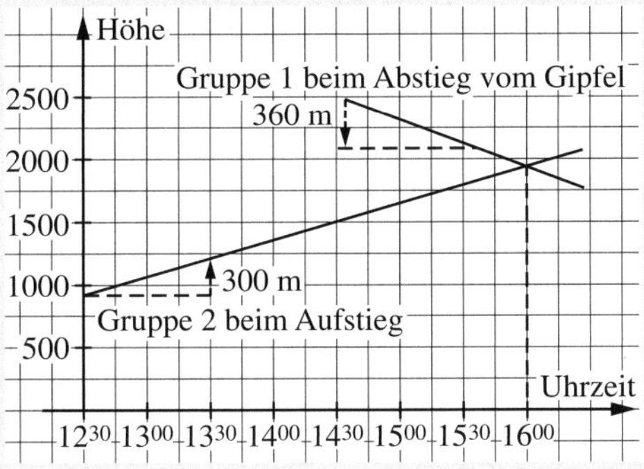

Thomas stellt die verstrichene Zeit ab dem Start der Gipfelgruppe und die von beiden Gruppen erreichten Höhen zusammen in einem Diagramm dar.

Die Nachzügler schaffen beim Aufstieg in 60 Minuten 300 Höhenmeter, in 120 Minuten 600 Höhenmeter usw.
Die Gipfelgruppe schafft beim Abstieg in 60 Minuten 360 Höhenmeter, in 120 Minuten 720 Höhenmeter usw.

Am Schnittpunkt der beiden Graphen kann Thomas ablesen, dass sich die beiden Gruppen etwa um 16 Uhr treffen.

Strategie C: **Invarianzprinzip**

Constanze stellt fest, dass sich die beiden Gruppen pro Stunde um 660 Höhenmeter annähern, sobald die Gipfelgruppe gestartet ist. Beim Start der Gipfelgruppe sind die beiden Gruppen 935 Höhenmeter voneinander entfernt. Sie rechnet:
$935 : 660 = 187 : 132 = 17 : 12$. Also werden sich die beiden Gruppen $1\frac{5}{12}\,\text{h} = 1\,\text{h}\ 25\,\text{min}$ nach dem Start der Gipfelgruppe, also um 16 Uhr treffen.

Strategie D: **Gleichung**

Xenia führt für die Zeit ab dem Start der Gipfelgruppe, gemessen in Stunden, die Variable x ein. Durch Gleichsetzen des Terms für die erreichte Höhe der Nachzügler und des Terms für die erreichte Höhe der Gipfelgruppe erhält sie eine Gleichung, deren Lösung die Zeit bis zum Treffen ist.

$$1545\,\text{m} + x \cdot 300\,\text{m} = 2480\,\text{m} - x \cdot 360\,\text{m} \quad | + x \cdot 360\,\text{m} - 1545\,\text{m}$$
$$x \cdot 660\,\text{m} = 935\,\text{m} \quad | : 660\,\text{m}$$
$$x = \frac{935}{660}$$
$$x = \frac{187}{132} = \frac{17}{12}$$

Hier wäre es nicht sinnvoll, den Bruch in eine Dezimalzahl umzuwandeln, da dann die Umrechnung in Minuten nicht mehr unmittelbar möglich ist.

Sie treffen sich $1\frac{5}{12}\,\text{h} = 1\,\text{h}\ 25\,\text{min}$ nach dem Start der Gipfelgruppe, also um 16 Uhr.

1

Eine Tanne wächst in den ersten 20 Jahren etwa 12 cm jährlich, eine Eiche etwa 45 cm jährlich. Es wird eine 60 cm hohe Eiche neben eine 2,25 m hohe Tanne gepflanzt. Nach wie vielen Jahren sind die beiden Bäume gleich hoch? Bearbeite die Aufgabe mit jeder der vier Strategien. Welche Strategie würdest du hier vorziehen?

2

Zwei Zahlen unterscheiden sich um 21. Das Fünffache der kleineren Zahl ist eben so groß wie das Doppelte der größeren. Wie heißen die Zahlen? Bearbeite die Aufgabe mit zumindest zwei unterschiedlichen Strategien.

3

In einer Metallgießerei soll aus 260 kg Messing mit einem Kupfergehalt von 48% durch Zusatz von Zink Messing mit einem Kupfergehalt von 40% hergestellt werden.
Wie viel kg Zink braucht man?
Wende zwei unterschiedliche Strategien an und vergleiche.

Eine ganz andere Strategie benötigst du, um Fragestellungen nachzugehen, die sich auf den ersten Blick vielleicht gar nicht mit mathematischen Methoden beantworten lassen.

Fermi-Strategie (geschicktes Abschätzen)
Hier geht es darum, zu Problemstellungen, deren Lösung eine ganze Reihe von Informationen erfordert, auf geschickte Weise eine sinnvolle Größenordnung der Lösung zu finden. Exakte Resultate sind dabei weniger gefragt als geschicktes Sammeln und Abschätzen von Daten.

Enrico Fermi (1901–1954) war einer der bedeutendsten Physiker des 20. Jahrhunderts. Er stammte aus Italien und arbeitete später in den USA. Er beschäftigte sich mit physikalischen Fragestellungen zu Atomen und Atomkernen. Im Jahr 1938 erhielt er den Nobelpreis für Physik für seine Untersuchung von Kernspaltungsreaktionen.
Enrico Fermi überraschte seine Studenten immer wieder mit eigenartigen Fragen, auf die es gar keine richtige Antwort zu geben schien. Bei diesen Fragen sind die eingehenden Größen oft nicht bekannt oder gar nicht eindeutig bestimmt. Fermi erwartete jedoch auch hier wenigstens eine näherungsweise Lösung bzw. produktive Lösungsüberlegungen.
Seine wohl bekannteste Frage lautete: „Wie viele Klavierstimmer gibt es in Chicago?“
Man kann sich leicht vorstellen, dass es hier ganz verschiedene Ideen geben kann, wie man zu einer vernünftigen Antwort auf die Frage kommen könnte.

Musteraufgabe: Wiegen eines Kirchturms
Wie schwer ist der Turm der Martinskirche in Landshut?

Martinskirche, Landshut

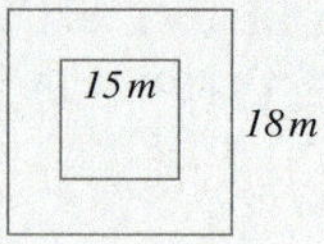

Fermi-Strategie (geschicktes Abschätzen)
Aus dem Bild der Kirche lassen sich die Dimensionen abschätzen: Die Höhe des Turms ohne Spitze beträgt ungefähr 110 m. Die Länge und die Breite des Turmquerschnitts beträgt unten bis zu 25 Metern, oben etwa 12 Meter. Im Mittel werden es etwa 18 Meter sein. Die Mauerdicke wird ebenfalls von unten nach oben abnehmen. Unten werden es sicherlich 1,5 Meter sein. Wenn man näherungsweise für den ganzen Turm mit 1,5 Metern rechnet, könnte man dafür Zwischenböden, Treppen, Glocken und die Spitze weglassen.
Die Mauerquerschnittsfläche beträgt dann etwa $18\,\text{m} \cdot 18\,\text{m} - 15\,\text{m} \cdot 15\,\text{m} \approx 100\,\text{m}^2$.
Multipliziert mit der Höhe ergibt das ein Volumen von etwa $11\,000\,\text{m}^3$.
Die Masse eines normalen Ziegelsteins ($20\,\text{cm} \times 10\,\text{cm} \times 10\,\text{cm}$ – das entspricht einem Volumen von $2\,\text{dm}^3$) beträgt etwa 2 kg. 500 solcher Steine passen in einen Kubikmeter und er hat daher eine Masse von 1000 kg = 1 t. In entsprechenden Tabellen findet man für Ziegel eine Angabe von 1–1,6 kg pro dm^3, das sind also 1 bis 1,6 Tonnen pro Kubikmeter. Insgesamt ergibt die Abschätzung also etwa 11 000 bis 16 000 Tonnen als Masse des Turms der Martinskirche.

Laut einer Auskunft des Tourismusbüros in Landshut wurde die Masse des Turms vor einigen Jahren ermittelt, weil der Turm gestützt werden musste. Danach seien es etwa 19 000 t.

4
Wie groß ist die Fläche, die man mit einem Jahresabonnement der Süddeutschen Zeitung auslegen kann?

5
Wie lang brauchst du, um von 1 bis 10 Millionen zu zählen?

6
Wie viel Liter Wasser regnet es im Jahr auf ganz Deutschland?

7 Wachstum der Weltbevölkerung

In den Veröffentlichungen der Vereinten Nationen (UN) findet sich die folgende Statistik zum Wachstum der Weltbevölkerung.

Jahr	1750	1800	1850	1900	1950	1995	2000
Bevölkerung in Mio.	791	978	1262	1650	2520	5716	6158

„Milliardensprünge"
1927 2
1960 3
1974 4
1987 5
1999 6
Laut Berechnung der UN wurde die 6-Milliardenmarke am 12.10.1999 überschritten.

a) Was kannst du an den Daten erkennen?
b) Stelle auf der Grundlage der Tabelle die Bevölkerungsentwicklung graphisch dar.
c) Welche durchschnittlichen Wachstumsraten (= jährlicher Zuwachs der Weltbevölkerung in %) ergeben sich aus den Daten für die jeweiligen Zeiträume, z. B. 1750 bis 1800, 1800 bis 1850 usw.?
Beurteile die gefundenen Werte kritisch.
d) Stelle einen Term auf, mit dem du ausgehend vom Stand im Jahr 1995 die Bevölkerungszahl n Jahre ($n \in \mathbb{N}$) nach 1995 berechnen kannst, wenn als Wachstumsrate 1,55 % angenommen wird.
Berechne damit den Wert für das Jahr 2004 und vergleiche mit der in der Jahresmitte 2004 gemeldeten, tatsächlichen Zahl von 6,396 Milliarden Menschen, die aktuell auf der Erde leben.
e) Forscher gehen derzeit von einer Wachstumsrate von 1,3 % aus. Wann hätte sich unter dieser Annahme die Weltbevölkerung gegenüber dem Stand des Jahres 2000 verdoppelt, wann wäre sie auf 10 Milliarden gestiegen?
Vergleiche deine Berechnung mit der in der folgenden Graphik veranschaulichten Bevölkerungsprognose der UN.

Weltbevölkerung 2000 – 2050: Drei Varianten

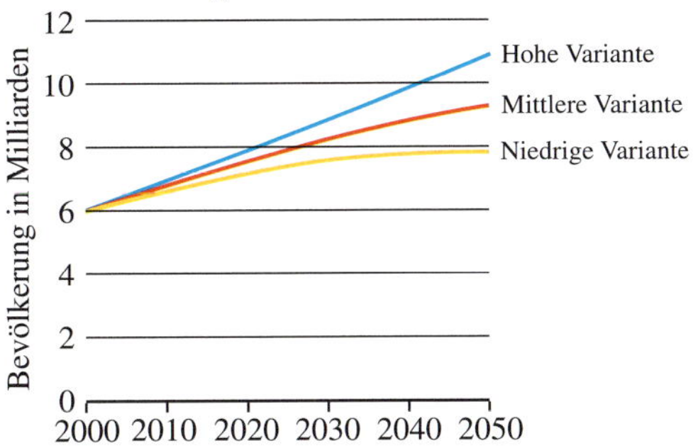

Runde bei allen Berechnungen sinnvoll.

8 Zirkelei

Konstruiere die Figuren mit den folgenden Eigenschaften nur mit Zirkel und Lineal.

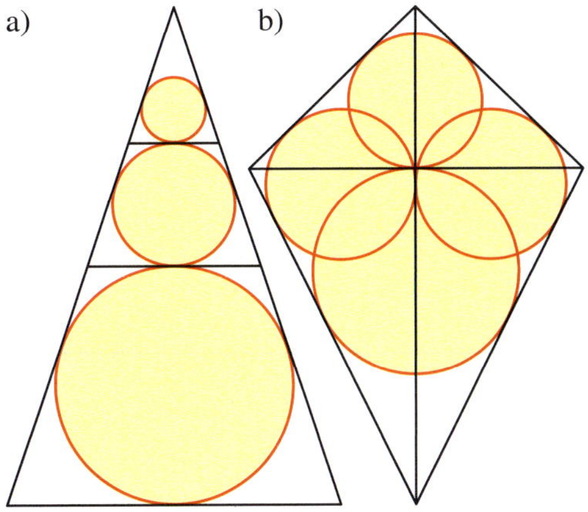

a) Das Dreieck hat einen Flächeninhalt von $27\,cm^2$. Seine Höhe ist um 50 % länger als seine Grundlinie.
b) Die kürzere Seite des Drachenvierecks ist 5 cm lang. Außerdem gilt für die Innenwinkel des Vierecks: Die beiden symmetrisch liegenden Winkel sind zusammen dreimal so groß wie der spitzeste Winkel. Der vierte Winkel ist doppelt so groß wie der spitzeste Winkel.

9 Ein Zaubertrick

a) Denke dir eine beliebige natürliche Zahl. Bilde dann die Summe dieser Zahl und der vier folgenden Zahlen. Dividiere die Zahl durch fünf, addiere sechs und schreibe das Ergebnis auf.
b) Die Zauberin Termi behauptet, die Zahl zu kennen, die du dir anfangs gedacht hast. Du musst ihr dazu nur das aufgeschriebene Ergebnis nennen.
Die Zauberin verrät ihren Trick:
Man subtrahiert einfach von dem genannten Ergebnis die Zahl 8 und erhält dann die Zahl, die du dir anfangs gedacht hast.
Erkläre, indem du einen Term aufstellst und vereinfachst, wieso Termis Trick funktioniert.
Wende diesen Zaubertrick selbst bei deinen Freunden an.

10 Schnitzeljagd durch Nürnberg

Ein Fremdenführer hat eine „Schnitzeljagd“ durch die Nürnberger Innenstadt entworfen. Da er ein begeisterter Mathematiker ist, hatte er große Freude daran, diese geometrisch zu gestalten.

Der Fremdenführer legt fest: Wenn die Touristengruppe, die an der Schnitzeljagd teilnehmen will, eine gerade Anzahl von Mitgliedern hat, sollen diese die Stadt auf jeden Fall in Zweierteams erkunden.

a) Eine Gruppe von acht Touristen will an der Schnitzeljagd teilnehmen. Wie viele Möglichkeiten gibt es, diese Gruppe zu Zweierteams zusammenzustellen?

b) Der Fremdenführer fragt sich, wie man die Anzahl der Möglichkeiten für die Zusammenstellung der Zweierteams für eine beliebige Anzahl n von Touristen berechnen kann, wenn n eine gerade Zahl ist. Wie lautet der Term, den er hierfür aufstellen muss?

*Die Innenstadt von Nürnberg im **Maßstab 1:10 000***

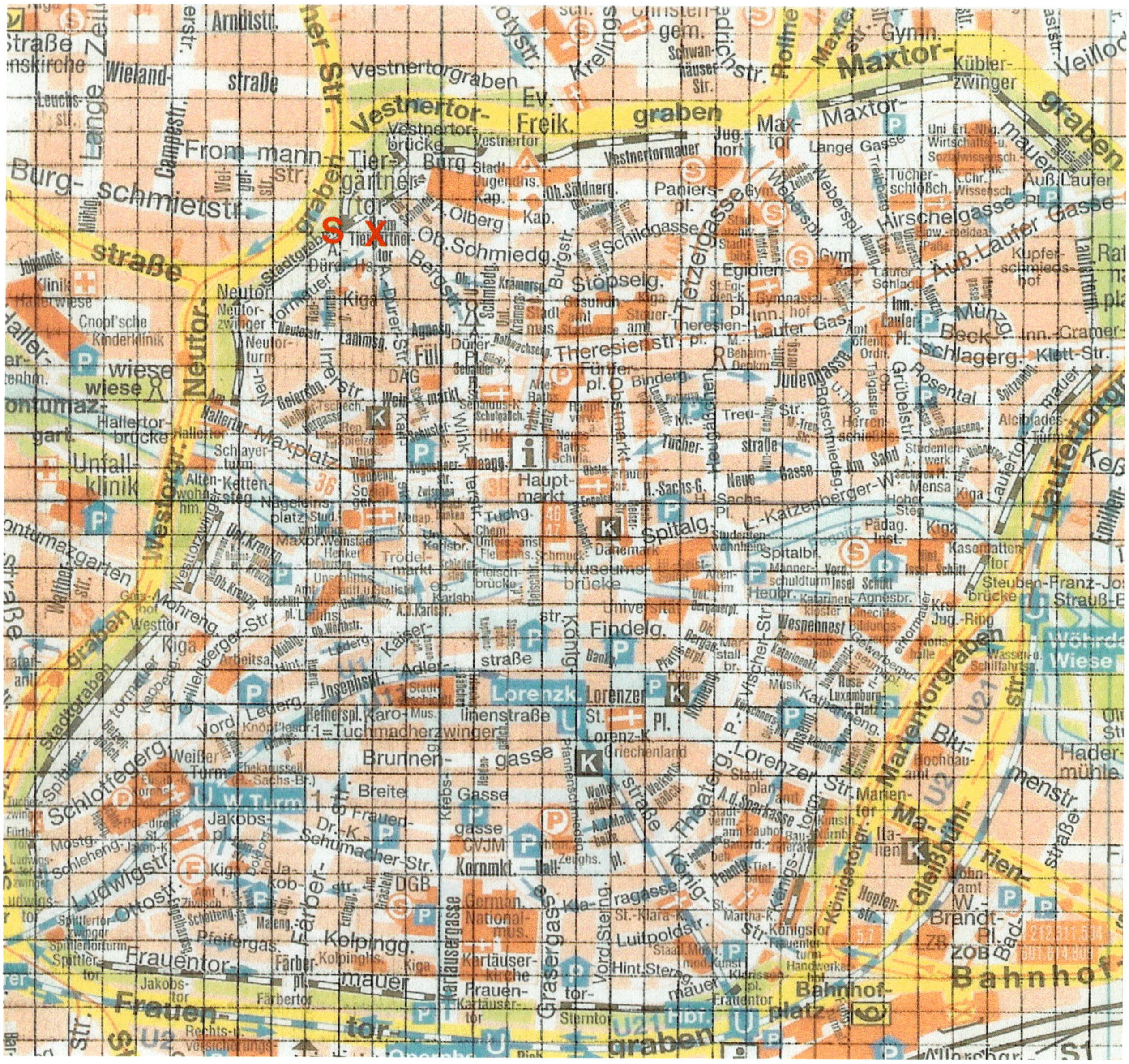

Eine Kopie des links abgebildeten Stadtplanausschnitts befindet sich im Lösungen-und-Materialien-Band.

Für die Durchführung der Schnitzeljagd erhält jedes Team den Ausschnitt eines mit einem Gitternetz überzogenen Stadtplans mit dem Maßstab 1 : 10 000. Die Teams starten direkt unterhalb der Nürnberger Burg in der Mitte des Platzes „Beim Tiergärtnertor“. Die Ziele in der Nürnberger Altstadt, die die Teams aufsuchen sollen, sind als Eckpunkte von Dreiecken festgelegt. Diese ergeben sich aus den folgenden Beschreibungen:

Die Eckpunkte der Dreiecke werden immer entgegen dem Uhrzeigersinn durchlaufen. Dabei folgen die Eckpunkte nicht immer in alphabetischer Reihenfolge.

Zielpunkte A und B
Der Eckpunkt A des Dreiecks ASB liegt in einer Entfernung von 680 m östlich vom Startpunkt S. Der Eckpunkt B ist 840 m von A und 190 m von S entfernt.

Zielpunkt C
Der nächste Zielpunkt C lässt sich mit Hilfe des gleichschenkligen Dreiecks ABC ermitteln, dessen Innenwinkel γ an der Spitze C dreimal so groß ist wie ein Basiswinkel.

Zielpunkt D
Genau südlich vom Punkt A liegt der neue Zielpunkt D. Steht man auf diesem, so sieht man die Strecke [AC] unter einem Winkel von 71°.

Zielpunkt E:
Vom Punkt E aus, der nur halb so weit vom Punkt C entfernt liegt wie der Punkt B, sieht man die beiden Eckpunkte B und C des Dreiecks BEC unter einem rechten Winkel.

Zielpunkt F
Um den Zielpunkt F zu erhalten, muss man die Strecke [CE] so weit über den Punkt E hinaus geradlinig verlängern, bis das Dreieck EBF eine Fläche vom Inhalt 14,85 ha überdeckt.

Zielpunkt G
Der nächste Zielpunkt G hat von den Punkten D und E die gleiche Entfernung. Außerdem hat das Dreieck CGD einen Flächeninhalt von 5,6 ha.

Zielpunkt H
Das Dreieck FHG, das den Zielpunkt H festlegt, ergibt sich durch Spiegelung des Punktes E an der Achse FG.

Zielpunkt I
Der Zielpunkt I liegt auf der geradlinigen Verlängerung der Strecke [FH] über H hinaus. Dreht man sich im Punkt I aus der Richtung von H kommend um 90° nach links, blickt man genau zum Zielpunkt D.

c) Verfolge die Route der Teams, indem du auf Karopapier den Startpunkt S kennzeichnest und aus den Angaben bzw. aus daraus berechneten Größen die Zielpunkte konstruierst. Beachte dabei, dass die angegebene Entfernung immer die Luftlinie zwischen den Zielen angibt. Bestimme anschließend, z. B. mit einer Folie, die Ziele auf dem Stadtplan.

Nach der Schnitzeljagd sind die Touristen so erschöpft, dass sie nicht mehr laufen wollen und erkundigen sich nach den Fahrpreisen der U-Bahn. Sie überlegen, mit welchen Tickets sie kostengünstig fahren können. Ihr Fremdenführer hilft mit einer graphischen Veranschaulichung.

Die Fahrkarten werden stets für Erwachsene in der Preisstufe 2 gelöst.

d) Zeichne für die beiden Fälle, dass man nur Einzelfahrkarten oder nur Mehrfahrtenkarten benutzt, in ein Koordinatensystem jeweils einen Graphen, der den Zusammenhang zwischen den Gesamtkosten und der Anzahl der Einzelfahrten veranschaulicht. (Beachte, dass beim Kauf von Mehrfahrtenkarten die nicht benötigten Streifen verfallen.)

Nürnberg, Fürth und Stein

Einzel-, Mehrfahrten und TagesTickets — Gültig ab 14. Dezember 2004

Preisstufe	Einzelfahrkarten		Mehrfahrtenkarte				TagesTicket	
	Erwachsene	Kinder 6–14 Jahre	Erwachsene	Kinder 6–14 Jahre	Erwachsene	Kinder 6–14 Jahre	Solo 1 Person	Plus 1–6 Pers. davon 2 Erwachs.
	sofort ab Kauf gültig	sofort ab Kauf gültig	5er Streifenkarte (pro Fahrt 1 Streifen)		10er Streifenkarte (pro Fahrt 2 Streifen)		Tag oder Wochenende	Tag oder Wochenende
K	1,40	0,70	5,50	2,80	-	-	2,80	5,90
2	1,80	0,90	-	-	7,80	3,90	3,60	

e) Lies an den beiden Graphen ab, wie man bei mehreren Einzelfahrten die beiden Kartentypen möglichst kostengünstig kombiniert und beschreibe dein Ergebnis in Worten.

f) Wie viel müsste die achtköpfige Touristengruppe im günstigsten Fall zahlen, wenn jeder von ihnen zwei Fahrten macht?

g) Wie oft müsste die gesamte Gruppe fahren, damit sich der Kauf von Tages-Tickets lohnt?

11 Eishockey

a) Da Holzkirchen ein Freiluft-Eisstadion hat, das nur in den Wintermonaten geöffnet ist, trainieren Spieler des ESC Holzkirchen zuvor in der Eishalle in Miesbach. Dort kostet die Hallenmiete 128 € pro Stunde. 75 % dieser Kosten werden von der Vereinskasse, der Rest von den Spielern übernommen. Wie viel entfällt noch auf jeden einzelnen Spieler des obigen Bildes für 6 Trainingsstunden?

b) Die Tabelle zeigt die Torverhältnisse von vier Vereinen. Stelle die prozentualen Anteile an allen erzielten Toren für die einzelnen Vereine in einem Kreisdiagramm dar. Verfahre ebenso bei den Gegentoren.

ESC Pinguine	58:25
TEV Eisbären	35:32
SC Löwen	20:11
EV Haie	7:52

c) Für Kinder müssen handelsübliche Eishockeyschläger nach folgender Regel gekürzt werden:
Stellt ein Spieler auf Schlittschuhen seinen Schläger senkrecht vor sich, so sollte dieser bis zum Kinn reichen.
Zum Saisonbeginn erhält Thomas einen bereits angepassten Schläger. Thomas misst mit Schlittschuhen 1,45 m. Wie lang ist der neue Schläger? Entnimm notwendige Längenverhältnisse dazu aus dem nebenstehenden Foto.

d) Beim Training schießt Luca (rotes Trikot) den Puck zu Matthias (gelbes Trikot), der wiederum zu Willi (blaues Trikot) passt. In welchem Winkel ε gibt Matthias den Puck ab?
Wie verändert sich der Abspielwinkel, wenn Matthias den Puck innerhalb (außerhalb) der Kreislinie schlägt und die beiden anderen Spieler ihre Positionen beibehalten?

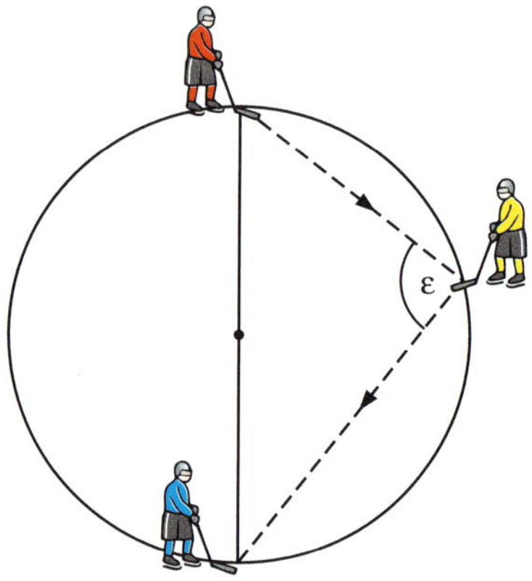

e) In welchem Winkel prallt der Puck von der Bande B ab, wenn er die Bande A mit 40° trifft?

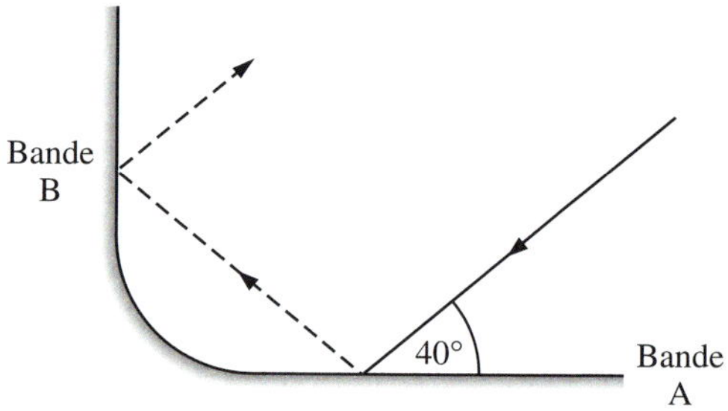

f) Die Jahresstatistik des ESC weist insgesamt 83 aktive Jugendspieler aus. Maxi will vom Jugendleiter wissen, wie viele davon jeweils in den vier Altersgruppen A, B, C und D spielen. Da dieser ein Freund von Knobeleien ist, gibt er die Antwort in Rätselform: In Gruppe B sind doppelt so viele Spieler wie in Gruppe A. In Gruppe C gibt es sieben Spieler mehr als in Gruppe D, wobei in Gruppe D elf Spieler weniger sind als in Gruppe B. Wie viele Eishockeyspieler spielen in den einzelnen Altersklassen?

12 Günstig reisen

Die Faschingsgruppe will von Nürnberg mit der Bahn nach Mainz fahren, um den Rosenmontagszug 2005 mitzuerleben.

Die Hin- und Rückfahrt mit dem ICE kostet 88 €.

Für Gruppen ab 6 Personen bietet die Bahn die nebenstehenden ermäßigten Tarife an.

Vorverkaufsfrist vor Reiseantritt	*Rabatt auf den normalen Fahrpreis*
1 Std.	*50 %*
7 Tage	*60 %*
14 Tage	*70 %*

a) Ist es günstig, die Gruppenkarte 14 Tage vorher zu kaufen, wenn zwei Personen erst drei Tage vor Reiseantritt sicher sagen können, ob sie teilnehmen können?

b) Gib Terme zur Berechnung des Gruppenpreises für n Personen für jeden der drei Tarife an und stelle die Zuordnung: *Zahl der Personen* $\mapsto$ *Fahrpreis* graphisch dar.

c) Eine andere Gruppe mit 12 Teilnehmern kauft 14 Tage vor Reiseantritt eine Gruppenfahrkarte von Nürnberg nach Mainz mit dem ICE. Wie viele Personen dürfen höchstens von der Reise zurücktreten, damit der Preis für die restliche Gruppe noch billiger ist als beim Kauf unmittelbar vor der Reise (7 Tage vor der Reise)?

d) Eine Gruppe mit n Teilnehmern kauft eine Gruppenkarte 14 Tage vor Reiseantritt mit dem ICE von Nürnberg nach Mainz. Gib jeweils Terme zur Berechnung der Mindestzahl der Teilnehmer an, die zurücktreten müssten, dass einer der beiden anderen Tarife günstiger gewesen wäre.

*e) Gelten die in Teilaufgabe d) ermittelten Zahlen auch für Gruppenreisen auf anderen Strecken? Begründe deine Antwort.

13 Zerlegen von Vielecken in Dreiecke

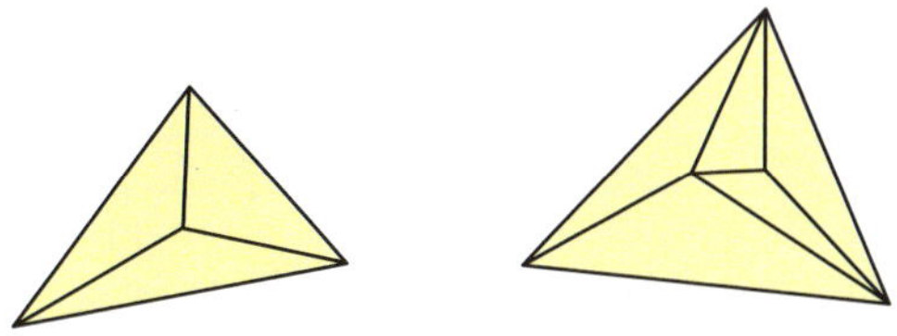

a) Markiert man einen inneren Punkt eines Dreiecks, so lässt es sich in drei Dreiecke zerlegen. Markiert man zwei innere Punkte, so lässt es sich in fünf Teildreiecke zerlegen. Ist diese Aussage für jede Lage der inneren Punkte wahr? Begründe deine Antwort.

b) In wie viele Dreiecke kann man ein Dreieck mit 3, 4, 5, …, n markierten inneren Punkten zerlegen? Gib einen Term zur Berechnung der Anzahl der Dreiecke an und beschreibe deine Überlegungen zur Lösung.

c) In wie viele Teildreiecke kann man ein Viereck mit 1, 2, 3, …, n markierten inneren Punkten zerlegen? Gib einen Term zur Berechnung der Zahl der Dreiecke an und beschreibe deine Überlegungen.

d) In wie viele Teildreiecke kann man ein Fünfeck, ein Sechseck mit Hilfe von n markierten inneren Punkten zerlegen? Gib auch hier einen Term an.

14 Primzahlzwillinge

Ein Paar von Primzahlen, deren Differenz 2 beträgt, nennt man einen Primzahlzwilling. 3 und 5, 5 und 7, 11 und 13 sind Primzahlzwillinge.

a) Gib weitere Primzahlzwillinge an.

b) Addiere die beiden Primzahlen in den gefundenen Primzahlzwillingen. Was fällt dir auf?

c) Begründe: Der Summenwert der beiden Zahlen eines jeden Primzahlzwillings ist durch 4 teilbar.

d) Begründe: Bilden $p > 3$ und $q = p + 2$ einen Primzahlzwilling, so ist der Summenwert von $p + q$ durch 3 teilbar.

e) Welche Aussage über die Teilbarkeit des Summenwertes der Zahlen eines Primzahlzwillings kann man mit Hilfe der eben begründeten Aussagen machen?

15 Kinder laufen für Kinder

Der UNICEF-Lauf beginnt: Das Bild zeigt in etwa 20 % aller Teilnehmer am Start.

UNICEF, das Kinderhilfswerk der Vereinten Nationen, hilft Kindern in den Entwicklungsländern und Krisengebieten.

Im Rahmen der UNICEF-Hilfe findet an einem Gymnasium die Aktion „Kinder laufen für Kinder“ statt. Die Schüler laufen dabei auf einem 1,2 km langen Rundkurs. Pro gelaufener Runde erhalten sie von selbst gesuchten Sponsoren einen vorher festgelegten Geldbetrag. Das insgesamt erlaufene Geld wird an die UNICEF gespendet.

a) Stefanie bekommt von ihrem Opa 14 € für die Teilnahme und für jede gelaufene Runde 2,50 €. Von ihrer Mutter erhält sie 3 € pro Runde, von ihrem Onkel 10 € für die Teilnahme und 1,50 € pro Runde. Wie viel Geld kommt zusammen, wenn Stefanie 1; 2; 3 bzw. 4 Runden läuft?

b) Wie viele Runden müsste sie mindestens laufen, um mehr als 60 € Spendengeld zu erhalten?

c) Stefanies Freundin Veronika nimmt auch am Lauf teil und erhält für jede gelaufene Runde von ihrem Opa 5 €, ihrem Vater 4 € und ihrem Bruder 1 €. Ermittle, bei welcher Rundenzahl beide gleich viel Geld erlaufen.

d) Welches Sponsoring ist für die UNICEF besser, das für Stefanie oder das für Veronika? Diskutiert.

e) Schätze ab, welchen Geldbetrag jeder Teilnehmer durchschnittlich erlaufen hat, wenn die Gesamtspende 21 000 € beträgt.

16 Mountainbike des Jahres

Eine Fachzeitschrift für Fahrräder vergibt einen Preis „Mountainbike des Jahres“ für das Rad mit der höchsten Punktzahl. Bewertet werden: Bruchsicherheit a des Rahmens, Funktionstüchtigkeit b der Bremsen, Gewicht c des Rades, Funktionstüchtigkeit d der Schaltung und die äußere Erscheinung e des Rades. Die Gesamtpunktzahl wird mit dem Term $3a + 2b + c + d + e$ berechnet. Die Bewertung von fünf Fahrrädern ist in der Tabelle festgehalten.

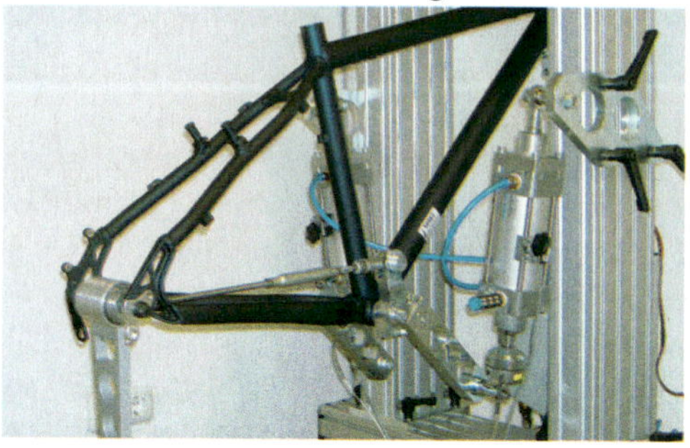

Belastungstest eines Fahrradrahmens

Fahrrad	a	b	c	d	e
Mustang	2	2	3	2	3
Panther	2	1	2	2	3
Tiger	1	2	3	2	3
Bike	3	3	2	1	1
Velo	3	2	2	1	2

Bedeutung der Punkte in der Tabelle:
3 Punkte = ausgezeichnet
2 Punkte = gut
1 Punkt = mittelmäßig

a) Erkläre die Bedeutung der Faktoren 3 und 2 in dem Term zur Berechnung der Gesamtpunktzahl.

b) Ermittle die Rangfolge der Fahrräder.

c) Der Hersteller von Mustang findet den Term zur Berechnung der Gesamtpunktzahl nicht fair. Ändere den Bewertungsfaktor bei einer Variablen im Term so, dass Mustang den Preis erhält.

17 Anmutig übers Tal

Gestern wurde in Südfrankreich bei Millau die neue Brücke über den Fluss Tarn eingeweiht. 270 m über dem Fluss schwingt sich nun eine neue 2460 Meter lange Hängebrücke zwischen zwei Gebirgszügen über den Tarn. Sieben Pylone tragen mit 11 Stahlseilen die Fahrbahn. Die Pylone haben einen Abstand von 342 Metern. Ebenso 342 Meter hoch ist der höchste Pylon, der in der Talsohle errichtet ist. Am Entwurf dieser höchsten Autobahnbrücke der Welt war auch der britische Architekt Norman Foster beteiligt. Er bezeichnet die Brücke als „extrem anmutig".
(15.12.2004, eigener Bericht)

Um die Längenschwankungen der Fahrbahnteile einer Brücke ausgleichen zu können, lässt man die Enden nicht nahtlos aneinander stoßen, sondern auf Lagern rollen oder gleiten (siehe Abbildung).

Rollenlager bei Brücken

Die Fahrbahnteile der Brücke von Millau sind aus Stahl gefertigt. Ihre Länge L nach einer Temperaturänderung t lässt sich mit dem Term $L(t) = L_0(1 + 0{,}0000106 \cdot t)$ berechnen. Dabei bedeutet L_0 die ursprüngliche Länge, z. B. bei der Temperatur 15 °C.

a) Welche Temperaturerhöhung macht die Brücke um 0,5 m länger?

b) Zwischen welchen Werten wird die Länge der Brücke in etwa schwanken? Begründe deine Aussage rechnerisch. (Gehe davon aus, dass die angegebene Länge bei 15 °C gemessen wurde.)

c) Ermittle mit Hilfe einer Zeichnung näherungsweise die Länge des kürzesten und des längsten Stahlseils, das von einem Pylon (Höhe 87 m über der Fahrbahn) ausgeht. Wie viel Meter Stahlseil wurden für die Konstruktion insgesamt in etwa gebraucht?

Hinweis: Schätze benötigte Maße aus den Angaben und dem Bild ab.

18 Stimmt's?

Udo behauptet: $T(n) = 11 + n \cdot (n - 1)$ liefert für alle natürlichen Zahlen n eine Primzahl.

a) Zeige, dass Udo nicht Recht hat.

b) Gib weitere natürliche Zahlen n an, für die T(n) keine Primzahl liefert, und gib einen Term zur Berechnung solcher Zahlen an.

19 Punktum!

a)

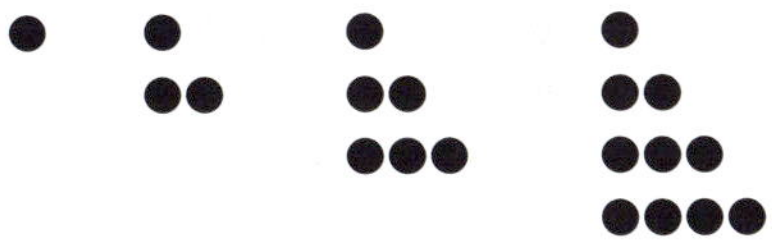

1   1 + 2   1 + 2 + 3   1 + 2 + 3 + 4

Aus wie vielen Punkten ist das 10. (100.) Dreieck gelegt?
Das folgende Bild zeigt dir einen bequemen Weg zur Berechnung dieser Anzahl. Beschreibe ihn mit Worten.

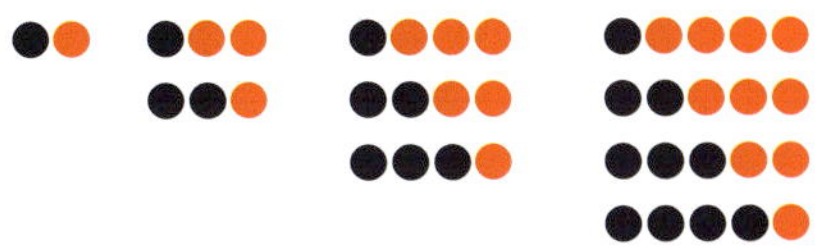

b) Begründe mit Hilfe der vorherigen Überlegungen, dass die Terme $\frac{n \cdot (n+1)}{2}$ und $1 + 2 + 3 + \ldots + n$ äquivalent sind.

c) Gib einen einfacheren Term zur Berechnung des Wertes der Summe $2 + 4 + 6 + \ldots + 2n$ an.

Rückblick, Seite 37

1
Das linke Fenster ist achsensymmetrisch, das rechte ist punktsymmetrisch.

2

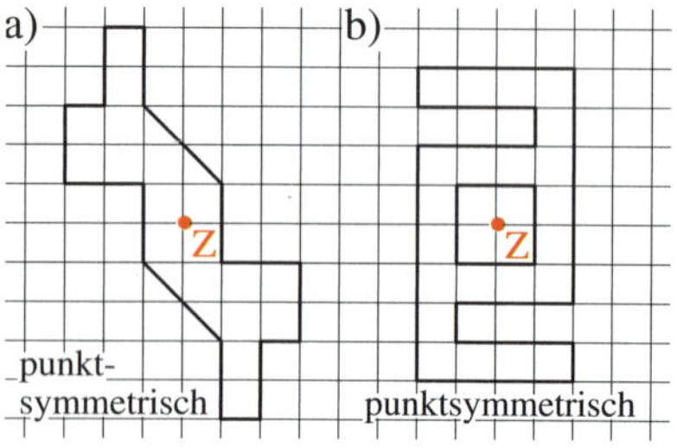

c)

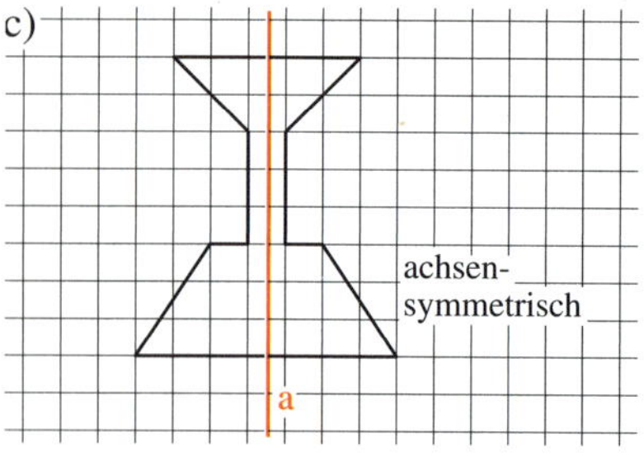

3
a)

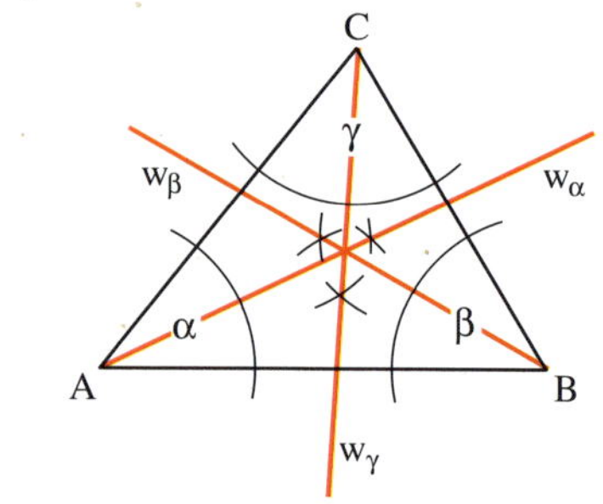

b)

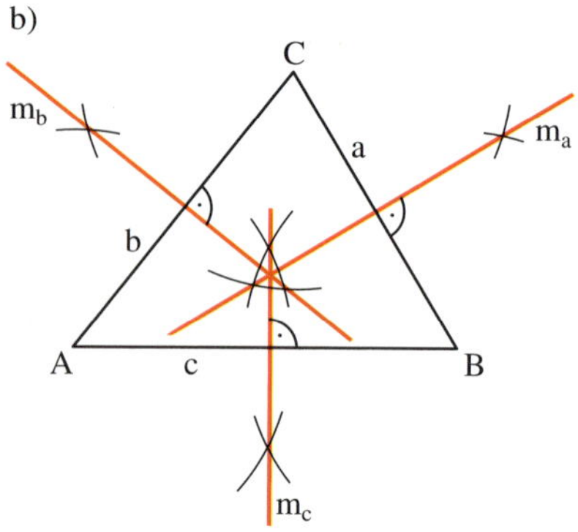

4
a)

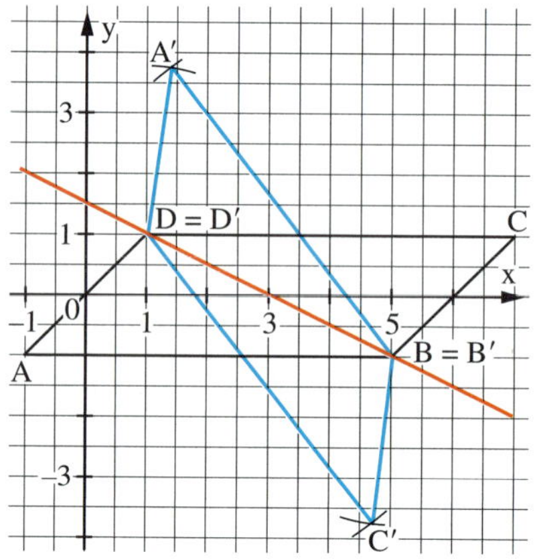

b)

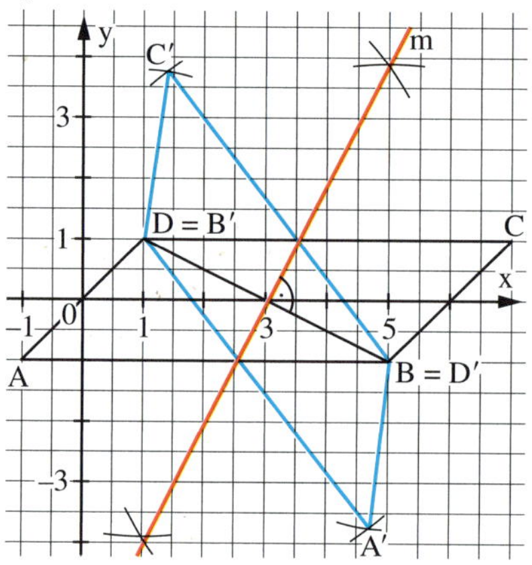

c)

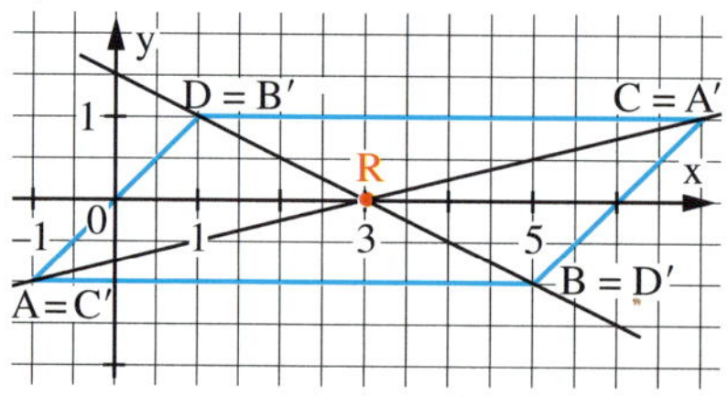

5
a), b), c)

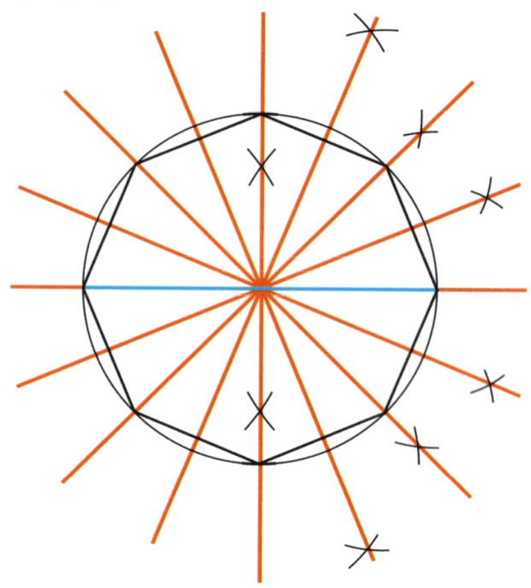

6
a)

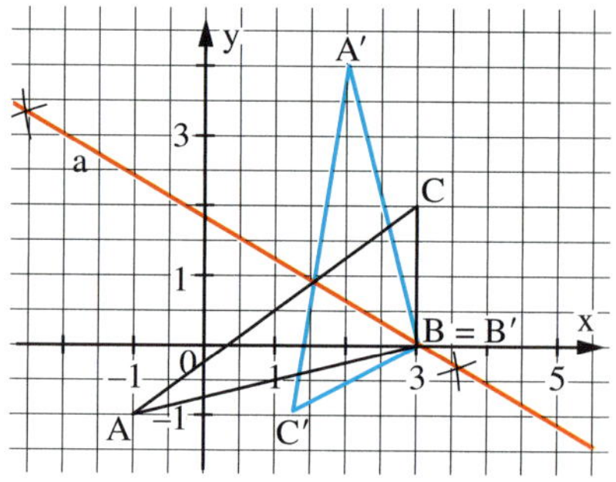

b)

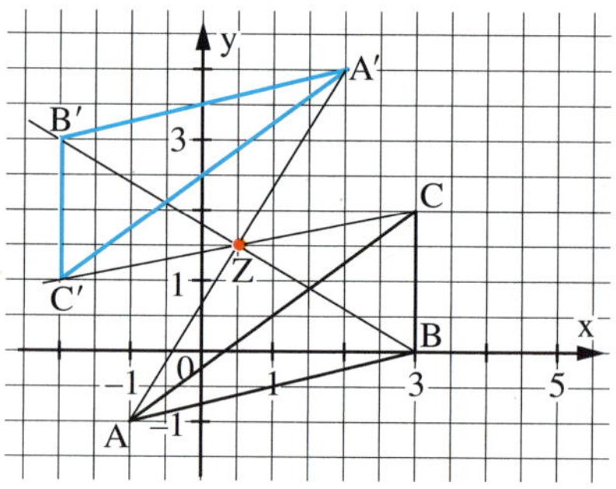

7

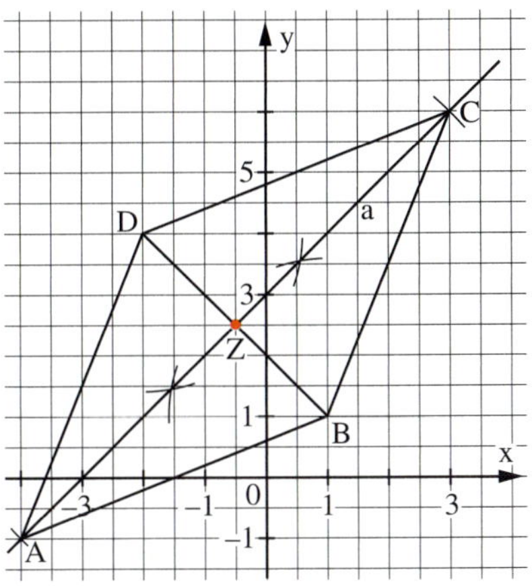

a) C(3|6), Z(–0,5|2,5)
b) Man konstruiert die Symmetrieachse a zu den Punkten B und D. Z ist der Schnittpunkt von a und BD. Den Punkt C erhält man, wenn man den Punkt A am Zentrum Z punktspiegelt.

8

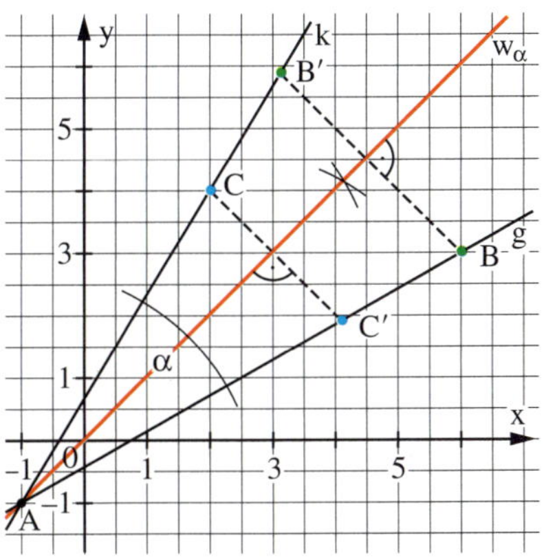

9

punktsymmetrisch, nicht achsensymmetrisch: Parallelogramme: EHFC, EJFB; achsensymmetrisch mit einer Symmetrieachse: symmetrische Trapeze: EFCB, EHJF; Drachenvierecke: AEGF, KFDE, ABDC, KJGH, EJFC, EHFB; achsensymmetrisch mit zwei Symmetrieachsen: Raute: EKFA, EGFD

10

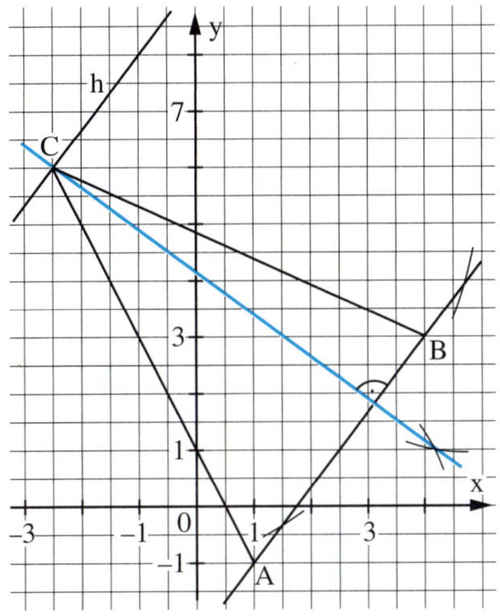

a) $\overline{AB} \approx 5\,\text{cm}$
$\overline{BC} \approx 7{,}2\,\text{cm}$
$\overline{AC} \approx 7{,}8\,\text{cm}$
b) d(h; AB) ≈ 7 cm
c) $A \approx \frac{1}{2} \cdot 5\,\text{cm} \cdot 7\,\text{cm} = 17{,}5\,\text{cm}^2$

Rückblick, Seite 51

1

a) $(180° - 37°):2 = 71{,}5°$; $71{,}5° + 37° = 108{,}5°$
b) $180°:9 = 20°$; $20° \cdot 8 = 160°$

2

a) $\beta = 150°$ b) $\beta = 74{,}1°$ c) $\beta = 0{,}4°$

3

a) Stufenwinkelpaare:
α_1 und α_3, β_1 und β_3, γ_1 und γ_3, δ_1 und δ_3, α_2 und α_4, β_2 und β_4, γ_2 und γ_4, δ_2 und δ_4
Wechselwinkelpaare:
α_1 und γ_3, β_1 und δ_3, γ_1 und α_3, δ_1 und β_3, α_2 und γ_4, β_2 und δ_4, γ_2 und α_4, δ_2 und β_4
b) $\alpha_1 = 180°:6 = 30°$;
$\beta_1 = 30° \cdot 5 = 150°$;
$\alpha_4 = (180° - 140°):2 = 20°$;
$\beta_4 = 180° - 20° = 160°$;
$\alpha_1 = \alpha_3 = \gamma_1 = \gamma_3 = 30°$;
$\beta_1 = \beta_3 = \delta_1 = \delta_3 = 150°$;
$\alpha_2 = \alpha_4 = \gamma_2 = \gamma_4 = 20°$;
$\beta_2 = \beta_4 = \delta_2 = \delta_4 = 160°$

4

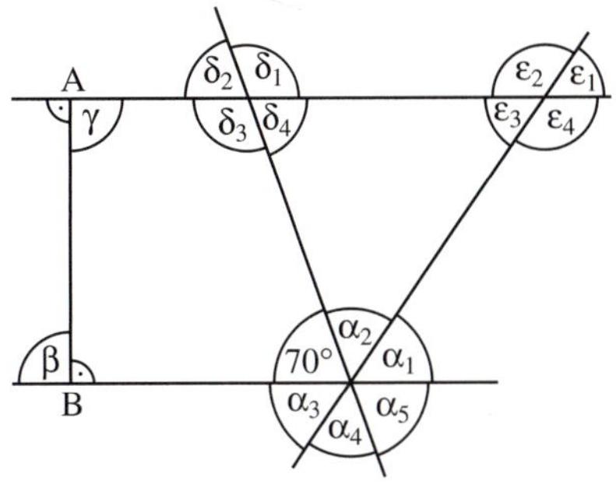

$\alpha_1 = \alpha_2 = (180° - 70°):2 = 55°$
$\alpha_3 = \alpha_4 = 55°$
$\alpha_5 = 70°$
$\delta_2 = \delta_4 = 70°$
$\delta_1 = \delta_3 = 110°$
$\varepsilon_1 = \varepsilon_3 = 55°$
$\varepsilon_2 = \varepsilon_4 = 125°$
$\gamma = \beta = 90°$

5

Das Dreieck ist rechtwinklig, da $\gamma = \alpha + \beta = 90°$.

6

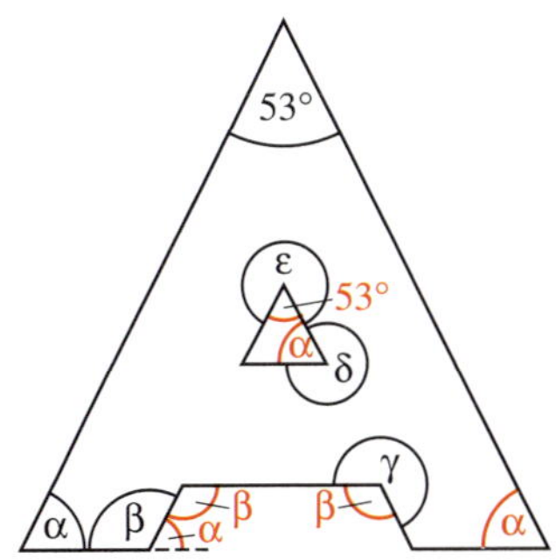

Buchstabe A:
$\alpha + \alpha + 53° = 180°$, also $\alpha = 63{,}5°$
$\alpha + \beta = 180°$, also $\beta = 116{,}5°$
$\beta + \gamma = 360°$, also $\gamma = 243{,}5°$
$\varepsilon + 53° = 360°$, also $\varepsilon = 307°$ und
$\delta + \alpha = 360°$, also $\delta = 296{,}5°$

6

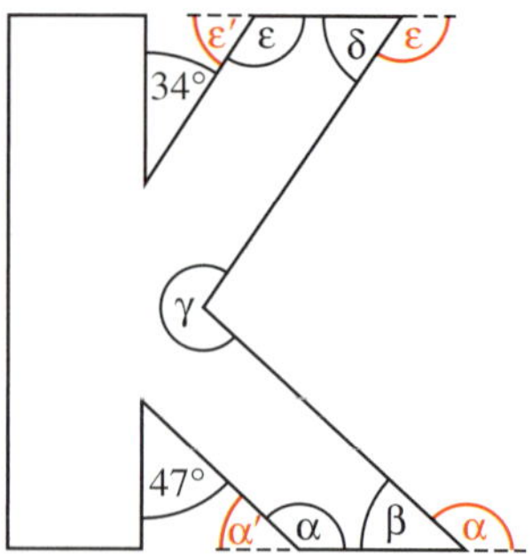

Buchstabe K:
$\alpha + \alpha' = 180°$, $\alpha' + 47° + 90° = 180°$,
also $\alpha = 137°$
$\alpha + \beta = 180°$, also $\beta = 43°$
$\varepsilon + \varepsilon' = 180°$, $\varepsilon' + 34° + 90° = 180°$,
also $\varepsilon = 124°$
$\varepsilon + \delta = 180°$, also $\delta = 56°$
$90° + 90° + \beta + \gamma + \delta = 540°$
also $\gamma = 261°$

7

$1260° : 180° = 7$, also ein 9-Eck mit Innenwinkeln der Größe $1260° : 9 = 140°$

8

$40° + \beta + 90° = 180°$, also $\beta = 50°$
$\gamma + 118° = 360°$, also $\gamma = 242°$
$40° + \beta + \gamma + \delta = 360°$, also $\delta = 28°$

9

a) Viereck:
$\beta = 2 \cdot \alpha$, $\gamma = 3 \cdot \alpha$, $\delta = 4 \cdot \alpha$,
also $\alpha + \beta + \gamma + \delta = 10 \cdot \alpha = 360°$.
Somit $\alpha = 36°$

b) Dreieck:
$\beta = 2 \cdot \alpha$, $\gamma = 3 \cdot \alpha$,
also $\alpha + \beta + \gamma = 6 \cdot \alpha = 180°$.
Somit $\alpha = 30°$
5-Eck:
$\beta = 2 \cdot \alpha$, $\gamma = 3 \cdot \alpha$, $\delta = 4 \cdot \alpha$,
$\varepsilon = 5 \cdot \alpha$,
also
$\alpha + \beta + \gamma + \delta + \varepsilon = 15 \cdot \alpha = 540°$.
Somit $\alpha = 36°$

10

a)

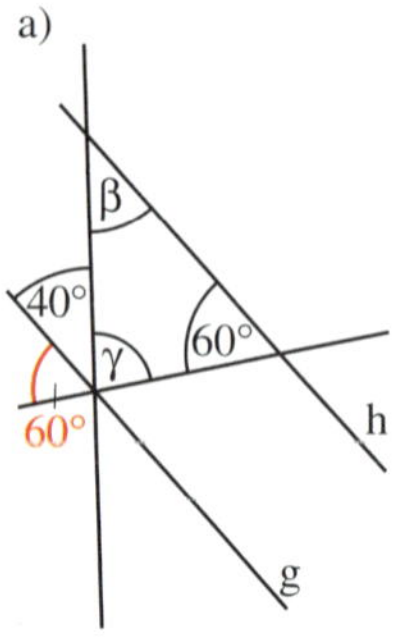

b)

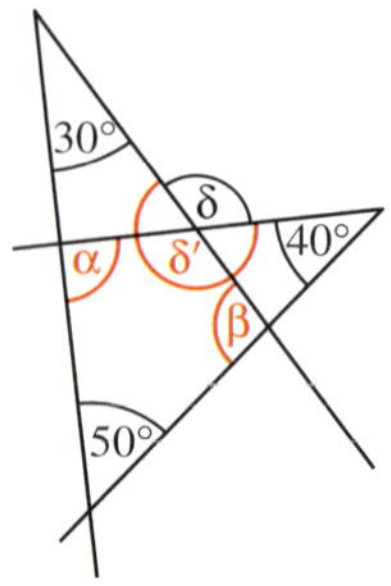

a) $\beta = 40°$ und $60° + \beta + \gamma = 180°$,
also $\gamma = 80°$ oder
$60° + 40° + \gamma = 180°$, also $\gamma = 80°$
und $80° + 60° + \beta = 180°$,
also $\beta = 40°$

b) $\delta + \delta' = 360°$ und
$\delta' + 30° + 50° + 40° = 360°$,
also $\delta' = 240°$ und $\delta = 120°$ oder
$\alpha + 50° + 40° = 180°$, also $\alpha = 90°$
$\beta + 30° + 50° = 180°$, also $\beta = 100°$
$\alpha + 50° + \beta + \delta = 360°$,
also $\delta = 120°$

11

a) $\alpha + \alpha + \beta + \beta = 2 \cdot \alpha + 2 \cdot \beta = 360°$
$2 \cdot \alpha = 108°$, also $2 \cdot \beta = 252°$ und
$\beta = 126°$
($\alpha = 2 \cdot \beta$, also $2 \cdot \alpha + 2 \cdot \beta = 6 \cdot \beta$
$= 360°$ und somit $\beta = 60°$ und
$\alpha = 120°$)

b) Wenn die sich gegenüberliegenden Winkel jeweils gleich groß sind, müssen die aneinanderliegenden Winkel zusammen 180° ergeben, denn:
$\alpha + \beta + \alpha + \beta = 2 \cdot (\alpha + \beta) = 360°$,
also $\alpha + \beta = 180°$.

Fasst man das Viereck als Schnittfigur von vier Geraden auf (siehe Skizze), kann man schließen:

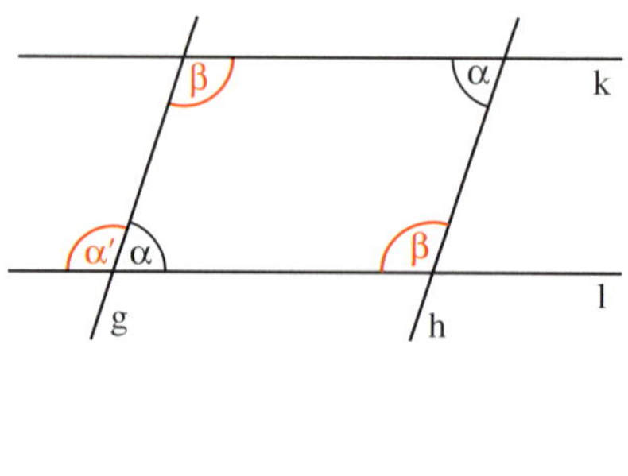

$\alpha + \alpha' = 180°$ und $\alpha + \beta = 180°$, also $\alpha' = \beta$. Also sind α' und β gleich große Stufenwinkel an den Geraden g und h und somit verlaufen diese parallel zueinander. Genauso sind α' und β gleich große Wechselwinkel an den Geraden k und l und somit verlaufen diese ebenfalls parallel zueinander. Somit handelt es sich um ein Parallelogramm.

Rückblick, Seite 73

1

$T(5) = 4$ $T(-2{,}4) = 29{,}16$
$T\left(-\frac{3}{4}\right) = 14{,}0625$

2

$T(2) = 2$ $T(-8) = 112$ $T\left(\frac{4}{3}\right) = 0$

3

$A(3; 7) = -40$ $B(3; 7) = -40$
$A\left(\frac{1}{3}; -\frac{1}{2}\right) = -\frac{5}{36}$ $B\left(\frac{1}{3}; -\frac{1}{2}\right) = -\frac{5}{36}$

4

Zahl der waagrechten Zündhölzer:
$4 \cdot (n + 1)$;
Zahl der senkrechten Zündhölzer: $4 \cdot n$
$Z(n) = 4 \cdot n + 4 \cdot (n + 1)$
$Z(10) = 84$

5

a) $O(a; b) = (2\,a + 1{,}41\,a) \cdot b + a^2$
b) $V(a; b) = \frac{1}{2} a^2 \cdot b$
c) $V(5\,cm; 12\,cm) = 150\,cm^3$
$V(7{,}5\,cm; 7{,}5\,cm) = 210{,}9375\,cm^3$
d) Die Oberfläche vervierfacht sich und das Volumen verachtfacht sich.

6

a)

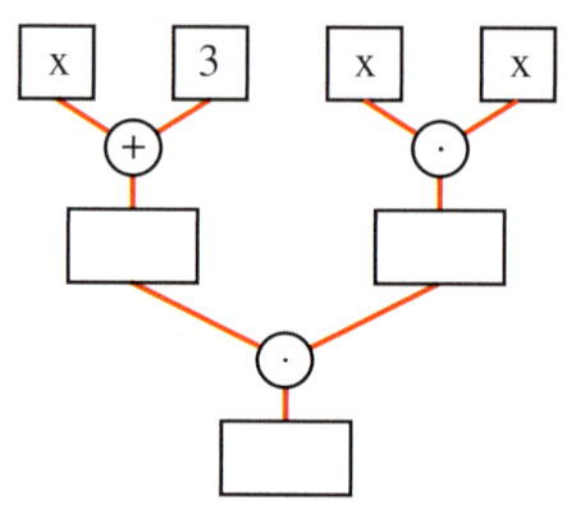

b) Multipliziere die Summe aus einer beliebigen Zahl und der Zahl 3 mit dem Quadrat der beliebigen Zahl.

7

Der Flächeninhalt des Parallelogramms ändert sich nicht, weil die Seitenlänge $\overline{AD}$ und die Länge der zugehörigen Höhe unverändert bleiben.

8

a) Haben die drei Sechsecke keine Seite gemeinsam, so braucht man $3 \cdot 6 = 18$ Zündhölzer.
Haben die Sechsecke möglichst viele Seiten gemeinsam, so braucht man für die beiden ersten Sechsecke $6 + 5 = 11$ Zündhölzer. Für das 3. Sechseck braucht man nur noch vier Zündhölzer, insgesamt also 15.

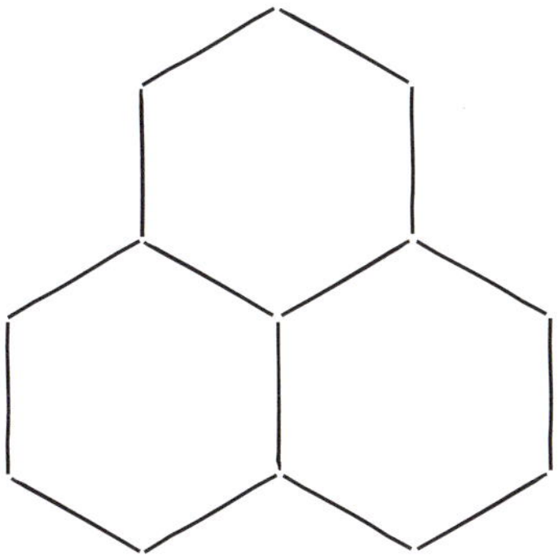

b) mögliche Lösung:

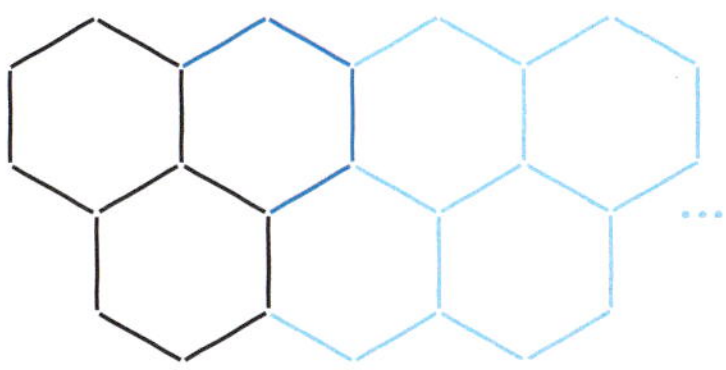

Legt man die n Sechsecke als „Zweierschlange", so braucht man für das 3. Sechseck und jedes der folgenden Sechsecke jeweils vier Hölzer, also zusammen $4 \cdot (n - 2)$.
Anzahl Z zum Legen von n Sechsecken: $Z(n) = 11 + 4 \cdot (n - 2)$
Noch hölzchensparender wäre eine ringformige Anordnung der Sechsecke

9

a) …; 56; 72; 90
b) $100 \cdot 101 = 10\,100$
c) n-tes Glied der Folge: $n \cdot (n + 1)$

10

a)

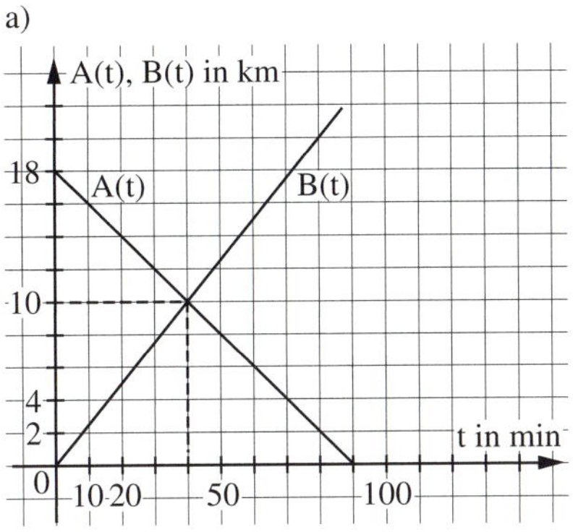

b) A (t) gibt an, wie weit Jan von Tims Wohnung entfernt ist und B (t) gibt an, wie weit Tim Jan entgegengefahren ist bzw. wie weit Tim von seiner Wohnung entfernt ist.
c) Der Schnittpunkt der Graphen liefert die Zeitdauer 40 Minuten bis zur Begegnung in 10 km Entfernung von Tims Haus.
d) $C(40) = D(40) = 8\,\text{km}$

Rückblick, Seite 97

1

a) Ja, man kann beide Terme umformen in den Term $-6s - 12$.
b) Nein. Formt man die Terme um, so erhält man für den linken $2{,}5r - 5$, für den rechten $5 - 2{,}5r$. Setzt man z. B. die Zahl 0 ein, so erhält man für den linken Term den Wert -5, für den rechten den Wert 5.
c) Ja, man kann beide Terme umformen in den Term $0{,}2pu^2 + \frac{3}{8}p^2u^2$.

2

a) $T_1(-1) = -3$; $T_1(1) = 1$; $T_1(2) = 3$;
$T_2(-1) = -3$; $T_2(1) = 1$; $T_2(2) = 3$
b) Es genügt nicht, dass die Termwerte für drei x-Werte gleich sind. Die Terme sind nicht äquivalent, da $T_1(0) = 3 \neq 1 = T_2(0)$.

3

a) Linker Würfel: $V_l = a^3$; $O_l = 6a^2$
Mittlerer Würfel: $V_m = a^3 + 5 \cdot \left(\frac{1}{3}a\right)^3$
$= a^3 + \frac{5}{27}a^3 = 1\frac{5}{27}a^3$;
$O_m = O_l + 5 \cdot 4\left(\frac{a}{3}\right)^2 = 6a^2 + 20 \cdot \frac{1}{9}a^2$
$= 8\frac{2}{9}a^2$
Rechter Würfel:
$V_r = 1\frac{5}{27}a^3 + 5 \cdot 5 \cdot \left(\frac{1}{3} \cdot \frac{1}{3}a\right)^3$
$= 1\frac{5}{27}a^3 + \frac{25}{729}a^3 = 1\frac{160}{729}a^3$;
$O_r = O_m + 5 \cdot 5 \cdot 4\left(\frac{a}{9}\right)^2$
$= 8\frac{2}{9}a^2 + 100 \cdot \frac{1}{81}a^2$
$= 9\frac{37}{81}a^2$
b) Beim 1. Schritt: $5 \cdot \left(\frac{1}{3}a\right)^3 = \frac{5}{27}a^3$
Beim 2. Schritt: $5 \cdot 5 \cdot \left(\frac{1}{3} \cdot \frac{1}{3}a\right)^3 = \frac{25}{729}a^3$
Beim 3. Schritt: $5 \cdot 5 \cdot 5 \cdot \left(\frac{1}{3} \cdot \frac{1}{3} \cdot \frac{1}{3}a\right)^3$
$= \frac{125}{19\,683}a^3$
Beim 4. Schritt: $5 \cdot 5 \cdot 5 \cdot 5 \cdot \left(\frac{1}{3} \cdot \frac{1}{3} \cdot \frac{1}{3} \cdot \frac{1}{3}a\right)^3$
$= 625 \cdot \left(\frac{1}{81}a\right)^3 = \frac{625}{531\,441}a^3$; ca. 0,12 %
c) Es muss gelten: $\frac{32}{27}a^3 = 32\,\text{cm}^3$.
Daraus erhält man wegen $3^3 = 27$ die Lösung $a = 3\,\text{cm}$.

4

a) $24yz^2 - 6y^2z - yz$
b) $6x - 20y + 13{,}2$
c) $3r^2s - 3rs^2 + 4r^2s^2$
d) $-2pq + 2{,}5p^2 - 1{,}45$
e) $-3x^2 - 3y^2 + 5xy$
f) $u^2 - 3v^2 - 2uv - v$
g) $3a^4b + 5ab^4 - 10a^3b^3$

5

$A = a \cdot b - \frac{1}{2} \cdot \frac{1}{2}a \cdot b - \frac{1}{2}a \cdot \frac{1}{2}b - \frac{1}{2} \cdot a \cdot \frac{1}{2}b$
$= \frac{1}{4}ab$

6

a) Addiere z. B. zu T_2 den Term $2a - 15$
b) Addiere z. B. zu T_2 den Term $k^2 - k$ oder multipliziere T_2 mit dem Faktor 2.

7

In den Aufgaben c) und e) lohnt sich ein vorheriges Umformen des Terms nicht.
(Angegeben sind jeweils vereinfachter Term und Termwert)

a) $7{,}5ab^2c - 5a^2bc$;	$-8{,}75$
b) 0;	0
c) –;	-6
d) $3{,}3a^2b^2$;	0,825
e) –;	-12

8

a)

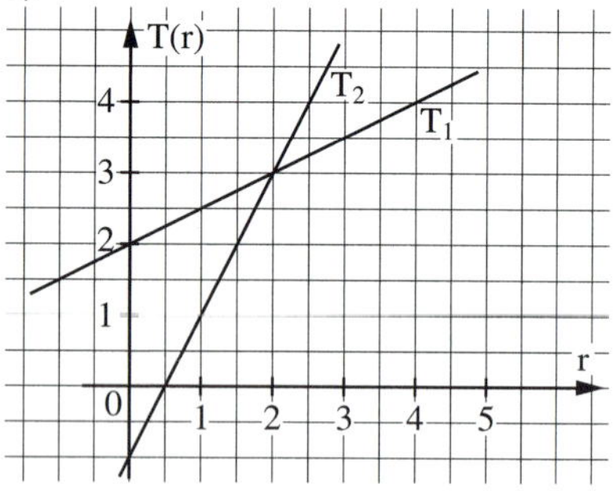

b) Nein. Sonst müssten ihre Graphen auch gleich sein.

9

a) Punkt vor Strich missachtet. Nicht gleichartige Terme zusammengefasst.
b) Klammerregel missachtet. Terme mit k nicht korrekt zusammengefasst.
c) Die Zahl 4 und die Variable z wurden mit der Zahl 3 multipliziert.
d) Umformungen korrekt.
e) Beide Faktoren in der Klammer wurden mit der Zahl 4 multipliziert. Anschließend wurde falsch zusammengefasst.

10

Man muss die Länge der Grundlinie verdreifachen. Begründung:
$A_{alt} = \frac{1}{2} \cdot g \cdot h;\ h_{neu} = \frac{1}{3}h;\ g_{neu} = 3g$
Damit:
$A_{neu} = \frac{1}{2} \cdot h_{neu} \cdot g_{neu} = \frac{1}{2} \cdot \frac{1}{3}h \cdot 3g = \frac{1}{2}gh = A_{alt}$

Rückblick, Seite 117

1

a) 7 b) −10 c) 0
d) −1 oder 1 e) 20 f) 4
g) −3 h) 125

2

a) Lösungen: 2, −3 b) Lösung: 4

3

a) Die Zahl ist −2,5. b) Die Zahl ist 6.

4

a) Wenn man vom Vierfachen einer Zahl 6 abzieht, erhält man um 2 mehr als das Dreifache der Zahl.
b) Die Hälfte einer Zahl ist um 15 kleiner als die Hälfte des Quadrates derselben Zahl.

5

a) 8 cm b) 3,1 cm c) 5,7 cm

6

a) ☺ = 13 |??: −5
b) ☺ = −9 |??: +7
c) ☺ = −8 |??: ·(−0,25)
d) ☺ = $-\frac{9}{5}$ |??: : 2,4

7

a) $y = \frac{12}{13}$ b) $x = 32{,}56$
c) $x = -2{,}5$ d) $x = -\frac{11}{4}$

8

$x^3 + 0{,}6x^2 + 1{,}2x + 1 = 0$
$x = 0$: l. S. = 1; $x = -1$: l. S. = −0,6;
$x = -0{,}5$: l. S. > 0
−1 liegt also am nächsten an der Lösung der Gleichung zwischen 0 und 1.

9

I: $x^4 - 2x + 1 = 3x^2 - 2x \quad | + 2x - 3x^2$
$x^4 - 3x^2 + 1 = 0$
II: $2x - 3x^2 - 1 = -2 - x - x^4$
$| + x^4 - 2x + 2$
$x^4 - 3x^2 + 1 = -3x$
Sie besitzen nicht die gleichen Lösungen.

10

z. B.: $2x - 3 = x - 5$

11

$(\beta + 15°) + \beta + \frac{\beta}{2} = 180°$
$\beta = 66°$, $\alpha = 81°$ und $\gamma = 33°$ sind die gesuchten Winkel.

12

$25\,\% \cdot (4{,}5\,l - x) + 100\,\% \cdot x = 40\,\% \cdot 4{,}5\,l$
Man muss 0,9 *l* ablassen und durch Frostschutzmittel ersetzen.

13

x: Höhe des Quaders mit halber Oberfläche
$2 \cdot 100\,cm^2 + 4 \cdot 10\,cm \cdot x = 300\,cm^2$
Er muss 2,5 cm hoch sein.
Oberfläche des größeren Quaders: $500\,cm^2$
Seine Oberfläche ist also um 67 % größer.

Rückblick, Seite 133

1

a) 1300
b)

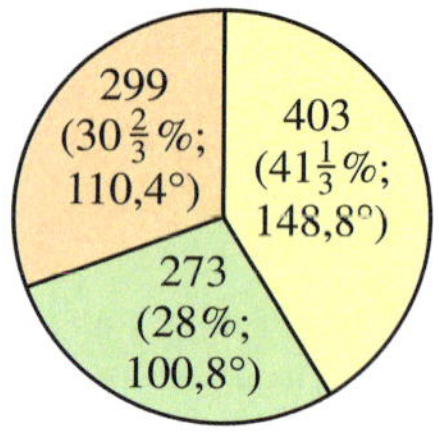

2

a) 8,04 b) 93 bzw. 165

3

a) 96,8 b) 44 % c) 180
d) 2,4 m² e) 2,5 % f) 2500 €

4

Die Niederschläge beschreibt man mit der Höhe, in der sie in einem Gefäß stehen würden.
a) 1. Quartal: 40 mm; 2. Quartal: 66 mm; 3. Quartal: 66 mm; 4. Quartal: 61 mm
b) (40 mm + 66 mm + 66 mm + 61 mm) : 4 ≈ 58 mm

5

a) 5,78 € b) 11,5 % c) 195,2
d) 9,9 % e) 422,2 f) 64,5 m

6

Ein Land wie Norwegen besitzt zwar eine große Ladenfläche pro 1000 Einwohner, trägt mit seiner geringen Einwohnerzahl aber nur wenig zum Durchschnitt in Europa bei. Um den Mittelwert zu berechnen, müssen die Einwohnerzahlen der einzelnen Länder beschafft werden.
Norwegen: 5 Mio., Schweden: 9 Mio., Niederlande: 16 Mio., Luxemburg: 0 Mio., Großbritannien: 59 Mio., Österreich: 8 Mio., Dänemark: 5 Mio., Frankreich: 59 Mio., Spanien: 41 Mio., Irland: 4 Mio., Finnland: 5 Mio., Portugal: 10 Mio., Schweiz: 7 Mio., Deutschland: 82 Mio., Italien: 58 Mio.
Bei Rundung der angegebenen Ladenflächen auf 10er ergibt sich als Mittelwert: 188 m² pro 1000 Einwohner, also etwa der angegebene Wert.

7

a) 1650 b) 350

c) Es wird $\cdot 1{,}4 \cdot 0{,}8$ gerechnet.
$1{,}4 \cdot 0{,}8 = \frac{14}{10} \cdot \frac{8}{10} = \frac{28}{25}$.
Die Zahl muss durch 25 teilbar sein.
Es gibt 39 solche Zahlen: 25, 50, 75, …, 975.

Rückblick, Seite 167

1

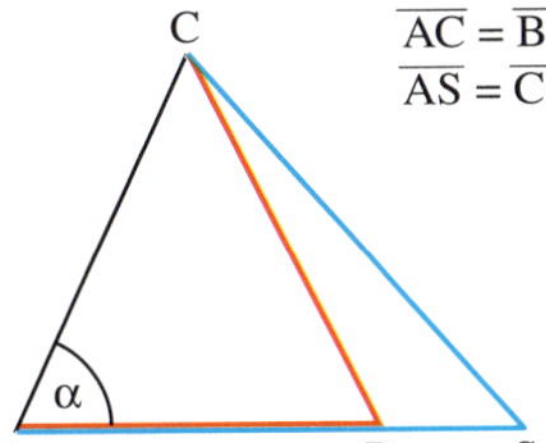

$\overline{AC} = \overline{BC}$
$\overline{AS} = \overline{CS}$

ΔABC und ΔASC stimmen in [AC] und α überein, sind aber nicht kongruent.

2

Es ist $\overline{AC_1} = \overline{BA_1} = \overline{CB_1}$
und $\overline{C_1B} = \overline{A_1C} = \overline{B_1A}$
sowie $\alpha = \beta = \gamma = 60°$.
Also ist nach SWS:
$\Delta AC_1B_1 \cong \Delta BA_1C_1 \cong \Delta CB_1A_1$ und
somit $\overline{B_1C_1} = \overline{A_1C_1} = \overline{B_1A_1}$.

3

Es ist $\sphericalangle QMP = \sphericalangle P'MQ'$ (Scheitelwinkel)
$\sphericalangle MPQ = \sphericalangle Q'P'M = 90°$ (Tangente!)
$\overline{MP} = \overline{MP'} = r$ (Radius),
also nach WSW: $\Delta PMQ \cong \Delta P'MQ'$
und somit $\overline{PQ} = \overline{P'Q'}$

4

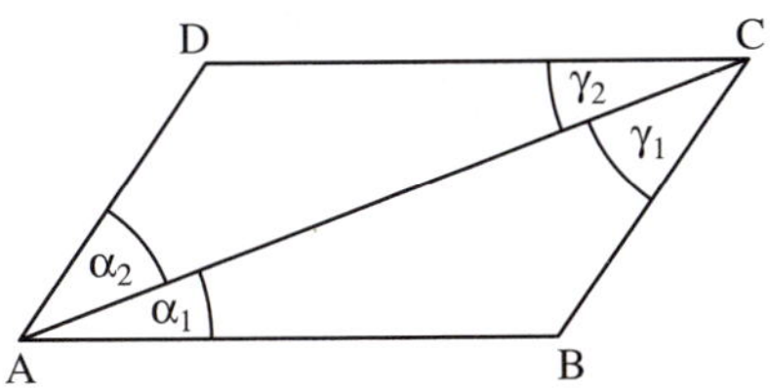

Voraussetzung:
$\overline{AD} = \overline{BC}$ und $AD \parallel BC$

Es ist nach SWS $\Delta ABC \cong \Delta CDA$
(Seite [AC] gemeinsam; $\gamma_1 = \alpha_2$ als Wechselwinkel an Parallelen;
$\overline{BC} = \overline{AD}$).
Also gilt: $\overline{AB} = \overline{CD}$ sowie $\alpha_1 = \gamma_2$.
Wegen der gleichen Wechselwinkel ist $AB \parallel CD$.

5

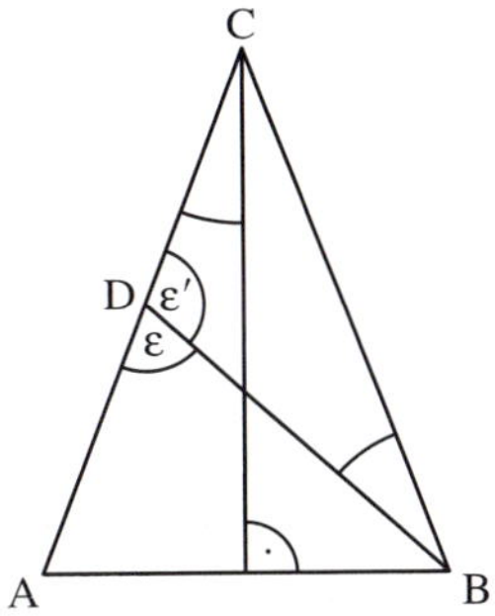

a) $\gamma = 2 \cdot 21° = 42°$
(ΔABC achsensymmetrisch)
$\varepsilon' = 180° - \gamma - \sphericalangle CBD = 111°$
(Winkelsumme im ΔBCD)
$\varepsilon = 180° - \varepsilon' = 69°$ (Nebenwinkel)

b) $\alpha = (180° - \gamma) : 2 = 69°$
(Basiswinkel im ΔABC)
Aus $\varepsilon = \alpha$ folgt $\overline{AB} = \overline{BD}$
(Satz vom gleichschenkligen Dreieck)

6

a)

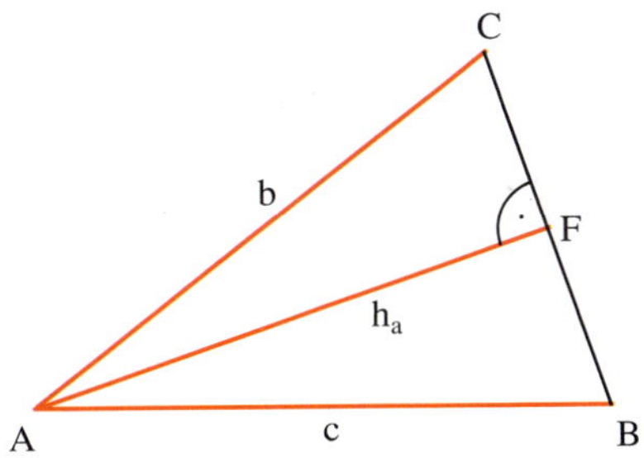

Konstruktionsplan:
(1) A und B sind durch $\overline{AB} = c$ gegeben.
(2) F liegt 1. auf dem Thaleskreis über [AB]
2. auf dem Kreis $k(A; h_a)$
(3) C liegt 1. auf BF
2. auf dem Kreis $k(A; b)$
(Hinweis: Es ist auch möglich, mit [AF] zu beginnen.)

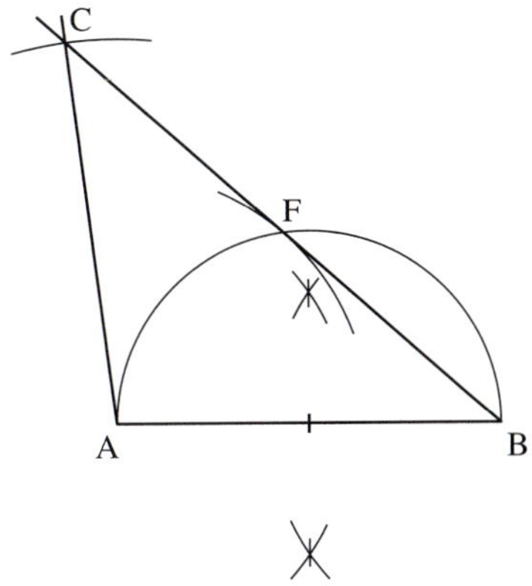

b)

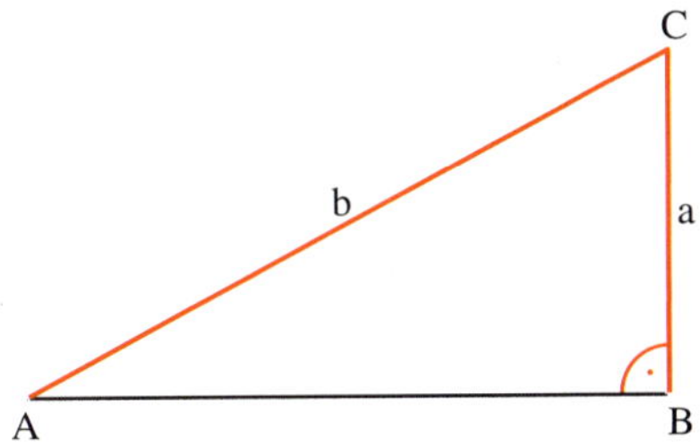

Konstruktionsplan:
(1) A und C sind durch $\overline{AC} = b$ gegeben.
(2) B liegt 1. auf dem Thaleskreis über [AC]
2. auf dem Kreis $k(C; a)$
(Hinweis: Es ist auch möglich, mit [BC] zu beginnen.)

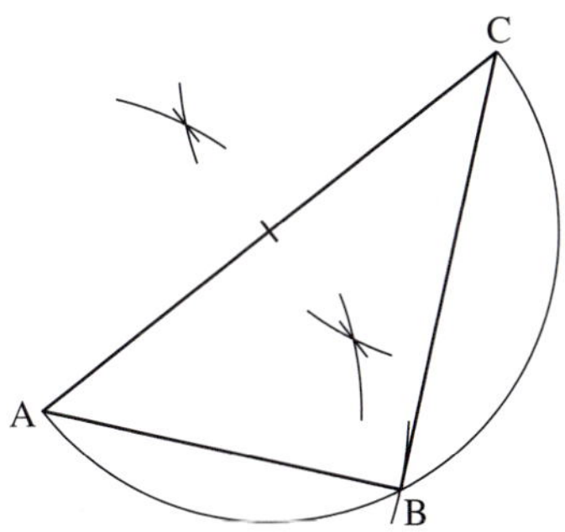

7

a) Keine Lösung, da $a + b < c$ im Widerspruch zur Dreiecksungleichung.

b) Lösung eindeutig nach SsW, da der gegebene Winkel β der größeren Seite b gegenüberliegt.

c) Es gibt zwei Lösungen. Der gegebene Winkel α liegt der kleineren Seite a gegenüber, daher ist SsW-Satz nicht erfüllt.

d) Keine Lösung, da wegen $b > c$ auch $\beta > \gamma$ sein müsste, also $\beta > 110°$ und somit $\beta + \gamma > 180°$ wäre, im Widerspruch zur Winkelsumme im Dreieck.

e) Lösung eindeutig. Die Parallele zu BC im Abstand h_a schneidet den Thaleskreis über [BC] zweimal, die sich ergebenden Dreiecke sind aber kongruent.

8

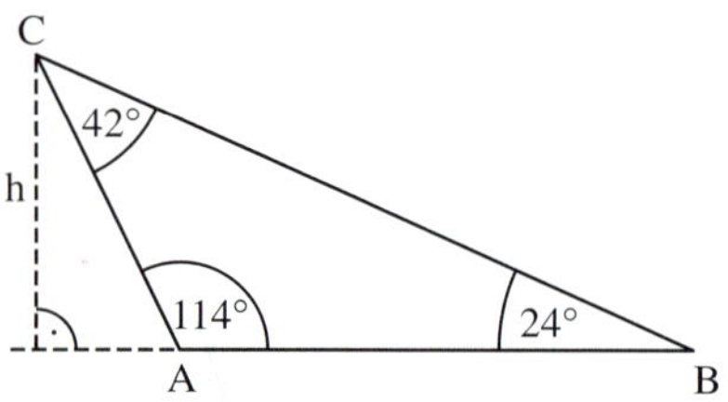

$\overline{AB} = 5{,}4\,\text{cm}$ (1 : 50 000)
Aus der Zeichnung: $h \approx 3{,}0\,\text{cm}$, also beträgt die Höhe ungefähr 1500 m.

9

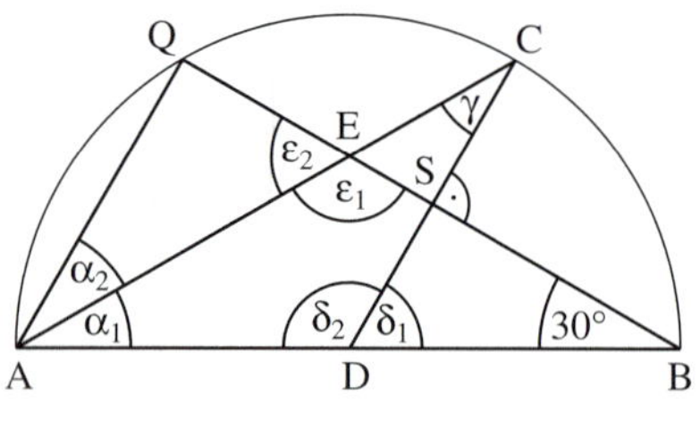

$\sphericalangle AQB = 90°$ (Thaleskreis über [AB])
$\delta_1 = 60°$ (Winkelsumme im ΔDBS)
$\delta_2 = 120°$ (Nebenwinkel)
$\alpha_1 = \gamma = 30°$ (Basiswinkel im gleichschenkligen ΔADC)
$\varepsilon_1 = 120°$ (Winkelsumme im Viereck ADSE)
$\varepsilon_2 = 60°$ (Nebenwinkel)

10

a) $\sphericalangle BCD = 180° - \gamma$
Wegen der Winkelsumme im Dreieck CBD gilt:
$\sphericalangle DBC + \sphericalangle CDB = \gamma$.
Da ΔCBD gleichschenklig ist, hat der Basiswinkel $\sphericalangle DBC$ die Größe $\frac{\gamma}{2}$. Die Wechselwinkel an BD und w_γ sind also gleich groß und daher gilt $BD \parallel w_\gamma$.

b) Es ist dann $\overline{AC} = \overline{BC} = \overline{DC}$, d. h. B liegt auf dem Thaleskreis über [AD]. ΔABD ist also rechtwinklig bei B.

Rückblick, Seite 187

1

Die gesuchten Punkte liegen

a) 1. auf den Winkelhalbierenden der Geradenkreuzung g, h
2. auf der Mittelsenkrechten zu [AB]
Ergebnis: $P_1(0{,}5|5)$, $P_2(0{,}5|-2{,}5)$

b) 1. auf den Winkelhalbierenden der Geradenkreuzung g, h
2. auf dem Thaleskreis über [AS]
Ergebnis: $P_3 \approx (-0{,}8|5{,}5)$.
($P_4 \approx (0{,}9|-1{,}5)$ ergibt einen Winkeldrehsinn im Uhrzeigersinn)

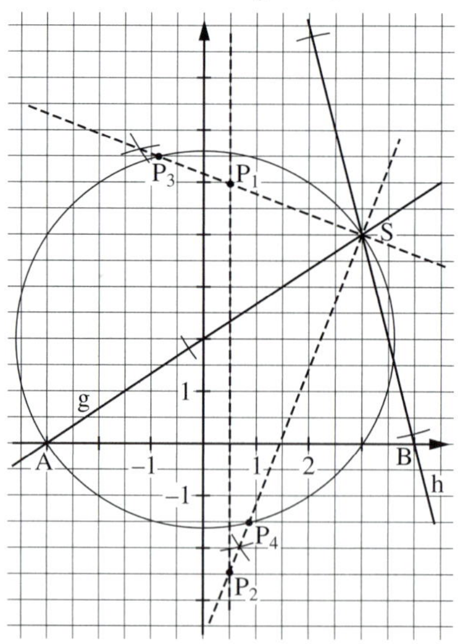

2

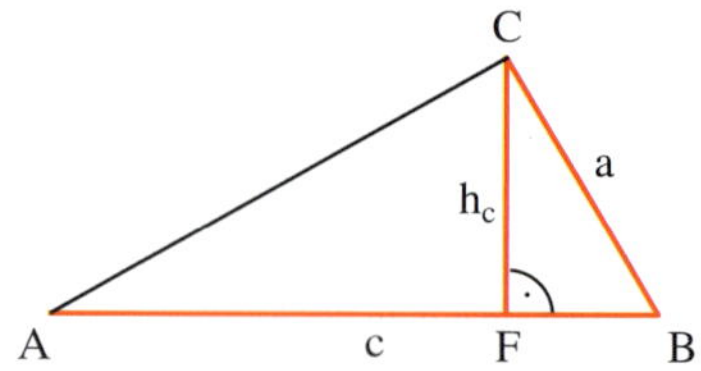

Konstruktionsplan:
(1) B und C sind durch $\overline{BC} = a$ gegeben.
(2) F liegt 1. auf dem Thaleskreis über [BC]
2. auf dem Kreis $k(C; h_c)$
(3) A liegt 1. auf BF
2. auf dem Kreis $k(B; c)$
Solange $h_c \le a$, gibt es eine Lösung.

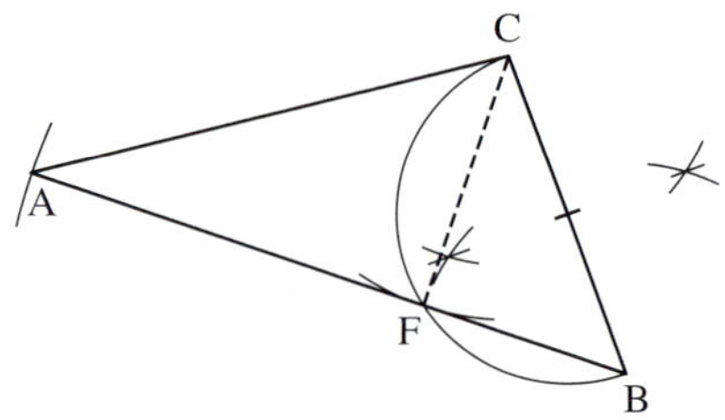

Hinweis: Man kann auch mit $\overline{AB} = c$ beginnen

3

Der gesuchte Mittelpunkt M hat von den Kreispunkten A und B die gleiche Entfernung (Radius), liegt also auf der Mittelsenkrechten von [AB]. Da das Dreieck PBM gleichschenklig ($\overline{PM} = \overline{BM} = r$) ist, sind die Winkel bei den Punkten P und B gleich groß, also liegt M auf dem angegebenen freien Schenkel.

4

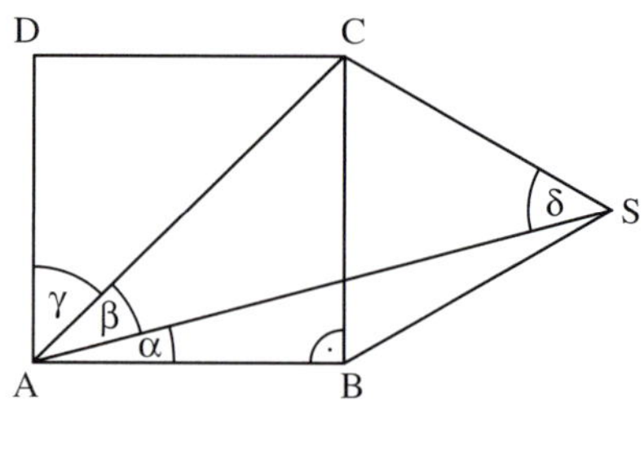

Da Dreieck CBS gleichseitig ist, gilt für das gleichschenklige Dreieck ABS:
$\alpha + (90° + 60°) + \alpha = 180°$, also $\alpha = 15°$
$\delta = 60° - \alpha = 45°$
$\beta = 45° - \alpha = 30° = 2\alpha$
$\gamma = 45°$, also $\gamma = 3\alpha$

5

a) nichtquadratische Raute

b) gleichschenkliges Trapez

6

Konstruiere die Winkelhalbierende von ∢(g, h) und eine Parallele dazu im Abstand 3 cm. Ihr Schnittpunkt mit g (bzw. h) ist ein Berührpunkt. Errichte in diesem Punkt das Lot zu g (bzw. h); der Schnittpunkt mit der Winkelhalbierenden ist der gesuchte Kreismittelpunkt M.

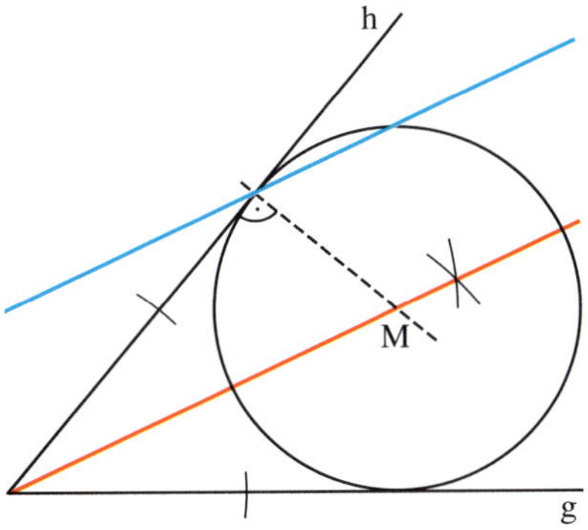

7

Gegeben sind b, f, β. Es wird ein Parallelogramm konstruiert, da $\gamma = 180° - \beta$ und $d = b$ bzw. $a = c$ genutzt wird.

8

Lösung:

a)

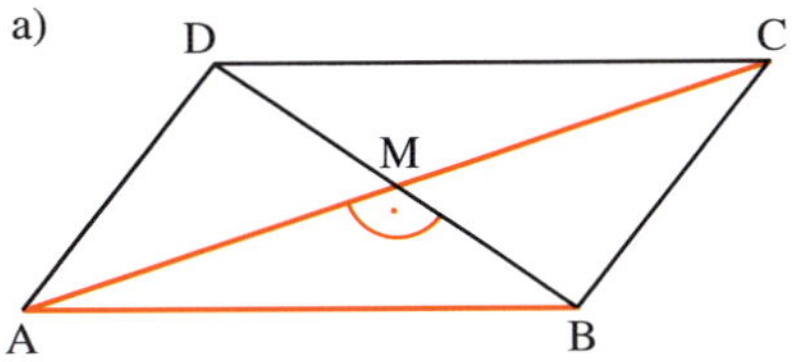

(1) A, B sind durch $\overline{AB}$ gegeben.

(2) M liegt
1. auf dem Thaleskreis über [AB]
2. auf dem Kreis $k(A; \frac{1}{2} \cdot \overline{AC})$

(3) C liegt
1. auf [AM
2. auf dem Kreis $k(A; \overline{AC})$

(4) D liegt
1. auf BM
2. auf dem Kreis $k(M; \overline{MB})$

b) Das Parallelogramm ABCD ist eine Raute, da es wegen ∢ AMB = 90° bezüglich beider Diagonalen symmetrisch ist.

9

Es ist ∢CBD = 50° (Wechselwinkel, $b \parallel d$). ∢DBA = $\beta - 50° = 65°$ und somit $\alpha = 65°$ (Winkelsumme im Δ ABD). Das Teildreieck ABD ist eindeutig konstruierbar (WSW) und damit auch das Viereck ABCD.

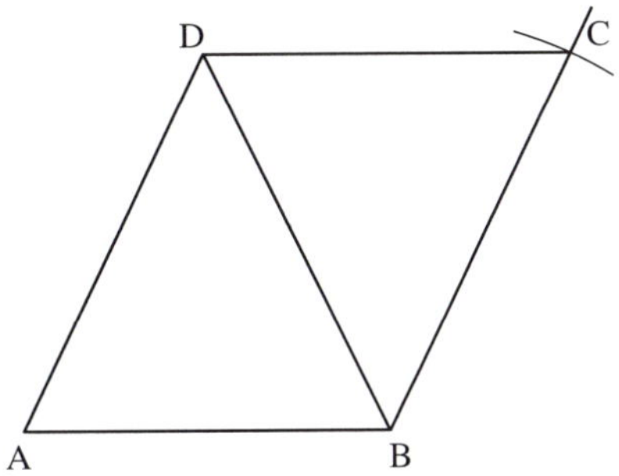

10

Position I Position II

(Zeichnungen verkleinert im Maßstab 1 : 2)

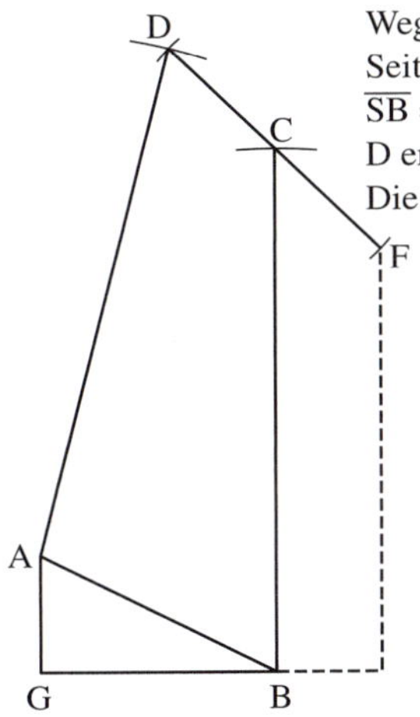

Wegen $DF \parallel GB$ ist SBCD ein Parallelogramm mit den Seitenlängen 2,5 m und 9 m. Also liegt S auf [GB] mit $\overline{SB} = 2{,}5$ cm in der Zeichnung (1 : 100).

D ergibt sich als Schnitt von k(A; 9 cm) und k(S; 9 cm).

Die Differenz der horizontalen Reichweiten beträgt etwa 7,1 m.

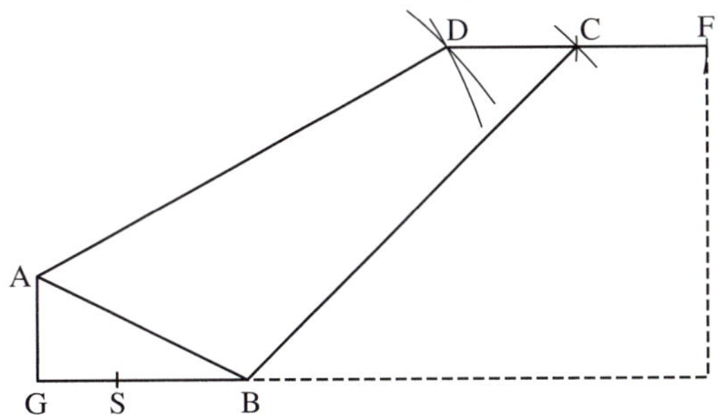

Mathematische Begriffe und Bezeichnungen

1 Zahlen

$\mathbb{N} = \{1; 2; 3; \ldots\}$	ist die Menge der natürlichen Zahlen
$\mathbb{N}_0 = \{0; 1; 2; 3; \ldots\}$	
$\mathbb{Z}$ = Menge der ganzen Zahlen	
$\mathbb{Q}$ = Menge der rationalen Zahlen	
$\{\}$ oder $\emptyset$	leere Menge
$\in$, $\notin$	ist Element von, ist nicht Element von
$\subset$	ist Teilmenge von
$\{x \mid x > 3\}$	Menge aller Zahlen x, für die gilt: $x > 3$
T(26)	Menge aller Teiler von 26
V(4)	Menge aller Vielfachen von 4
kgV	kleinstes gemeinsames Vielfaches

2 Beziehungen zwischen Zahlen und zwischen Größen

$a = b$	a gleich b	z. B. 0,75 m = 75 cm
$a \approx b$	a ungefähr gleich b	z. B. $346 \approx 350$
$a > b$	a größer b	z. B. 2 m > 195 cm
$a < b < c$	b liegt zwischen a und c	z. B. $-21 < -5 < 11$
$a \leqq b$	a kleiner b oder a gleich b	z. B. $2 \leqq 3$; $4 \leqq 4$

3 Geometrie

P; Q; R; …	Punkte
P(x|y)	Punkt P mit der 1. Koordinate x und der zweiten Koordinate y: z. B. P(2|3)
PQ	Gerade durch die Punkte P und Q
[PQ]; $\overline{PQ}$	Strecke mit den Endpunkten P und Q; Länge der Strecke [PQ]
[PQ	Halbgerade durch P und Q mit Anfangspunkt P
g; h; k …	Geraden, Halbgeraden
a; b; c; …	Strecken, auch Länge der Strecken (z. B. a = 3 cm)
$g \perp h$	g ist senkrecht zu h
$g \parallel h$	g ist parallel zu h
$\sphericalangle(g,h)$	Winkel mit den Schenkeln g und h
$\sphericalangle ABC$	Winkel mit dem Scheitel B und den Schenkeln [BA und [BC
α; β; γ	Winkel; auch dessen Größe (z. B. $\alpha = 35°$)
h_a; h_b; h_c	Höhe, die senkrecht zur Seite a; b; c ist
$m_{[AB]}$; m_a	Mittelsenkrecht der Strecke [AB] bzw. a
w_α; w_β	Winkelhalbierende von α; β
k(M; r)	Kreis um M mit Radius r
ΔABC	Dreieck mit den Eckpunkten A, B und C
$F \cong G$	Figuren F und G sind kongruent

Register